镜头自动优化原理与技术

（第二版）

Donald C Dilworth ｜ 著

谢文科　何军　钟海荣　刘祥彪 ｜ 译

中南大学出版社
www.csupress.com.cn

·长　沙

图书在版编目(CIP)数据

镜头自动优化原理与技术 / [英]唐·迪尔沃斯
(Donald C Dilworth)著,谢文科等译. —2版. —长沙:
中南大学出版社, 2024.5

ISBN 978-7-5487-4664-5

Ⅰ. ①镜… Ⅱ. ①唐… ②谢… Ⅲ. ①镜头—最优
设计 Ⅳ. ①TB851

中国版本图书馆 CIP 数据核字(2021)第 191940 号

著作权合同登记图字:18-2024-014 号

Originally published as *Lens Design*, *second edition*: *Automatic and Quasi-Autonomous Computational Methods and Techniques* © IOP Publishing, Bristol 2020.

Simplified Chinese translation arranged with IOP Publishing.

本书由英国物理学会出版社授权我社翻译出版。

镜头自动优化原理与技术(第二版)
JINGTOU ZIDONG YOUHUA YUANLI YU JISHU(DI-ER BAN)

[英]唐·迪尔沃斯(Donald C Dilworth) 著

谢文科 何军 钟海荣 刘祥彪 译

□出 版 人	林绵优	
□责任编辑	韩 雪	
□责任印制	李月腾	
□出版发行	中南大学出版社	
	社址:长沙市麓山南路	邮编:410083
	发行科电话:0731-88876770	传真:0731-88710482
□印 装	长沙印通印刷有限公司	

□开 本	889 mm×1194 mm 1/16	□印张 30	□字数 946 千字
□版 次	2024 年 5 月第 1 版	□印次 2024 年 5 月第 1 次印刷	
□书 号	ISBN 978-7-5487-4664-5		
□定 价	88.00 元		

再版说明

在快速发展的计算机软件领域中，与软件配套的文本、文件编写无论多么全面与深入，由于技术的改进和新功能的不断加入，都可能出现过时的问题。为了满足透镜设计工程师的需求，结合过去两年 SYNOPSYS 功能的变化，我们更新了本书的内容，并增加了七个章节内容。

优化算法和设计搜索工具经常更新，因此，本书中的许多案例会得到与第一版中的结果不同。这是意料之中的，也不会降低文本的实用性，因为处理问题的方法仍然有效。读者可以轻松地了解当前工具的新功能以及如何使用。为此，我们把这个版本提供给读者，读者也提出了许多改进建议，由于读者深知最新的工具是如何彻底改变镜头设计的，所以对读者的职业生涯也有深远的影响。

编者

丛书编辑的话

    Donald C Dilworth 从 1962 年开始开发一套名为 SYNthesis of OPtical SYStems(SYNOPSYS™)的光学设计和分析软件。在 50 多年里，他不断创造性地开发并改进和扩展该软件的功能，以满足全球光学设计专业人士的需求。在此期间，也有其他光学设计程序被开发应用于企业内部使用或光学行业内的一般用途。只有少数几个程序经受了时间的考验，更多程序却消失在了历史长河中。目前，所有商用光学设计程序都具有出色的功能，可满足光学设计师的一般需求。然而，在过去的几十年中，光学已经广泛普及，人们对光学设计的需求迅速增大。为了克服这种供应不足的问题，光学设计软件供应商努力使基本上未经训练的人们轻松使用他们的程序并获得有意义的结果。比如，供应其中一个重要功能是允许用户输入光学系统的基本参数，软件程序搜索到满足设计者要求的设计。在本书中，Dilworth 介绍了如何设计和分析光学系统，以及他在自动光学设计方面的创新和独特发展，这些功能具有持续的显著效用。

    在 20 世纪 60 年代，Berlyn Brixner 第一个建议和展示使用平板开始设计，并允许程序"搜索"替代路径以生成设计解决方案的人。随着计算机成本的降低和优化技术的研究不断发展，光学设计程序开发人员开始采用全局优化算法，目标是使程序全局最优化。实际上，这些算法确实得到了更好的设计，并且可能是一种全新的镜头结构。但这样的搜索过程时间和资源消耗大，而且结果也不一定实用。但是，全局优化算法对透镜设计初学者和专业人士均有很大帮助。通过使用程序中可用的模拟退火算法，可有望实现设计的进一步优化。

    除了类似全局优化的方法，Dilworth 还研究了几种"出类拔萃"的方法来实现准自主光学设计。这些工具有望在更短的时间轻松地获得满足设计要求的解决方案，通过 SYNOPSYS 程序探索产生新的结构。

    DSEARCH 和 ZSEARCH 程序是在 1990 年左右开发的，它提供利用自然语言处理的人工智能(AI)功能和专家系统。自然语言 AI 功能提供了一种非常灵活的方式来与 SYNOPSYS 交互，并能执行使用普通命令语法或电子表格输入无法完成的某些任务。它可实现显示和改变某些透镜参数，定义新命令或字符串，以及绘制涉及多达三个不同量的参数曲线。输入由包括主语、动词和条件的英语句子组成。词汇表包含数百个单词，用户的灵活性大。对于设计师来说，这是一个非常强大和有用的工具。

    通常情况下，"专家系统"是一种在特定领域内具有专家水平解决问题能力的程序，它采用的是树状结构逻辑。它在一些领域取得了显著的成绩，甚至可与人类专家相媲美；相比之下，SYNOPSYS 程序采用了另一种方法，专家系统功能(XSYS)需先导入许多由专家设计的最先进的成品透镜。程序使用这些透镜作为模型，能非常详细地分析光学特性，确定每片透镜的一阶和更高阶特性，以及每个元件前后光束中存在的像差。通过这样做，该程序"学习"了设计师如何有效地解决特定的光学问题。提供给 XSYS 的示例越多，它学到的就越多。当出现一个新问题或校正不好的透镜组时，XSYS 可以确定当前的问题是否类似于它知道的解决方案，然后尝试在其专家设计的透镜库中使用一些透镜来组成各种潜力的配置以供用户查看，可选择其中一个配置进行优化，然后进行分析。此功能非常具有创造性，经常得出比遵循传统设计思路更好的意外配置。当然，没有相关透镜库会降低 XSYS 的实用性。但是，如果可以使用透镜库，XSYS 可以为透镜设计师提供强大的工具，识别潜在的透镜配置，以便对其进行进一步优化和分析。

随着计算机功能越来越强大，寻找透镜设计的最佳解从优化"点"设计转变为允许软件程序在解空间中探索各种各样的可能配置。与"点"设计优化相比，这种搜索过程通常需要大量时间，也被称为全局优化，包括模拟退火。如今，研究人员已经开发出各种方法来定位"真实的"全局最佳解(最小评价函数)，同时最小化收敛时间，并取得了很大进展，但寻找备选解所需的时间往往仍然过长。在 21 世纪初，为了大幅缩短搜索候选设计解的时间，Dilworth 开发了一种准自主方法来搜索备选定焦镜头配置，并将其命名为 DSEARCH™(Design SEARCH)。该方法不是为了制造成品透镜设计，其目的是确定有吸引力的起点，然后对每个设计进行进一步的优化，首先是横向光线像差，然后是 OPD 目标，最后是评价函数中的 MTF 目标。虽然解位于无法可视化的多维超空间中，但通常将解空间可视化为庞大的山脉，其中最高峰值对应于平面平板起始设计，目标是找到最低的山谷，这也是一个挑战。因为来自山峰的任何方向都是向下的，所以问题是要朝哪个方向前进。Dilworth 认为，有效选择方向是一种"二元"方法，其中平板透镜被赋予正或负光焦度。对于 N 个元件的透镜，这意味着要考虑 2^N 个起始光学配置或方向。当找到特定方向的山谷时，问题仍然存在：此时是这个方向的最佳解吗？为了解决这个问题，需使用模拟退火来探索周围的空间是否存在更低的山谷。当然，也可以使用 RANDOM 模式来尝试找到最佳解，但是其所需时间更长。如果指定初始平板设计具有 N 个元件，并且如果找到的最佳解不够好，则可以使用自动插入元件选项，重新处理先前求解出来的透镜组。如果解"最佳"，可以使用自动删除元件选项来重新处理透镜以寻找具有 $N-1$ 个元件的适当解。

本书最后提到的创新是 DSEARCH 的扩展，以寻找变焦镜头的潜在解决方案。变焦透镜的设计比定焦透镜的设计更具挑战性。Dilworth 将这一新功能命名为 ZSEARCH™(Zoom SEARCH)，并在 2016 年加利福尼亚州圣地亚哥举行的 SPIE 会议上展示。ZSEARCH™ 工作原理与 DSEARCH 基本相同，只是搜索过程要复杂得多，结果相当惊人。

Dilworth 仍将继续在寻求准自主透镜设计方面进行改进，以解决经验丰富的透镜设计师人力日益缺乏的问题。在搜索和最终设计选择的过程中，还需考虑到备选透镜的可制造性和成本的附加功能对透镜设计者及其雇主最有利。

Dilworth 在过去的半个世纪里独立自主开发了 SYNOPSYS 软件，他在全球范围内基于计算机的光学设计软件的使用以及上述创新发展方面做出了卓越的贡献，以帮助初学者和专家设计师在工作中用最短的时间设计出高性能的光学系统。

学习透镜设计的人们将发现无论使用哪种透镜设计软件，本书中的资料有助于掌握如何设计透镜系统。所有读者都应该受益于 Dilworth 在过去半个世纪中所展示的知识和智慧。与传统的透镜设计书籍不同，本书的交互性为读者提供了前所未有的机会，他们可以自己动手实践，并进一步探讨在使用 SYNOPSYS 时修改示例会发生什么情况。这是学习该学科和提高技能的绝佳方法。光学系统的设计和制造是基础，光学已经在大多数技术领域被广泛普及和运用。

R Barry Johnson, DSc, FInstP, FOSA, FSPIE

Series Editor, Emerging Technologies in Optics and Photonics

Huntsville, Alabama

前　言

计算机辅助光学设计的历史，可以追溯到 60 多年前，随着计算机技术性能的巨大进步，计算机辅助透镜设计能力也得到巨大提升。几十年来，透镜性能的分析没有发生显著变化，但优化方面已经有了很大的变化。

优化算法可以分为三类：局部优化，区域优化和全局优化。其中，局部优化是指从给定起点到最近局部最小值的算法。区域优化试图"逃离"这个局部最小值，并找到一个更好的区域最优解。顾名思义，全局优化试图搜索整个设计空间，并提供比其他替代方案更好的解决方案。

Dilworth 对 SYNOPSYS 光学设计软件中三类优化算法做出了重要贡献。他对阻尼最小二乘（DLS）的扩展被称为伪二阶导数（PSD）法。该算法使用连续导数矩阵来近似二阶导数矩阵，并用它来计算每个变量的改进阻尼因子，大幅提高了与最佳设计相差甚远的初始设计的收敛速度。Dilworth 设计的程序还有一个算法，如果一个初始透镜发生了光线追迹失败，那么程序可在优化之前对其进行自动校正。

区域优化算法中，SYNOPSYS 以标准模拟退火算法开始，但将其与 PSD 结合，能使其比其他程序中的模拟退火更有效。Masaki Isshiki 用逃逸函数算法的全局优化也已实现这种效果，但目前没有足够的经验与其他程序的效果进行比较。SYNOPSYS 独有的区域优化功能是"自动元件插入"和"自动元件删除"，可在最佳位置插入或删除透镜元件。前一种算法的运行方式与 Florian Bociort 的鞍点算法非常相似。

Dilworth 最近添加到 SYNOPSYS 的新全局优化算法 DSEARCH 和 ZSEARCH 令人印象深刻。DSEARCH 从对透镜的粗略描述（物面、波长、$F/\#$和元件数量）以及任何其他所需约束开始，能产生几种接近最终设计的候选设计方案。ZSEARCH 也可对变焦透镜做同样的事情。即使设计人员不知道初始配置可能是什么样，但这两种算法都可以进行透镜设计。Dilworth 与著名透镜设计大师 Dave Shafer 一起发表了一篇论文，将 DSEARCH 的结果与 Dave Shafer 精心设计的 11 片透镜进行了比较。这篇论文是关于人与机器的有趣讨论。DSEARCH 能够快速找到 11 片、10 片、9 片，甚至仅有 8 片透镜的解决方案。即使知道一个潜在的解空间有更少的透镜数，Dave Shafer 也能够找到设计方案，虽然需要花更多的时间来做到这一点。Pare Shafer 找到了 DSEARCH（使用默认选项）漏掉的一个设计，但是 DSEARCH 算法提出了几个超越这个著名透镜设计师的设计。

如今，人们可以进行更多关于优化的研究，尤其是分析 Dilworth 在这方面的贡献之后。本书不仅将教会读者更多的镜头自动优化的设计技巧，还提供了许多示例，让读者可以在自己的计算机上运行并通过更改参数和其他命令进行实验。我相信你会享受这本书并从中获益。

Dr Steve Eckhardt

Eckhardt Optics LLC

White Bear Lake, Minnesota

March 2018

目 录

第1章
概述

　　本书以 SYNOPSYS[①](SYNthesis of OPtical SYStems)光学设计程序为例, 介绍光学设计原理与技术, 是因为它可以快速、轻松地帮助完成所有的课程, 这些设计原理对于任何具有类似功能的程序都是有效的。学习这些新技术并熟悉该程序的最好方法就是利用软件练习许多不同的例子, 基于此, 本书许多章节都安排了实践环节。为了减少读者输入透镜文件和优化宏的工作量, 用户可以在文件夹 DBOOK-ii 中找到一个副本, 按照下面的提示下载(一个"MACro"是一个包含输入命令和被程序识别的数据文件)。

　　要安装和运行程序, 需要两个文件以及示例文件夹, 所有文件都位于 www. osdoptics. com 网站上: SYNOPSYS200_v15. zip, InstallSYNOPSYS_DLL_IA32. zip 和 DBOOK-ii。

　　如果需要申请试用许可证, 请使用在 OSDOptics. com 官网上的试用申请栏 Access&Installation, https: //osdoptics. com/accessinstallation/, 或者发送电子邮件到 office@ osdoptics. com。

　　用该程序创建一个文件夹 C: \ SYNOPSYS, 并在该文件夹中创建一个文件夹 USER, 同时复制 DBOOK-ii 文件夹到 C: \ SYNOPSYS 下。这样, C: / SYNOPSYS 下有两个目录: USER 和 DBOOK-ii。该程序可以找到这个目录结构, 所以请不要移动任何文件夹。以前的版本(使用文件夹 DBOOK)演示了早期软件版本的输入和输出, 其中大部分在新版本中已被修改, 不再相关。

　　该程序经常更新, 用户需要更新至最新版本, 因此请经常查看网站以进行更新。

　　当用户启动该程序时, 它会告诉您没有硬件密钥。在这种情况下, 只需选择在演示模式下运行, 就会出现使用 12 个表面的限制。

　　在 Command Window(CW) 中输入字符 CHD(CHange Directory) 后, 将打开一个对话框。单击"浏览"按钮, 如图 1.1 所示。

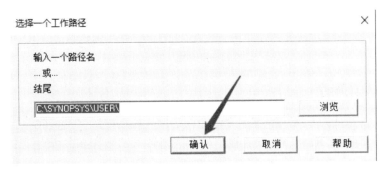

图1.1　更改目录对话框

　　选择目录"DBOOK-ii"(按照上述说明复制), 然后单击"OK", 这将成为用户的新默认目录。

　　然后在 CW 中键入"HELP TM", 打开"教程手册"。打印每一章并仔细阅读。本书中的章节包含

---

① SYNOPSYS 是美国 OSD 公司光学设计软件的商标。

许多需要了解基础知识的示例。用户应该熟悉该程序的基本功能并知道如何使用它们。

用户完成以上操作后,可通过在 CW 中键入"EXIT"或单击框架右上角的"X"退出 SYNOPSYS。该程序在退出时会清除许多临时文件,如果程序被终止或者崩溃,则不会执行最后一步。

之后的许多章节都提到了透镜文件和 MACros 的相关操作方法。前者是带有扩展名".RLE"的文本文件,包含透镜的描述,后者是扩展名为".MAC"的命令列表。当用户在练习它们时,将收到诸如 (C40L1)等条目的通知,这意味着可以在文件 C40L1.RLE 中找到透镜,并使用命令 FETCH C40L1 打开。对于带有(C40M1)等条目的 MACros,它指的是一个名为 C40M1.MAC 的 MACro,可以使用命令 LM C40M1(LM 表示加载 MACro)在编辑器中打开。

用户也可以使用菜单 MWL 在当前目录下的透镜文件列表中进行选择,并且使用菜单 MWM 在 MACros 列表中进行选择。MWL 能列出每个透镜文件的 ID 行,并预览透镜。另一种打开 MACros 的方法是单击编辑器工具栏上的按钮" 🔍 "。此方法在编辑器窗口中预览文件,以帮助用户选择所需的文件。

在打开它们之后,有些指令会以某些方式更改 MACro,因为您可以决定并处理透镜。但是,需要先重命名 MACro,因此它在运行时不会覆盖原始文件。单击按钮" -N "时,将使用默认名称 DEFAULT.MAC 保存工作副本。这种情况下,如果想再次查看该章节,可以打开原始文件,它的内容不会被更改所覆盖。(单击"Run MACro"按钮🖼️时,先保存文件,然后执行。)

▶ 1.1 为什么透镜设计很难?

光学设计没有捷径,其困难源于初始透镜结构的设计。人们不仅要设计一个理论上的好透镜,还必须考虑外壳的尺寸、性能、成本、透过率和可用玻璃的可用性,同时避免因设计公差太小而无法加工的问题。考虑到这些问题,必须设计一个有效的透镜结构,而这很难做到。

为什么难?因为我们面对的是一个多维的设计问题,其中许多待设计变量和像差以非线性方式耦合,并且大多数变量的边界条件都很苛刻,且有工程应用都须考虑这些问题。

如果初始透镜结构确实很好并且你的技术足够好,那么你可以通过一个良好的初始结构得到一个优秀的设计。然而,很少有人有这样一个初始透镜结构,并且只有少数人拥有其所需的技能。因此,这项工作对大多数人来说很难,甚至对于部分专家来说也很困难。这里的核心问题是,除一些简单的情况外,透镜设计问题没有固定形式的解决方案。这意味着没有公式可以简单地代入数值并获得优秀的设计。你必须思考并尝试设计,从经验中学习,并进行迭代。编写 SYNOPSYS 光学设计程序的目的是尽可能让计算机来完成琐碎工作,摆脱乏味的传统任务,希望当用这些新工具时可以使现在的工作变得更容易。

1.1.1 透镜设计理念

我经常将透镜设计描述为一座山峰和山谷遍布的山脉,在这种情况下,设计任务是找到最低的山谷,其对应最低的评价函数(MF)。MF 通常被定义为一组数值的平方和,它们代表设计与其最终目标的差异;如果完全满足所有目标,则 MF 将为零,这几乎不可能出现。总体上,最低的山谷是最好的或"最佳"的设计,因为它具有最低的 MF。但该怎么找到它?

一种方法是从最高峰的顶部开始,从那里可以看到所有的山谷,选择一个方向,然后下坡。这就是 DSEARCH 背后的原理,也是一个将在许多章节中使用的工具。在该视图中,最高峰相当于透镜的所有表面是平面;设计可以朝任何方向运行。DSEARCH 会根据自己的逻辑选择各种方向,然后下坡,评估每个方向最低山谷的像质。该算法在附录 B 中有更全面的讨论。

另一种可视化任务的方法是将透镜设计想象成爬树,如图 1.2 所示。

在这里，人们可以从底部开始向上爬，但是要选择哪个分支是一个值得思考的问题。对于给定任务，通常有许多解决方案，像质大致相同，并且当运行透镜优化程序时，就像正在攀爬任意分支。一个不同的初始结构将会出现一个不同的分支。当到达分支的末尾时，就会发现局部最小值。但再次运行优化程序不会从那个分支转移到更好的分支，此时需要其他工具。怎么去另一个分支？那里有多少个分支？这些都是令人困惑的问题，虽然本书中描述的技术使人们能够快速而便捷地探索设计树，但即使是现在该问题也没有被完全解决。

图 1.2　透镜设计树的图解例证

要理解上面的问题，以下的方式将很有帮助。图 1.3 显示了通过优化典型透镜而得到的总共 5000 个随机起始点的评价函数的统计数据。峰值给出了达到 MF 的特定值时的数量，并且每个峰值对应不同的局部最小值。因为没有很好的方法可以用经典工具使一个峰值到另一个峰值，所以设计师的工作很艰巨。想要的解决方案是在曲线的左端。所以如何找到一个真正意义上的最小值是比较麻烦的。这就是透镜设计很难的主要原因：局部最小值太多。

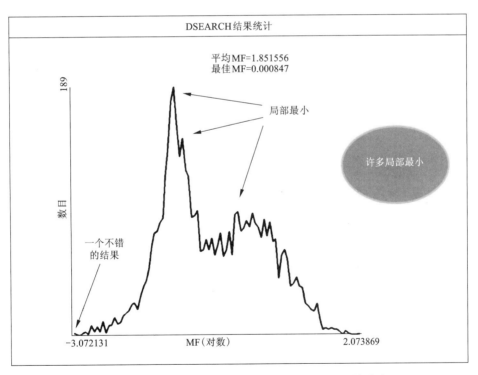

图 1.3　搜索透镜设计树的 5000 个随机分支的结果的统计

1.1.1.1　模拟退火

如今的大多数光学设计程序都提供了所谓的模拟退火优化功能，这个过程涉及对每个设计变量进行微小随机变化，然后一遍又一遍地对其进行优化。这种技术可以从一个分支横向跳到另一个分支，但这两个分支不能很远。尽管如此，它还是非常有效的，并且是当今最重要的分支跳转工具之一。本书中有许多示例会使用到它。

SYNOPSYS 提供了几种用于探索树的搜索流程。DSEARCH 从底部开始可以去任何地方，AEI（Automatic Element Insertion）和 AED（Automatic Element Deleting）的工具可以准确地选择插入或删除透镜的最佳位置。这些工具可以跳转到一个完全不同的分支，甚至可以找到一个优于光学设计专家找到的解决方案。

1.1.1.2　全局优化

大多数透镜设计程序都提供了一种"全局优化"形式的算法，可以找到各种解决方案，但这些程序大多数都不实用，因为返回结果需要很长时间，通常以小时或天为单位进行运算。另外，DSEARCH 使用附录 B 中描述的算法能够非常快速地执行，这就是本书在这些示例中使用它的原因。

专家系统程序 XSYS 也用于生成初始结构，但它与其他程序有不同之处：它通过研究透镜结构学习专家们最佳工作的成功设计，然后应用这些知识来构造新的透镜配置；XSYS 需要一个样本设计的数据库，并且必须先用这些示例，然后才有可能提供新的示例。第 53 章给出了一个相关示例。

过去，设计专家会花费数天，数周，有时甚至数年时间对经典设计形式进行小幅度改进，辅以专家的经验、洞察力、理论和大量艰辛劳动。如果他成功了，他为这一成就感到自豪。今天，我们能以不同的方式来完成这个任务。使用能够在几秒钟或几分钟内检查数百或数千个分支的软件，并返回一组初始结构。然后，用户可以评估并尝试使该结构适应他当前的要求。这些初始结构通常经过很好的校正，以至于它们几乎不需要再改进。有些透镜有时已经达到我们所谓的"衍射极限"，这种情况下，分辨率的唯一重要限制是有限的波长，不需要对透镜进行进一步的改进，并且主要涉及机械性能、公差、玻璃成本等。

本书中有许多使用搜索工具的例子，并且引导用户在优化透镜后运行模拟退火程序。然而，这些方法会在某个阶段涉及随机变化，并且就其像质而言，这些变化每次都是不同的。因此，除非采取特殊预防措施，否则当用户工作时，用户可能会获得与此处所示结果不同的结果。DSEARCH 上运行的最终结果也对初始条件和每个退火步骤中的特定随机变化非常敏感，并且得出的结果每次都有所不同。但用户希望看到他预期的结果。

为了尽可能地解决这个难题，在 SYNOPSYS（开关 98）中编写了一个模式控制开关，以便在需要随机性时重启单个随机数序列（这就像每次随机打开书的页面一样）。做好这些准备后，打开该开关，如果用户也一致，最有可能获得与此处所示相同的结果。"最有可能"意味着其他效果也会影响设计树的路径。

1.1.2　透镜设计中的混沌

如果更改了某些其他模式控制开关，为需求指定不同的权重，甚至使用定期更新的软件的其他版本，都可能获得不同的结果。供应商在其目录中添加或删除透镜，玻璃列表也会发生变化。设计过程中的任何阶段发生微小变化，也会改变通过树的路径并导致不同的结果；被称为混沌理论的数学分支处理这样的情况，而透镜设计涉及不仅仅是一棵树：它是一棵混沌树。然而，优点是，对于大多数问题，许多分支同样好，用户所要做的就是找一个好的结果。第 27 章对透镜设计中本身的混沌进行了有趣的讨论。

除下面的示例之外，我们不希望开关 98 被打开。如果你丢失钥匙，一遍又一遍地在同一个地方寻找钥匙是没有意义的。经常在处理设计工作时多次运行 DSEARCH，从每次运行中选择最佳结果，从而探索设计树的许多分支。程序通常会发现几个不同的透镜结构，但其性能几乎相同。然后可以根据包装、成本等的要求进行选择。

可以知道：在以前，当一个设计师不得不竭尽全力将透镜转向解决方案，最终获得一个性能好的透镜的时候，他很可能会接受这个结果并不再深入研究。为什么要继续深入研究下去？然而，借助现代搜索工具，SYNOPSYS 可以非常快速地提出许多解决方案，从而为解决问题的过程增加了一个全新的维度。

 ## 1.2 如何使用这本书

本书介绍了各种透镜设计问题,并展示了如何使用搜索工具和软件的其他功能找到解决方案。在大多数情况下,建议获取现有的透镜,将现有的 MACro 加载到编辑器中并运行它,然后修改输入以解决现存的问题。透镜设计软件因可以根据用户的要求输出结果而闻名,但不是所有的问题都可以得到想要的答案,需要提高自己的能力来使用软件解决问题,以避免一些不可预料的错误。

这样做需要修改输入文件,并通过单击按钮“ -N ”提醒您在进行任何更改之前要先重命名 MACro。如果输入修改了,输出也会随之改变,如果需要查看以前的内容,提前做好备份尤其重要。

此外,将在许多章节中看到诸如“优化并模拟退火 (50,2,50)”之类的指令,并且按照给定的确切顺序执行所有指令非常重要。不是因为那个顺序或那些数据特别重要,实际上,其他数据组合几乎总是会返回不同的透镜,这是本书所述搜索工具的优点之一。可能找到比本书提供的更好的解决方案,但它们不是相同的解决方案,并且要正确地遵循说明并学习如何处理出现的问题。

第 2 章
光学基础

> 近轴光学；折射定律；拉格朗日不变量；薄透镜方程；光瞳

人们普遍对透镜设计和像质有误解。当我设计一个满足用户要求并能产生良好成像的八片式透镜时，用户可能提出：能否用单透镜(1 片透镜)？有经验的人会明白，为了获得良好的成像，人们通常需要不止 1 片透镜。这是为什么？

这就是光学设计的整个领域：成像缺陷的原因和校正方法有多种类型，而这很难纠正，必须仔细平衡，但实际上很容易理解。

2.1　近轴光学

要正确理解成像，需首先讨论近轴光学，也被称为一阶或高斯光学。这就是众所周知的被折射定律简化的领域，如图 2.1 中的透镜。

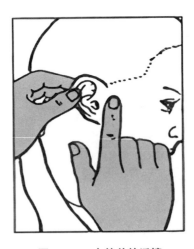

图 2.1　一个简单的透镜

一束光入射透镜，在透镜前后表面产生折射，最终达到像平面。但是，它没有到达目标成像点，产生模糊的像。这里的透镜表面是球面，并且球面透镜一直是最常见、最便宜的透镜。

如果光瞳减小到一个非常小的值会发生什么？如图 2.2 所示。

现在的光线更接近成像的中心。当然，此时进入透镜的光线会变少，当入射光束口径变为零时，角度也会变为零，此时非常小角度的正弦值等于角度值本身。因此，折射定律可近似为

图 2.2 孔径减小的透镜

$$n'\sin i' = n\sin i$$

到

$$n'i' = ni$$

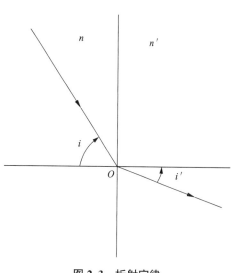

其中，n 为介质 1 的折射率，n' 为介质 2 的折射率，i 和 i' 分别是入射光线和折射光线与表面法线之间的夹角。光在材料中的传播速度要小于在空气中的传播速度，并且折射率是光在真空中的传播速度与光在该材料中的传播速度之比。这种几何形状如图 2.3 所示。

事实证明，如果孔径和视场都接近零，则可以非常简单地描述透镜的成像特性。所谓近轴光线，都会到达所需的像点，而没有像差。近轴光学系统的价值在于它为设计目标指明了道路：如果真实的光线在近轴光线所在的地方聚焦，那么透镜就会接近完美。近轴光学的概念适用于透镜系统中不包含倾斜或偏心的元件并且需要像面为平面的一般情况；否则，这个概念可能不完全适用，但它是你应该了解的基本原则之一。

图 2.3 折射定律

当孔径和视场都很小时，可以用简单的折射定律进行近轴光线追迹。这将为用户提供通过透镜的近轴光线路径，如图 2.4 所示。

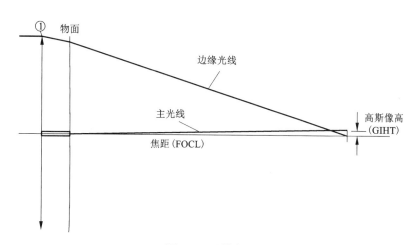

图 2.4 近轴光线

经典文章中通常会列出通过透镜追迹近轴光线的公式。然而，所有的透镜设计程序在代码中已经有了公式，不需要再学习它们，也不用手动追迹近轴光线。事实上，近轴光线并不真实存在，但它是一个有用的概念，可以帮助用户评价透镜性能。

图 2.4 中所示的边缘光线，它来自轴上物点的光束边缘，而主光线是边缘视场物点发出的光束的中心光线。

根据近轴光学，来自视场边缘处的物体的光线形成像，其与光轴的距离被称为高斯像高(GIHT)。该距离只是主光线入射角度的正切乘以透镜焦距(FOCL)。另一个基本特性是 F/数(FNUM)，定义为焦距除以孔径(整个系统适用于空气中)。

用命令 SPEC 产生的透镜规模参数如图 2.5 所示。

```
ID SINGLET                                    385          20-DEC-21    11:28:28
LENS SPECIFICATIONS:

SYSTEM SPECIFICATIONS

OBJECT DISTANCE      (TH0)      INFINITE   FOCAL LENGTH      (FOCL)      8.0886
OBJECT HEIGHT        (YPP0)     INFINITE   PARAXIAL FOCAL POINT         7.6733
MARG RAY HEIGHT      (YMP1)      2.0000    IMAGE DISTANCE    (BACK)      7.6733
MARG RAY ANGLE       (UMP0)      0.0000    CELL LENGTH       (TOTL)      0.6299
CHIEF RAY HEIGHT     (YPP1)      0.0000    F/NUMBER          (FNUM)      2.0222
CHIEF RAY ANGLE      (UPP0)      1.0000    GAUSSIAN IMAGE HT (GIHT)      0.1412
ENTR PUPIL SEMI-APERTURE        2.0000     EXIT PUPIL SEMI-APERTURE     2.0000
ENTR PUPIL LOCATION             0.0000     EXIT PUPIL LOCATION         -0.4153


WAVL (uM) .6562700  .5875600  .4861300
WEIGHTS   1.000000  1.000000  1.000000
COLOR ORDER      2    1    3
UNITS                          INCH
APERTURE STOP SURFACE (APS)     1    SEMI-APERTURE    2.00898
FOCAL MODE                     ON
MAGNIFICATION        -8.08861E-12
GLASS INDEX FROM SCHOTT OR OHARA ADJUSTED FOR SYSTEM TEMPERATURE
SYSTEM TEMPERATURE =    20.00 DEGREES C
POLARIZATION AND COATINGS ARE IGNORED.
SURFACE DATA
```

SURF	RADIUS	THICKNESS	MEDIUM	INDEX (Nd)	V-NUMBER (Vd)		INDEX (Primary)	V-NUMBER (Equivalent)
0	INFINITE	INFINITE	AIR					
1	4.18015	0.62992	N-BK7	1.51680	64.17	SCHOTT	1.51679	64.17
2	INFINITE	7.67331S	AIR					
IMG	INFINITE							

图 2.5　规格列表

此时透镜焦距为 8.0886 英寸(1 英寸 = 2.54 cm)。如果从像面开始测量焦距，像方主点位置通常在透镜内部，且与透镜形状相关。如果透镜非常薄且厚度为零("薄透镜")，则主平面在透镜表面，否则用户须找到透镜的主平面。沿着进入透镜的边缘光线绘制一条线，沿着折射光线向后绘制另一条线，如图 2.6 所示。这两条直线的相交处是第二主平面，也被定义为单位线性放大率的平面。当然，透镜也有第一主平面和两个节点，它能给出单位角度放大率。本书提到这些，只是为了让初学者了解这些术语。

用 PXT P 命令产生的近轴光线追迹数据列表如图 2.7 所示。

该列表显示了两条近轴光线的路径和角度及单透镜的一阶特性。(列出的角度实际上是角度的正切，符合近轴光学。)请注意，F/数(FNUM)可以很容易地根据边缘光线角度 U'_{marg} 的最终值导出：

$$FNUM = -0.5/U'_{marg}$$

因此，$-0.5/-0.24726 = 2.0222$。

当用户指定 FNUM 并且想知道角度以便指定曲率求解时，这非常有用，我们将在后面的章节中介绍这个主题。

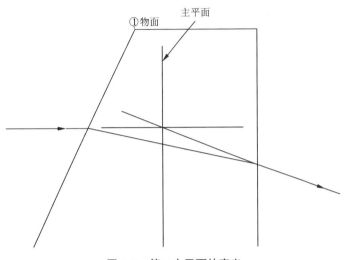

图 2.6 第二主平面的定义

ID SINGLET   385   20-DEC-21 11:37:01

PARAXIAL RAYTRACE DATA

SURF	Ymarg	U'marg	Imarg	Ychief	U'chief	Ichief
OBJ	0.00000	2.000E-12		-1.74551E+10	0.01746	
1	2.00000	-0.16302	0.47845	0.00000	0.01151	0.01746
2	1.89731	-0.24726	-0.16302	0.00725	0.01746	0.01151
IMG	0.00000			0.14119		
	GIHT	FOCL	FNUM	BACK	TOTL	DELF
	0.14119	8.08861	2.02215	7.67331	0.62992	0.00000

图 2.7 近轴光线数据列表

 ## 2.2 拉格朗日不变量，薄透镜方程

这里要提到的另一个概念是拉格朗日不变量，如下：

$$\lambda = y_b n u_a - y_a n u_a$$

其中，y_a 为近轴边缘光线 Y 坐标；y_b 为近轴主光线 Y 坐标；u_a 为近轴边缘光线与光轴的夹角；u_b 为近轴主光线与光轴的夹角；n 为折射率。这些参量都针对同一个表面。一束光入射到透镜上，除部分光被遮挡，λ 值在空间内是固定的。拉格朗日不变量是衡量设计任务是否可行的工具。（量 λ 也被称为透镜的"光学扩展量"。）如果一个元件改变了值 u_a，则可以自动调整该等式中的其他变量，使得 λ 保持不变。从这个简单的规则可以推断出，如果望远镜中的目镜视场放大率为 100×，那么出瞳（位于观察者眼睛处）将是物镜或镜子直径的 1/100。因此，系统的近轴放大率由 $m = n_0 u_0 / n_k u_k$ 给出，其中下标 0 表示物空间，而 k 是最终表面。

忽略反射和透射损失，望远镜能看到的晴朗蓝天的天空亮度是多少？答案是，无论放大倍数如何，只要光线充满眼睛的瞳孔，成像就像天空本身一样明亮。如果望远镜放大 10×，那么出射光瞳是物镜直径的 1/10。因此，望向指定的天空区域通过出射光瞳的光通量是通过直接观察该光斑的观察者的眼睛的 100 倍。然而，通过目镜看，该区域看起来也放大 10×，目镜将光线扩散到视网膜上 100 倍大的区域。因此，光通量/单位面积/单位立体角不变。另外，指向星星的望远镜可通过面积比放大图像的亮度,因为望远镜不会增加视网膜上图像的大小。(星星太远而无法分辨,如果望远镜没有像差,并且与放大率无关,则成像总是一个弥散斑,其大小由波长和 F/数给出。)当然,大气湍流通常也会影响星星成像,因此在实际中它会更大。

薄透镜公式有两种形式。给定图2.8中的薄透镜,其焦点到透镜的距离为 f,物距为 s_1 的物体在像距 s_2 处成像,以下关系成立:

$$-1/s_1 + 1/s_2 = 1/f$$

其中,s_1 和 s_2 是从主平面(在薄透镜中重合)测量的。

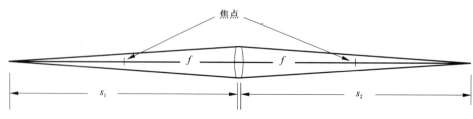

图2.8 几何图解说明薄透镜方程

如果从焦点测量 s_1 和 s_2,而不是从主平面测量,则获得牛顿方程,如图2.9所示。

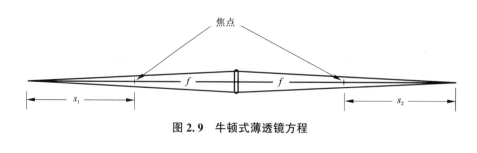

图2.9 牛顿式薄透镜方程

$$-s_1 s_2 = f^2$$

2.3 光瞳

在许多透镜系统中,存在一个限制光束大小的表面,称为孔径光阑。如图2.10中的透镜所示。

在这种情况下,表面9(由箭头标出)是虚拟表面,称为光阑面。光阑经过其左边的元件(在"物空间"中)成的像,被称为"入瞳",并且它必须是在光线瞄准的地方,以便实际光线经过光阑。类似地,从右侧(在"像空间"中)看到的由其右侧元件形成的光阑的像是出瞳,并且光线看起来来自光阑位置。这里的光阑面显示不明显,"虚拟表面"是两侧折射率没有变化的表面,因此光可直接通过。(这些对于定位光阑非常有用,并且在使用倾斜或偏心坐标时也很方便。)

在带有目镜的望远镜中,出瞳只是物镜的成像,位于目镜之外的一小段距离,观察者可把眼睛放在那里。因此,物镜收集的所有光线都能通过出瞳进入眼睛(忽略吸收和反射损失)。在这种情况下,光阑在物镜上,物镜是最昂贵的元件,所以想要利用其整个孔径。如图2.11所示。

在该系统中,主镜是收集光的离轴抛物面。眼睛观察点位于右上方的出瞳处,这是镜子的像,因此观察者的眼睛将接收所有通过的光(假设眼睛的瞳孔大小与出瞳大小相同或更大,故所有的光都可以进入眼睛)。从最后一个透镜元件到观察者眼睛的距离称为"出瞳距",并且必须确保它足够大以便能舒适地观看,甚至在某些情况下更大,以支持使用眼镜。

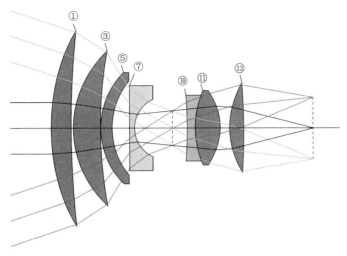

图 2.10　在表面 9 上具有孔径光阑的透镜

注：图中数字为透镜的表面编号。

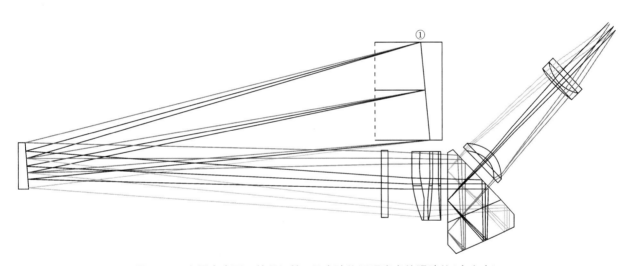

图 2.11　光阑在表面 1 的望远镜，且出瞳位于观察者的眼睛处(右上方)

光瞳的概念虽然原则上很简单，但在实践中却很复杂，第 22 章将对此进行更详细的论述。

第 3 章
像差

赛德尔像差;球差;彗差;像散;光扇图;修正方法;阿贝正弦条件;高阶像差;点列图;波前像差;OPD;费马原理;MTF;刀口追迹;环围能量;色差;斯特列尔比

需深入了解透镜设计的重点内容:最大程度地减少会降低成像质量的像差,但像差不为零。

经典方法是计算"三阶"像差组,这是 20 世纪中叶之前的一个重要话题,在使用计算机之前,人们可通过三阶像差估算透镜性能。("透镜"是指一片或多片透镜元件的集合,每片透镜元件都有自己的像差贡献。)1856 年,Ludwig von Seidel 发布了用于计算光学成像质量的近似公式,即使是粗略估算其结果比追迹大量光线更精准。但是估算不太准确,且透镜设计的艺术分为两个学派:在英格兰,H Dennis Taylor 和 Charles Hastings 等设计师常使用三阶像差解决方案(他们知道这些解决方案精准度不高),然后对设计进行研磨和抛光,以便他们可以直接测量像质。在那个时代,实际上加工透镜比追迹一组有代表性的光线要快;在德国,Joseph Max Petzval 和 Ernst Abbe 等设计师坚持使用追迹光线,在研磨任何玻璃之前进行设计,有时甚至需要几个月的光线追迹。

什么是三阶像差?近轴光学即正弦函数的展开式中的第一项(正弦等于角度),则该展开式中的第二项是角度的三次幂函数。用这个增加的项导出光线追迹方程产生与近轴光线追迹的差异,被称为三阶像差。该值涉及光线在孔径中位置(ρ,θ)的幂级数和视场点(HBAR),可用(E_x,E_y)描述像差,如下所示:

$$E_x = \text{SA3}\rho^3\sin(\theta) + \text{CO3}\rho^2\text{HBAR}\sin(2\theta) + \text{SI3}\rho\text{HBAR}^2\sin(\theta)$$
$$E_y = \text{SA3}\rho^3\cos(\theta) + \text{CO3}\rho^2\text{HBAR}[2+\cos(2\theta)] + \text{TI3}\rho\text{HBAR}^2\cos(\theta) + \text{DI3}\text{HBAR}^3$$

其中,SA3 为三阶球差;CO3 为彗差;SI3 和 TI3 分别为弧矢和子午像散;DI3 为畸变。

由上式可知,球差(SA3)引起的误差在视场上是恒定的(没有 HBAR 依赖性),并且随着孔径的三次方变化而变化;彗差(CO3)随着孔径的二次方而变化,与视场线性相关;像散(TI3 和 SI3)随视场高的平方而变化,并随孔径线性发生变化。注意,"畸变"(DI3)随视场的三次幂发生变化,描述的是每个物点在像面上的质量误差;畸变并不是指成像的清晰度。所有三阶像差仅适用于旋转对称系统。

虽然三阶像差概念在分析像差时非常有用,但是当设计透镜时其作用有限。由于现代计算机追迹光线的速度很快,用户可以直接处理真实光线的误差,并基于算法将误差校正到接近零的值,基本上可以忽略三阶像差。(有少数例外,将在后面的章节中提到。)

对于更高次幂,如第五阶、第七阶等,它们对光瞳和视场位置有其自身的依赖性。只是顺便提到它们,因为透镜设计师已很少关注它们。(为什么只提奇数的次幂?因为正弦函数的展开式中只有奇数阶。)当改变一组透镜时,低阶像差敏感度高,这一事实使得更高的阶数难以被重视。幸运的是,当用一组合适的真实光线定义评价函数时,该任务处理得相当好。

3.1 光扇图

光扇图用于显示透镜的像差,图中包含每条光线的成像误差。但是,用户必须确保追迹的光线是正确的。如果透镜和光瞳已被正确定义,那么光扇图会反映出透镜的许多成像特性。

如果用户通过透镜进行光线追迹,则会在像面中获得特征图案。弧矢方向光扇(或 SFAN)是沿 x 方向穿过孔径的一组光线,如图 3.1 左侧所示,而子午方向光扇(或 TFAN)则从底部到顶部,如图 3.1 右侧所示。

通常由于透镜关于 y-z 平面(子午平面)对称,仅追迹弧矢方向光扇的一半(因为另一半是相同但倒置的)。如果将图像中给定光线的 x 位置对准孔径中该光线的 x 位置,则对于具有校正不足的三阶球差的透镜,可以获得如图 3.2 所示的 SFAN 曲线。

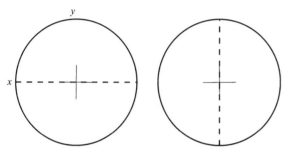

图 3.1 弧矢光扇(左)和子午光扇(右)的定义

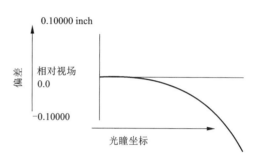

图 3.2 显示负球差 SA3 的弧矢光扇的插图

在这种情况下,曲线为光瞳位置的三次幂函数。这种形状是三阶球差的特征(它是由球面望远镜形成的图像中最突出的像差而命名;抛物面镜可以在视场的中心形成完美的图像,因为它没有球差)。单透镜的布局图以及三个视场点的光扇图如图 3.3 所示。(该程序的 SketchPAD[1] 功能提供的显示用命令 PAD 打开。)

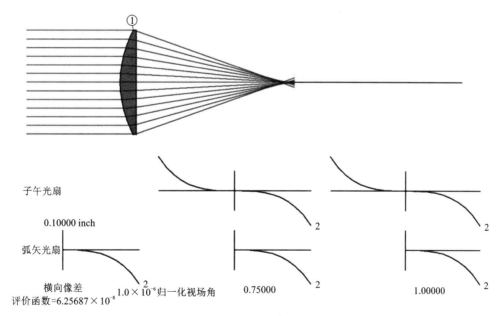

图 3.3 SketchPAD 显示球差为主的透镜

注:1 inch = 2.54 cm。

曲线都非常相似,因为在这种情况下,SA3 是主要像差,并且它不随视场发生变化。图 3.3 中下面的三条曲线是 SFAN,而上面两条是 TFANS,对应不同的视场点,其中全场为 1.0。

使用命令 THIRD,在软件中查看像差值:

```
SYNOPSYS AI>THIRD

    ID SINGLET                              385        20-DEC-21    11:41:54

    THIRD-ORDER ABERRATION ANALYSIS

    FOCAL LENGTH   ENT PUP SEMI-APER   GAUSS IMAGE HT
       8.089              2.000              0.141

    THIRD-ORDER ABERRATION SUMS
            SPH ABERR     COMA     TAN ASTIG   SAG ASTIG    PETZVAL    DISTORTION
             (SA3)       (CO3)       (TI3)       (SI3)       (PETZ)     (DI3(FR))
            -0.13229    -0.00395    -0.00109    -0.00050    -0.00020    -4.422E-06

    PARAXIAL CHROMATIC ABERRATION SUMS
            AX COLOR   LAT COLOR   SECDRY AX   SECDRY LAT
             (PAC)       (PLC)       (SAC)        (SLC)
            0.03062    3.849E-05    0.00942     1.184E-05
```

SA3 的值为 -0.13229,这正是 SFAN 曲线上显示的值。

典型的牛顿望远镜中抛物面镜的像差如图 3.4 所示,在视场中心,成像是完美的。

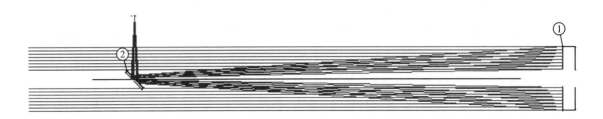

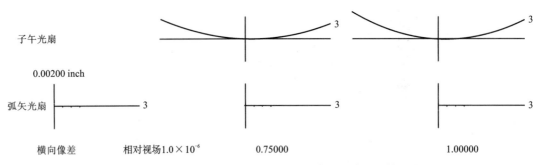

图 3.4　典型的牛顿望远镜,在轴上点没有球差和轴外彗差

注:图中带圈数字为透镜的表面编号;图中数字为定义波长下光扇图曲线对应的波长编号。

望远镜中没有球差,但轴外视场子午光扇显示 U 形曲线,存在彗差 CO3(折叠镜阻挡了一些光线,如光扇图中心的点所示)。图 3.5 显示了 SA3 和 CO3 的相关性:SA3 随着孔径的三次方变化而变化,CO3 随着孔径的二次方的变化而变化且与视场线性有关系。可以将彗差视为在透镜中从一个区域到另一个区域的放大率的变化。

其他三阶像差包括弧矢像散(SI3)、子午像散(TI3)和匹兹伐场曲(PETZ)。TI3 如图 3.6 所示;SI3 与之相类似,但影响 SFAN 而不影响 TFAN。Petzval 场曲影响成像表面的平整度并且与它们两者都相关(理想的成像将在这些图上显示为一条直线)。

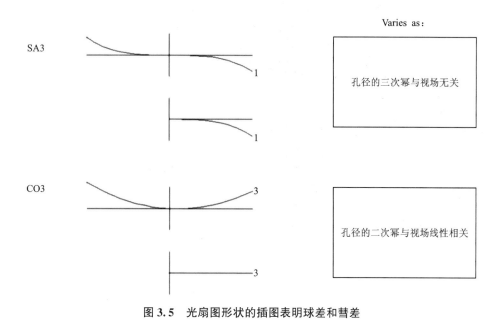

图 3.5　光扇图形状的插图表明球差和彗差

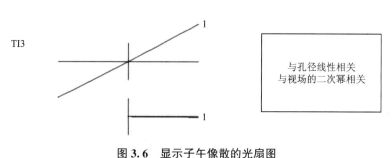

图 3.6　显示子午像散的光扇图

注：图中数字为定义波长下光扇图曲线对应的波长编号。

Petzval 场曲是一个有趣的概念。如果透镜的所有其他像差都为零，则可以在具有该曲率的表面上找到最清晰的成像。如果像散不为零，则可以在 S 和 T 表面之间的空间中找到最佳成像表面，并且不像人们猜测的那样非常接近 Petzval 表面。

公式如下：

$$\text{PETZ} = - \sum \frac{1}{n_j f_j}$$

其中，n_j 为第 j 个元件的折射率；f_j 为第 j 个元件的焦距。从这一点可以得知，两个正透镜无法将 PETZ 校正为零。添加负透镜（具有负 f）可使得场曲为零，基于此，原始的 Cooke 三片式透镜在两个正透镜之间插入负透镜，如图 3.7 所示。折射倾向于产生朝向透镜向内弯曲的 Petzval 表面，而正焦度的反射面则相反。同时，表面的曲率恰好是半径的倒数。

在过去，设计师努力纠正这些像差，有些设计师可能现在也一直这样处理，但在此传递一个重要经验：当用户设计透镜时，只要校正那些重要成分，而不是校正所有的像差。在大多数情况下，用户只关心两件事：成像是否清晰？成像是否在正确的位置？三阶像差通常有影响但不值得校正，因为需要用三阶像差来平衡更高阶数像差，所以尝试使它们为零是一个错误思路。事实证明，任何完全对称的透镜都没有奇数幂像差，因此彗差为零。对称形状的透镜结构能较好地校正像差，即使它不再是严格对称的。如图 3.7 所示。

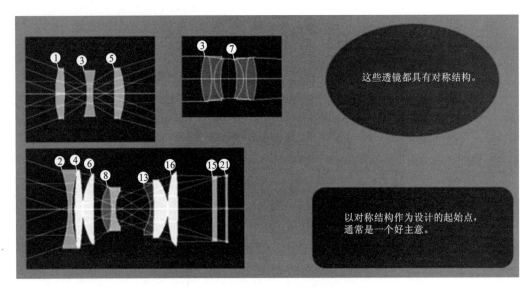

图 3.7　从对称形式导出的透镜配置的示例

该原理的另一个应用场景是具有共同焦点的两个抛物面的情况,如图3.8所示。这种组合没有球差(因为抛物面没有)且没有彗差(因为来自第一个抛物面的彗差被第二个抛物面完全抵消了)。事实证明,在给定成像高度下,来自抛物面的彗差只是F/数的函数,而不是焦距。将反射镜放大两倍,彗差在新的全视场图像高度处加倍。但是,在旧图像高度(新图像高度的一半)处,彗差是新图像的一半,或者仅是之前的值,能实现完美平衡。所以学习三阶像差是有价值的。但除这些简单的情况之外并没有太多使用价值。如果用户坚持镜头必须无像散,那么他将排除许多出色的设计,因为三阶像散可以平衡更高阶像散。

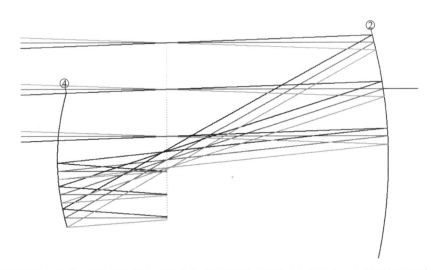

图 3.8　共焦抛物面的结构(这种结构没有球差或彗差)输出是准直的(在实践中,人们可切割两个离轴反射镜)

注:图中数字为透镜的表面编号。

虽然一些减少像差的经典方法仍然有效,但如今的计算机能完成大部分工作,所以这些方法已经没用了。

请注意,如果光线是准直的(来自无限远处的物体),则无法校正球面单透镜的球差,除非光焦度为零。人们可以使透镜"弯曲",像差将发生变化,但弯曲不会使像差变为零。图3.9显示了三个不同的单透镜弯曲,第二个位于最佳位置,没有一个是完美的(但是,如果进入的光没有准直,有时可以通过弯曲透镜来校正球差)。

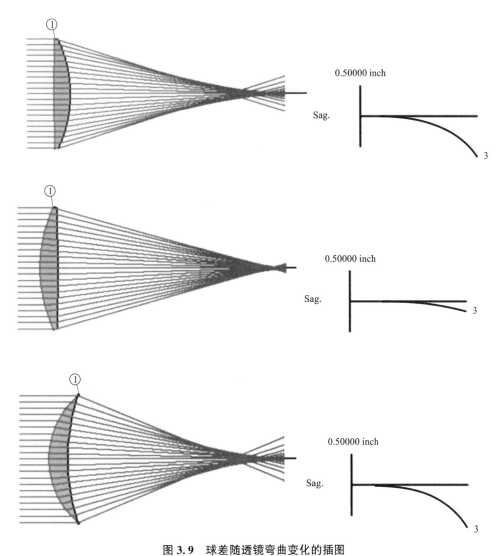

图 3.9　球差随透镜弯曲变化的插图

注：图中数字为定义波长下光扇图曲线对应的波长编号。

▶ 3.2　阿贝正弦条件

对于给定的物点，期望孔径中所有光线的焦距是相同的。但是图 3.10 解释了为什么牛顿望远镜不是这种情况。由于边缘光线必须比主光线更远，因此沿着边缘光线的焦距更长，这就是产生彗差的原因。

弯曲透镜也会弯曲一个节点表面，当它围绕成像点形成一个球体时，彗差会消失。这是阿贝正弦条件的基础。如图 3.11 所示，通过向表面 1 添加非球面项来校正 SA3 并通过弯曲透镜来校正 CO3。

当满足要求：

$$\sin\theta = A/F$$

时，此时没有彗差。（当物体处于无穷远时，此等式有效。）满足此条件的透镜称为消球差透镜。在实际中，校正实际光线的像差不是三阶像差，如果校正成功，则自动满足正弦条件。

该规则的必然结果是，针对彗差校正的透镜的最小可能 F 数是 0.5。按照我们之前给出的规则，$\mathrm{FNUM} = -0.5/\mathrm{UA}$；对于真实光线，$\mathrm{FNUM} = -0.5/n\sin\theta$（参量 $n\sin\theta$ 被称为透镜的数值孔径）。因为 θ 永远不会超过 90°，在实际中，很少使用超过 90°的陡峭角度。

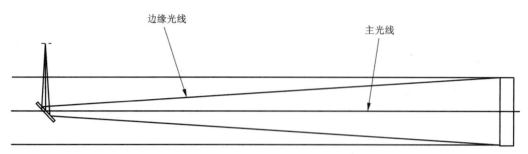

图 3.10　牛顿望远镜中彗差插图

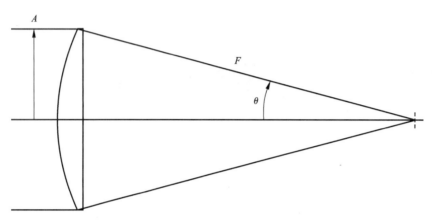

图 3.11　非球面单透镜通过满足阿贝正弦条件来消除彗差

3.3　高阶像差

　　有三阶像差,自然也有更高阶像差,原则上可以通过在正弦函数的展开式中采用多项式来计算,实际上,这在代数上变得难以处理。

　　高阶像差的影响很重要,并且在光扇图中很容易看出。在图 3.12 中,可知近轴离焦为零(因为曲线在轴处呈现水平),透镜具有负三阶球差(曲线向下)和正五阶(曲线向上)球差。当优化程序使一个像差与其他像差平衡时,这是常见的现象。

　　从实际光扇图数据中排除三阶像差,剩下的就是高阶像差的影响。众所周知,透镜参数发生改变时,低阶像差变化最快。阶数越高,变化越慢——这就是高阶像差更难以校正的主要原因。

　　图 3.13 显示了具有多阶像差的透镜曲线,可以看到离焦及三、五、七和九阶球差的所有平衡,因此透镜表现出超过 0.03waves 的峰峰值波前差,如图 3.14 所示的 OPD 图(OPD 表示光程差)。该透镜在 0.226 μm 的深 UV 下以 $F/0.625$ 进行工作,这是在 20 多片或更多透镜的微光刻透镜中实现的典型平衡,其在性能上是完美的。显然,平衡高阶像差是透镜设计的基本目标,幸运的是,现代软件很好地完成了这项任务。这样的透镜代表了透镜设计师艺术的巅峰之作,因为构造它们同样具有挑战性,公差非常紧,以至于每个元件必须先放在单元中心,然后将单元集中于一个用激光束监控的旋转盘上。完工后,这种透镜的价格为七位数或更高。

　　每当用户看到这样的曲线时,就表明用户可能需要设置轴上的光线网格数大于 5 且其余视场的网格数大于 3(可用现成的 Merit Function 6,将在之后的一些章节中使用到)。否则,可能碰巧在所要求的光线上获得了很大的校正,但两者之间发生大幅波动。多片式透镜可能会发生这种情况,特别是非球面或 DOE。

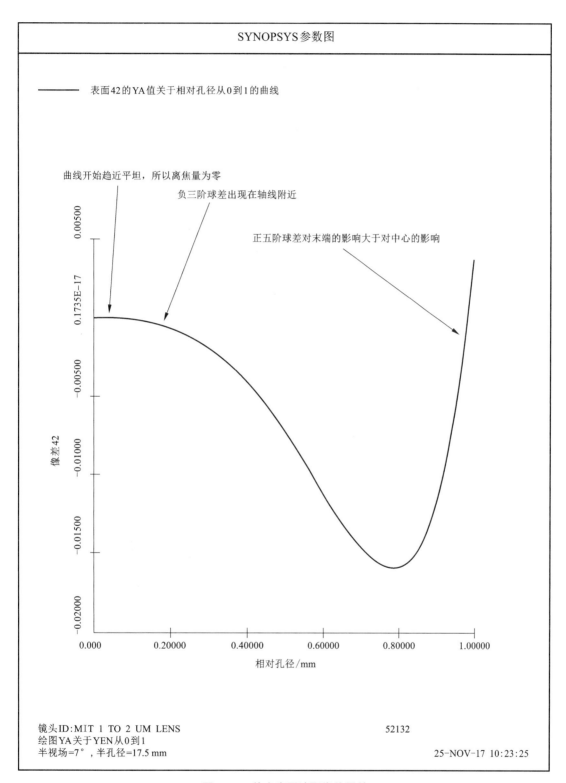

图 3.12 从光扇图读取像差贡献

透镜像差平衡的含义取决于用户如何定义在每个视场点追迹的光束。这是光瞳定义的功能，并且涉及微妙之处。进一步讨论的内容在第 22 章有提到。

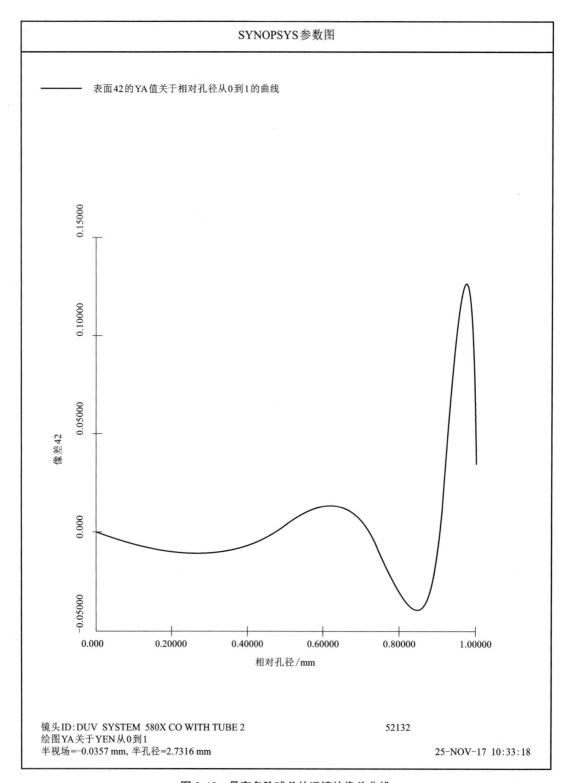

图 3.13　具有多阶球差的透镜的像差曲线

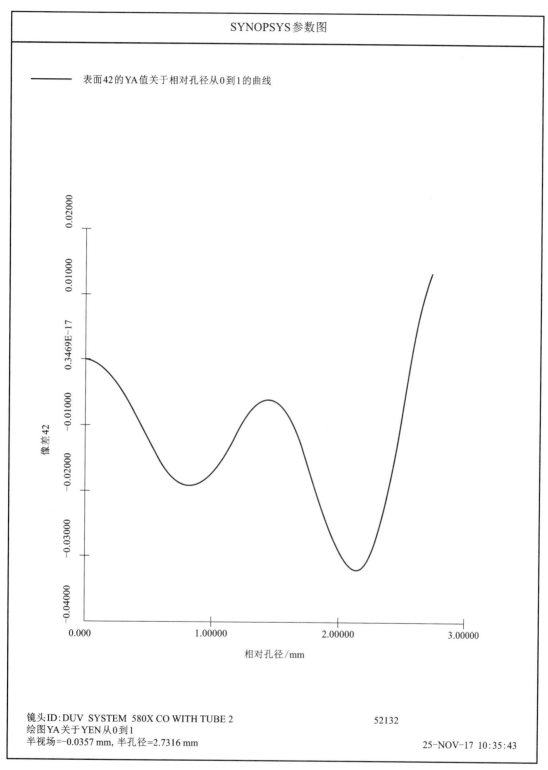

图 3.14　具有多阶像差的透镜的 OPD 像差

3.4　点列图

如今，通过现代 PC，人们可以追迹适当数量的真实光线并查看几何成像误差以获得成像质量良好的图像。一种常见方法为创建点列图，如图 3.15 中的透镜。从全视场物体发出的光线到达像面。

放大光线网格到达成像面时所产生的图案，如图 3.16 右侧所示。

这肯定不是一个非常清晰的像。它是通过追迹三种波长的 1731 条光线计算出来的，这种方法在上一代人之前是不切实际的(用 Marchand 计算器来计算)。但图片可以很好地表示成像质量，尤其对大像差系统。(点列图中明显的结构是孔径中光线成像的结果；这里是一个均匀的正方形网格。其他光线成像会改变外观，但整体效果大致相同。)

另外，如果小像差系统，则需要查看波前。

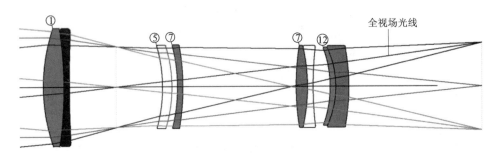

图 3.15　用于计算点列图的示例透镜

注：图中数字为透镜的表面编号。

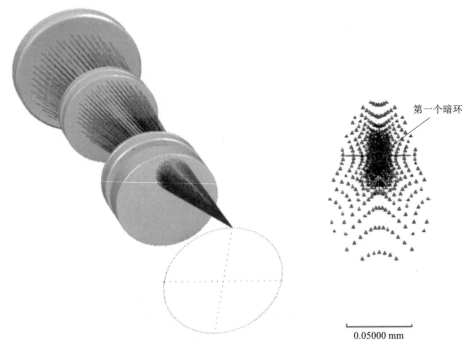

图 3.16　点列图的几何形状

3.5　波前和像差 OPD

　　即使在几何光学领域成像是完美的，但由于光的波长限制，它也不会聚焦到单个点，只会获得衍射图像。考虑牛顿望远镜(忽略模糊)，图 3.17 中的图片从左到右显示了轴上的几何图象、轴上的衍射图案、视场边缘的几何图象和视场边缘的衍射图案(该望远镜的孔径为 10 英寸，焦距为 80 英寸，因此 F/数为 8。半视场角为 0.5°)。

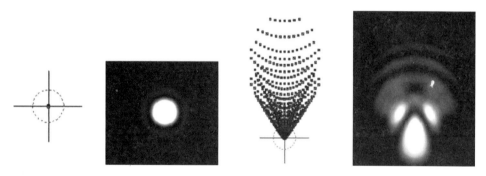

图 3.17　牛顿望远镜的成像特征(衍射效应放大了完美的几何图象)

　　第一张图片上圈出的中心部分给出衍射图案中第一个暗环的大小，几何弥散斑比这小得多(由于图中用三角符号代表每条光线大小，所以它们不为零)。如果透镜校正得好，甚至几何弥散斑与衍射图案相近或更小，则通常必须尝试控制光程差(OPD)而不仅是几何弥散斑。在后续章节中可以找到此类修正的示例。在这种情况下，必须以考虑衍射的方式评估图像。OPD 只是给定光线的总路径长度与中心光线(主光线)的路径之间的差异。在理想透镜中，这些路径是相同的，此为费马原理。

　　这款望远镜的 OPD 光扇图如图 3.18 所示。图 3.18 中，绘制了每条光线的 OPD。

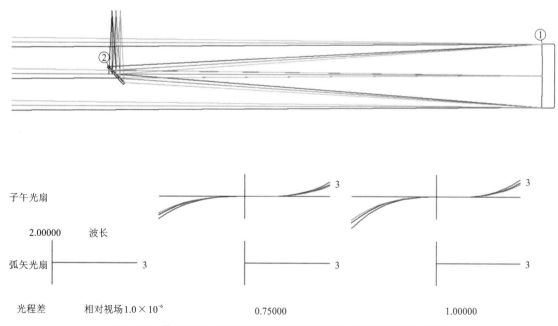

图 3.18　带有 OPD 光扇图的牛顿望远镜(OPD 光扇图显示在底部)

同样，轴上像差为零，但在视场边缘的 TFAN 具有不同的形状。简而言之，OPD 图是横向曲线的积分(称之为 TAP 图)。实际波前与理想波前在像点的差异，相对于理想成像，波前有一条 S 形曲线，这就是彗差的特征。

像质分析如下。

任何可以计算点列图或衍射图的程序通常可以计算与成像质量相关的许多其他量。选择进行哪种分析取决于透镜的用途、采用何种技术(CCD，胶片，IR 传感器)以及相关人员的偏好。主要技术如下：

(1)MTF(调制传递函数)。这是点光源成像中频率的曲线，通常解释为给定频率的正弦波图像中的对比度(如果没有光瞳像差，则两者等同)。观察像空间频率为 100 cycles/mm 的正弦波目标，图 3. 19 所示的轴上 MTF 的对比度约为 0.37。当绘制实际的正弦波图像时，如图 3.20 中的红色所示，可以测量对比度，如(MAX-MIN)/(MAX+MIN)。最后得到的结果是 0.0362，与预测一致。该 MTF 是针对牛顿望远镜计算的，并考虑了遮挡。在低空间频率(曲线的左端)，MTF 高，在高空间频率，则它变为零。零点称为截止频率，使用该系统无法解析需要更高频率的图像。如果系统中的其他组件也影响分辨率，则 MTF 有时被称为光学传递函数或 OTF。在这种情况下，OTF 由 MTF 和物理传递函数(PTF)组成，后者是由所有其他退化源引起的。MTF 选择可以从 MOP 对话框中进行访问。

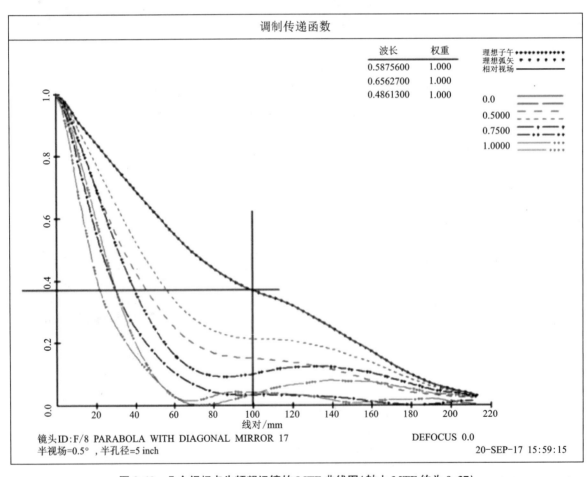

图 3.19　几个视场点牛顿望远镜的 MTF 曲线图(轴上 MTF 约为 0.37)

图 3.20 中的曲线由部分相干程序 PARTC 计算得出，PARTC 可从 MPA 对话框运行，输入填充因子 2.0，空间波长 10 μm，然后执行。这个填充因子使得程序分析不相干，而不是分析相干，10 μm 是频率为 100 c/mm 的正弦波的空间波长。

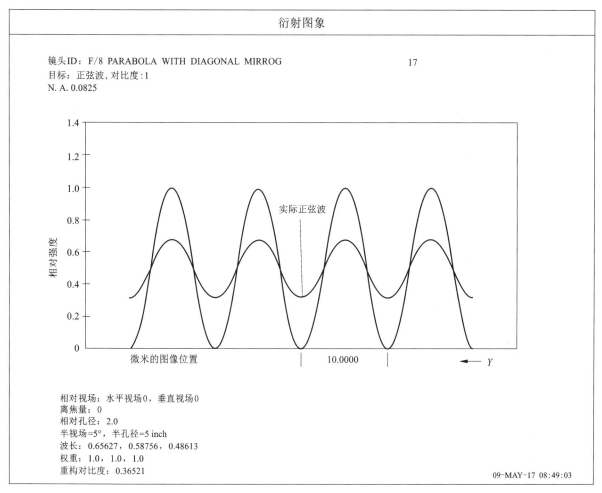

图 3.20　牛顿望远镜的轴上成像的特征(显示红色成像的对比度约为 0.36)

遮挡物会严重影响图像结构和 MTF。F/8 望远镜的 MTF 和衍射点扩散函数图如图 3.21～图 3.23 所示,用于分析各种尺寸遮挡物的遮挡。这些结果表明为什么人们通常会尽可能地减少遮挡:成像质量随着遮挡的增加而下降。一般情况下,几何图象都是完美的,但如果存在遮挡,则衍射图案不完美。对于此 F/数和波长,左上角 MTF 是比较好的。

(2)刀口追迹。图 3.24 显示了牛顿望远镜视场边缘的成像(忽略了遮挡)。

用户可以把刀口从下到上穿过这幅图像,并绘制未被覆盖的能量,使得曲线如图 3.25 所示。一些透镜设计师发现这种方法很有用,并且它很受透镜制造商的欢迎,因为它便于测量。

(3)环围能量。随着圆半径的增大,用户会绘制能量通过圆的曲线,其结果取决于圆的中心。示例如图 3.26 所示,位于望远镜视场的中心,衍射环非常明显。

(4)波前差。如果追迹入射光瞳上等间距的大光线网格,则简单计算得出方差,表示为 σ^2:
$$\sigma^2 = <\mathrm{OPD}^2> - <\mathrm{OPD}>^2,$$
其中,$<\cdots>$ 表示该组光线的平均值。该数量经常被指定为设计目标,而完美的波前差是零。

(5)斯特列尔比。还有一种常见的透镜像质测量方法是斯特列尔比(SR),通常在透镜性能接近完美时使用。它被定义为衍射图案中的峰值强度除以所有像差为零时所具有的强度之间的比值。如果图像是完美的,则比值为 1.0。

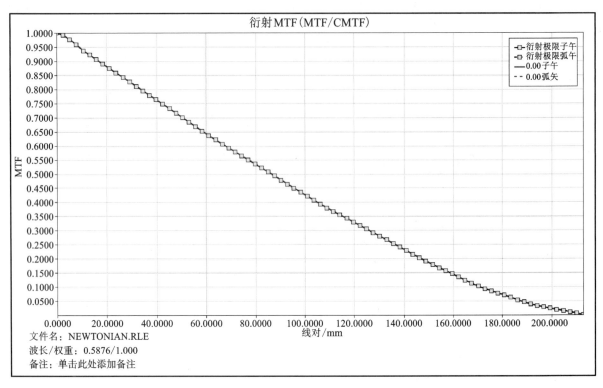

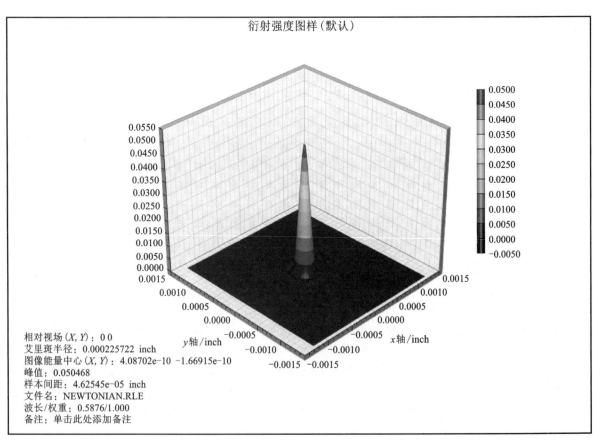

图 3.21　MTF 和望远镜的图像结构(忽略遮挡)

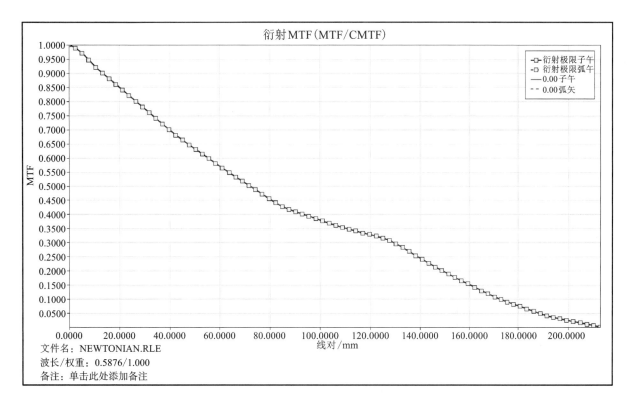

衍射 MTF（MTF/CMTF）

文件名：NEWTONIAN.RLE
波长/权重：0.5876/1.000
备注：单击此处添加备注

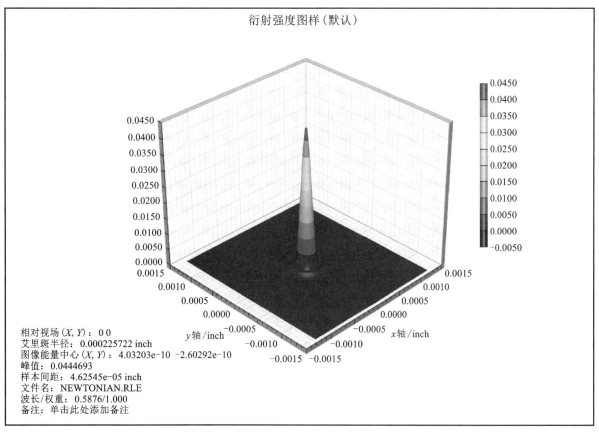

衍射强度图样（默认）

相对视场 (X, Y)：0 0
艾里斑半径：0.000225722 inch
图像能量中心 (X, Y)：4.03203e-10 −2.60292e-10
峰值：0.0444693
样本间距：4.62545e-05 inch
文件名：NEWTONIAN.RLE
波长/权重：0.5876/1.000
备注：单击此处添加备注

图 3.22　当遮挡度为孔径直径的 25% 时 MTF 和图像

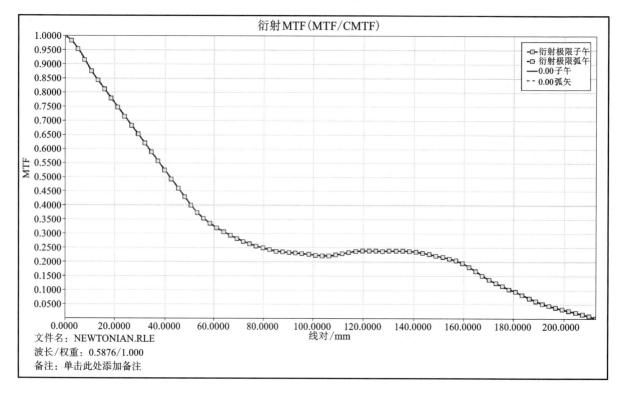

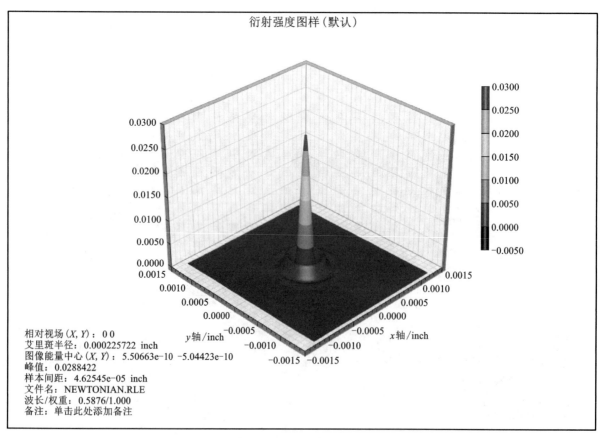

图 3.23 当遮挡度为孔径的 50% 时 MTF 和图像

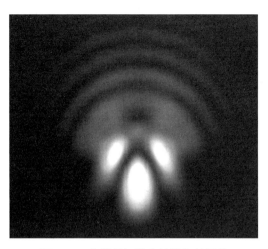

图 3.24 牛顿望远镜离轴的衍射图样

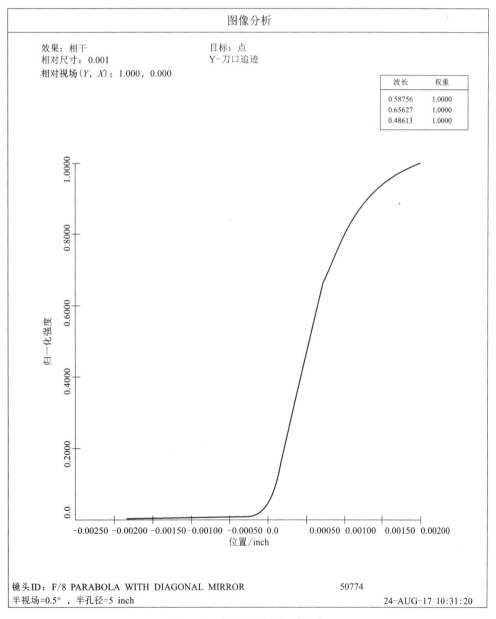

图 3.25 刀口追迹的衍射图像

SR 可以通过两种方式计算:近似具有波前差的指数函数,或者通过计算有和没有像差的衍射点扩散函数(PSF)并获取峰的比率。

如果 OPD 误差很小,则指数近似是相当准确的。这是因为对于小误差,SR 并不强烈依赖于存在的像差。通过 PSF 找到比值有点严格,但如果 OPD 误差较大,模式的形状可能会变得复杂,而且峰值的位置可能并不明显。仅在这两种情况下的误差都很小时,SR 才有用,因此指数近似被广泛使用。

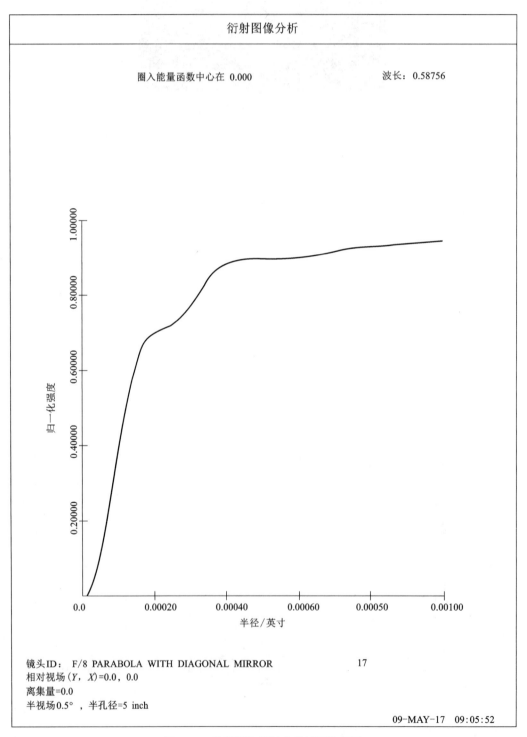

图 3.26 牛顿望远镜轴上的环围能量图

SR 比衍射 MTF 计算更快,并且因为 SR 与衍射 MTF 相关度大,所以 SR 是像质评价的有效方法。图 3.27 中有两条曲线:SR 和 100 c/mm 处的衍射 MTF,作为具有中心遮挡的抛物面反射镜的离焦函数。在小像差的情况下,两条曲线追迹效果不错。

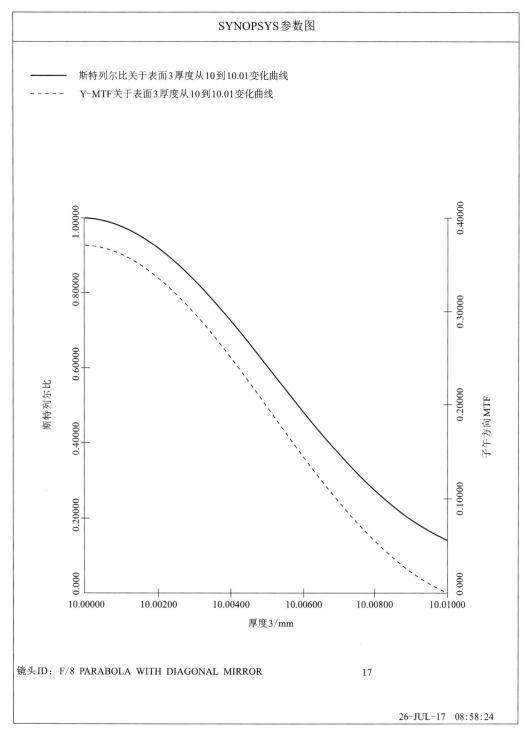

图 3.27　作为离焦函数的斯特列尔比和 100 c/mm 的 MTF(SR 以与 MTF 大致相同的速率下降,这使其成为设计阶段质量的有用衡量标准)

以下是生成上述图片的方法：

（1）FETCH NEWTONIAN；

（2）打开 MACro 编辑器并输入行：

VARIANCE P 0 600 0 0

ORD＝FILE 3；

（3）打开第二个编辑器并输入行：

MTF P 0 100

ORD＝FILE 1；

（4）运行第一个 MACro，然后在 CW 中输入：

MULTI DO MACRO FOR 3 TH＝10 TO 10.01；

（5）运行第二个 MACro，然后输入：

ADD DO MACRO FOR 3 TH＝10 TO 10.01；

（6）输入 END。

 ## 3.6　色差

透镜的折射率随波长的变化而变化，因此像面的尺寸、形状和位置也会发生相应变化，并且透镜设计者的重要目标通常是将该影响与其他像差一起最小化或者平衡。在选择要校正的精确波长和目标时，必须考虑传感器的光谱灵敏度和物面的特性。

在设计可见光系统时，必须根据眼睛的灵敏度对像差进行加权处理。图 3.28 显示了这种灵敏度，它是光照水平的函数。在明亮的光线下，能根据左边的曲线看到颜色；而在昏暗的光线下，可以看到右边的曲线后面的单色图像，其峰值向光谱的左侧移动。底部的三个三角形分别位于 C、d 和 F 夫琅禾费谱线处，波长为 0.6563 μm、0.5876 μm 和 0.4861 μm，这些通常在设计用于视觉用途的光学器件时选择。它与以这些波长发射的单色气体灯的可用性有关，用于实验室测试。

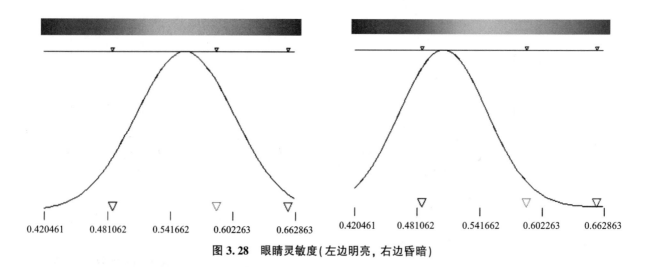

图 3.28　眼睛灵敏度(左边明亮，右边昏暗)

图 3.29 中的光扇图右侧的点列图是针对这些波长计算的。由图可知，波长 2 中图像的误差相当小，而波长 3 显示有较大的误差。

从图 3.29 中左侧曲线的形状和大小可以很好地推断出成像的实际尺寸。这种分析方法需要的光线比点列图少得多，且可用于评估初始阶段光学设计的进展。实际上，在优化过程中观察曲线的变化很有趣，因为软件可以权衡并平衡像差。在这些曲线中，会看到主要轴向色差(或 PAC)，二级轴向色

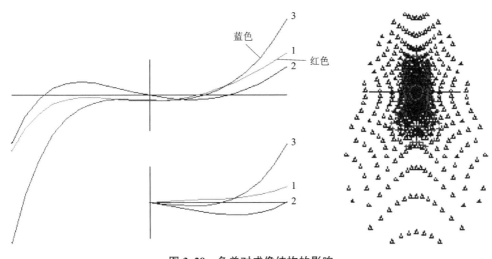

图 3.29 色差对成像结构的影响

对于轴向颜色, 该图像被很好地校正了, 但是蓝光(曲线 3)中的球差大于红色, 这种效应称为球形色差

差(或 SAC)。SYNOPSYS 软件通过获取长波和短波边缘光线的横向图像截距之间的差异来计算 PAC, 通过获取长波和中心波长的差异来计算 SAC, 这些像差都在三阶近似中。

透镜也可能受到初级横向色差(或 PLC)的影响, 这是长波和短波之间成像高度的变化, 以及二级横向色差(或 SLC), 这是长波和中心波长之间的变化。存在彗差的情况下, PCL 和 SLC 的图像的示例如图 3.30 所示。

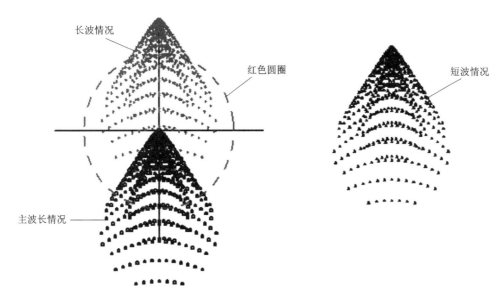

图 3.30 显示彗差和横向色差的离轴图像的示例(虚线红色圆圈表示该系统衍射图案中第一个暗环的大小, 用于比较)

一般情况下, 通过组合两片或更多片玻璃透镜来校正色差, 所述玻璃的色散(折射率随波长的变化发生变化)明显不同。这将在第 12 章中给出示例, 其中色差校正特别重要, 甚至二次色差也是需要重视的部分。当长波和短波聚焦在相同位置时就是这种情况, 但中间波长则不是。

3.6.1 双胶合透镜

经典的色差校正方法是将两片透镜胶合在一起。该解决方案的附带好处是减少了反射损失, 因为两个玻璃界面之间的空气间隔被一个玻璃-玻璃界面取代了。在使用增透(AR)膜层之前, 胶合透镜存在绝对优势。但还有一点不容忽视：在光线以陡峭角度入射时，使用胶合界面可避免全反射。图 3.31 显示了在表面 11 处具有胶合界面的透镜。如果我们将其改变为透镜之间的薄空气间隔，由于表面处的全内反射(TIR)，全场光束边缘附近的光线将不会追迹表面 11，如图 3.32 所示。后续许多章节中使用到的搜索程序 DSEARCH 和 ZSEARCH 不会搜索出具有胶合表面的系统，但用户可以请求自动透镜插入(AEI)程序插入胶合透镜。如果 TIR 问题不会发生，则用户通常会使用空气间隔而不是胶合透镜。然后，每个案例为优化程序提供两个额外的自由度，因此 MF 通常更好。

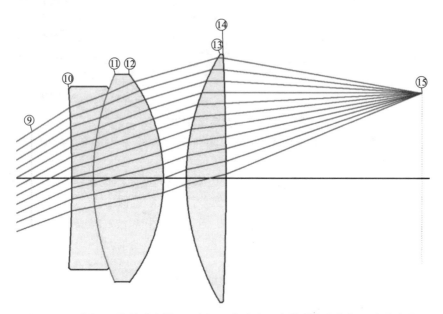

图 3.31   表面 11 处的胶合界面示例，子午光扇图中的所有光线都正确地追迹

注：图中数字为透镜的表面编号。

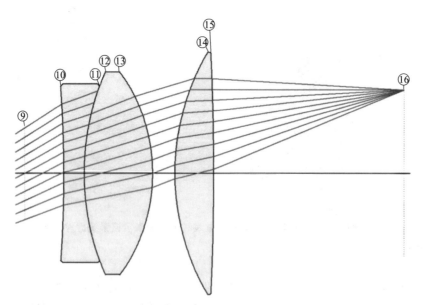

图 3.32   将胶合界面更改为玻璃-空气界面会导致某些光线的全内反射(TIR)，因此无法通过

注：图中数字为透镜的表面编号。

TIR 产生的原因：根据折射定律，如果一条光线被折射，使得折射光线与表面法线正好呈 90°，则光线与表面平行，此时入射角为临界角。任何大于此角度的光线，都会被反射回透镜。

使用胶合透镜的另一个原因是，如果元件具有强光焦度，则定心公差可能非常难得。然而，如果两个相反光焦度的透镜可以胶合在一起，则组合将具有更低的光焦度和更宽松的公差。在安装过程中保持每片透镜的紧密公差，比将透镜单独安装到透镜单元中更容易。但是，在要求大型元件胶合时要小心；如果温度发生变化，并且两种不同玻璃类型之间的热膨胀系数（TCE）不同，则胶合会经受机械应力，这可能使两者翘曲或在某些情况下破坏胶合剂或玻璃本身。

3.6.2 二次色差

二次色差特别难校正，并且一些老设计师可能会坚持认为，至少需要一种具有异常色散的材料来校正。氟化钙是一种受欢迎的选择，特别是对于显微镜物镜，此透镜物理尺寸非常小并且晶体可以天然获得。

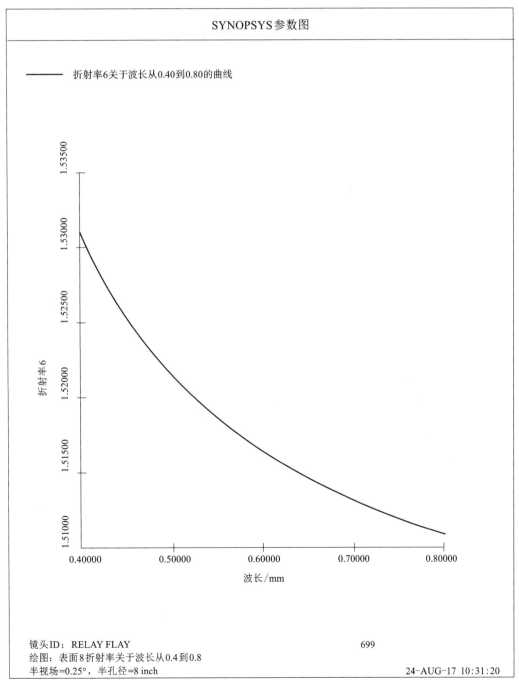

图 3.33 作为波长函数的玻璃 BK7 折射率

但是，现代玻璃公司拥有非常广泛的玻璃类型，如果玻璃选择得当，可以用普通玻璃修正二次色差。图 3.33 显示了玻璃类型 BK7 的折射率如何在 0.4~0.8 μm 的波长内变化。曲线是非线性的，这是大部分问题产生的原因。

用户将具有不同色散(折射率曲线的不同斜率)的正透镜和负透镜组合，可以使焦点的变化与选定波长保持一致。但是，因为玻璃曲线也倾向于呈现不同的曲率，所以在其他波长处的校正是不完美的。第 12 章和第 34 章解释了如何通过巧妙选择三种不同的玻璃类型来最大限度地减少这种影响，第 47 章介绍了一种设计，程序自动搜索到了一个很好的透镜组合。

第 4 章

使用现代透镜设计程序

> 符号法则；光阑和光瞳定义；广角光瞳；光线瞄准；近轴解；WorkSheet；透镜设计过程

光学软件在现代光学设计中扮演着不可或缺的角色，设计软件实际上完成了大部分工作，但在使用光学软件之前，必须学习如何使用它。

不同的程序具有不同的符号约定，SYNOPSYS 的规定如图 4.1 所示。它默认的是左手坐标系。

本书第 2 章讨论了近轴光学，正确地分析了需要严格定义入射光束的一阶特性。其中有四个量定义，称之为 YPP0、TH0、YMP1 和 YPP1，如图 4.2 所示。所有这些参量都在 y–z 平面上。（对于透镜或视场不是旋转对称的情况，用户可以在 x–z 平面中分配一组类似的定义。）

可以通过程序计算 YMP1，使边缘光线正好在孔径的边缘穿过光阑表面；或者计算 YPP1，使真实主光线通过光阑中心，甚至调整物体高度 YPP0 产生所需的 GIHT。还有一个描述广角物体的选项，输入角度可以超过 90°；这是物体类型 OBD，将在第 41 章和 45 章中讨论。

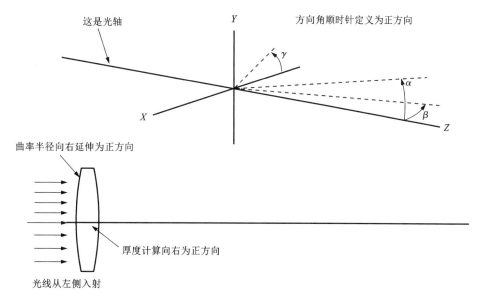

图 4.1　透镜结构的符号法则

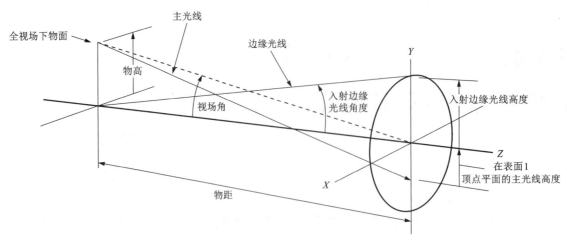

图 4.2　物体规格的定义

在图 4.3 中，透镜在指示的位置有一个光阑，并且沿着满足 YPP1 的近轴路径的近轴主光线到达光阑表面的中心。

然而，在此透镜中，为了获得实际光线，用图 4.3 中的虚线绘制(并且完全遵守折射定律)传播时，它必须偏心进入，否则它会错过光阑中心，所以实际 YPP1 通常会与近轴不同。如果声明一个表面是一个实际光阑，需程序通过迭代找到真实的主光线。(要声明它，请在 RLE 文件的 APS 输入行中输入面数，并在该面数前加上负号。)

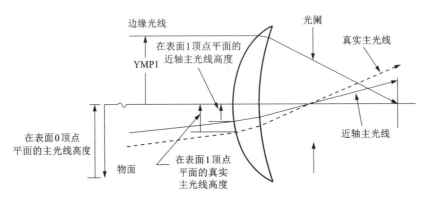

图 4.3　实际主光线与近轴主光线不重合的情况

▶ 4.1　广角光瞳选项

软件中包含三个广角光瞳(WAP)选项，为 WAP 1、WAP 2 和 WAP 3，第 22 章对其进行了更详细的讨论。默认是 WAP 0，它不会对输入的近轴光束进行调整。

WAP 1 保持入射光束的直径对于所有视场角恒定，测量垂直于主光线(参考第 41 章)。

如果 WAP 2 打开，程序将计算 YMP1，以便边缘光线到达光阑表面的边缘处(参考第 22 章)。

但是，有时光阑并不是阻挡光束的唯一表面，必须考虑渐晕，否则通过光阑的光线将在其他地方被阻挡。然后可以选择简单地让图像评估程序删除那些渐晕光线，或者定义入射光瞳，使其尺寸减小到仅包含实际穿过的光线。最后一个选项使用 WAP 3，其几何结构如图 4.4 所示。

如果打开 WAP 3，光瞳大小会减小，如图 4.4(d)所示。

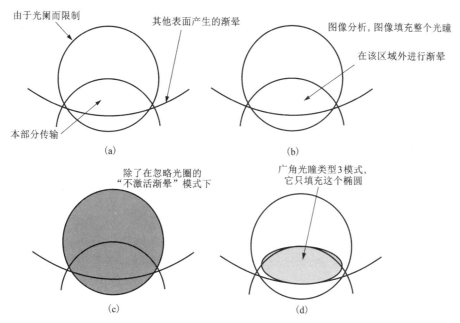

图 4.4　不同广角光瞳选择的几何显示

 ## 4.2　光线瞄准

上述讨论涉及广义上被称为光线瞄准的内容。在分析像质时,必须确保追迹适当的光线束。一些程序先通过在光阑处创建网格,然后通过迭代找到穿过该网格中每个点的光线来实现此目的。虽然这有效果但速度非常慢。相反,SYNOPSYS 可以通过仅迭代 5 条光线来找到轮廓,然后用均匀网格来填充光瞳。这大大加快了速度,因为只要找到光瞳就不需要迭代。

应该使用哪种光瞳选项? 当然是近轴光瞳。近轴光瞳最快,真实光瞳较慢,WAP 选项仍然较慢。从近轴开始,观察主光线的路径(光束中心光线),看它是否经过光阑的中心附近。如果没有,请激活真实光瞳选项,然后检查光阑是否被正确填充;如果还没有,请考虑 WAP 2 选项。我们将在第 22 章重新讨论这个主题。

 ## 4.3　近轴求解

近轴求解也是一个经常使用的重要概念。当定义求解时,程序将根据近轴条件计算实际曲率或厚度。获取透镜 SINGLET. RLE。

假设要设计如图 4.5 所示的单透镜 $F/4.0$(目前,它大约是 $F/2$),先输入更改文件,如下所示:

```
CHG
2 UMC -.125
END
```

然后改变透镜,如图 4.6 所示。

近轴角度仅为 0.5/FNUM,边缘光线向下倾斜,因此具有负号。

从表 4.1 中可以看到,UMC 求解将控制边缘光线的近轴角度。该透镜在表面 2 上也有 YMT 求解,因此当 F/数改变时,像面也会移动。对此,表 4.1 列出了几种解的方案;程序的帮助文件中给出了详细的讨论。

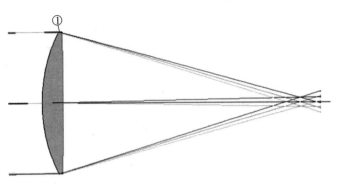

图 4.5 F/2 单透镜

注：图中数字为透镜的表面编号。

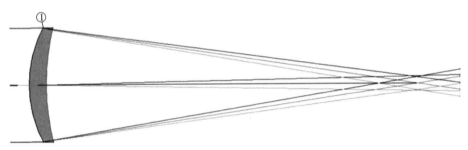

图 4.6 由 UMC 控制的 F/数的单透镜求解，得到 F/4

注：图中数字为透镜的表面编号。

表 4.1 曲率和厚度求解

UMC NB	曲线求解
UPC NB	U 代表近轴角度
YMC NB	Y 代表近轴高度
YPC NB	M 代表边缘光线
AMY	P 代表主光线
CCY	C 指定曲率求解
YMT NB	T 代表厚度求解
YPT NB	厚度求解

 ## 4.4 工作表

通过在命令窗口(CW)中键入 CHG 文件来更改上述单透镜，这是可以键入命令的窗口以及打印输出显示的位置。但是，将经常使用 WorkSheet 来编辑透镜。

在 CW 中，键入"WS"以打开 WorkSheet，然后单击透镜图形中的表面 1。编辑窗格显示表面 1 的透镜数据，如图 4.7 所示。

将"Bending"滑块向左和向右移动，观察光扇图，并在曲线尽可能平坦时停止移动。可在 WorkSheet 中完成大部分透镜编辑，因为它具有与此相关且实用的功能，这些功能在电子表格中不可用。我们通过这种弯曲改善了像质，如图 4.8 所示。

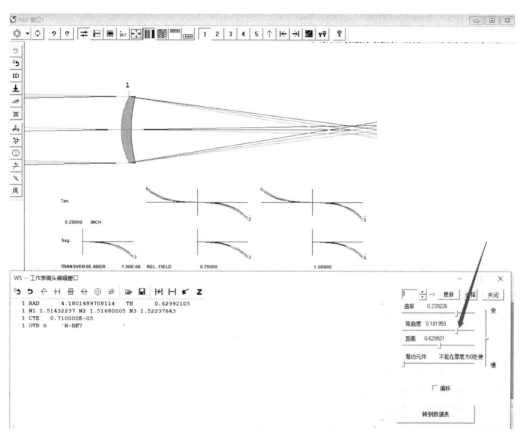

图 4.7 使用 WorkSheet 滑块弯曲透镜

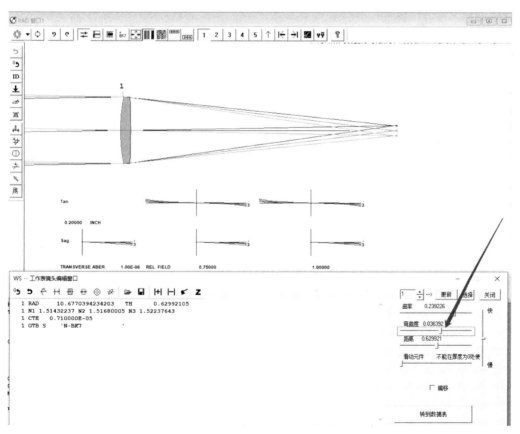

图 4.8 通过调整透镜弯曲使球差最小化

WS 中具有曲率、厚度和弯曲的滑块,可以在其相邻的数据之间滑动透镜,甚至可以为编辑窗格中的任何数字指定滑块。它还能链接到 Lens Layout Tool,其示例如图 4.9 所示。用户可以点击并拖动黑色方块("句柄"),其透镜结构会发生相应改变,甚至可以改变透镜的弯曲和光焦度。要查看其工作原理,请在 CW 中键入"HELP LLT"。

透镜设计过程如下:

一般提到程序计算优化的功能和重要性时,还要详细介绍如何进行一阶特性,如何计算长焦透镜中第二组的放大效果,强调在进入计算之前提出良好的三阶设计的重要性,等等。但是,除了一阶特性要求,其他要求都是无关紧要的。

用户需要了解设计的目的、机械外部结构、项目预算、透过率要求、环境对抛光透镜表面的影响等,并且了解制造加工面临的问题,因为用户很早就要做出权衡,没有计算机程序可以做出这些决定。用户需根据自己对整个项目的理解做出许多设计选择,而不仅仅是像质要求;但后者可以说是最重要的单一考虑因素,因为如果其达不到要求,其他任何事项都不重要。

过去,透镜设计师总是试图将新项目融入他们过去的项目中,无论是从他们的设计文件还是从某个出版物,通常都使用之前的设计作为新设计的起点。对于许多经典的形式,如 Dagor、双高斯、Petzval 透镜等,设计人员只需修改经典列表中的一种,并考虑到一些新的需求,通常在合理的时间内就能成功。这是经典做法。如果没有经典设计可以解决相关问题,那么该问题就会变得更加困难。

今天,如果设计师愿意,设计师仍然可以这样做。但今天要求采用一种新的方法,概述如下。

(1)剖析用户的问题。如果用户想要违背光学定律,可能需要说服用户选定更合理的目标。如果他不采取,设计师必须拒绝这份工作。如果目标是可能的,但他的方法是不可行的,通过长时间的协商可能会在正确的方式上达成共识。若当设计师知道自己不太可能成功时,同意解决问题并收取一笔费用是不道德的。设计师的名声取决于诚实。如果设计师不能做这项工作,就说出来。通常,用户会用不正确的术语来表达他的目标,例如,当他真正指的是后焦距时,他会要求有一定的焦距。确保设计师和他在目标上达成一致。

(2)计算出一阶设计。这个阶段仍然需要确定基本要求,例如焦距、F/数、像位置以及对客户重要的任何其他要求。没有计算机可以为设计师完成这部分工作,这些结果需要设计师手动输入计算机。

(3)一旦确定目标并输入边界条件,就可以非常简单地尝试将这些目标输入 DSEARCH、ZSEARCH 或 FFBUILD 搜索程序之一。创建并运行该输入,然后评估所有看起来实用的返回结果。优化每个更好的结构,调整评价函数定义,同时发现程序返回的透镜中未解决的问题。

(4)大部分时间用在修改评价函数。有人说"我们不再设计透镜了,我们设计评价函数"。谨慎行事,如果某个特定像质误差与其他像质误差不能很好地平衡,就在那里增加权重。如果设计不能满足设计师的要求,请尝试搜索程序返回的另一个设计。他们只考虑作为输入提供的内容,有时还有其他目标不容易描述。如果设计师事先知道这些额外目标,搜索输入的 SPECIAL AANT 部分通常可以包含这些额外目标。

(5)除非设计师的设计非常好,否则请再次运行搜索程序(关闭开关98)。然后程序将在每次到达退火阶段时研究设计树的一组不同分支;或者设计师可以稍微更改输入数据,这也将在不同的方向进行搜索。然后,设计师可以比较每次运行的结果,以查看新的结果中是否有更好的结果。通过这种方式,Diwath 曾经提出过 23 种设计结果,这些设计与使用经典方法设计的专家的设计一样好甚至更好。图 4.9 显示了通过多次运行 DSEARCH 找到的各种透镜的示例,略改了一些输入参数。

(6)当设计接近完成并且需要靠近衍射极限的分辨率时,将一些 OPD 目标添加到 MF。(搜索程序 DSEARCH 和 ZSEARCH 可以从一开始就考虑 OPD,用户输入 OPD 或 TOPD,如果设计师事先知道它们将是必需的。)在添加 OPD 目标时,要考虑到不同的权重因子,这些权重因子须是适当的。一个波长误差通常比 1 毫米(或 1 英寸)横向图像误差好得多,因此权重应相应较低。

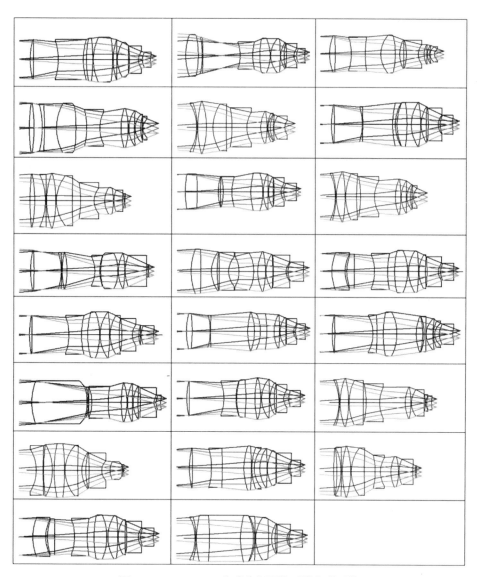

图 4.9　DSEARCH 为成像问题找到的各种透镜

（7）如果设计看起来令人满意，可以使用自动实时玻璃程序 ARGLASS 分配实际玻璃类型，该程序可以通过菜单 MRG 运行。制作检查点，并仔细选择玻璃属性、成本、化学稳定性等。如果设计师的选择太窄，透镜可能不如以前的效果好。在这种情况下，请恢复检查点并尝试简化要求。这就是如何进行权衡研究，设计师可以告诉顾客用廉价的玻璃能获得一定的分辨率，但如果他愿意支付更多费用则可以做得更好。正如设计师必须尽早考虑项目目标和约束一样，反过来也是如此。如果 ARGLASS 没有返回足够好的玻璃选择，请尝试更强大的 GSEARCH[4]（参考第 38 章和 47 章）。

（8）始终尝试将设计与所选供应商的工具相匹配。这可以节省新工具的成本，而且至关重要的是它会影响公差预算。与现有测试板匹配的表面更容易保持紧密公差，因为它们可以更快地测量。如果表面不能匹配（因为没有工具足够接近设计值），不要简单地给出半径公差，并假设供应商将制造一个在该公差范围内的新工具。虽然这种情况很常见，但结果却很严重：一批透镜的统计数据会出错。人们希望透镜参数的平均值等于设计值，标准偏差应该是公差的函数，正如预先所假设的那样。但是，如果供应商制作新工具，则平均值本身就与设计值不同，因此透镜将反过来获得平均值而不是正确值，并且整个预计的统计数据将被抛弃。对此，可以使用 TPMATCH 自动将设计与测试板列表匹配，TPMATCH 可以从 MMT 对话框启动（第 50 章给出了一个例子）。

(9)完成上述步骤后，即可进行公差分析。SYNOPSYS 中的主要公差程序称为 BTOL，按照用户手册中的说明，设计师可以获得整个透镜的预算，以确保达到所需的性能水平。然后，可以将生成的公差自动添加到元件绘图程序 ELD 和使用 DWG 制作的装配图上，还可以使用蒙特卡罗程序(MC)验证统计数据。BTOL 和 MC 都可以解释设计师计划对成品透镜进行调整的效果。如果在这些工作都完成之后公差出现问题，那么是时候降低公差敏感度了。阅读用户手册的第 10.13 节，向 MF 添加适当的要求，并进行迭代(参考第 10 章)。

(10)如果要使用热红外透镜，请务必检查透镜成像效果(参考第 30 章)。

评估透镜的鬼像以及鬼像控制，请参考第 36 章。

在项目具有无法输入搜索程序的重要条件下，这些程序可通过许多潜在的功能来工作，通常从非常弱的正或负光焦度透镜开始。

第5章
单透镜

软件使用的第一步；单透镜的像差

学习透镜设计的最佳方法是实际操作，本书提出了各种问题及其解决方案，用户可按照指示解决问题。这些章节大多涉及透镜输入文件(扩展名为"RLE")和 MACro 文件(扩展名为"MAC")。要保存输入，用户可以按照第1.1节中的说明打开这些文件。

对于不清楚的助记符，请在软件的帮助文件中查找。

 ## 5.1 输入单透镜数据

在编辑器中输入透镜数据的步骤如下。

程序打开后，在命令窗口(CW)中键入"EE"，打开编辑器，输入文本如图5.1所示。

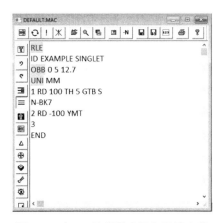

图5.1 在 EE 编辑器中输入透镜文件

单击 RUN 按钮 ![按钮]，然后单击顶部工具栏中的 PAD 按钮 ![按钮]，或键入"PAD"。透镜图片与 TAP 光扇图曲线一起显示，如图5.2所示。

RLE 文件中条目的含义都很清晰明了，除了可能用于声明物坐标的 OBB 行：三个参数给出输入边缘光线角度 UMP0(对于无限物体为零)，5度半视场角 UPP0，半孔径 YMP1 为 12.7 mm。这些都在菜单 MPW(菜单，光瞳向导)和 MOW(菜单，物向导)中进行了解释，用户应该在进一步研究之前进行检查。与所有输入文件一样，RLE 文件必须以 END 行结束。

此透镜文件位于 DBOOK-ii 目录中，名称为 C5L1.RLE。键入"FETCH C5L1"将其打开。

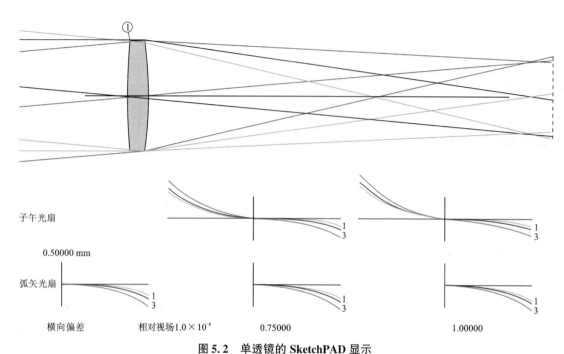

图5.2 单透镜的 SketchPAD 显示

注：图中带圈数字为透镜的表面编号；图中数字为定义波长下光扇图曲线对应的波长编号。

使用 SpreadSheet 输入透镜数据时，可以使用命令 SPS 或顶部工具栏中的按钮 ▣ 打开它，但实际上使用 EE 编辑器输入数据的速度要更快。要使用 SpreadSheet 输入这个单透镜，必须执行不少于 17 次不同的鼠标点击。用过其他软件的用户有时认为 SpreadSheet 应该一直打开，因为它和那些代码在一起，但是一旦学会了如何使用 WorkSheet，用户将不想再使用其他功能了。仅在必要时使用 SPS，然后关闭。

由于没有在这个镜头文件中输入任何波长数据，因此程序采用默认值，即 0.65627 μm、0.58756 μm 和 0.48613 μm 三个波长，权重相等。也可在 RLE 文件中输入这些数据，例如，用命令行

```
WAVL CDF
```

由于这些波长是常用的 C、d、F 夫琅禾费线，程序允许这种输入。MMC 对话框提供了编辑波长更简单的方法。

图 5.2 中的屏幕截图显示了与 WS 交互的 SketchPad 显示，如果图形显示不是这些格式，请单击 PAD 工具栏上的按钮 ▧ 以恢复默认显示设置。PAD 是该程序的主要图形界面，它可以显示透镜轮廓图、透视图、近轴图、光扇图、OPD 扇图，像散曲线或点列图的任意组合。浏览 PAD 工具栏上的按钮以了解如何管理显示。PAD 也可以在优化过程中自行更新，从而轻松地监控设计的进度。

单透镜的性能不是很好。对此，可查看像质键入"MGI"以打开"几何图象"菜单，在"SPT"部分中选择"Multicolor"选项，然后单击 SPT 按钮。点列图显示如图 5.3 左侧所示。现在按<Enter>键，MGI 对话框再次打开。单击开关按钮 ▱，关闭开关 27，然后单击"Apply"。现在再次单击"SPT"按钮。出现图 5.3 右图。有许多模式开关会影响程序的工作方式，用户可以尝试使用它们来学习如何根据需要自定义程序。

在 CW 中键入

```
PLOT BACK FOR WAVL=.4 TO .8.
```

图 5.4 显示了后焦距如何随波长变化，并使用人工智能程序进行计算。（在键入命令或 AI 句子后，必须按<Enter>键。）刚刚输入的就是 AI 功能能识别的英语句子。后续章节中再次使用 AI 功能。

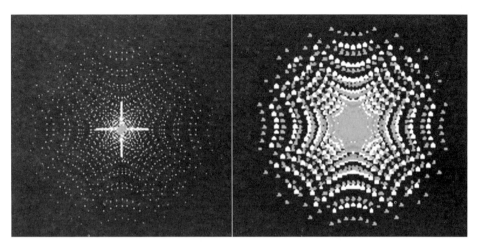

图 5.3　点列图(开关 27 在左图是打开的, 在右图是关闭的)

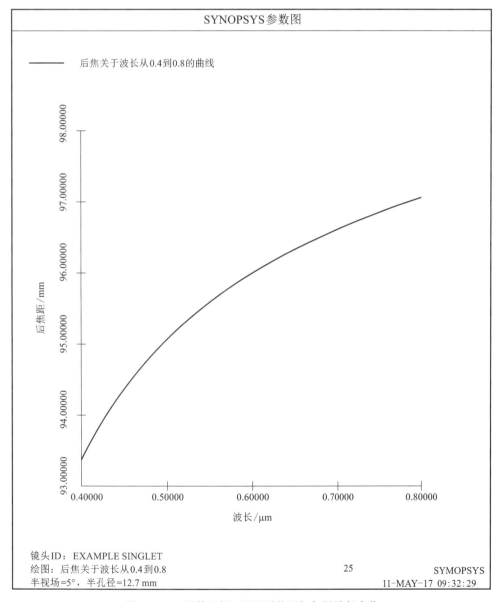

图 5.4　AI 图的示例, 显示后焦距如何随波长变化

第6章

消色差透镜

色差校正

本章将添加第二片透镜并尝试控制第 5 章(C5L1)的单透镜的色差。

首先,单击 PAD 工具栏上的"Checkpoint"按钮 ![] 。在改变透镜之前需注意保存检查点。这样,如果结果不理想,可以使用 ![] 按钮立即返回原始透镜状态(也可以按<F3>键循环返回到前面的透镜)。再单击 WorkSheet 按钮 ![] ,单击表面 1 上的图形,然后单击 2。最后,查看如何在编辑窗口中显示所选表面的 RLE 数据。

其次,添加第二片透镜。单击窗口顶部工具栏上的"Insert Element"按钮 ![] 。然后在 PAD 显示屏上的单透镜后单击透镜图。显示第二片透镜,如图 6.1 所示。

该程序已从表面 2 中删除了 YMT 求解,并在表面 3(3 PIN 1)上添加了折射率拾取。单击表面 3,然后在编辑窗口中输入"3 GLM 1.6 44",如图 6.2 所示。然后单击"Update"按钮。

这将改变玻璃类型以便校正色差,不然表面 3 总是从表面 1 中获取折射率值。所以我们用玻璃目录中的火石玻璃模型以取代拾取。在编辑窗口中键入

4 UMC -.125 YMT

再次单击"Update"。透镜在表面 4 上进行曲率求解,得到 F/数为 4.0,并且由于 YMT 求解,表面 5 将处于近轴焦点。创建一个新的检查点并关闭 WorkSheet。

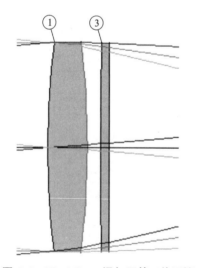

图 6.1 WorkSheet 添加了第二片透镜

注:图中数字为透镜的表面编号。

WS--工作表镜头编辑窗口

```
3 CV  1.0000000000000E-04    TH    1.00000000
3 N1 1.51432237 N2 1.51680005 N3 1.52237643
3 CTE   0.710000E-05
3 GID 'N-BK7              '
3 PIN   1
3 GLM 1.6 44
```

图 6.2 表面 3 的 WorkSheet 编辑窗格,添加了 GLM 数据

输入 EE 返回编辑器并单击"Clear MACro"按钮 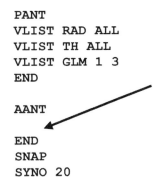 以清除之前键入的内容。然后制作一个优化 MACro。在编辑器中键入以下行：

```
PANT
VLIST RAD ALL
VLIST TH ALL
VLIST GLM 1 3
END

AANT

END
SNAP
SYNO 20
```

SYNOPSYS 中的优化需要参数文件(PANT)、评价函数文件(AANT)，然后是一些优化命令。将光标放在 AANT 命令后的空白行中，如以上箭头所示，然后单击编辑器工具栏上的"Ready-Made Raysets"按钮 。这将打开一个对话框，可以在准备好的 9 个评价函数中选择一个。第 6 个是默认值，所以只需单击"Back to MACro editor"按钮即可。宏 MACro 如下：

```
PANT
VLIST RAD ALL
VLIST TH ALL
VLIST GLM 1 3
END


AANT
AEC
ACC
GSR .5 10 5 M 0
GNR .5 2 3 M .7
GNR .5 1 3 M 1


END
SNAP
SYNO 20
```

编辑器创建了一组简单的优化需求。可以在帮助文件中阅读这些行的含义。例如，如果在 CW 中输入

```
HELP AEC
```

即可了解自动边缘控制监视器(AEC)的含义。当然也可以在编辑器窗口中选中字符"GSR"，然后向下看屏幕底部附近的托盘，如图 6.3 所示。如果在编辑器中选中一个作为命令或评价函数中通用条目的单词，程序将在托盘中显示该条目的格式。

```
GSR rt wt del {icol/P/M} hbar gbar [sn [F]]
```

图 6.3　在编辑器中选择字符"GSR"时的 TrayPrompt

TrayPrompt 提供了 GSR 光线网格请求语法的即时信息。如果想了解更多信息，此时可按<F2>键，将直接打开 GSR 的帮助文件。

单击编辑器上的"Run"按钮 ，观察其显示变化，如图 6.4 所示。

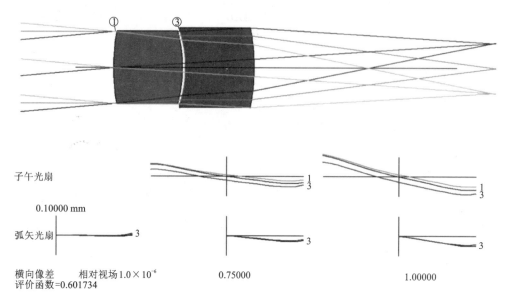

图 6.4 双透镜的第一次优化结果

注：图中带圈数字为透镜的表面编号；图中数字为定义波长下光扇图曲线对应的波长编号。

优化后的成像质量看起来好多了，但透镜太厚了。这里需要注意一点：程序将尽可能地降低评价函数值，评价函数主要是 AANT 文件中所设目标的平方和。AANT 文件包括一个 ACC 监控器，用于防止透镜太厚，但默认限制是 1 in 或 25.4 mm。再次编辑 AANT 文件，将该控制器更改为"ACC 4 1 1"，然后运行，给出 4 mm 的目标。结果要比之前好得多，如图 6.5 所示。

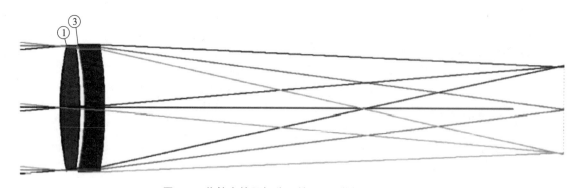

图 6.5 将较小的目标分配给 ACC 监视器时的结果

注：图中数字为透镜的表面编号。

输入"HELP MONITORS"以了解可用于保持系统合理性的 17 种不同类型的控制命令。现在使用 AI 再次显示色差校正，但将英文句子定义为符号。在 CW 中输入以下行：

QQ: PLOT BACK FOR WAVL=.4 TO .8

此时字符"QQ"与输入的英文句子等价(三个字符后添加一个冒号和一个空格即可定义一个符号)。现在只需输入"QQ"，程序就会处理该句子。色差校正的效果较好，如图 6.6 所示。

该程序对色差校正与球差随波长的变化进行了平衡，无法完全校正色差。符号定义完成后，可在程序中直接使用，直到退出程序。

在 CW 中输入 "MGT" (Menu，GlassTable)，选择 Schott 目录，然后单击 "OK"。表面 1 已经分配了 PK 部分中的玻璃模型，表面 3 在 SF 部分中，如图 6.7 中的玻璃地图所示。第 12 章将展示一种三片式复消色差透镜设计，具有更好的色差校正效果，但需先保存这个透镜。输入以下命令：

SAVE MYDOUBLET.

这将保存透镜数据的 RLE 文件，名称为 MYDOUBLET. RLE。

也可使用命令 STORE 4 将此透镜放入位置 4。命令 PLB 将列出镜头库的内容，MLB 将打开一个对话框，提供了另一种访问方式。该库最多存储十个透镜。但使用 SAVE 命令可保存任意数量的透镜。

用户可能会得到一些不同的结果，因为添加的第二片透镜的确切位置可能会有所不同。这就强调了一个事实，即初始条件的任何变化无论多么小，都会使程序朝不同的方向进行。

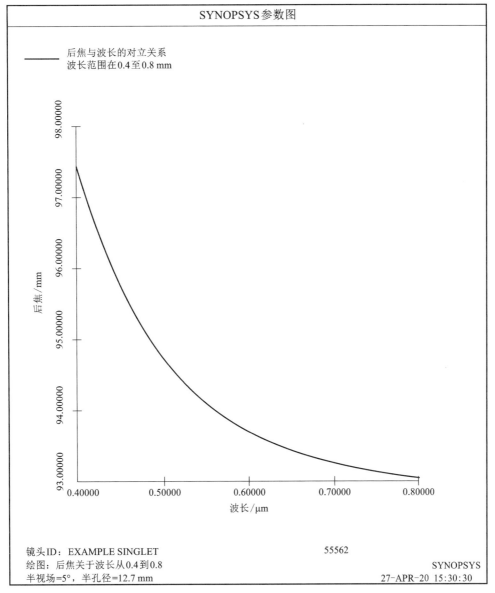

图 6.6 优化后的色差校正曲线 (它并不完美，但其他像差要大得多，而且程序给出了这个解决方案)

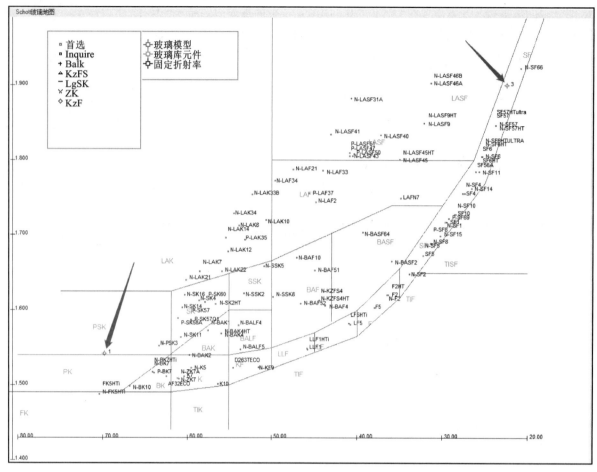

图 6.7　模型玻璃的选择

第7章

PSD 优化

从平行平面开始优化；使用 PSD III 算法

现代软件比使用传统工具的人类专家优化透镜速度快数倍。

在理论家和"数值计算者"之间，透镜设计行业一直存在争议。前者努力了解他们的透镜，在他们对像差理论进行深入了解之后，以令人信服的方式引导设计。后者使用足够的光学知识建立目标，但随后将实现这些目标的工作转交给计算机。今天，对于许多问题，数据计算者的解决能力远远超过理论家。

如图 7.1 所示，从一个非常糟糕的透镜结构开始，所有表面都是平面，所有厚度和空气间隔都相等，并且所有玻璃都在玻璃图表的中间。为此，一个好的优化算法能够快速将糟糕的设计优化成一个不错的设计。

需要创建优化 MACro(C7M1)：

```
AWT: 0.1                                    AANT
OFF 67                                      AEC
RLE                                         ACC
ID START FROM FLAT                          ADT 7 .01 1
UNI MM                                      M 33 2 A GIHT
OBB 0 20 12.7                               GSR AWT 10 5 M 0
1 TH 5 GLM 1.6 50                           GNR AWT 2 3 M .7
2 TH 5 AIR                                  GNR AWT 2 3 M 1
3 TH 5 GLM 1.6 50
4 TH 5 AIR                                  END
5 TH 5 GLM 1.6 50
6 TH 5 AIR                                  DAMP 1000
7 TH 5 GLM 1.6 50                           SNAP 20
8 TH 5 AIR
9 TH 5 GLM 1.6 50                           SYNO 10
10 TH 5 AIR                                 SYNO 90
11 TH 5 GLM 1.6 50                          LOUD
12 TH 5 AIR                                 TIME
13 TH 5 GLM 1.6 50
14 TH 50 AIR                                RMS M 0 600
15                                          Z1 = FILE 1
APS 1                                       RMS M .5 600
END                                         Z2 = FILE 1
                                            RMS M 1 600
                                            Z3 = FILE 1
STO 9                                       = (Z1 + Z2 + Z3)/3.0
TIME
QUIET
PANT
VY 1 YP1
VLIST RAD 1 2 3 4 5 6 7 8 9 10 11 12 13 14
VLIST TH ALL EXCEPT 14
VLIST GLM ALL
END
```

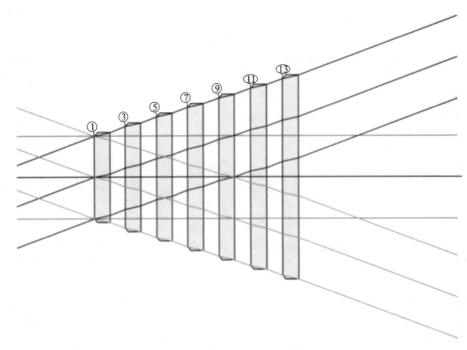

图 7.1　初始设计，所有表面均为平面

注：图中数字为透镜的表面编号。

运行此 MACro，不到一秒钟便可获得图 7.2 中的透镜(C7L1)。

在 MACros 中遇到不理解的命令时，请立即在 UM 中进行查找。例如，运行的文件中包含"ADT 7.01 1"这一行。这个有用的命令，有时会使透镜结果更好，但有时不会。此时透镜的直径与厚度之比应大于等于 7，且权重很低。技术要求和变量参数的改变，通常会导致搜索程序探索不同的分支。可以多尝试。

MACro 运行结束后，在 CW 中，可以看到如下信息：

```
...
--- =(Z1+Z2+Z3)/3.0

The composite value is          0.00646766
```

使用 AI 程序计算出三个视场点的平均 RMS 光斑尺寸，其超过 6 μm。

控制光线生成的指令中的第二个参数当前值为 0.1(用符号 AWT 表示)。这将对每条光线应用与孔径相关的权重，即光瞳中心光线的权重略大于边缘光线权重。如果将该值减小到 0.0，那么靠近光瞳中心的光线权重将与边缘光线权重一样(如果单击按钮 **-N**，就不会覆盖原始文件)。然后编辑 MACro，更改符号 AWT 值：

```
AWT: 0.0
```

然后再次运行宏，就获得了不同的透镜(符号 AWT 出现在 AANT 文件中，在这种情况下可用字符 0.0 替换)。如此，RMS 尺寸更小，为 0.00607 mm。这个练习验证了一个重要的概念：当从平行平面开始时，PSD 算法可以进行随机优化，起始点或要求的微小变化可以将透镜优化出不同的结构。这是我们在第 1 章中提到的混沌现象，尝试较高和较低的值，并选择一个最有效的值。

此时，通常还会运行模拟退火程序，通过单击顶部工具栏中的按钮 ▮，温度 55℃，冷却速率 2，迭代次数 50(55，2，50)。这使 RMS 降至 5.7 μm，确实是一个很好的透镜，如图 7.3(C7L2)所示。

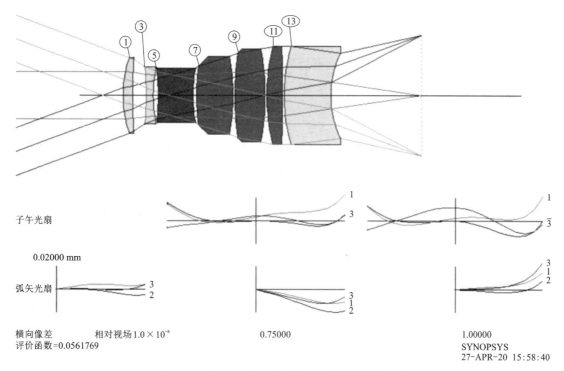

子午光扇

0.02000 mm

弧矢光扇

横向像差　　　相对视场1.0×10⁻⁶　　　0.75000　　　1.00000
评价函数=0.0561769　　　　　　　　　　　　　　　　SYNOPSYS
　　　　　　　　　　　　　　　　　　　　　　　　　27-APR-20 15:58:40

图 7.2　PSD Ⅲ优化非常糟糕的初始透镜后的结果

注：图中带圈数字为透镜的表面编号；图中数字为定义波长下光扇图曲线对应的波长编号。

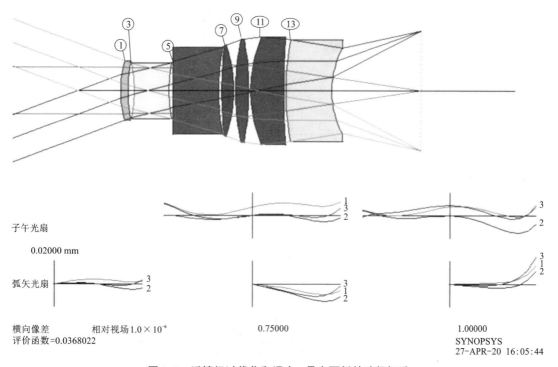

子午光扇

0.02000 mm

弧矢光扇

横向像差　　　相对视场1.0×10⁻⁶　　　0.75000　　　1.00000
评价函数=0.0368022　　　　　　　　　　　　　　　　SYNOPSYS
　　　　　　　　　　　　　　　　　　　　　　　　　27-APR-20 16:05:44

图 7.3　透镜经过优化和退火，具有更低的孔径权重

注：图中带圈数字为透镜的表面编号；图中数字为定义波长下光扇图曲线对应的波长编号。

　　本节阐述了透镜设计中固有的混沌，这是设计搜索功能 DSEARCH 的基本原理。该程序根据二进制数中的位分配初始光焦度来创建一组初始结构，如附录 B 中所述。在命令窗口中输入“HELP DSEARCH”以了解它。每个透镜结构都是不同的，DSEARCH 随机搜索出的某些透镜结构将会满足用户的预期。

当开始使用结构较差的透镜时，有时候多次运行优化程序是有帮助的，其原因与玻璃模型变量的实现方式有关。本章中的透镜是从平面开始设计的，因此目前还不知道光焦度会是什么样，同时程序可能会将阿贝数移动到玻璃图表的冕牌或火石边界，并被固定。但是，经过更多的迭代后，如果它离开那个边界，光焦度可能会发生变化，那么玻璃的使用效果可能会更好。再次启动优化会释放所有已固定到边界的 GLM 变量，以便在必要时远离边界。运行模拟退火程序可以做同样的事情，在改变透镜之前释放 GLM 变量(参考第 26 章)。

　　这时需注意显示在 PAD 中透镜绘制的颜色。它们是既有丰富信息又有装饰性的颜色，可以让用户知道玻璃模型在玻璃地图上的位置。亮红色表示玻璃在左边的冕牌，右边的火石玻璃显示蓝色，其他颜色是中间色，如图 7.4 所示。

　　位于对话框 MPE，如果选择了 Autocolor 选项，类似的颜色在旋转实体模型 RSOLID 中也有显示，如图 7.5 所示。

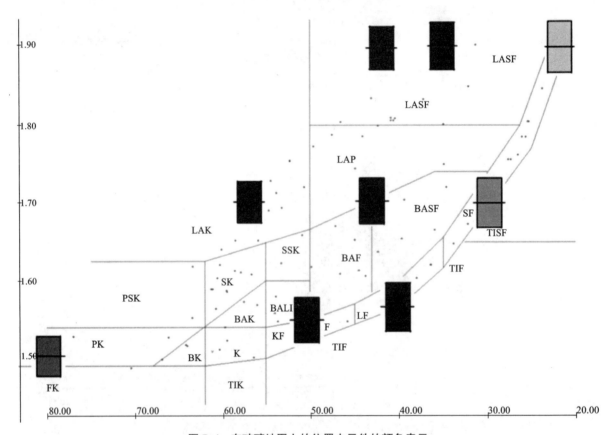

图 7.4　在玻璃地图上的位置由元件的颜色表示

图 7.5　透镜的 RSOLID 绘制，颜色与 PAD 显示相同

第 8 章

望远镜

各种小型望远镜设计

 ## 8.1　牛顿望远镜

牛顿望远镜是除反射镜之外最简单的反射式系统。以下是典型望远镜的输入 RLE 文件(C8L1)：

```
RLE
ID F/8 PARABOLA WITH DIAGONAL MIRROR
WAVL .6562700 .5875600 .4861300
 APS          1
 GLOBAL
 UNITS INCH
 OBB 0.000000 0.50000  5.00000  0.00000  0.00000  0.00000  5.00000
MARGIN    0.050000
BEVEL     0.010000
   0 AIR
   1 RAD  -160.0000000000000   TH  -70.00000000 AIR
   1 CC    -1.00000000
   1 AIR
   1 EFILE EX1    5.050680    5.050680    5.060680    0.000000
   1 EFILE EX2    4.900000    4.900000    0.000000
   1 EFILE MIRROR  2.000000
   1 REFLECTOR
   2 EAO   1.34300000    1.90000000    0.00000000   -0.10000000
   2 CV    0.0000000000000    TH    0.00000000 AIR
   2 AIR
   2 DECEN    0.00000000    0.00000000    0.00000000   100
   2 AT    45.00000004    0.00000000   100
   2 EFILE EX1    1.950000    1.950000    1.960000    0.000000

   2 EFILE EX2    1.950000    1.950000    0.000000
   2 EFILE MIRROR  -0.300000
   2 REFLECTOR
   3 CV    0.0000000000000    TH    10.00000001 AIR
   3 AIR
   3 DECEN    0.00000000    0.00000000    0.00000000   100
   3 AT    45.00000004    0.00000000   100
   3 TH    10.00000001
   3 YMT    0.00000000
   4 CV    0.0000000000000    TH    0.00000000 AIR
   4 AIR
END
```

在 PAD 显示系统的牛顿望远镜如图 8.1 所示。该望远镜有一个折叠镜，但没有指定遮挡。

通过 OBB 行将视场设置为 0.5°：

OBB 0.0000000.50000 5.00000 0.00000 0.00000 0.00000 5.00000

望远镜参数如图 8.2 所示。第二个输入是半视场角。

要在 TrayPrompt 中显示此信息，只需打开 WorkSheet 并在编辑器中选择字符"OBB"。然后程序会自动查找格式。在这个输入中：

（1）ump0 是入射边缘光线角度，对于无穷远处的物体为零。（OBB 格式主要用于无穷远。）

（2）upp0 是视场角（入射的主光线角度），这里是 0.5°。

（3）ymp1 是入射边缘光线高度，此处为 5 英寸，产生 10 英寸直径的入射光束。

其他语法在这里都无关紧要；ymp1 是表面 1 上的主光线高度，为零，因为表面 1 是光阑，其余部分是指 X-Z 平面，参数在此忽略，这些因为输入是轴对称的。当然也可打开物向导（MOW）查看所有解释。

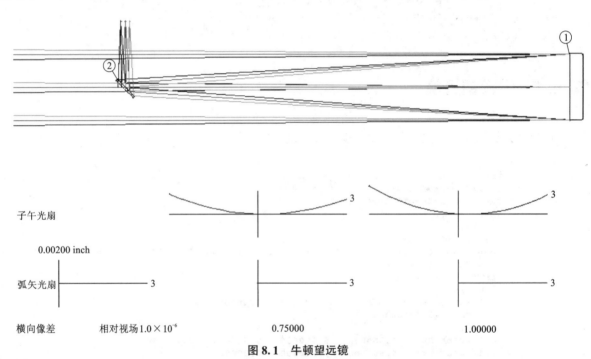

图 8.1　牛顿望远镜

注：图中带圈数字为透镜的表面编号；图中数字为定义波长下光扇图曲线对应的波长编号。

OBB ump0 upp0 ymp1 [yp1 uxp0 xp1 xmp1]

图 8.2　TrayPrompt 显示 OBB 物体格式的参数

RLE 输入设计易于阅读，无需任何解释。表面 1 和表面 2 是声明的反射镜，主镜上的圆锥常数是-1.0，为抛物面。EFILE 数据用于定义透镜的边缘几何形状，而反射镜用于定义基底厚度。它们对光线的路径没有任何影响，但是如果想为加工制造商制作反射镜的图纸，那么合适的边缘会产生良好的成像（参考第 40 章）。

上述文件是由命令 LEO（LEns Out）或 LE（Lens Edit）生成的。它包含系统的完整描述，包括所有默认值。如果想自己输入数据，则可以将其删除，减少文件内容。LEO 在 CW 中显示文件，而 LE 将文件加载到编辑器中。

当然，像质在轴上是完美的，但彗差大，是这个简单系统的缺陷。彗差有多严重？在 PAD 中，选择视图 2，（在 PAD 工具栏  1 2 3 4 5 中单击该编号），然后单击"PAD Bottom"按钮  ▦。在打

开的对话框中，选择"OPD Fan Plots"选项，然后选择"OK"，如图 8.3 所示。OPD 像差如图 8.4 所示。

由此可知，在视场边缘似乎有两个波长的彗差。

以下是如何获取列表的操作：

```
SYNOPSYS AI>OPD                      ! The next command will be in OPD mode

SYNOPSYS AI>TFA 5 P 1 ! tangential fan, five rays, primary color, full field

ID F/8 PARABOLA WITH DIAGONAL MIRROR
TANGENTIAL RAY FAN ANALYSIS

FRACT. OBJECT HEIGHT            HBAR      1.000000    GBAR       0.000000
COLOR NUMBER                    2
  REL ENT PUPIL    WAVEFRONT ABERR
     YEN              OPD (WAVES)
_____
   -1.000            -2.355059
   -0.800            -1.271960
   -0.600            -0.583027
   -0.400            -0.200234
   -0.200            -0.035356
    0.200            -0.005883
    0.400             0.035526
    0.600             0.212506
    0.800             0.613233
    1.000             1.325667
```

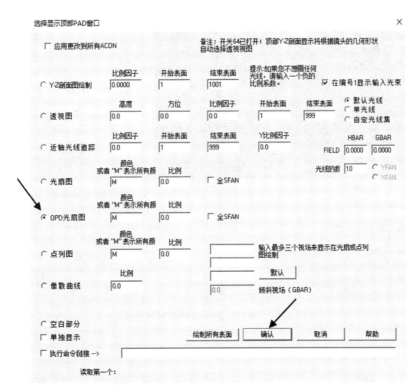

图 8.3　在 PAD 显示中选择 OPD 图

一般情况下，不需要自己输入命令也可以得到同样的结果，并且速度更快。使用对话框 MRR（Menu，Real Rays）或导航菜单树，然后在对话框中进行选择。

仔细观察图 8.4 的波前差。也可使用图像工具（MIT）对话框来查看波前。先输入 MIT，然后进行如图 8.5 所示的选择。

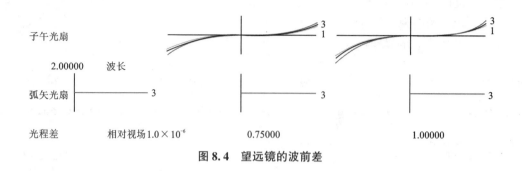

子午光扇				
2.00000	波长			
弧矢光扇		3	3	3
光程差	相对视场1.0×10⁻⁶		0.75000	1.00000

图 8.4 望远镜的波前差

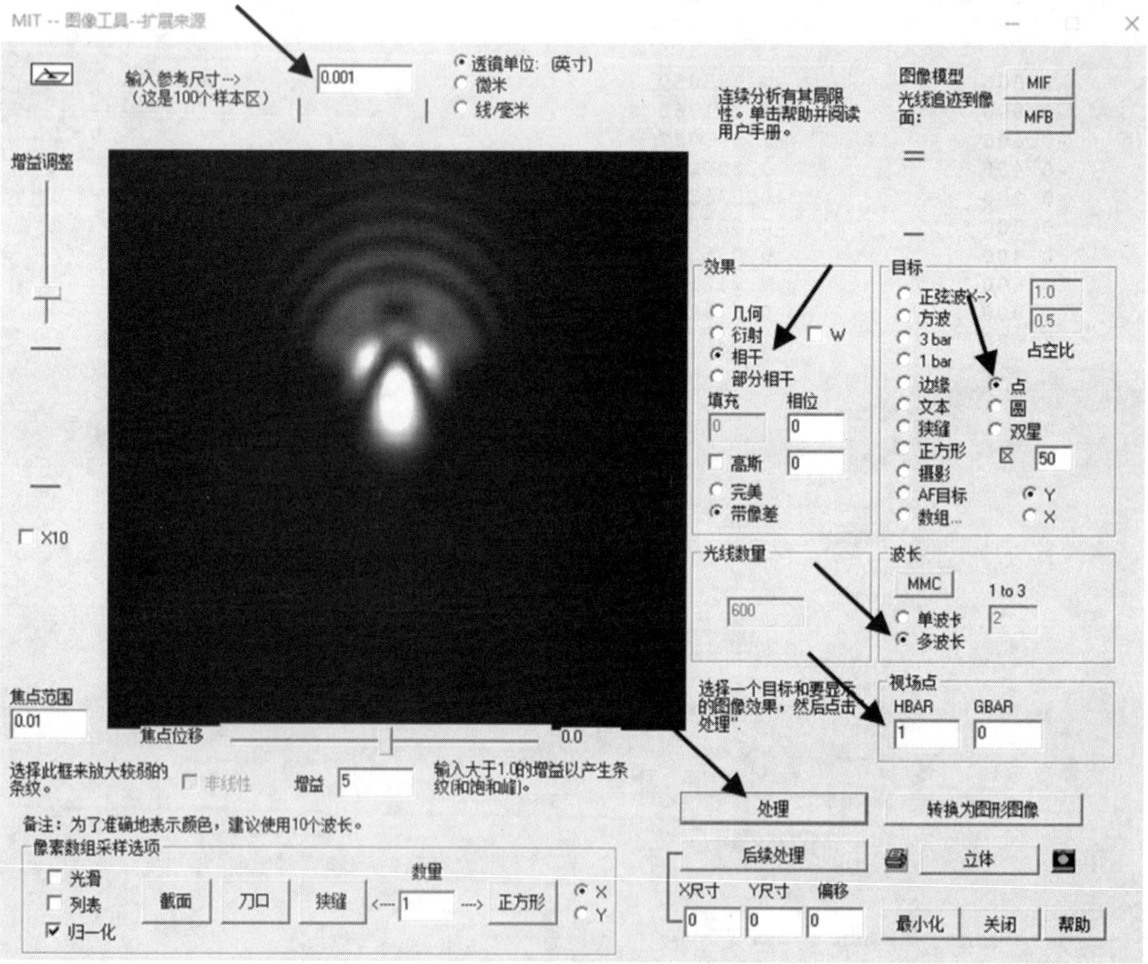

图 8.5 **MIT 显示望远镜的轴外彗差**

该望远镜具有三阶彗差。

对系统尝试在效果部分的"几何",然后"衍射"分析。"相干"分析更平滑,它使用二维 FFT 算法,而"衍射"方法能评估衍射积分,面积约为艾里斑半径的六倍。相干图像比衍射图像略大。点光源总是与其自身相干,因此"相干"通常是最好的选择。

要查看成像质量如何随着圆锥常数的变化而变化的,可关闭 MIT 并查看 PAD 显示。单击"检查点"按钮 ,然后打开 WorkSheet。单击表面 1(或在数字框中输入该数字,然后单击"更新")。现在,用鼠标选中给出圆锥常数的整个数,如图 8.6 所示。然后单击"SEL"按钮,顶部滑块开始控制该

数字串，慢慢向左和向右拖动，观察 PAD 显示。这些滑块提供了一种方便的方法来评估透镜所有变化的效果。最后恢复检查点。

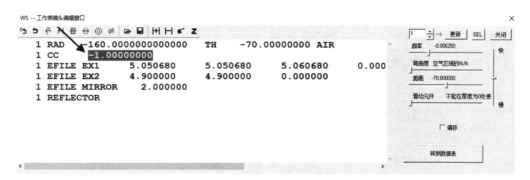

图 8.6　在 WorkSheet 编辑窗格中选择文本。这会使用 SEL 按钮将顶部滑块指定给该数量

现在使用不同的工具评估轴上的成像质量，但需要告诉程序有关遮挡的信息，这在输入文件中没有给出。打开 WorkSheet，在编辑窗口输入：

```
1 CAI 1.4
```

然后单击"Update"按钮。此时，主镜上存在一个小孔。再次单击"Checkpoint"按钮。在 CW 中输入"CAP"，会看到列出的 CAI（Clear Aperture, Inside）数据，如下所示：

```
SYNOPSYS AI>CAP

ID F/8 PARABOLA WITH DIAGONAL MIRROR

CLEAR APERTURE DATA
(Y-coordinate only)

SURF    X OR R-APER.    Y-APER.    REMARK       X-OFFSET    Y-OFFSET    EFILE?
  1         5.0007                 Soft CAO                                 *
  1         1.4000                *User CAI                                 *
  2         1.3430       1.9000   *User EAO       0.0000    -0.1000        *
  3         1.2378                 Soft CAO
  4         0.7006                 Soft CAO
```

该系统具有默认孔径，尽管表面 1 上存在用户输入的内孔径（CAI）以及表面 2 上的偏心外椭圆孔径（EAO），即对角镜。分析主镜上的足迹图。使用菜单树导航到 MFP（或在 CW 中输入 MFP）。进行图 8.7 中的选择，然后单击"Execute"。

这样就可以看到内孔径，但没有光线，如图 8.8 所示。如果不知道光线在哪里渐晕（有时会发生在复杂的透镜中），这会是一个很方便的技巧。以下是具体的办法：先按下 <Enter> 键返回 MFP（当使用对话框运行时，按下 Enter 键就会返回对话框，这样可以节省时间）。然后，单击"开关"按钮 ⬦，然后打开开关 21。SYNOPSYS 有大约 100 个模式控制开关，这些开关会导致多个功能显示光线停止的表面编号。单击"应用"，然后再次运行足迹命令。它会生成一张新图片，在中间会看到每条光线落到位置的数字，表明它停在了表面 1 处，如图 8.9 所示。

接着进行图像分析。使用菜单树或命令 MOP（MTF OPtions）转到 MOP 对话框。选择 MTF 的"Multicolor"选项，然后单击"MTF"按钮，结果如图 8.10 所示（图中有网格线是因为我们打开了开关 87，关闭了开关 27，所以显示了数据点）。

这种遮挡确实造成了 MTF 在中间频率处的下降，众所周知，牛顿望远镜会发生这种情况。

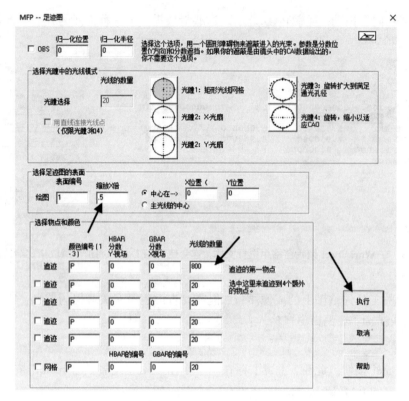

图 8.7　选择足迹图的选项

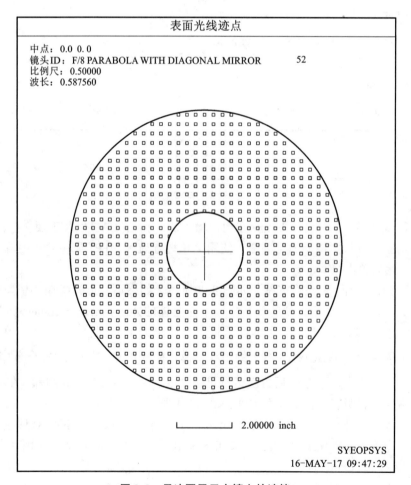

图 8.8　足迹图显示主镜上的遮挡

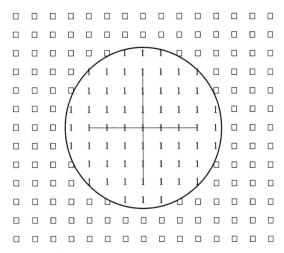

图 8.9　开关 21 打开时足迹图的一部分，显示渐晕光线落到的位置

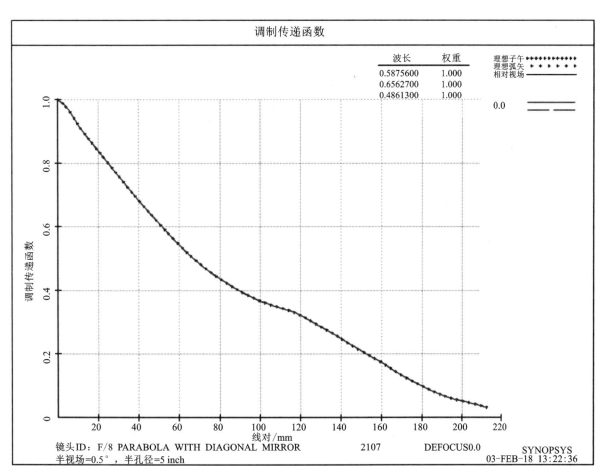

图 8.10　计算遮挡时的 MTF 曲线

　　然后在 WorkSheet 中，选择表面 2，单击按钮 以打开"孔径"对话框。选择" User-entered elliptical aperture"选项；单击该按钮可显示另一个对话框，可以根据需要更改数字。对角镜通常采用椭圆形边缘，可以在此处输入数据。或者，只要能识别 WorkSheet 编辑窗格中的数据，就可以编辑它们。

8.2　施密特-卡塞格林望远镜

当用户了解基本光学知识时，经典的施密特望远镜便可被设计。其形状由球面镜和球形焦平面组成，其中光阑位于共同的曲率中心。光学系统是中心对称的，因此在任何地方都没有唯一的光轴，并且每个视场点具有相同的像差。校正球差后，系统也没有轴外像差。但必须先纠正球差，通过位于公共中心的薄非球面板来完成。这样做时，并没有获得完美的校正，因为离轴光束看到校正器缩短了。缺点是最终会出现弯曲的像面，这也对于使用玻璃照相板来管理是很棘手的。尽管如此，这也是一种广泛用于天文学的经典设计形式。它的缺点是，如果视场宽，通常是主镜比入射光瞳大得多，入射光瞳位于校正器处。

添加次镜后的系统被称为施密特-卡塞格林望远镜。这是一个高度校正的形式，用于小视场。下面的透镜文件给出了此示例的输入(C8L2)：

```
RLE
ID CC SCHMIDT CASS ZERNIKE                        52
 FNAME ' C8L2. RLE                                       '
 LOG       52
 WAVL .6562700 .5875600 .4861300
 APS                1
 GLOBAL
 UNITS INCH
 OBB  0.0000000    0.4080000    5.0000000    0.0000000000    0.0000000    0.0000000
5.0000000
 MARGIN        0.050000
 BEVEL        0.010000
  0 AIR
  1 CV      0.0000000000000    TH     0.25000000
  1 N1 1.51981503 N2 1.52248873 N3 1.52859905
  1 CTE   0.820000E-05
  1 GTB S      ' K5           '
  1 EFILE EX1     5.050000       5.050000       5.060000       0.000000
  1 EFILE EX2     5.050000       5.050000       0.000000
  2 CV      0.0000000000000    TH    20.17115161 AIR
  2 ZERNIKE      5.00000000      0.00000000      0.00000000      1.00000000
   ZERNI KE      3 -.22795000000000E-03
   ZERNI KE      8 0.22117000000000E-03
   ZERNI KE     15 -.20031778800000E-06
   ZERNI KE     24 -.38178910400000E-07
   ZERNI KE     35 -.34746895600000E-06
   ZERNI KE     36 0.37697443500000E-06
  2 EFILE EX1     5.050000       5.050000       5.060000
  3 CAI     1.68000000      0.00000000      0.00000000
  3 RAD    -56.8531404724216    TH    -19.92114987 AIR
  3 EFILE EX1     5.204230       5.204230       5.214230       0.000000
  3 EFILE EX2     5.204230       5.204230       0.000000
  3 EFILE MIRROR     1.250000
```

```
3 REFLECTOR
4 RAD      -23.7669696838233     TH      29.18770451 AIR
4 CC      -1.54408563
4 EFILE EX1    1.555450     1.555450     1.555450     0.000000
4 EFILE EX2    1.545450     1.545450     0.000000
4 EFILE MIRROR   -0.243545
4 REFLECTOR
4 TH      29.18770451
4 YMT      0.00000000
 BTH     0.01000000
5 CV   0.0000000000000     TH      0.00000000 AIR
END
```

在 PAD 中的光扇图上识别出渐晕光线，如图 8.11 所示。开关 21 在这里也有效。

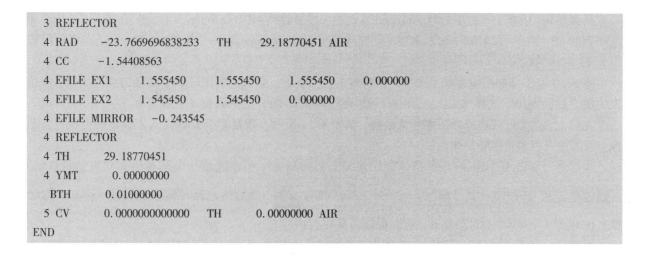

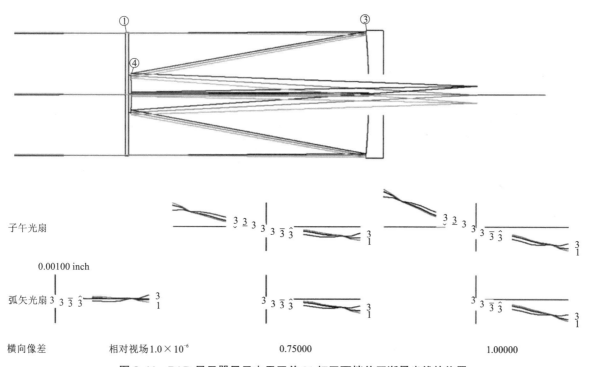

子午光扇

0.00100 inch

弧矢光扇

横向像差　　　相对视场 1.0×10⁻⁶　　　0.75000　　　1.00000

图 8.11　PAD 显示器显示由于开关 21 打开而挡住了渐晕光线的位置

在 SPEC 列表中，可以看到表面 2 和表面 4 是非球面的，在半径列后面用"O"表示(也可以在对话框 MLL 中访问此选项和其他透镜列表选项)。

表面 2 被定义为 Zernike 多项式非球面。可输入：

ADEF 2 PLOT

查看表面 2 的形状，如图 8.12 所示。

黑色曲线显示表面如何偏离最贴近的球面(CFS)，在这种情况下，球面非常接近平面。一旦生成了具有 CFS 半径的表面，就可以根据其去校正。

PAD 中光线的光扇图显示系统没有彗差和球差，尽管有一点点的色球差。其中引人注目的是场曲，由图 8.11 所示的几乎平行的 S 和 T 光扇曲线表示。观察者使用好的目镜会在整个视场中看到一个清晰的图像。

从菜单树(顶部工具栏中的"Diffraction")开始，然后转到 MDI(Diffraction Image Analysis)。选择靠近底部的 MPF(或只在 CW 中输入 MPF)。选择"Show visual appearance"并单击"Execute"。将获得如图 8.13 所示的结果。

图 8.13 左下角的图像是轴上图像，它基本上是完美的，而右上角则显示了视场边缘的图像，不是太尖锐。返回 MPF，选择"Show as surface"选项，并将"Height"从默认值 1 更改为 0。

实际上，这个区域边缘的图像非常模糊，如图 8.14 所示。观察者会看到比这里显示的更锐利的图像，因为他可以调整眼睛的焦点。

可以通过更改 WorkSheet 中的值来轻松地编辑 Zernike 项，但是还有一个按多项式列出的对话框，可通过单击从 WorkSheet 到达的"Curvature Dialog"按钮 ⌐，然后追迹路径做了上面的 Aperture 对话框。出现图 8.15 所示的对话框时，可以根据需要更改内容。

要设计这种系统，请使用通用"G"变量来改变 Zernike 项。例如，PANT 输入"VY 2 G 8"将改变表面 2 上的第 8 项。G 项的定义取决于表面上的当前形状定义。

```
SYNOPSYS AI>SPEC

ID CC SCHMIDT CASS ZERNIKE                    272           07-JAN-13   12:40:34
LENS SPECIFICATIONS:

SYSTEM SPECIFICATIONS
```

OBJECT DISTANCE (TH0)	INFINITE	FOCAL LENGTH (FOCL)	98.1614
OBJECT HEIGHT (YPP0)	INFINITE	PARAXIAL FOCAL POINT	29.1777
MARG RAY HEIGHT (YMP1)	5.0000	IMAGE DISTANCE (BACK)	29.1877
MARG RAY ANGLE (UMP0)	0.0000	CELL LENGTH (TOTL)	0.5000
CHIEF RAY HEIGHT (YPP1)	0.0000	F/NUMBER (FNUM)	9.8161
CHIEF RAY ANGLE (UPP0)	0.4080	GAUSSIAN IMAGE HT (GIHT)	0.6992
ENTR PUPIL SEMI-APERTURE	5.0000	EXIT PUPIL SEMI-APERTURE	2.0218
ENTR PUPIL LOCATION	0.0000	EXIT PUPIL LOCATION	-10.5157

```
WAVL (uM) .6562700 .5875600 .4861300
WEIGHTS   1.000000 1.000000 1.000000
COLOR ORDER    2    1    3
UNITS                         INCH
APERTURE STOP SURFACE (APS)    1    SEMI-APERTURE    5.00000
FOCAL MODE                    ON
MAGNIFICATION        -9.81862E-11
GLOBAL OPTION                 ON
BTH OPTION ON, VALUE =       0.01000
GLASS INDEX FROM SCHOTT OR OHARA ADJUSTED FOR SYSTEM TEMPERATURE
SYSTEM TEMPERATURE =   20.00 DEGREES C
POLARIZATION AND COATINGS ARE IGNORED.
SURFACE DATA
```

SURF	RADIUS	THICKNESS	MEDIUM	INDEX	V-NUMBER
0	INFINITE	INFINITE	AIR		
1	INFINITE	0.25000	K5	1.52248	59.49 SCHOTT
2	INFINITE O	20.17115	AIR		
3	-56.85314	-19.92115	AIR	<-	
4	-23.76697 O	29.18771S	AIR		
IMG	INFINITE				

```
KEY TO SYMBOLS

A   SURFACE HAS TILTS AND DECENTERS    B   TAG ON SURFACE
G   SURFACE IS IN GLOBAL COORDINATES   L   SURFACE IS IN LOCAL COORDINATES
O   SPECIAL SURFACE TYPE               P   ITEM IS SUBJECT TO PICKUP
S   ITEM IS SUBJECT TO SOLVE           M   SURFACE HAS MELT INDEX DATA
T   ITEM IS TARGET OF A PICKUP
```

```
SPECIAL SURFACE DATA
```

```
SURFACE NO.   2 -- ZERNIKE POLYNOMIAL
APER. SIZE OVER WHICH ZERNIKE COEFF. ARE ORTHOGONAL (AP)      5.000000
 TERM      COEFFICIENT      ZERNIKE POLYNOMIAL
   3        -0.000228       2*R**2-1
   8         0.000221       6*R**4-6*R**2+1
  15        -2.003178E-07   20*R**6-30*R**4+12*R**2-1
  24        -3.817891E-08   70*R**8-140*R**6+90*R**4-20*R**2+1
  35        -3.474690E-07   252*R10-630*R8+560*R6-210*R4+30*R2-1
  36         3.769744E-07   924*R12-2772*R10+3150*R8-1680*R6+420*R4-42*R2+1
```

```
SURFACE NO.    4 -- CONIC SURFACE
CONIC CONSTANT (CC)      -1.544086
SEMI-MAJOR AXIS (b)      43.682407   SEMI-MINOR AXIS (a)    -32.221087
```

```
THIS LENS HAS NO TILTS OR DECENTERS
SYNOPSYS AI>
```

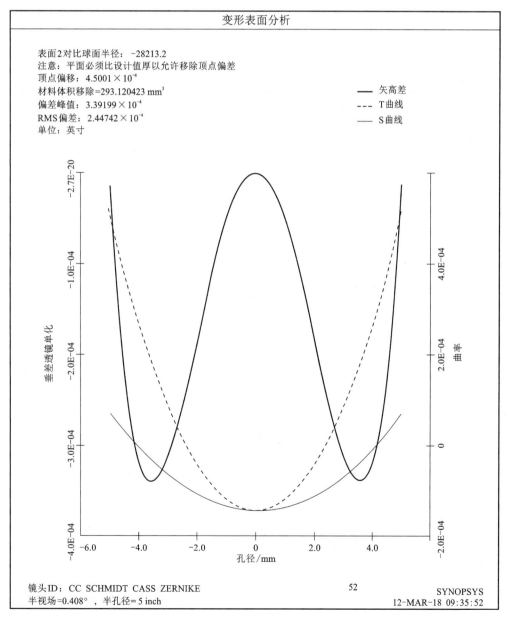

图 8.12　Zernike 表面的分析，显示相对于参考球体的下垂及 x 和 y 中的曲率的差异

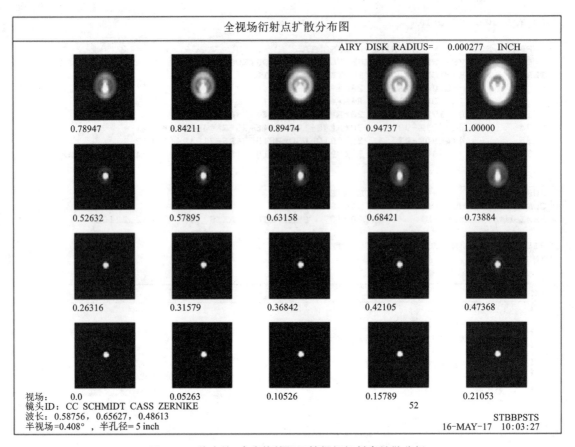

图 8.13　施密特-卡塞格林望远镜视场衍射点扩散分析

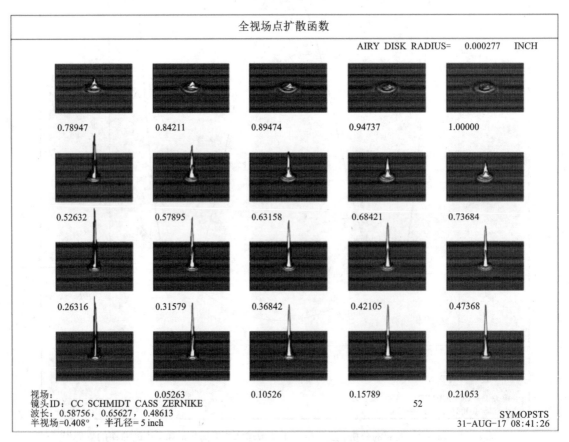

图 8.14　PSF 在视场上的倾斜透视图

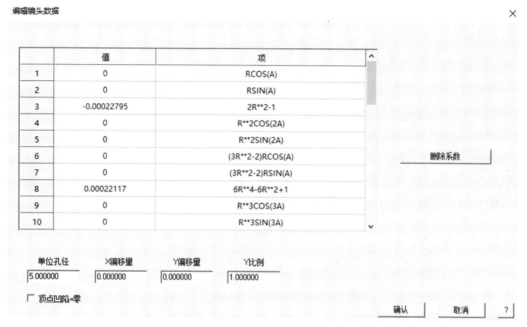

图 8.15　使用"Curvature"对话框显示 Zernike 系数,其可以被编辑

8.3　中继望远镜

1977 年在 Sky&Telescope 中描述了早期的中继望远镜,但是 Diworth 设计的中继透镜可以被更好地校正。透镜名为 4. RLE,可以使用以下命令打开它:

```
FETCH 4
```

也可以打开 MWL(menu,window,lens)以查看当前用户目录中的所有透镜文件,并为单击的任何文件提供预览窗格,然后再选择文件。

如图 8.16 所示,望远镜的镜面直径为 16 in(1 in=2.54 cm),所有表面均为球面,与非球面设计相比,易于制作。

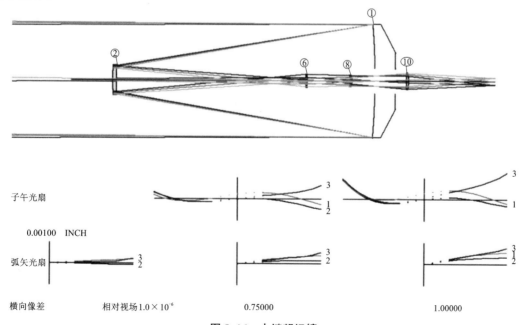

图 8.16　中继望远镜

注:图中带圈数字为透镜的表面编号;图中数字为定义波长下光扇图曲线对应的波长编号。

这种设计的有趣之处在于使用 Mangin 镜子,从表面 2 到表面 4。表面 3 是反射镜,表面 4 与表面 2 重合,因此光线穿过元件两次,从表面 3 的背部反射,可以很好地校正球差和二次色差。

打开文件时,在 CW 中键入"LEO"以检查输入文件。请注意 Mangin 的设置方式:

```
2  RAD      22.9047300000000     TH        -0.50000000
2  N1 1.58014689 N2 1.58313118 N3 1.58995600
2  CTE    0.640000E-05
2  GTB S    'SK12          '
2  EFILE EX1     2.110000      2.110000      2.110000      0.000000
2  EFILE EX2     2.110000      2.110000      0.000000
3  RAD     536.5921599999994    TH         0.50000000
3  N1 1.58014689 N2 1.58313118 N3 1.58995600
3  CTE    0.640000E-05
3  GID 'SK12          '
3  EFILE EX1     2.110000      2.110000      2.110000      0.000000
3  EFILE EX2     2.110000      2.110000      0.000000
3  REFLECTOR
3  PTH    -2     1.00000000       0.00000000
3  PIN     2
4  TH      23.05965000
4  AIR
4  EFILE EX1     2.110000      2.110000      2.110000
4  PCV     2     1.00000000       0.00000000
```

这里不明显,表面 4 与表面 2 重合,并且这两个表面都必须存在,因为默认情况下光会依次穿过所有表面。表面 3 拾取表面 2 的厚度,符号被改变,而表面 4 拾取表面 2 的曲率。当用户设计这样的系统时,一定要分配合适的拾取,这样几何形状就会随着设计变量的变化而保持正确。

使用 EFILE 数据输入主镜的形状,后者在背面被磨成圆锥形状,EFILE 数据用于描述元件的边缘。在 PAD 中,单击按钮 ![]，打开边缘向导(或键入"MEW""Menu""Edge Wizard"),如果未在 WorkSheet 中选择,则选择表面 1,如图 8.17 所示。

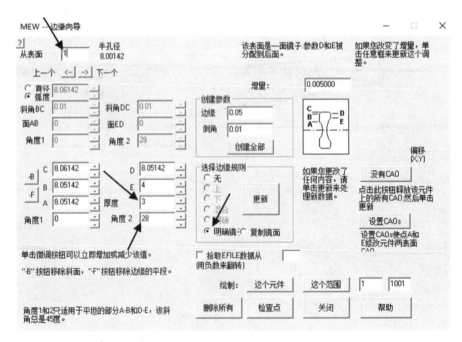

图 8.17　边缘定义向导(MEW)显示表面 1 的数据

在此对话框中，在透镜和镜子上定义最多五个点，见对话框中的标注。在反射表面的情况下，两个编辑框分配给镜子厚度(这里是 3 英寸)和背面的锥角(这里是 28°)。在这种情况下，点 E 标记锥体的起点，距轴线 4 英寸。单击"Next el."按钮，程序跳转到下一个透镜的第一侧。单击 PAD 显示以选择其他表面，并查看参数 A 到 E 如何定义透镜边缘的形状。然后单击按钮 以阅读有关边缘定义或 EFILE 数据可以执行的所有操作。参考第 40 章的 Edge Wizard。

 ## 8.4　有多好才算足够好

在设计这样的望远镜时，人们应该知道一些简单的经验法则：如果波前差小于 1/4 波长，图像近乎完美，但也存在其他问题。为了获得这种性能水平，反射表面必须是常见精度的 2 倍或 1/8 波长，因为 OPD 误差在反射时会加倍。此外，如果涉及透镜，它们的误差将叠加，因此反射镜必须比这更好，并且一些非常挑剔的天文学家坚持将波前差校正为 1/10 波长而不是 1/4 波长。如第 13 章所述，对公差的要求非常严格，在这种系统中需要进行许多次的制造调整。

第9章
使用不同的透镜设计程序来改善透镜设计

> 添加或者移除透镜来改善设计

在本章中，将会在另一个程序上开始透镜设计并应用一些新功能来使透镜质量变得更好。

初始结构透镜为(C9L1)，如图 9.1 所示。图 9.2 为该透镜三个视场点处的 MTF 曲线。(输入 MMF，选择"Multicolor"选项，然后点击"Execute"，绘制 MTF。)

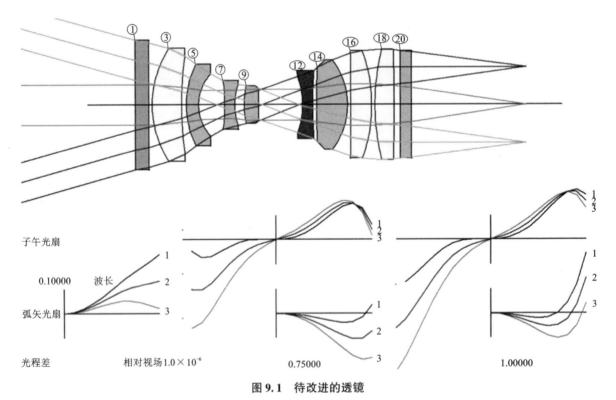

图 9.1 待改进的透镜

注：图中带圈数字为透镜的表面编号；图中数字为定义波长下光扇图曲线对应的波长编号。

该透镜工作在近红外区，$F/3.5$，且满足像方远方，有着很低的畸变以及低于 1/4 波长的像差，但受衍射的限制(远心透镜意味着所有视场点的中心光线都必须与轴平行，所以出瞳在无穷远处)。

所有视场畸变的最大值略大于 0.5 μm，而且远心度的最大偏差只有 0.01 rad，总体上来说并不差。

这组透镜此时使用的是 WAP 3 光瞳，但这并不是一个好方法，所以要先进行一些系统上的调整再

多视场衍射MTF（MMF/MFF）

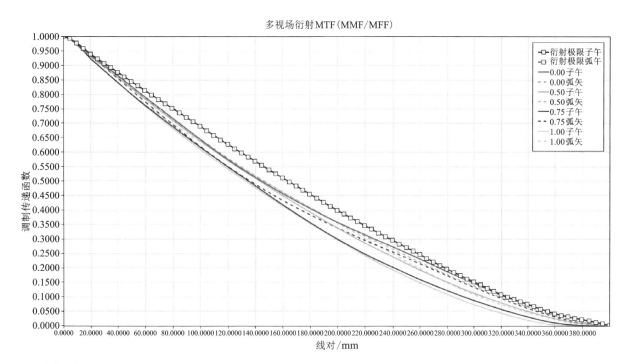

文件名：C9L1.RLE
波长/权重：0.7150/1.000 0.7100/1.000 0.7050/1.000
备注：单击此处添加备注

图9.2 初始透镜的 MTF

进行优化。同样要让玻璃的种类组合变得多样化，因为不知道先前的设计是否合理地使用了这些变量——除了前面和后面的保护窗口。创建的MACro（C9M1）如下：

```
CHG
CFREE
WAP 1
19 UMC -0.14286
END


PANT
VLIST RAD ALL        ! all radii will change except 19 and the flat windows
VLIST TH ALL EXCEPT 1 LB2   ! and all thicknesses except 1 and 20
VLIST GLM 3 5 7 9 12 14 16 18
END
AANT
AEC                  ! monitor feathered edges
ACC                  ! and keep thicknesses less than 25.4 mm
M 89.6 1 A TOTL      ! keep total lens length constant
M 0 50 A GIHT        ! control distortion at full field
S P YA 1
M 0 50 A GIHT        ! and at 0.8 FIELD
MUL CONST 0.8
S P YA .8
M 0 50 A GIHT        ! and at half field
```

```
DIV CONST 2
S P YA .5
M 0 20 A P HH .7      ! control telecentricity at 0.5 field
M 0 20 A P HH 1       ! and full field
GSO 0 0.1 5 M 0       ! correct OPDs of ray grids at three fields
GNO 0 0.05 4 M .7
GNO 0 0.05 4 M 1
END
SNAP                  ! get snapshot every iteration
SYNO 30               ! optimize for 30 cycles.
```

　　创建一系列光线网格像差的最简单方法是使用 MACro 编辑器中的"Ready-Made Raysets"按钮 。但这个例子中,选择的是系列编号8,这个选项会同时创建横向目标和 OPD 目标,然后删除横向目标,增加 OPD 目标在视场内的权重。"Bare-bones Rayset "对话框也可以做到以上操作。

　　运行这个宏文件,然后退火(55,2,50)。透镜性能得到提高,如图9.3所示。

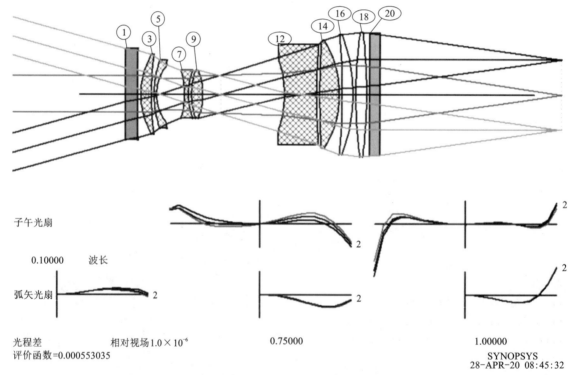

图 9.3　重新优化后的透镜

注:图中带圈数字为透镜的表面编号;图中数字为定义波长下光扇图曲线对应的波长编号。

　　以交叉填充图案显示透镜材质,而不是之前显示的纯色,这是 PAD 中的一个选项,由 PAD 工具栏中的按钮 激活后,将很容易找到哪些元件是真实玻璃和哪些元件是玻璃模型。用户手册的第13.3节解释了颜色如何与玻璃地图上玻璃类型的位置相关;例如,第二个元件以蓝色显示表明它位于右侧的火石部分,而表面14的红色是靠近左侧的冕牌玻璃。图7.4说明了这种颜色分布。

　　现在使用其他的新功能,如运行 Automatic Element Deletion 功能。程序将会寻找并移除对评价函数影响最小的元件。首先将 MACro 重命名,然后添加这样一行的命令:

> AED 3 Q 3 18   ! find which element to delete between surfaces 3 and 19.

到 MACro 中的 PANT 命令前并重新优化。这个程序报告说明透镜的表面 16 可以被移除。先同意移除这个元件，然后删除 MACro 前端的 CHG 文件。将 AED 行注释掉，这样就不会移除其他的元件。将 GLM 变量声明改变为 VLIST GLM ALL。现在表面都被重新编号了，而且这个输入会改变所有已经是玻璃模型的元件，所以不需要更新编号。

再次优化并模拟退火，获得的结果如图 9.4 所示。

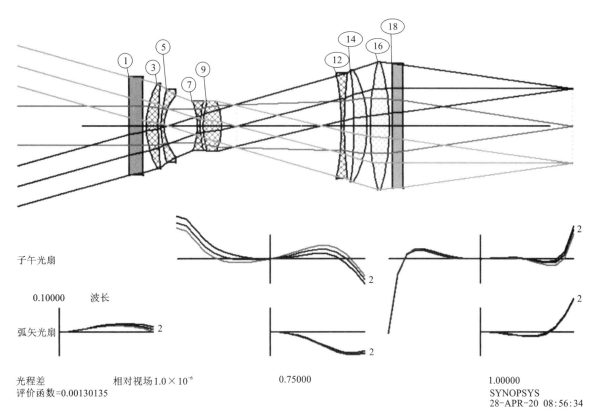

图 9.4 通过 AED 移除元件的透镜，优化和模拟退火

注：图中带圈数字为透镜的表面编号；图中数字为定义波长下光扇图曲线对应的波长编号。

虽然优化后的透镜并不像之前的效果那样好，也没有达到期望，但还不错（而且绝对要比起初的透镜要好）。可使用 Automatic Element Insertion 功能来分析回到原有的透镜数看是否会得到比原来的透镜更好的结果。

将 AED 行改为：

> AEI 3 3 17 0 0 0 20 1   ! insert one element between 3 and 17.

然后再次运行 MACro，如果用户拥有一台多核计算机，加上这一行：

> COREnb

到 MACro 的顶部，这样的话 AEI 会运行得更快，其中 nb 要小于计算机的核数。)

这个程序在表面 16 插入了一个元件。先注释掉 AEI 行，重新优化，然后退火。结果如图 9.5 所示。

快速运行 MRG，将玻璃模型替换为 Ohara 的真实玻璃，并在图 9.6 中给出 MTF（C9L2）（MRG 在第 44 章中有更加详细的讲解）。

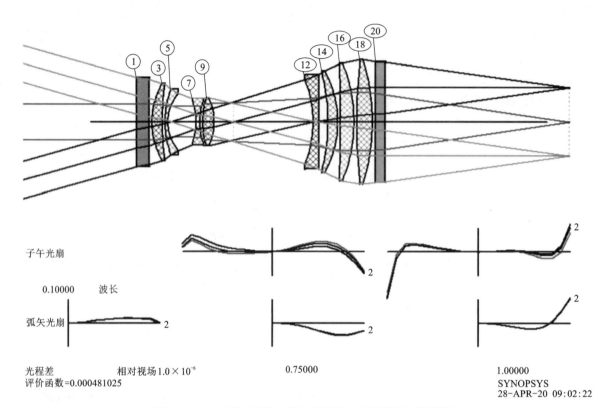

图 9.5　AEI 之后在透镜中插入新元件，然后优化和模拟退火

注：图中带圈数字为透镜的表面编号；图中数字为定义波长下光扇图曲线对应的波长编号。

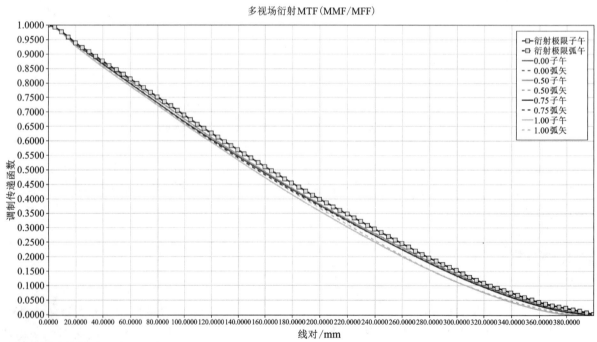

图 9.6　重新设计后的 MTF

　　程序移除了原来透镜表面16处的透镜，然后替换它，因为没有发现更好的地方可以再添加一个。当想检查透镜结构是否尽可能好时，这通常是一个很好的练习。最大畸变目前约0.03 μm(相较于原先的0.6)，而且最大的远心度偏差现在只有0.0005(相较于原先的0.01)。它的性能比原始设计提高了很多，因此公差很可能会更宽松。

　　本章没有讲解透镜厚度的问题，这个问题放在后面解决，这也是设计工作的下一个步骤。因为有些透镜很明显过于薄以至于无法实现，接下来的几章将会展开讲解这个步骤。

第 10 章
三阶像差

三阶像差的使用或误用；降低公差敏感度

许多从事透镜设计的设计师，以及许多雇用透镜设计师的管理者坚信，像差必须得到很好的控制。他们在一定程度上是对的。如果要求所有像差都是零，这是不明智的。本章的要点是说明三阶像差事实上并不是很重要，尽管它们仍然有一些用途。

它们不重要的原因是大多数透镜具有高阶像差，并且所有阶像差必须适当平衡。

获取透镜 C10L1. RLE。这是一个五片式透镜，具有相当好的校正效果，如图 10.1 所示。

如果 PAD 仍然显示上一章的布局图，底部为 OPD，只需点击 PAD 工具栏上的"Default"按钮 ![]
即可。

优化 MACro(C10M1)，可以强行控制三阶像差：

```
PANT
VLIST RAD ALL
VLIST TH ALL
VLIST GLM 1 3 6 8 9
END

AANT
M 1 1 A FNUM
M 7.8 1 A BACK
M 0 1 A DELF
M 0 1 A SA3
M 0 1 A CO3
M 0 1 A TI3
M 0 1 A SI3
M 0 1 A PETZ
M 0 1 A DI3
M 0 1 A PAC
M 0 1 A SAC
M 0 1 A PLC
M 0 1 A SLC
END

SNAP
SYNO 30
```

该 MACro 将改变所有设计变量并控制 F/数、离焦和后焦距,同时将三阶像差以零为目标校正。输入 VLIST RAD ALL 将改变所有半径,并且 VLIST TH ALL 将改变所有厚度和空气间隔,但在这种情况下不能使用 VLIST GLM ALL 形式,因为该形式将仅改变那些已经具有玻璃模型的材料,并且在这个例子中,透镜都没有玻璃模型,所以必须在这里单独声明表面。

运行这个 MACro 后,透镜变得更糟糕了,如图 10.2 所示。光扇图的比例大了 25 倍。

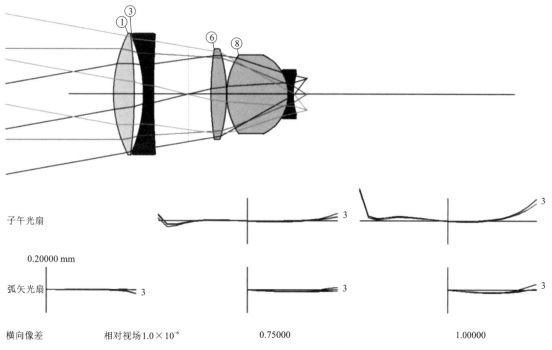

子午光扇

0.20000 mm

弧矢光扇

横向像差　相对视场 1.0×10^{-6}　　0.75000　　1.00000

图 10.1　透镜具有校正比较好的像差

注:图中带圈数字为透镜的表面编号;图中数字为定义波长下光扇图曲线对应的波长编号。

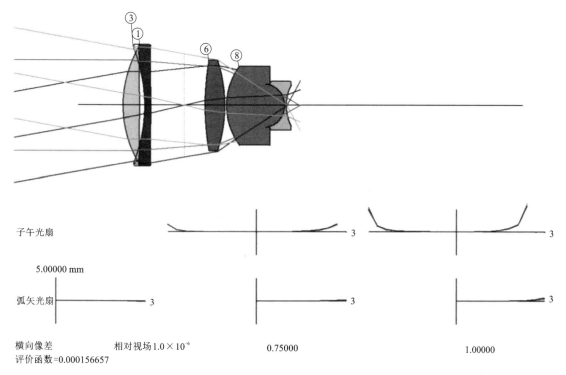

子午光扇

5.00000 mm

弧矢光扇

横向像差　相对视场 1.0×10^{-6}　　0.75000　　1.00000
评价函数=0.000156657

图 10.2　校正接近 0 的三阶像差的结果

注:图中带圈数字为透镜的表面编号;图中数字为定义波长下光扇图曲线对应的波长编号。

优化失败了吗？使用命令 THIRD 请求三阶像差：

```
SYNOPSYS AI>THIRD

ID FIVE-ELEMENT LENS                      1              01/13/2024  10:52

THIRD-ORDER ABERRATION ANALYSIS

FOCAL LENGTH  ENT PUP SEMI-APER   GAUSS IMAGE HT
     50.807               25.400              8.959

THIRD-ORDER ABERRATION SUMS
        SPH ABERR        COMA  TAN ASTIG  SAG ASTIG    PETZVAL  DISTORTION
         (SA3)           (CO3)    (TI3)      (SI3)      (PETZ)   (DI3(FR))
       -5.131E-05    -1.437E-05 -9.591E-05 -7.157E-05 -5.939E-05   -0.00038

PARAXIAL CHROMATIC ABERRATION SUMS
        AX COLOR  LAT COLOR   SECDRY AX  SECDRY LAT
         (PAC)      (PLC)       (SAC)       (SLC)
        -0.00316   4.301E-05   0.01197     0.00015
```

这些像差非常小。初始透镜怎么样？

```
SYNOPSYS AI>THIRD

ID FIVE-ELEMENT LENS                      124            01/13/2024  10:51

THIRD-ORDER ABERRATION ANALYSIS

FOCAL LENGTH  ENT PUP SEMI-APER   GAUSS IMAGE HT
     50.800               25.400              8.957

THIRD-ORDER ABERRATION SUMS
        SPH ABERR        COMA  TAN ASTIG  SAG ASTIG    PETZVAL  DISTORTION
         (SA3)           (CO3)    (TI3)      (SI3)      (PETZ)   (DI3(FR))
        -0.01806      -0.03730  -0.04236   -0.08744   -0.10998   -0.01754

PARAXIAL CHROMATIC ABERRATION SUMS
        AX COLOR  LAT COLOR   SECDRY AX  SECDRY LAT
         (PAC)      (PLC)       (SAC)       (SLC)
         0.02638    0.01292     0.01661     0.00407
```

这些像差要大得多，三阶像差越大，透镜越好。由此可知：在像差平衡方面，不要试图猜测。

在设计一个透镜时，只需关心两件事：图像是否清晰，是否在正确的位置上。

降低公差敏感度如下：

之前也提到过，这些像差仍然有用，其中最重要的是它可以降低公差敏感度。这是因为当透镜制造不当时，三阶像差的变化最快。为了保持这些偏差变小，程序可以将一组 8 个量放入 AANT 文件中。如果这些很小，则公差往往更宽松。这些量显示如下：

SAT：每个表面对球差 SA3 贡献的平方和；

COT：每个表面对慧差 CO3 贡献的平方和；

ACD：每个表面偏心时 CO3 变化量的平方和；

ACT：每个表面倾斜时 CO3 变化量的平方和；

ECD：每个元件偏心时 CO3 变化量的平方和；

ECT：每个元件倾斜时 CO3 变化量的平方和；

ESA：元件对球差 SA3 的贡献的平方和；

ECO：元件对彗差 CO3 贡献的平方和。

以下是如何使用这些像差来放松透镜公差的示例。先优化图 10.3(C10L2)中所示的透镜，然后通过 BTOL 创建公差分析，目标波前质量为 0.05(BTOL 将在第 13 章中进行更深入的讨论)。

有一些公差非常紧，如表 10.1 所示，其中标准数据是该透镜的(YDC 表示 Y-decenter)。

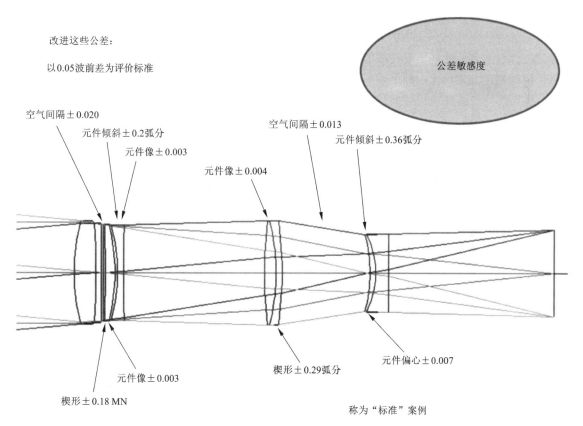

图 10.3　有公差敏感度问题的透镜

表 10.1　公差列表

名称	3 TH	6Wedge	7Tilt	5 YDC	7 YDC	9 YDC	12 YDC
标准	0.034	0.23 min	0.24 min	0.0042	0.0034	0.0053	0.0086
case A	0.091	0.67	0.42	0.011	0.009	0.011	0.011
case B	0.112	0.87	0.89	0.015	0.018	0.025	0.014

将透镜位置紧密地保持在这些值上确实需要付出很大的代价。(表面 7 上的中心公差为 3.4 μm。)按以下步骤进行：

(1)运行命令 THIRD SENS，查看这些像差的当前值；

(2)由于主要关注中心误差，所以会尝试降低 ECD 的值，即当元件偏心时 CO3 的变化。为此，将

```
THIRD SENS
ID 8-ELEMENT TELEPHOTO

NORMALIZED 3RD-ORDER ANALYSIS OF TOLERANCE SENSITIVITY

SS OF SA3 BY SURFACE (SAT) =            85.107903
SS OF CO3 BY SURFACE (COT) =            21.404938
SS OF CO3/YDC BY SURFACE (ACD) =         0.007657
SS OF CO3/TILT BY SURFACE (ACT) =       73.889722
SS OF CO3/YDC BY ELEMENT (ECD)  =        0.003941
SS OF CO3/TILT BY ELEMENT (ECT) =       31.259708
SS OF SA3 BY ELEMENT (ESA) =             1.944190
SS OF CO3 BY ELEMENT (ECO) =             0.492351
```

在 AANT 文件(在 C10M2 中)添加:

M.001 100 A ECD

由于 ECD 值很小(与列表中的其他数字相比),并给它一个很高的权重,使它对评价函数产生影响。请记住,不能简单地将所有这些值都定为零,因为通常无法设计没有任何像差的透镜,且透镜仍然具有任何光焦度。实际上,如果减少 SAT 的值,COT 可能也变小了。因此,明智的做法是一次一个地进行,直到找到最适合透镜的参数。在这个例子中,通过控制 ECD 的值,然后优化和退火,可得到如图 10.4 所示的透镜。

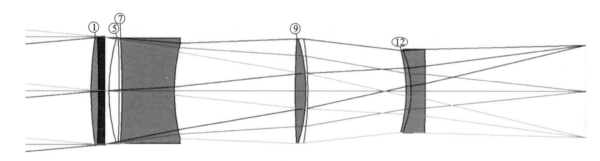

图 10.4　减小 ECD 的透镜

注:图中数字为透镜的表面编号。

```
THIRD SENS

 ID 8-ELEMENT TELEPHOTO                   1166          24-SEP-17
14:38:04

 NORMALIZED 3RD-ORDER ANALYSIS OF TOLERANCE SENSITIVITY

 SS OF SA3 BY SURFACE (SAT) =             7.039158
 SS OF CO3 BY SURFACE (COT) =             4.886167
 SS OF CO3/YDC BY SURFACE (ACD) =         0.001647
 SS OF CO3/TILT BY SURFACE (ACT) =       19.595239
 SS OF CO3/YDC BY ELEMENT (ECD) =         0.001064
 SS OF CO3/TILT BY ELEMENT (ECT) =        8.608645
 SS OF SA3 BY ELEMENT (ESA) =             0.185937
 SS OF CO3 BY ELEMENT (ECO) =             0.127815
```

需注意,尽管只针对 ECD,但 THIRD SENS 返回的所有值也都发生了变化。该透镜的公差列于表 10.1 中的 case A。显然,现在的公差要宽松得多,但这对加工厂商来说仍然是一个挑战,所以让我们再试一试。这次将 ACT 的值定为 7.0,即标准值的 1/10,并删除 ECD 的目标:

M 71 A ACT

优化和退火后，透镜看起来如图 10.5 所示。

其公差列在表 10.1 的 case B 中，这似乎是一个更好的公差(忽略本练习中的可制造性问题：某些透镜太薄，应该使用 ACM 或 ADT 监视器进行控制)。

选择控制的数量取决于想要影响的公差。例如，空气间隔容差可以响应对 ESA 数量的控制。另外，透镜厚度公差可能对 SAT 有更好的响应。因此，用户必须了解自己的透镜，并尝试使用这些工具，以找到最佳目标和最佳 BTOL 预算。

有时，这些量的作用是增加评价函数的值。通常这不是一个好主意，因为如果图像变得更糟，公差通常会变得更紧。但是，本节中工具的放松效果有时会超过这种效果，无论如何都会使公差更加宽松。当然，如果评价函数变得太大，可以在 AANT 文件中添加该参数的控制并使用低的目标值。

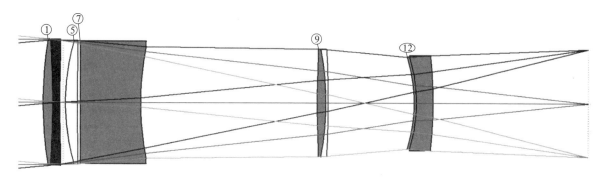

图 10.5　有 ACT 控制的透镜

注：图中数字为透镜的表面编号。

虽然无法保证这些像差目标在任何特定情况下都能发挥作用，但经验表明它们肯定值得一试。公差可以放宽 2~10 倍。

还有另一种控制单个元件灵敏度的方法：使用 SECTION 像差。鉴于上述参量适用于所有表面或元件，因此非常易于使用，而 SECTION 像差仅适用于指定的表面范围。如果一个元件被分配了非常紧的公差，即使尝试了本节中给出的目标——如果一些公差被放松，但问题元件变得更紧，就会发生这种情况——可能也只控制那个元件的彗差或球差。为精确控制需要的像差，有时需要采取额外步骤。例如，如果表面 13 和表面 14 处的元件非常敏感，则可以控制该元件的球差：

`M 0 . 1 A SECTION SA3 13 14`

尝试修改目标和权重，直到获得最佳结果。该请求将使表面 13 至表面 14 的部分的 SA3 最小化，并且其定心可能就不那么敏感。

第 11 章

渐晕的输入和输出

光瞳定义；孔径减少；调整光线目标以减少光瞳

渐晕，指的是透镜的某些地方会阻挡一些穿过光阑的光线。这是一个不同程序以不同方式被处理的主题。当然，人们通常更喜欢光束尺寸在视场的任何地方都保持不变，因为有效的传输之后全程不会因视场而下降。但是，有时最好的权衡方法是接受一些渐晕，以避免更复杂透镜的成本和重量。在这种情况下，必须知道如何在优化期间管理变化的光束尺寸，以及如何设置透镜孔径在模拟设计完成时用于图像分析的渐晕量。

一个具有渐晕的三片式透镜(C11L1)如图 11.1 所示。注意，上下视场点(蓝色和绿色)的光束尺寸远小于轴上的光束(红色)。通过查阅透镜的 RLE 文件，可以看到表面 3 上的实际光阑(激活光线瞄准主光线)和广角光瞳选项 3(WAP 3)。输入 LE 看到这个文件：

```
RLE
ID COOKE TRIPLET F/4.5                          670
 FNAME  'C11L1.RLE '
 LOG        670
 WAVL .6562700 .5875600 .4861300
 APS               -3
 WAP                3
 UNITS MM
 OBB  0.0000000  20.0000000   5.5550000  -2.98488410931  0.0000000 0.0000000 5.5550000
  0 AIR
  1 CAO      4.69068139      0.00000000        0.00000000
  1 RAD      21.4939500000000    TH      2.00000000
  1 N1 1.61727184 N2 1.62041014 N3 1.62755668
  1 CTE   0.630000E-05
  1 GTB S    'SK16           '
  2 CAO      4.25560632      0.00000000        0.00000000
  2 RAD     -124.0387000000000    TH      5.25509000 AIR
  3 CAO      3.19251725      0.00000000        0.00000000
  3 RAD     -19.1051800000000    TH      1.25000000
  3 N1 1.61164536 N2 1.61659187 N3 1.62847950
  3 CTE   0.830000E-05
  3 GTB S    'F4             '
  4 CAO      3.15978037      0.00000000        0.00000000
  4 RAD      21.9794700000000    TH      4.93473000 AIR
  5 CAO      3.48158127      0.00000000        0.00000000
```

```
5 RAD      328.3317499999989   TH        2.25000000
5 N1 1.61727184 N2 1.62041014 N3 1.62755668
5 CTE    0.630000E-05
5 GID 'SK16              '
5 PIN     1
6 CAO       4.00000022        0.00000000          0.00000000
6 RAD     -16.7537700000000   TH       43.24315361 AIR
6 TH      43.24315361
6 YMT      0.00000000
7 CV      0.0000000000000   TH       0.00000000 AIR
END
```

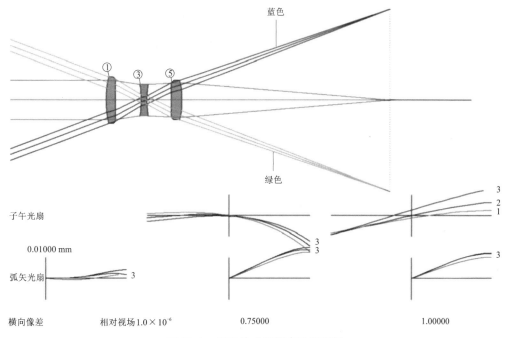

图 11.1   用三片式透镜来说明渐晕

注：图中带圈数字为透镜的表面编号；图中数字为定义波长下光扇图曲线对应的波长编号。

WAP 3 选项调整入射光瞳尺寸，使得每个视场点处的边缘光线刚好通过所有定义的透镜孔径。除像面（在表面 7）之外的每个表面都被分配了一个硬通光孔径（带有 CAO 数据）。这是实现所需数量的渐晕的一种方法。注意进入光束的大小如何随视场角变化而变化。使用"PAD Scan"按钮 ↑ 最容易显示，如图 11.2 所示。

但是，WAP 3 选项不是处理渐晕的唯一方法，而且不是最佳方式。在优化过程中，当透镜发生变化时，光束的大小可以在每个表面上发生变化，在不知道完成时的大小时将固定孔径指定到表面是没有意义的。因此，在优化过程中永远不要使用 WAP 3 选项，只能在必要时再使用它。

相反地，分步进行渐晕。先删除所有 CAO 和 WAP 声明：

```
CHG
CFREE
WAP 0
END
```

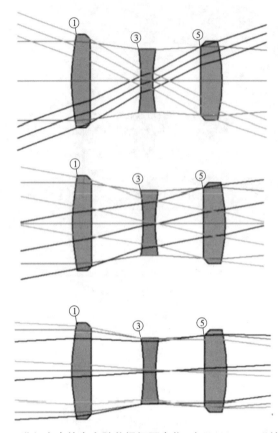

图 11.2　进入光束的大小随着视场而变化，如"PAD Scan"按钮所示

注：图中数字为透镜的表面编号。

其像质很糟糕，如图 11.3 所示。也许这就是为什么起始设计要使用 WAP 3 选项。

查看当前选项(使用命令 POP)显示 6 上的 YMT 求解但没有曲率求解。可以添加表面 6 上的曲率求解。透镜以 $F/4.5$ 在近轴工作，并且 UMC 求解的值为 $0.5 / 4.5$ 或-0.1111。这个值是负数，因为边缘光线在图像处向下。改变透镜并将副本存储在透镜库中以备后续参考：

```
    CHG
6 UMC -.1111
END
STORE 3
```

使用命令 AEE 打开一个新编辑器并创建一个优化 MACro：
```
    LOG
    PANT
    VLIST RAD ALL
    VLIST TH ALL
    END

    AANT
    AEC
    ACC
    GSR .5 10 5 M 0
    GNR .5 2 3 M .7
    GNR .5 1 3 M 1
    END

    SNAP
    SYNO 30
```

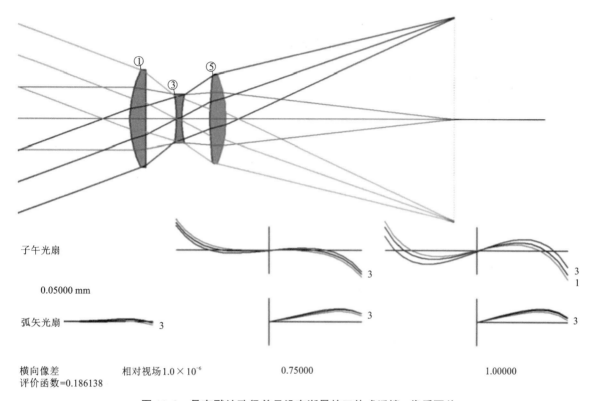

图 11.3　具有默认孔径并且没有渐晕的三片式透镜，像质更差

注：图中带圈数字为透镜的表面编号；图中数字为定义波长下光扇图曲线对应的波长编号。

这里使用了"Ready-Made Raysets"按钮 中的"Merit Function 6"，制作检查点并运行此 MACro。结果如图 11.4 所示。

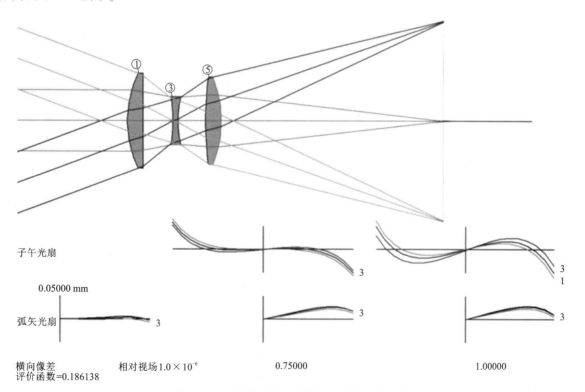

图 11.4　三片式透镜重新优化以消除边缘羽化

注：图中带圈数字为透镜的表面编号；图中数字为定义波长下光扇图曲线对应的波长编号。

结果不太好。像差失控，特别是在全视场。对此，可通过优化程序将光束大小设置为全视场的轴上值的 40%。这是通过向 AANT 文件添加 VSET 指令来完成的：

```
AANT
AEC
ACC
VSET .4
GSR .5 10 5 M 0
GNR .5 2 3 M .7
GNR .5 1 3 M 1
END
```

现在再次运行它，结果如图 11.5 所示。

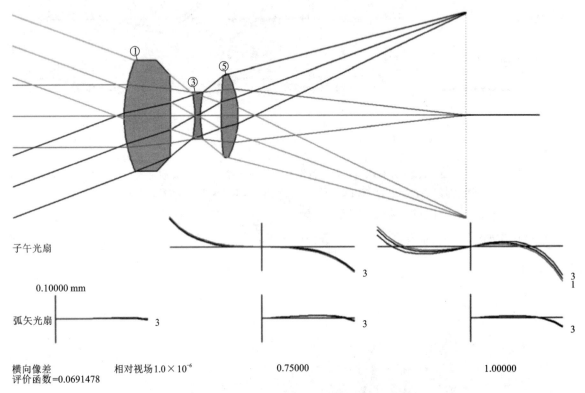

子午光扇

0.10000 mm

弧矢光扇

横向像差
评价函数=0.0691478
相对视场1.0×10⁻⁶   0.75000   1.00000

图 11.5　三片式透镜重新优化，预期渐晕到 40% 的孔径

注：图中带圈数字为透镜的表面编号；图中数字为定义波长下光扇图曲线对应的波长编号。

TFAN 的边缘变得更糟，这并不奇怪，因为它们不再被校正。但是，如果将光束的渐晕设置为 PAD 中所显示的光束尺寸的 40%，那么成像看起来是否会更好？现在必须对透镜进行建模，以便其具有渐晕。

打开 WorkSheet(WS)，在指令 CFIX 的编辑窗格中输入，然后单击"Update"，所有表面都分配了一个硬 CAO，其孔径与当前有效的默认 CAO 相同。单击透镜图中的表面 6，该表面的数据显示在编辑窗格中。用鼠标选择 CAO 半径，然后单击"SEL"按钮。将顶部滑块指定给该孔径半径。将滑块向左移动，减小孔径。在全视场观察 TFAN 并在左侧的未触发部分看起来大约在 40% 位置时停止，如图 11.6 所示。

在表面 1 处进行相同的操作。现在光束的两侧都是渐晕的，如图 11.7 所示。

为什么 PAD 顶部显示的成像仍然显示原始的未被激活的光束？这时，有一个选项可以改变它，即通过关闭模式开关 65 激活它。此时，成像看起来像打开 WAP3 选项时的情况，但目前 WAP3 未激活。

然后可以通过在编辑窗格中添加该指令来激活 WAP 3。

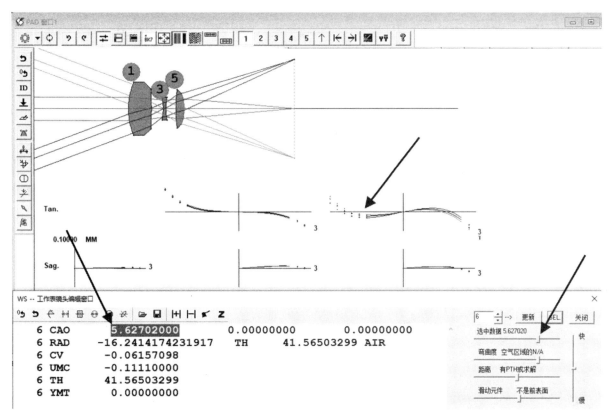

图 11.6　调节表面 6 的孔径以在 TFAN 左侧产生所需的渐晕的透镜

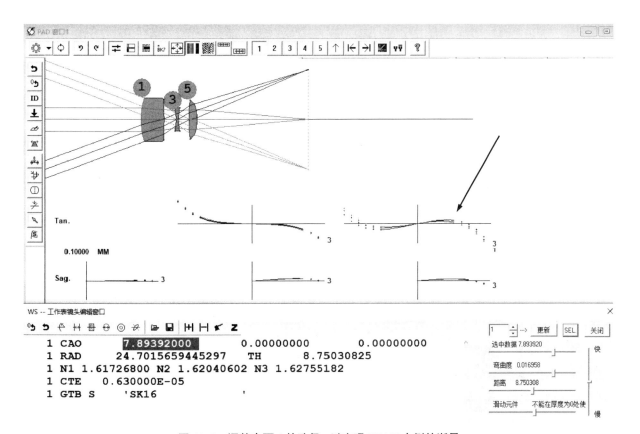

图 11.7　调整表面 1 的孔径，以实现 TFAN 右侧的渐晕

另一种方式是声明一组 VFIELD 参数。关闭 WS 并在 CW 中输入：

`FVF 0 . 5 . 8 . 9 1`

该程序计算出通光孔径的五个视场点的渐晕因子。这时的 PAD 显示了应该呈现出的渐晕光束，如图 11.8 所示。

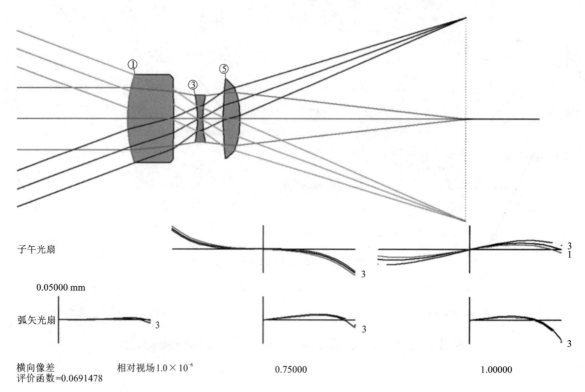

图 11.8　通过减少孔径和 VFIELD 来进行渐晕

注：图中带圈数字为透镜的表面编号；图中数字为定义波长下光扇图曲线对应的波长编号。

XC 只是其他孔径仍然是之前留下的。因为它们都是硬孔径，在 WS 编辑窗格中，输入"CFREE"并单击"Update"。现在透镜再次有默认孔径，这次是根据 VFIELD 光瞳进行计算，如图 11.9 所示。

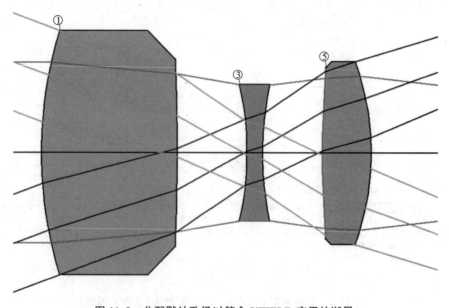

图 11.9　分配默认孔径以符合 VFIELD 应用的渐晕

注：图中数字为透镜的表面编号。

如果现在返回优化 MACro,移除 VSET 指令并重新优化,那么边缘控制监视器将查看上面显示的光扇图中的光线,而不是标准光线。因此,它将重新优化透镜,如果评价函数不再受益于更大的值,则减小厚度。然后,可以根据需要使用边缘向导(MEW)调整边缘几何,如图 11.10(C11L2)所示。

因为它们看起来大致相同,所以 WAP 3 选项和 VFIELD 有什么区别呢? 每次需要光线追迹时,WAP 3 都需要瞄准五条光线。这是一个相当缓慢的选择。另外,VFIELD 已经完成了这个计算,之后只需要对准主光线,在请求的视场上进行快速插值。

这就是渐晕的全部内容。

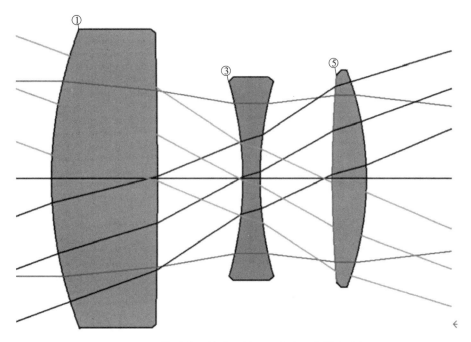

图 11.10　最后的三片式透镜,正确分配渐晕和孔径

注:图中数字为透镜的表面编号。

第 12 章
复消色差透镜

校正三个波长的透镜

　　本章介绍了如何设计具有比使用简单双胶合透镜更好的色差校正的透镜。Rutten 和 Mvan Venrooij 在《望远镜光学》中给出了相关简要描述。要点是，必须使用满足某些特性的三种不同玻璃，可以通过玻璃库显示轻松选择它们。本章将从使用 Schott 目录中的玻璃类型 N-SK4、N-KZFS4 和 N-BALF10 开始设计。(建议使用这些玻璃。)以下是初始设计文件，消色差透镜的初始设计如图 12.1(C12L1)所示。

```
 RLE
ID F10 APO                              40
 FNAME   'C12L1.RLE'
 LOG      40
 WAVL .6500000 .5500000 .4500000
 APS             3
 UNITS INCH
 OBB  0.0000000   0.5000000   2.0000000 -0.596995332835E-02   0.0000000   0.0000000   2.0000000
   0 AIR
   1 RAD   -300.4494760791975    TH    0.58187611
   1 N1 1.60979362 N2 1.61494930 N3 1.62387524
   1 CTE   0.646000E-05
   1 GTB S    'N-SK4          '
   2 RAD     -7.4819193194388    TH    0.31629961 AIR
   3 RAD     -6.8555018049530    TH    0.26355283
   3 N1 1.60954405 N2 1.61629544 N3 1.62824320
   3 CTE   0.730000E-05
   3 GTB S    'N-KZFS4         '
   4 RAD      5.5272935517214    TH    0.04305983 AIR
   5 RAD      5.6098999521052    TH    0.53300999
   5 N1 1.66611266 N2 1.67305680 N3 1.68544270
   5 CTE   0.618000E-05
   5 GTB S    'N-BAF10         '
   6 RAD    -27.9825058161385    TH   39.24610425 AIR
   6 CV     -0.03573661
   6 UMC    -0.05000000
   6 TH     39.24610425
   6 YMT     0.00000000
   7 RAD    -11.2104527948015    TH    0.00000000 AIR
 END
```

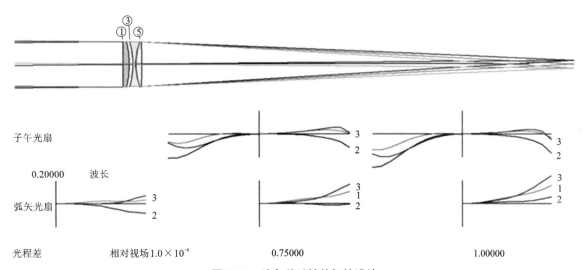

图 12.1　消色差透镜的初始设计

子午光扇

弧矢光扇

波长

0.20000

光程差　　相对视场1.0×10⁻⁶　　0.75000　　1.00000

注：图中带圈数字为透镜的表面编号；图中数字为定义波长下光扇图曲线对应的波长编号。

打开上述文件，打开 PAD，然后单击"Glass Table"按钮 ![BK?]并从打开的框中选择"Schott"。显示如图 12.2 所示。

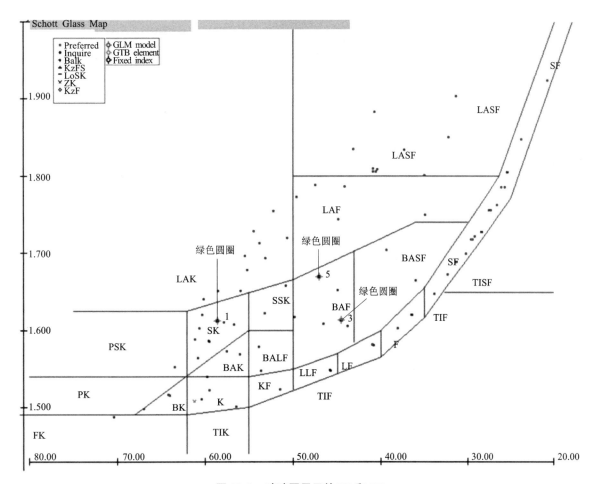

图 12.2　玻璃图显示的 Nd 和 Vd

图 12.2 显示了 Schott 玻璃库。单击"图形"按钮，如图 12.3 所示。然后选择"绘制 P(F, e) vs. Ve"，如图 12.4 所示。

显示改变了，现在的横坐标是 e 线的 V-number(0.54607 μm)，纵坐标是量(NF-Ne)/(NF-NC)。

复消色差理论表明必须选择三个不在这个图上的直线上的透镜。它们必须形成一个三角形，面积越大越好。图 12.5 中的绿色圆圈显示了三片式透镜中的现有透镜。

单击旁边带数字"1"的绿色圆圈。那是目前表面 1 上的玻璃，N-SK4。单击"Properties"按钮，查看该玻璃的属性，如图 12.6 所示。

这种玻璃不是那么稳定：湿度等级为 3，酸敏感度为 5。需为第一种透镜找到更好的玻璃。(这种玻璃是暴露在环境中的，因此非常重要。)关闭"属性"窗口并再次单击"图形"按钮；然后单击单选按钮"Acid Sensitivity"和"OK"。根据需要在 N-SK4 的绿色圆圈附近放大鼠标滚轮，使图像变大，然后单击"全书"按钮。此时的显示如图 12.7 所示。

这时穿过玻璃位置的红色垂直线显示为酸敏感度。玻璃 N-SK4 的生产线相当长，因为这种玻璃不耐用。在左边可看到 N-BAK2，根本没有线(它是最好的类别)。单击该玻璃符号，当名称出现在右侧窗口中时，如图 12.8 所示，再次单击"Properties"按钮。该玻璃的酸碱度等级为 1，耐湿性更好，价格也更低。在"Surface"框中输入表面编号 1，然后单击" \ Apply ∕"。玻璃 N-BAK2 现在分配给表面 1。

图 12.3　用于控制在玻璃地图中显示图像的按钮　　　图 12.4　选择部分色散图

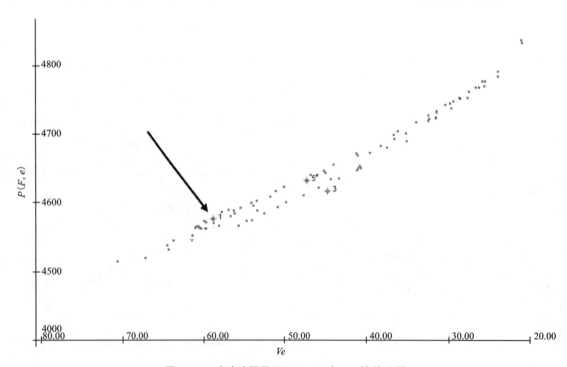

图 12.5　玻璃地图显示 $P(F, e)$ 与 Ve 的关系图

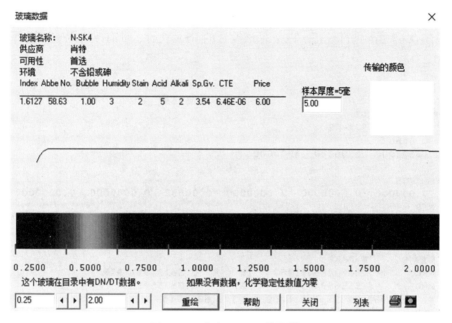

图 12.6　玻璃 N-SK4 的属性

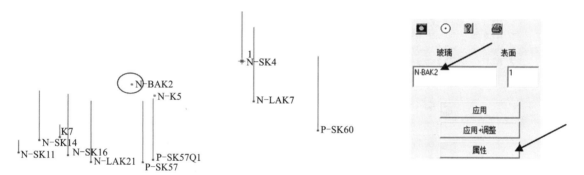

图 12.7　显示酸敏感性的玻璃图，玻璃 N-BAK2 是比 N-SK4 更好的选择　　图 12.8　将选定的玻璃应用于表面 1

　　先通过单击"只有点"，然后单击"图形"并选择"没有图表"和"确认"。三种玻璃围成的三角形与更换玻璃前一样好。

　　当然，透镜并没有针对这种玻璃进行优化，因此须运行优化程序。优化 MACro(C12M1)如下：

```
PANT
VLIST RAD 1 2 3 4 5 7
VLIST TH 2 4
END

AANT
AEC
ACC
GSO 0 1 4 M 0 0
GNO 0 .2 3 M .75 0
GNO 0 .1 3 M 1.0 0
END

SNAP
SYNO 30
```

运行此 MACro, 现在校正优于轴上 1/4 波长。如今, 有一个更好的设计, 制造更便宜, 透镜更耐用, 并能在 0.45~0.65 μm 进行校正。以下是该设计的 RLE 文件, 带有改进的玻璃选择重新优化透镜如图 12.9(C12L2) 所示。

```
RLE
ID F10 APO                              55567
 FNAME 'C12L2.RLE
 MERIT    0.637627E-02
 LOG    55567
 WAVL .6500000 .5500000 .4500000
 APS              3
 UNITS INCH
 OBB  0.000000  0.5000000  2.0000000 -0.00652  0.0000000  0.0000000    2.0000000
   0 AIR
   1 RAD    -169.2935630392332    TH       0.58187611
   1 N1 1.53742490 N2 1.54188880 N3 1.54960358
   1 CTE   0.800000E-05
   1 GTB S    'N-BAK2         '
   2 RAD     -7.0670416441280    TH       0.36131941 AIR
   3 RAD     -6.5556994058248    TH       0.26355283
   3 N1 1.60953772 N2 1.61628830 N3 1.62823445
   3 CTE   0.730000E-05
   3 GTB S    'N-KZFS4        '
   4 RAD      5.3108511182960    TH       0.03937000 AIR
   5 RAD      5.4054270177678    TH       0.53300999
   5 N1 1.66610392 N2 1.67304720 N3 1.68543133
   5 CTE   0.618000E-05
   5 GTB S    'N-BAF10        '
   6 RAD    -19.4383633248526    TH      39.42616962 AIR
   7 RAD    -11.1847134357355    TH       0.00000000 AIR
END
```

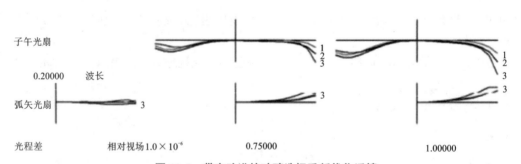

图 12.9 带有改进的玻璃选择重新优化透镜

注: 图中带圈数字为透镜的表面编号; 图中数字为定义波长下光扇图曲线对应的波长编号。

改进的透镜的离焦量随波长的变化而变化:

```
CHG
NOP
END
PLOT DELF FOR WAVL = .45 TO .65
```

结果如图 12.10 所示。

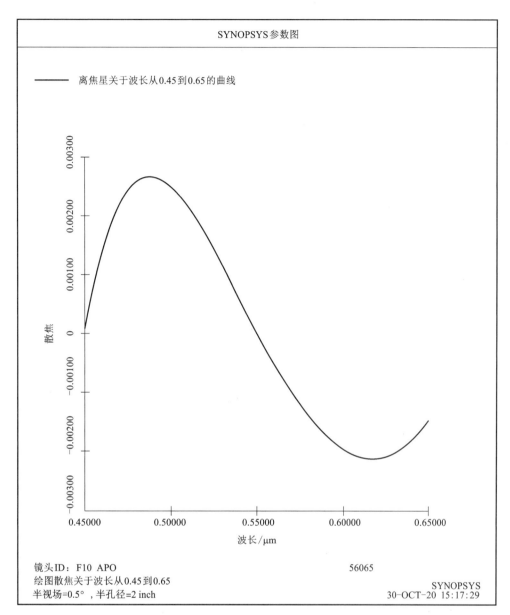

SYNOPSYS 参数图

——— 离焦星关于波长从0.45到0.65的曲线

散焦

波长/μm

镜头ID：F10 APO　　　　　　　　56065
绘图散焦关于波长从0.45到0.65
半视场=0.5°，半孔径=2 inch

SYNOPSYS
30-OCT-20 15:17:29

图 12.10　新设计的色差校正曲线

分析可知在设计范围内的离焦约为 0.0026 in(1 in = 2.54 cm)，并且是一个完美的艾里斑，如图 12.11 所示。[后者由图像工具(MIT)计算，将其中十个波长分配给透镜，在中心产生良好的白色，并具有相干效果。]离焦不为零，因为程序已经平衡了球差随波长的变化而产生的微小偏移。两者都很小。如何获得十个波长的？使用 Spectrum Wizard(MSW)。

请注意，在本例中绘制的是 DELF 而不是 BACK。为什么？由于使用 NOP 指令消除了所有求解，因此后焦现在已经固定。然而，近轴离焦 DELF 在随波长的变化而变化。

图 12.11　通过图像工具(MIT)计算的衍射图像

第 13 章

复消色差物镜的公差设计

公差预算计算；制造调整

第 12 章已经介绍了如何设计一个能够完美成像的复消色差望远镜物镜，本章将阐述如何计算透镜的公差预算。

在将透镜的图纸送去加工之前，必须明确在多大的制造误差下这片透镜仍然可以保持原有的性能，这个过程就叫作公差预算。本章的示例是一个被校正得很好的天文望远镜物镜其公差预算非常紧张。大多数的透镜利用 SYNOPSYS 可以很容易地将公差计算出来，本章使用的是之前提到的 C12L2 透镜。

在计算公差之前，必须移除表面 6 上的曲率求解。

```
CHG
6 NCOP
END
```

对于复消色差物镜来说，轴上像质是最为重要的，因为这些透镜经常用于观测行星，而且它们存在一些场曲(这也正是为什么在先前的章节中要改变像面半径)和一些像散，这些都无法在光阑处使用紧凑透镜组将它们校正。

公差预算的原则是，如果根据预算制造所有元件，将半径、厚度、楔形等保持在公差范围内，然后装配透镜，同时将所有空气间隔、元件倾斜和偏心保持在公差范围内，那么透镜将在所要求的置信水平内得到符合要求的像质。如果这个置信水平是 1 个 sigma，那么在一大批透镜中应当有 84.27%的透镜的像质等于或者优于要求；如果标准是 2 个 sigma，那么置信区间就上升到了 99.53%，以此类推。

先进行一个简单的 BTOL 评估。BTOL 有许多的选项，但是在这里可以用一个处理简单情况的菜单：MSB, for Menu, Simple BTOL。在命令窗口中输入"MSB"，然后如实填写表格，其中大多数选项都已经填写好了；选择"公差"和"波前"选项(而不是"降低光斑")然后勾选"准备"方框。其余选项都可以保持原样，就像图 13.1 中所示的。然后点击"GO"按钮。(BTOL 背后的逻辑在附录 C 中给出了解释。)

当计算完成后，从 CW 最底部往上一点，就可以看到如下预期的性能：

```
SUMMARY OF OPTICAL PERFORMANCE
  REL. Y-HEIGHT  REL. X-HEIGHT          ANTICIPATED STATISTICS
                                        OF QUALITY DESCRIPTOR

      (HBAR)         (GBAR)      MEAN VALUE   MULTIPLE DEV   EXPECTED ZOOM

      0.000          0.000         0.03472       0.01563       0.05035   1
      1.000          0.000         0.03940       0.00858       0.04798   1
      0.500          0.000         0.03520       0.01482       0.05002   1
```

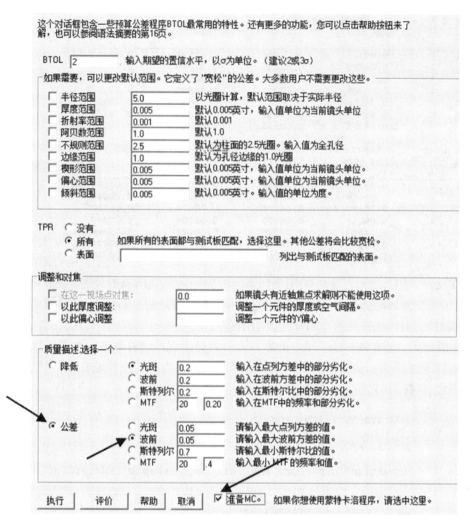

图 13.1　通过 MSB 进行 MSB 的输入设置

因此，轴上像质将会有 0.050 的方差，如指定的那样，视场边缘稍微好一些。再将显示向上滚动一点，直到出现如下预算结果：

| BUDGET TOLERANCE ANALYSIS | | | | | -----B----- |
EL. SURF	RADIUS	RADIUS TOLERANCE (RADIUS)	(FRINGES)	THICKNESS	THICKNESS TOL
1 1	-169.29356	0.85585	4.82632	0.58188	0.00500
1 2	-7.06704	0.00091	2.95742	0.36132	0.00157
2 3	-6.55570	7.71235E-04	2.72720	0.26355	0.00487
2 4	5.31085	2.93360E-04	1.62121	0.03937	4.25336E-04
3 5	5.40543	2.91133E-04	1.57239	0.53301	0.00496
3 6	-19.43836	0.01035	4.32620	39.42617	0.00490
7	-11.18471	0.00000	0.00000	0.00000	0.00000

ELE SURF TOL	GLASS NAME	BASE INDEX	INDEX TOL	V-NUMBER	V-NUMBER TOL
1 1	N-BAK2	1.53996d	4.28522E-04	59.70771d	0.15531
2 3	N-KZFS4	1.61336d	1.68886E-04	44.49298d	0.05357
3 5	N-BAF10	1.67003d	1.92707E-04	47.11137d	0.06828

Note: The symbol "d" indicates that the quantity is estimated at 0.58756 uM.
       The symbol "F" indicates that the quantity is taken at the primary color.

ELE	SURF	WEDGE TOLERANCE		IRREG. TOL	ROLLED EDGE TOL
		(ARC MIN)	(TIR)	(FRINGES)	(FRINGES)
1	1	0.00000	0.00000	0.37528	0.23092
1	2	0.44078	0.00051	0.37250	0.22642
2	3	0.00000	0.00000	0.34578	0.20624
2	4	0.23309	0.00027	0.34266	0.20094
3	5	0.00000	0.00000	0.32697	0.19086
3	6	0.51763	0.00060	0.33254	0.19868
	7	16.68593	0.00339	0.00000	0.00000

ELE	SURF	ELEMENT TILT TOLERANCE		Y-DECENT TOL	X-DECENT TOL
		(ARC MIN)	(TIR)		
1	1	0.53379	0.00062	0.00066	0.00000
1	2	0.00000	0.00000	0.00000	0.00000
2	3	0.30556	0.00035	0.00024	0.00000
2	4	0.00000	0.00000	0.00000	0.00000
3	5	0.24560	0.00028	0.00027	0.00000
3	6	0.00000	0.00000	0.00000	0.00000
	7	0.00000	0.00000	0.00000	0.00000

该透镜在元件 1 和 2 之间有着 0.0016 in(1 in=2.54 cm)空气间隔的公差，在元件 2 和 3 之间有着 0.00043 in(1 in=2.54 cm)的公差。中间透镜的 V-number 的公差为 0.053，同时需要在该元件上保持 0.00024 的共轴性。但无法按照这个预算公差来制造透镜。

需要将公差放大，怎么做？公差很小的原因之一就是个别透镜的像差太大了。但对透镜设计师而言，三阶像差的重要性不如原来那样高，正如在第 10 章中所讲的一样它们实际上会产生不同的效果——但是不会直接控制它们。接下来，输入命令 THIRD SENS：

```
SYNOPSYS AI>THIRD SENS

ID F10 APO

NORMALIZED 3RD-ORDER ANALYSIS OF TOLERANCE SENSITIVITY

SS OF SA3 BY SURFACE (SAT) =              8.376289
SS OF CO3 BY SURFACE (COT) =              0.018302
SS OF CO3/YDC BY SURFACE (ACD) =          0.133163
SS OF CO3/TILT BY SURFACE (ACT) =         4.161976
SS OF CO3/YDC BY ELEMENT (ECD)  =         0.038178
SS OF CO3/TILT BY ELEMENT (ECT) =         1.185957
SS OF SA3 BY ELEMENT (ESA) =              0.043012
SS OF CO3 BY ELEMENT (ECO) =              0.000094
```

这个列表展示了各个表面对于不同像差的贡献的平方和与像差衍生物。如果这些参数很大，即使它们被其他表面的贡献所补偿了，系统也会对微小的误差非常敏感，因为没有办法做得很好。SAT 的值，球差的总和为 8.376，可通过修改评价函数来降低总和。新建的 MACro(C13M1)如下：

```
PANT
VLIST RAD 1 2 3 4 5 7
VLIST TH 2 4
END
AANT
AEC
ACC
M 4 1 A SAT
GSO 0 1 5 M 0 0
GNO 0 .2 4 M .75 0
GNO 0 .1 4 M 1.0 0
END
SNAP
SYNO 30
```

要求 SAT 值为 4，之前的值超过了 8。在运行这个 MACro 之后，透镜(C13L1)略有改变，而且 SAT 值为 4。现在准备一个新的 BTOL 来运行(C13M2)：

```
CHG
NOP
END
BTOL 2

EXACT INDEX 1 3 5
EXACT VNO 1 3 5

TPR ALL
TOL WAVE 0.1
ADJUST 6 TH 100 100

PREPARE MC

GO
STORE 4
```

这个操作会将波前方差公差增加到0.1，并且指定调整表面6的厚度(第一次 BTOL 运行使用了在表面6近轴厚度求解，但如果允许程序有稍微偏离，则公差有时会更放松。然后再通过调整进行处理。NOP 命令移除所有的近轴求解，所以厚度将会自由变化)。同样，可以发现这三片透镜的折射率和 Abbe 数都十分精准，它们从预算中被移除了。在像这样要求严格的系统中，通常需要从供应商那里获取熔融数据，因为该数据给出了折射率，然后就可以按照这个值略微调整设计，当作熔融数据输入。所以这些值中的误差就不再是在预算公差之中了。

运行这个宏，公差稍微宽松一些:

BUDGET TOLERANCE ANALYSIS

EL. SURF	RADIUS	RADIUS TOLERANCE (RADIUS)	(FRINGES)	THICKNESS	-----B----- THICKNESS TOL
1 1	-162.06135	0.79893	4.91203	0.58188	0.00500
1 2	-6.98456	0.00136	4.50402	0.26192	0.00329
2 3	-6.57232	0.00124	4.43293	0.26355	0.00499
2 4	6.25969	0.00094	3.78552	0.03937	0.00145
3 5	6.32658	0.00093	3.70418	0.53301	0.00499
3 6	-19.41777	0.01158	4.91507	39.76017	0.00000
7	-13.16157	0.00000	0.00000	0.00000	0.00000

ELE SURF	GLASS NAME	BASE INDEX	INDEX TOL	V-NUMBER	V-NUMBER TOL

Note: The symbol "d" indicates that the quantity is estimated at 0.58756 uM.
      The symbol "F" indicates that the quantity is taken at the primary color.

ELE SURF	WEDGE TOLERANCE (ARC MIN)	(TIR)	IRREG. TOL (FRINGES)	ROLLED EDGE TOL (FRINGES)
1 1	0.00000	0.00000	0.94940	0.26065
1 2	0.77706	0.00091	0.93915	0.25580
2 3	0.00000	0.00000	0.86917	0.23563
2 4	0.51465	0.00059	0.85925	0.23247
3 5	0.00000	0.00000	0.81680	0.22114
3 6	0.88605	0.00103	0.83393	0.22792
7	23.27281	0.00474	0.00000	0.00000

ELE SURF	ELEMENT TILT TOLERANCE (ARC MIN)	(TIR)	Y-DECENT TOL	X-DECENT TOL
1 1	0.93565	0.00109	0.00115	0.00000
1 2	0.00000	0.00000	0.00000	0.00000
2 3	0.88663	0.00101	0.00051	0.00000
2 4	0.00000	0.00000	0.00000	0.00000
3 5	0.57362	0.00067	0.00064	0.00000
3 6	0.00000	0.00000	0.00000	0.00000
7	0.00000	0.00000	0.00000	0.00000

透镜在 2 sigma 水平下时，对于大多数视场有 0.1 的方差。为了检查这个情况是否正常，运行 Monte-Carlo 程序来检查成品透镜的情况。最开始的透镜放在透镜库的位置 4 处，然后可将一个最坏的例子放置在位置 5。

在 CW 中输入：

`MC 50 4 QUIET -1 ALL 5.`

表明测试一批 50 片的透镜，并按照预算公差来制作它们，然后比较这一批透镜的统计数据，保存情况最差的例子。如果不清楚这个命令的具体原理，可输入"MC"阅读相关内容。命令的格式如图 13.2 所示，如果需要更多的信息，就请在托盘中命令显示出来的时候按<F2>键打开相关的帮助文件（或者输入"HELP MC"）。必须在 MC 将要工作之前运行 BTOL，因为它使用的是 BTOL 提供的预算公差。

`MC [nsamples {libloc/MULTI} [QUIET] [qtol {qnum/ALL} qlib]]`

图 13.2　MC 的 Trayprompt 显示

MC 可分析这 50 种情况并打印出一些统计数据。运行完成后，还可以通过输入"MC PLOT"查看结果的直方图。轴上图像目前在置信水平为 2 sigma 时有 0.1 的方差。

另外，需要测试最坏情况的例子。切换到 ACON2（输入"ACON2"或者点击按钮 **2**）然后输入"GET 5"。PAD 图如图 13.3 所示。

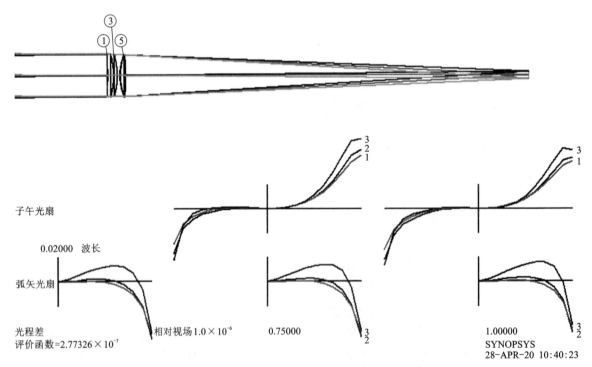

图 13.3　来自 MC 的最差示例。必须制造调整

注：图中带圈数字为透镜的表面编号；图中数字为定义波长下光扇图曲线对应的波长编号。

选择"OPD Fan Plots"选项，使其显示在底部，然后将会看到透镜在轴上图像上存在多于 1/4 波长的像差。这说明预算公差仍然十分紧张，主要的公差都小于 1 μm。

13.1　制造调整

很明显，需要一些制造调整。在这个过程中，先制作一个元件并测量它，将这些数据放入透镜说明中再重新优化，改变其他元件。然后按照新的设计制作另一个元件，测量并再一次调整，循环这个步骤直到所有的透镜都制造完毕。在装配的时候，需调整中心位置和可能的倾斜以获得最佳图像。再次返回 ACON 1 然后将透镜存储到透镜库位置 4。

应用 FAMC 分析统计数据。（这个分析过程将会使用到之前准备好的 BTOL 预算，在波阵面上有 0.1 的公差。）

建议在使用它之前阅读有关帮助。输入 HELP FAMC（FAMC 是 Fab Adjust MC）。这里是 MACro（C13M3）

```
FAMC 50 4 QUIET -1 ALL 5
PASSES 20
FAORDER 5 3 1
PHASE 1
PANT
VLIST RAD 1 2 3 4 5 6
VLIST TH 2 4 6
END
AANT
GSO 0 1 5 M 0
GNO 0 1 5 M 1
END

SNAP
EVAL

PHASE 2
PANT
VY 3 YDC 2 100 -100
VY 3 XDC 2 100 -100
VY 5 YDC 2 100 -100
VY 5 XDC 2 100 -100
VY 6 TH
END
AANT
GNO 0 1 4 M 0 0 0 F
GNO 0 1 4 M 1 0 0 F
END
SNAP
SYNO 30

PHASE 3
```

以下是在 MACro 中将要发生的事情：

（1）请求 FAMC，它的参数与上面运行的 MC 分析相同。

（2）在 Phase 1 中，程序会按照 FAORDER 行给出的顺序修改透镜，在 BTOL 预算内随机地改变参数。这个模拟程序会优先制作最为困难的透镜，以此类推。这个程序还将使用在 PHASE 1 部分列出的评价函数和变量优化透镜,并在每个元件被制造完成的同时,删除那些应用于早已完成的元件上的变量。

(3)当模拟的元件都已经被制造完成时,它会按照倾斜和偏心公差模拟元件的装配。然后它被再次优化,根据 PHASE 2 参数改变元件 2 和元件 3 在 X 和 Y 方向上的偏心度(在这两个方向上都模拟了误差,因此也必须进行补偿)。它也会再次改变表面 6 的厚度,因为较大的中心变化也会产生小的焦点偏移。评价函数也会校正光瞳两侧的光线(通过 GNO 行中的"F"),因为一旦模拟出现了误差,就不再有双侧对称性。

运行 MACro 并再次观察最坏的情况,如图 13.4 所示。

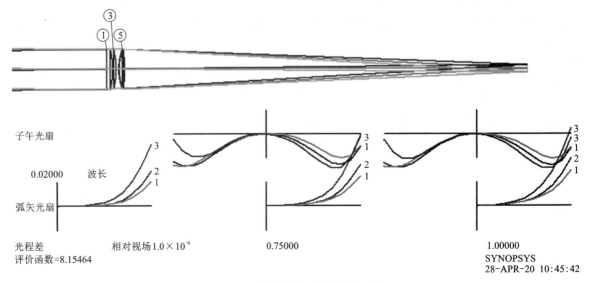

图 13.4　来自制造调整的最差示例

注:图中带圈数字为透镜的表面编号;图中数字为定义波长下光扇图曲线对应的波长编号。

该透镜在轴上的波前差超过了 1/4 波长——但这是最坏的情况;而这批 50 片透镜中的绝大多数都要好得多。输入"MC PLOT",然后查看轴上图像的直方图,它位于图的左下方,如图 13.5 所示。

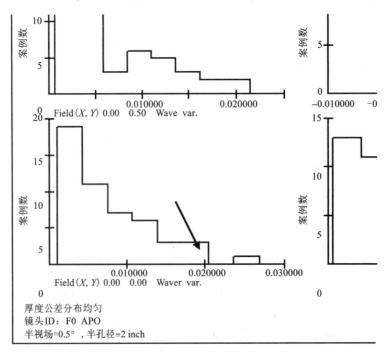

图 13.5　带制造调整的 MC 分析统计

最差的示例是直方图中最后的那个单独的方框，它比其他方框更糟糕。毕竟得到它的机会总是很小。尽管如此，按照这个相当紧的预算公差制作透镜，透镜也有很大概率会很好地工作。

请注意，当决定使用 FAMC 时，预算公差本身没有被改变，也没有被重新计算。所做的是针对不能很好工作的预算公差，使它能更好地工作。这样做带来的额外好处是，不必再担心会有很紧的中心误差(这会导致透镜的价格变高)，因为元件会在装配时进行调整，所以问题就变得更容易解决了。

但要付出如下代价：必须在交付玻璃时获得熔融数据，并使用这些数据调整设计，同时供应商必须按照给定的顺序制造元件，仔细测量它们，然后将这些数据发送给设计师，设计师将对每一步进行重新优化。还必须在试验台上调整好元件 2 和元件 3 的中心位置，一旦图像已调好就固定所有元件。这就是精密光学的意义所在。

只调整一个元件的中心就比较容易，而不像本例中需调整两个元件的中心。假如删除上面的调整，比如说表面 3，然后重做整个过程，会发生什么呢？

 ## 13.2   将公差转化为元件图纸

有了公差预算，就可以把透镜图纸发送给供应商。打开 MPL 对话框(MPL)，然后输入如图 13.6 中所示的数据。

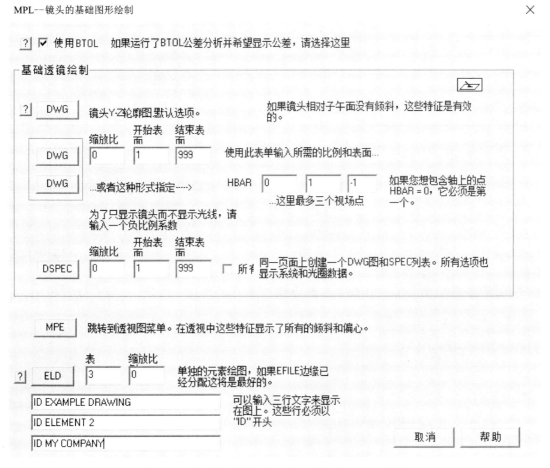

图 13.6   用于透镜元件绘图准备输入的 MPL 对话框

"使用 BTOL"复选框会告诉程序拾取 BTOL 预算中的公差,然后把它们添加到元件的绘制中,就像图 13.7 中所示的一样。

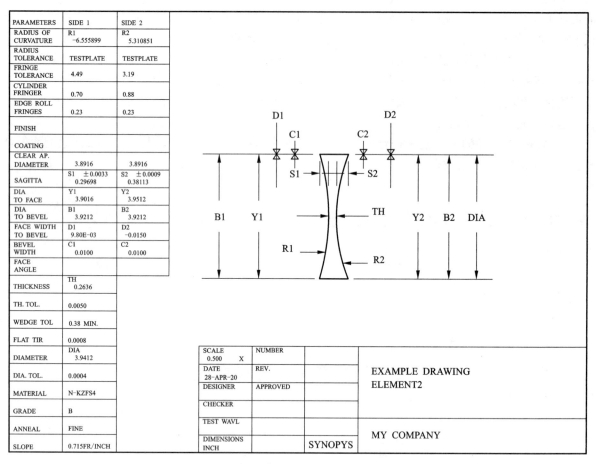

PARAMETERS	SIDE 1	SIDE 2
RADIUS OF CURVATURE	R1 −6.555899	R2 5.310851
RADIUS TOLERANCE	TESTPLATE	TESTPLATE
FRINGE TOLERANCE	4.49	3.19
CYLINDER FRINGER	0.70	0.88
EDGE ROLL FRINGES	0.23	0.23
FINISH		
COATING		
CLEAR AP. DIAMETER	3.8916	3.8916
SAGITTA	S1 ±0.0033 0.29698	S2 ±0.0009 0.38113
DIA TO FACE	Y1 3.9016	Y2 3.9512
DIA TO BEVEL	B1 3.9212	B2 3.9212
FACE WIDTH TO BEVEL	D1 9.80E−03	D2 −0.0150
BEVEL WIDTH	C1 0.0100	C2 0.0100
FACE ANGLE		
THICKNESS	TH 0.2636	
TH. TOL.	0.0050	
WEDGE TOL	0.38 MIN.	
FLAT TIR	0.0008	
DIAMETER	DIA 3.9412	
DIA. TOL.	0.0004	
MATERIAL	N−KZFS4	
GRADE	B	
ANNEAL	FINE	
SLOPE	0.715FR/INCH	

SCALE 0.500 X	NUMBER		EXAMPLE DRAWING ELEMENT2
DATE 28−APR−20	REV.		
DESIGNER	APPROVED		
CHECKER			
TEST WAVL			
DIMENSIONS INCH		SYNOPYS	MY COMPANY

图 13.7　元件绘制,标注 BTOL 公差

这些公差都以注释的形式添加到了图中,而不是以纯文本的形式,这意味着可以使用 Annotation editor 编辑它们,按照个人意愿改变它们的值。如果一开始选的是 DWG 按钮,程序会创建一个装配图,图中也附有公差。图 13.8 展示了一个例子,输入的比例因数为−0.8(负号说明程序将会只画出元件而不加上光线)。这个图按照 BTOL 的计算结果显示偏心公差,而且在这个情况下,可编辑这些注释并添加标注,说明中心位置将在装配时进行调整。

程序还在右下角添加了一个注释框,可以输入公司的名称、项目、名字,或者使用 Graphics Window 中的 Annotation Editor 输入任何想要的标识。只需单击工具栏 **Ab** 按钮,然后在打开的工具栏中选择所需的批注类型。

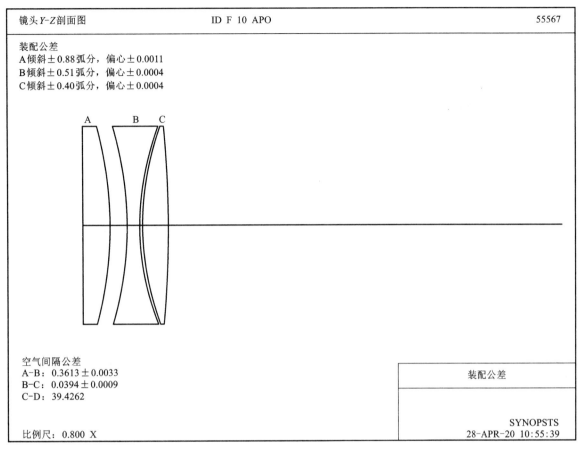

镜头 *Y-Z* 剖面图　　　　　　　　　　ID F 10 APO　　　　　　　　　　55567

装配公差
A 倾斜 ± 0.88 弧分，偏心 ± 0.0011
B 倾斜 ± 0.51 弧分，偏心 ± 0.0004
C 倾斜 ± 0.40 弧分，偏心 ± 0.0004

空气间隔公差
A-B：0.3613 ± 0.0033
B-C：0.0394 ± 0.0009
C-D：39.4262

装配公差
SYNOPSTS 28-APR-20 10:55:39

比例尺：0.800 X

图 13.8　DWG 准备的装配图，图中添加了空气间隔、倾角和偏心公差

第 14 章

近红外透镜的案例

第12章展示了如何设计可见光谱的复消色差物镜，本章将设计一个在近红外（NIR）1.06 μm 到 1.97 μm 波长范围内的透镜组。

设计红外透镜时，难题在于寻找光谱范围内有用且其成本和化学性质具有吸引力的光学材料。本章的任务是重新设计现有透镜，用普通光学玻璃替换一些不需要的材料。参考系统组合为 1. RLE，ID MIT 1 TO 2 UM LENS。可以 FETCH 该透镜并检查其性能。将 OPD 曲线的比例设置为 0.5 waves，如图 14.1 所示。

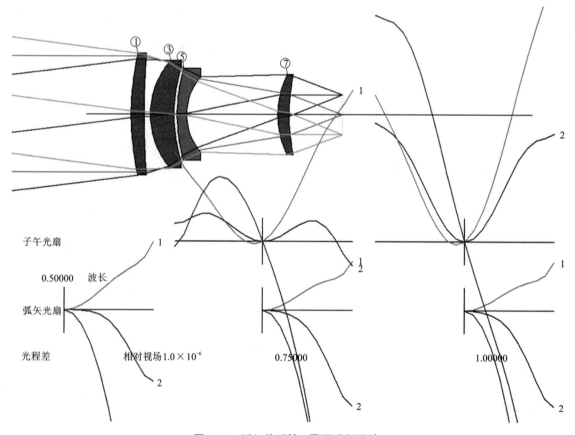

图 14.1 近红外透镜，需要重新设计

注：图中带圈数字为透镜的表面编号；图中数字为定义波长下光扇图曲线对应的波长编号。

这款透镜有三片 ZNS(硫化锌)元件和一片 AS2S3(三硫化砷元件),共四片。是希望尽可能避免使用这些材料,因此需要匹配的一阶属性如下:

(1)入射光束半径:17.5 mm;

(2)主光线角度:0.935°;

(3)后焦距:16.3 mm;

(4)元件长度:50 mm;

(5)波长:1.9701 μm,1.5296 μm 和 1.06 μm。

设计方法如下:

从头开始设计不是尝试改变当前透镜中的材料,所有这些材料的折射率都大于2.0。为此,将使用设计搜索程序 DSEARCH,但必须先决定使用哪种玻璃类型。如果只是运行 DSEARCH 并让程序找到玻璃模型,则将不会返回在 NIR 区域存在很大差别的不寻常玻璃。(该模型代表了可见区域中所选玻璃的平均值,因此必须控制它。)

打开玻璃表显示器(MGT),选择"成都光明",然后单击"图形"按钮并选择图 14.2 所示的选项。

图 14.2　在玻璃图中选择 Graph 选项

数据不在屏幕上,因此需在显示屏上单击并使用鼠标滚轮缩小,直到看到一组红点,然后用鼠标右键平移以使物体居中并再次放大。这样将会看到如图 14.3 所示的内容。单击"Full Name"按钮,然后单击圈出的每个点并记下被选中的玻璃的名称。

圈出的四个玻璃名称分别为 D-FK61、G-ZF52、H-ZH88 和 H-F51,与其他玻璃不同。指定 DSEARCH 仅使用其中两个玻璃,然后对四个玻璃进行全面的搜索。

DSEARCH 输入(C14M1)如下:

```
CORE 32
ON 1
TIME
DSEARCH 3  QUIET        ! the best lens will show up in library location 3 (and also in PAD)

 SYSTEM                 ! system requirements follow
 ID NIR EXAMPLE         ! lens ident
 OBB 0 .935 17.5        ! specify the object
 WAVL 1.97 1.53 1.06    ! and the wavelength range
 UNITS MM
 END
 GOALS              ! here we set the goals
 ELEMENTS 5         ! since glass has a lower index, we'll ask for 5.
 FNUM 1.428
 BACK 16 .1
 TOTL 50 .1
```

```
STOP FIRST          ! there seems to be no reason to let the stop position vary
STOP FIX            ! so we put it in front and keep it there
NPASS 100
ANNEAL 200 10 100
RSTART 300          ! a useful starting radius,
TSTART 1            ! and this thickness on each element to start with
QUICK 50 90
FOV 0 .5 1
FWT 2 1 1
GLASS POS           ! positive elements will use this glass type
G D-FK61
GLASS NEG           ! and negative this type.
G H-ZF88
END

SPECIAL             ! here we give requirements that are not defaults
ACC 10 .1 1         ! maximum thickness 10 mm
ACM 3 .1 1          ! auto edge and center control (AEC), (ACC) are defaults
ACA                 ! but we add to these ACM, so thicknesses do not get too thin, ACA,
ASC                 ! to avoid the critical angle, and ASC so surfaces do not get too steep
END

GO                  ! this starts the process.
TIME
```

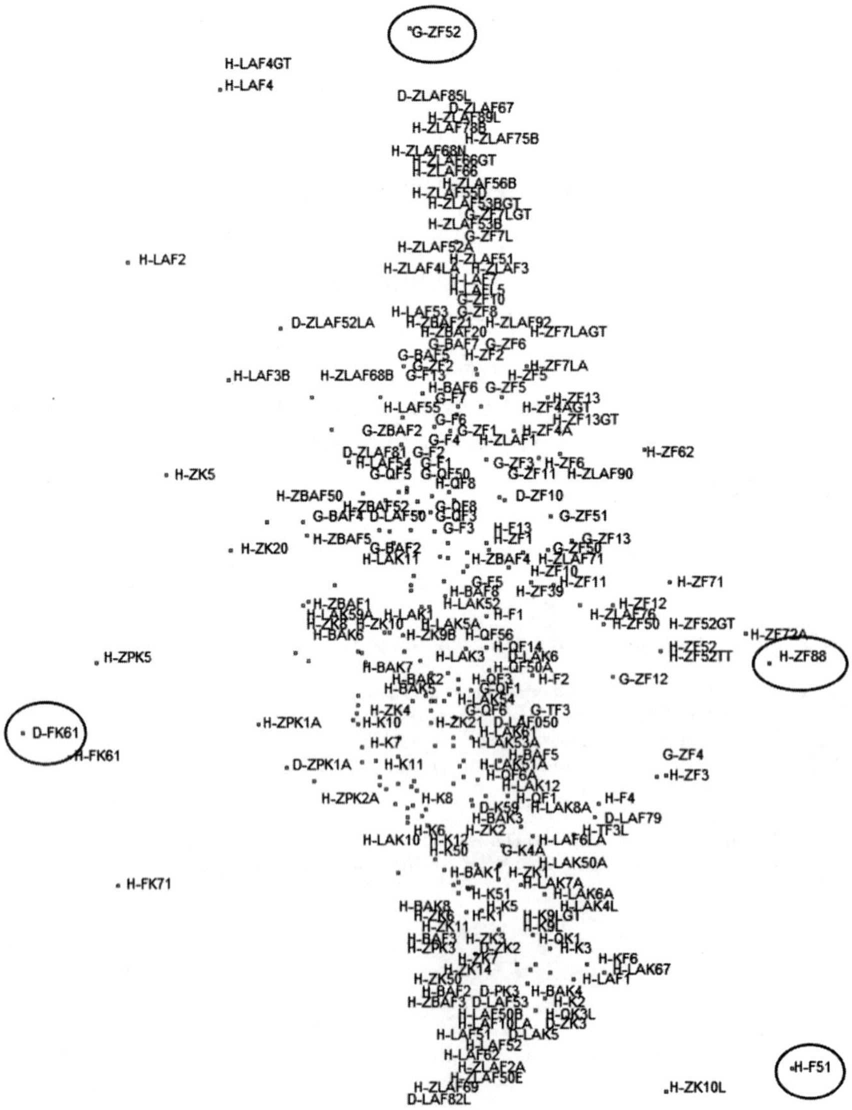

图 14.3 为 NIR 设计选择四种有潜力的玻璃类型

在 25 s 内，DSEARCH 搜索出 10 种最佳透镜结构，如图 14.4 所示。

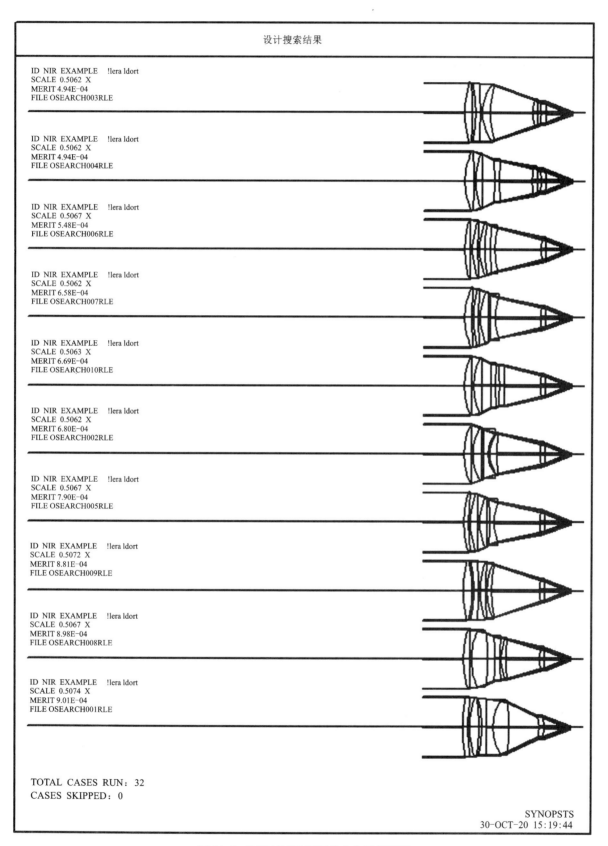

图 14.4　DSEARCH 返回的十个最佳透镜

一个非常好的五片式透镜如图 14.5 所示，但它只有指定的两种玻璃类型。

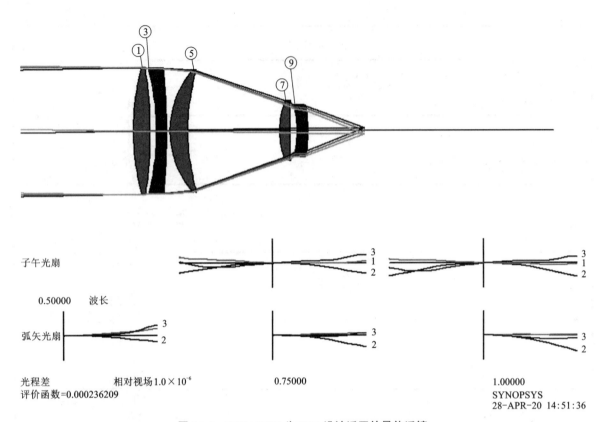

子午光扇

0.50000　　波长

弧矢光扇

光程差　　　　　相对视场 1.0×10^{-6}　　　0.75000　　　　　　1.00000
评价函数=0.000236209　　　　　　　　　　　　　　　　　　　　　SYNOPSYS
　　　　　　　　　　　　　　　　　　　　　　　　　　　　　　28-APR-20 14:51:36

图 14.5　DSEARCH 为 NIR 设计返回的最佳透镜

注：图中带圈数字为透镜的表面编号；图中数字为定义波长下光扇图曲线对应的波长编号。

查看 DSEARCH 构建的 MACro，即 DSEARCH_OPT.MAC：

```
PANT
VLIST RD ALL
VLIST TH ALL
END
AANT P
AEC
ACC
GSR      0.000000      2.000000      4  M      0.000000
GNR      0.000000      1.000000      4  M      0.500000
GNR      0.000000      1.000000      4  M      1.000000
M   0.160000E+02   0.100000E+00  A BACK
M   0.500000E+02   0.100000E+00  A TOTL
 ACC 10 .1 1
 ACM 3 .1 1    ! auto edge and center control (AEC), (ACC) are defaults
 ACA          ! but we add to these ACM, so thicknesses do not get too thin, ACA,
 ASC       ! to avoid the critical angle, and ASC so surfaces do not get too steep
END
SNAP    0/DAMP    1.00000
SYNOPSYS  100
```

使用名称 NIR_OPT.MAC 重新命名此 MACro，它是执行 GSEARCH 时将反复运行的优化 MACro。该程序将决定哪种玻璃应该放在哪片元件上。

现在创建一个新的 MACro[输入"AEE"，打开一个新编辑器并输入下面的数据(C14M2)]

```
GSEARCH 3 QUIET LOG

SURF
1 3 5 7 9
END

OFILE 'NIR_OPT.MAC'
NAMES
G G-ZF52
G D-FK61
G H-ZF88
G H-F51

END
USE 2
GO
```

运行此 MACro，透镜将得到进一步的改善，如图 14.6 所示。全视场，波长为 3，其性能仅为超过 0.25 waves 的像差。

透镜(C14L1)，几乎没有初级或二级色差。成功地用普通玻璃替换了不想要的材料，同时性能比原来的要好得多。

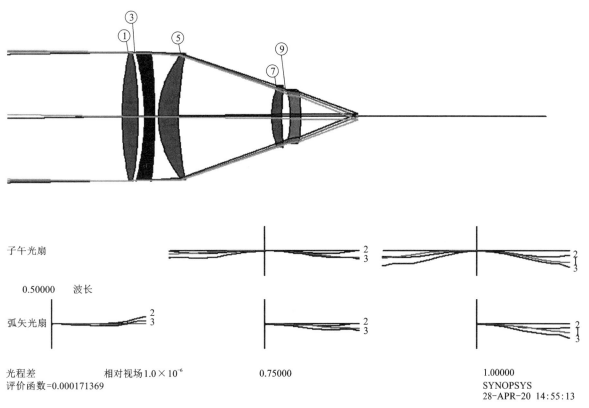

图 14.6 GSEARCH 返回的透镜

注：图中带圈数字为透镜的表面编号；图中数字为定义波长下光扇图曲线对应的波长编号。

该透镜的 SPEC 列表如下：

```
SYNOPSYS AI>SPE


ID NIR EXAMPLE            ! lens identifi   55564          04-AUG-20   10:52:16
ID1 DSEARCH CASE WAS 00000000000000000000010110      22
LENS SPECIFICATIONS:

SYSTEM SPECIFICATIONS
```

OBJECT DISTANCE	(TH0)	INFINITE	FOCAL LENGTH (FOCL) 49.9800
OBJECT HEIGHT	(YPP0)	INFINITE	PARAXIAL FOCAL POINT 15.9991
MARG RAY HEIGHT	(YMP1)	17.5000	IMAGE DISTANCE (BACK) 15.9991
MARG RAY ANGLE	(UMP0)	0.0000	CELL LENGTH (TOTL) 50.0024
CHIEF RAY HEIGHT	(YPP1)	0.0000	F/NUMBER (FNUM) 1.4280
CHIEF RAY ANGLE	(UPP0)	0.9350	GAUSSIAN IMAGE HT(GIHT) 0.8157
ENTR PUPIL SEMI-APERTURE		17.5000	EXIT PUPIL SEMI-APERTURE 24.7780
ENTR PUPIL LOCATION		0.0000	EXIT PUPIL LOCATION -54.7668

```
WAVL (uM) 1.970000 1.530000 1.060000
WEIGHTS    1.000000 1.000000 1.000000
COLOR ORDER    2    1    3
UNITS                          MM
APERTURE STOP SURFACE (APS)     1    SEMI-APERTURE    17.53073
FOCAL MODE                     ON
MAGNIFICATION          -4.99800E-11
POLARIZATION AND COATINGS ARE IGNORED.
SURFACE DATA
```

SURF	RADIUS	THICKNESS	MEDIUM	INDEX	V-NUMBER
0	INFINITE	INFINITE	AIR		
1	82.54737	4.57087	D-FK61	1.48647	78.02 GUANGMIN
2	-90.10221	1.75340	AIR		
3	-61.34858	2.89125	H-ZF88	1.87811	26.89 GUANGMIN
4	-137.03664	1.00000	AIR		
5	25.82112	5.68677	D-FK61	1.48647	78.02 GUANGMIN
6	79.75284	25.92645	AIR		
7	23.78844	2.91256	D-FK61	1.48647	78.02 GUANGMIN
8	111.32895	2.38658	AIR		
9	-24.11535	2.87455	H-F51	1.60755	25.46 GUANGMIN
10	-40.17000S	15.99909S	AIR		
IMG	INFINITE				

```
KEY TO SYMBOLS


A  SURFACE HAS TILTS AND DECENTERS    B  TAG ON SURFACE
G  SURFACE IS IN GLOBAL COORDINATES   L  SURFACE IS IN LOCAL COORDINATES
O  SPECIAL SURFACE TYPE               P  ITEM IS SUBJECT TO PICKUP
S  ITEM IS SUBJECT TO SOLVE           M  SURFACE HAS MELT INDEX DATA
T  ITEM IS TARGET OF A PICKUP
THIS LENS HAS NO SPECIAL SURFACE TYPES
THIS LENS HAS NO TILTS OR DECENTERS
SYNOPSYS AI>
```

如果这些透镜在机械上能正常运行,问题就解决了。

除此之外,在 1.97 μm 处的透射率是多少? 输入 FIND TRANS IN COLOR 1 后,返回 98.18%。这是个非常好的结果(此处忽略膜层和反射损失,因为透镜未处于偏振模式)。

但如果返回值太低怎么办? 返回玻璃图并显示在 1.97μm 处的吸收,然后选择数据条较短的玻璃。透镜设计完全取决于使用这些工具,通过这些工具可以很容易地获得最好的效果。

最后必须解释 DSEARCH 文件中 ON 1 的设置。当程序测试新的解决方案时,该开关会导致优化程序删除任何达到其允许区域边界的变量。这在有时会加快速度,因为程序必须迭代以找到一个不违反该边界的解决方案，否则，它可能会在将来的过程中继续尝试违反该边界。但它不是默认设置，因为厚度一旦被删除，就不能满足边缘监视器 AEC 的要求。在某些情况下运行 DSEARCH 时，程序将"爬升"混沌树的不同分支，这取决于此开关的设置方式。因此这是另一个可以进行试验的项目。

第 15 章
球面激光束整形器

利用球面透镜将激光束从高斯光束整形为均匀光束

激光器的输出具有高斯强度分布, 分布是非均匀的, 但是对于某些应用, 希望光束均匀。这就需要激光束整形。

这项工作可以通过多种方式完成。对于具有简单的球面透镜, 它需要平衡相当大的球差, 使光线重新分布, 降低光束中心的能量密度, 同时增强边缘附近的能量密度, 控制波前像差。使用非球表面时, 可以更好地控制引入的像差量, 并且使用衍射光学元件也会更容易。问题是后两者比球面透镜贵。

考虑到这一点, 将尝试一种全部使用球面的方法, 以确定制作光束的均匀程度和需要多少透镜。

但问题是如何将束腰半径为 0.35 mm 的 HeNe 激光器转换成直径为 10 mm 且均匀性在 10% 以下的光束。

初始结构点(C15M1)的输入文件如下所示:

```
RLE                      ! Beginning of lens input file.
ID LASER BEAM SHAPER
WA1 .6328                ! Single wavelength
UNI MM                   ! Lens is in millimeters
OBG .35 2                ! Gaussian object; waist radius -.35 mm; define full
                         ! aperture as twice the 1/e**2 point.
1 TH 22                  ! Surface 2 is 22 mm from the waist .
2 RD -5 TH 2 GTB S       ! Guess some reasonable lens parameters; use glass type SF6
                         ! from Schott catalog
SF6
3 UMC 0.3 YMT 5          ! Solve for the curvature of surface 3 so the marginal ray
                         ! has an angle of 0.3;
                         ! find spacing so ray height is 5 mm on next surface
4 RD 20 TH 4 PIN 2       ! Guesses for surface 4
5 UMC 0 TH 50            ! Solve for curvature of 5 so beam is collimated.
7                        ! Surfaces 6 and 7 exist
AFOCAL                   ! because they are required for AFOCAL output.
END
```

如图 15.1 所示为粗略猜测用于激光束整形器的初始系统。

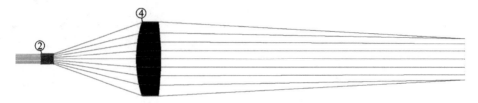

图 15.1 粗略猜测用于激光束整形器的初始系统

注: 图中数字为透镜的表面编号。

这个系统处于 AFOCAL 模式, 意味着输出将被准直。横向像差对成像处于无限远时没有意义, 程序会将它们转换为角度像差, 因此不需要"完美透镜"。程序需要在末端有两个虚拟表面, 并进行平移, 即表面 6 和表面 7, 它们会在末端重合。

需先检查一下能量密度是如何从孔径中心到边缘进行下降的。有三种方法可以做到这一点。一种最简单的方法是使用 FLUX 命令:

FLUX 100 P 3

此输入将显示表面 3 上的光通量, 显示预期的衰减, 如图 15.2 所示。

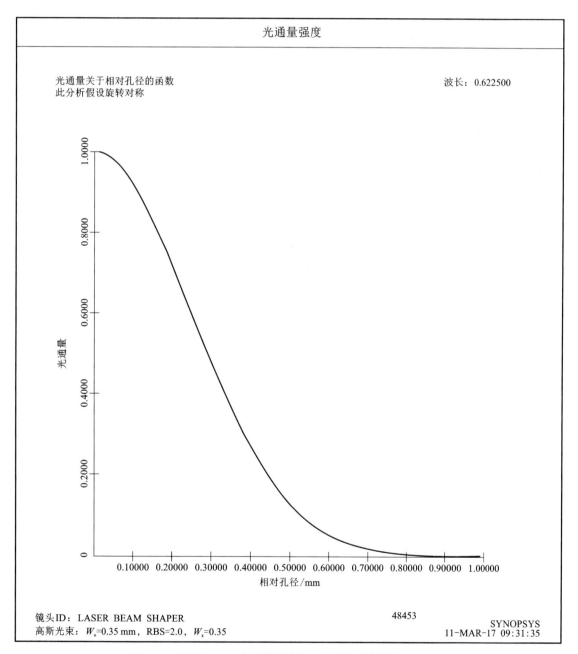

图 15.2　通过 FLUX 命令计算高斯强度分布引起的光通量衰减

另一种可视化方法是使用 FLUX 像差。这种格式提供了更多灵活性, 因为可以指定孔径和视场点。创建带有以下命令行的 MACro(C15M2)。(请注意 DD 的符号定义。)

```
DD: DO MACRO FOR AIP = -1 TO 1
COMPOSITE                    ! Ready a composite definition.
CD1 P FLUX 0 0 AIP 0 3! Composite data number 1 is flux at Y- coordinate of AIP
                             ! (defined later) on surface 3.
= CD1

Z1 = FILE 1
= 1 + Z1
ORD = FILE 1
```

运行此 MACro 一次,然后输入"STEPS＝100",再输入"DD"。程序会将 AIP 的值从−1 循环到 1,并绘制光通量密度。其中的逻辑如下:

(1)CD1 P FLUX …计算表面 3 处 AIP 区域(循环变量)的光通量衰减。

(2)＝CD1 是一个等式,其结果自动被放在 FILE 位置 1。

(3)Z1＝FILE 1,选取该值并将其置于变量 Z1 中。

(4)＝1+Z1,将 1.0 添加到结果中。这是总光通量,因为 Z1 是衰减。

(5)ORD＝FILE 1,获取此值并将其用于绘图的纵坐标,其横坐标为循环变量 AIP。

所绘出的图如图 15.3 所示。

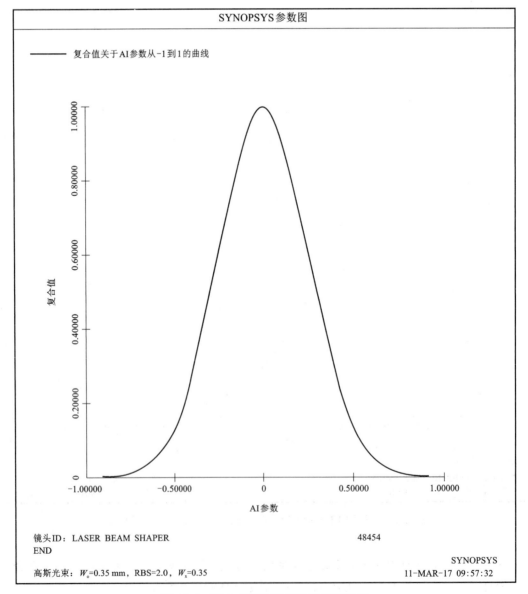

图 15.3　通过 AI 循环计算的光通量强度

同样，可以得出高斯通量曲线，根据 OBG 定义评估为 $1/e^2$ 点的两倍(第三种方式参考了 DPROP 衍射传播特征。设置和运行更加复杂，但可以考虑光束的衍射，而其他两种方式则没有。稍后将具体举一个例子)。

本章节的目的是使光通量尽可能均匀，目标是在孔径上改变 10%。

在这里，可简单地猜测一些初始透镜尺寸，同时需注意边缘光线如何朝向轴汇聚，而中心光线更加准直。其能量确实会比以前更集中在边缘，这是朝正确方向迈出的一步，但我们也希望整个光束都被准直，所以需要用一种方法来校正光线。

对此，可再添加两个元件。如第 6 章所述，使用 WorkSheet，单击按钮 ￪，单击 WorkSheet 工具栏中的"Insert Element"按钮 ￪。然后在 PAD 显示中单击轴，在表面 5 右侧添加一片透镜，再向右侧做一次相同的操作。现在的系统应该如图 15.4 所示

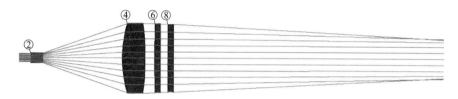

图 15.4　新增两个元件后的透镜

注：图中数字为透镜的表面编号。

将尝试优化这个系统，但需先制作一个检查点，单击"Checkpoint"按钮 ￪。这样如果结果不理想，可以立即返回原始透镜状态。

现在，需要设置一个优化 MACro，看看是否可以解决问题。这是一个开始(C15M3)：

```
CHG
NOP
9 UMC
END
OFF 1

PANT                    ! Start of variable parameter definitions.
VLIST RAD ALL           ! Vary all radii.
VLIST TH 3 5 6 7 8      ! Vary the airspaces and five thicknesses (so AEC !works on
                        ! those elements).
END

AANT                    ! Start of merit function definition
AEC 1 1 1
ACC 4 1 1
ACA 60 10 1             ! stay away from the critical angle
LUL 100 1 1 A TOTL      ! Prevent the system from growing too large; assign upper-
                        ! limit of 150 on TOTL.
M 5 10 A P YA 0 0 1 0 9   ! Ask for a beam radius of 5 mm on surfaces 9 and 10
M 5 10 A P YA 0 0 1 0 10
M 0 1 A P FLUX 0 0 1 0 10 ! Ask for a flux falloff of zero at several zones on 10
M 0 1 A P FLUX 0 0 .99 0 10
M 0 1 A P FLUX 0 0 .985 0 10
M 0 1 A P FLUX 0 0 .98 0 10
M 0 1 A P FLUX 0 0 .97 0 10
M 0 1 A P FLUX 0 0 .96 0 10
M 0 1 A P FLUX 0 0 .95 0 10
M 0 1 A P FLUX 0 0 .94 0 10
M 0 1 A P FLUX 0 0 .93 0 10
M 0 1 A P FLUX 0 0 .92 0 10
M 0 1 A P FLUX 0 0 .91 0 10
M 0 1 A P FLUX 0 0 .85 0 10
M 0 1 A P FLUX 0 0 .8 0 10
M 0 1 A P FLUX 0 0 .7 0 10
M 0 1 A P FLUX 0 0 .5 0 10
M 0 1 A P FLUX 0 0 .3 0 10
C 0 1 A P HH 0 0 1
GSO 0 15 P              ! Control the output ray OPD over an SFAN of 5 rays.
END                    ! End of merit function definition.
SNAP
SYNO 100
```

运行此 MACro, 新透镜如图 15.5 所示(结果可能会有所不同, 因为点击插入元件的确切位置是不可预测的)。

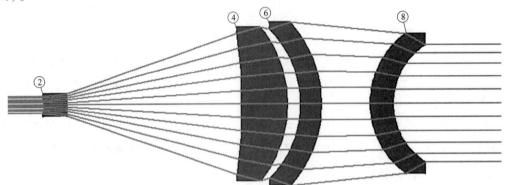

图 15.5　通过 FLUX 像差优化的透镜

注：图中数字为透镜的表面编号。

为了确定情况是否有所改善, 需要再次评估光通量均匀性。输入：

FLUX 100 P 10

结果光通量没有改善, 如图 15.6 所示。看起来还没有实现目标, 该怎么做?

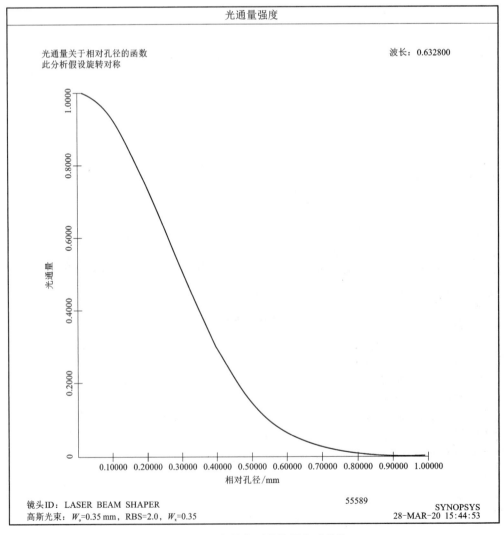

图 15.6　重新优化后的能量衰减趋势

请记住,重新定义高斯物面,使"全孔径"是 $1/e^2$ 点的两倍。这意味着正试图重新分配能量,因此非常微弱的外缘像中心一样明亮。恢复检查点并编辑物面规范。在 WorkSheet 中,在表面框中输入数字"0",然后单击"Update"。这将在编辑窗格中显示当前系统规格,包括物面选择,如图 15.7 所示。

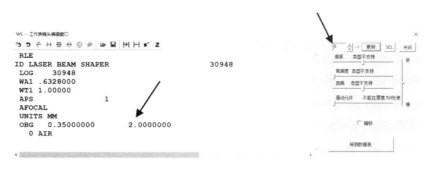

图 15.7　在 WorkSheet 中编辑窗格,显示物面规范

该物面目前定义为 OBG 0.35 2.000000,需将其更改为 OBG .35 1 并单击"Update"。现在,"全孔径"位于 $1/e^2$ 点,而不是以前的两倍。将其保存为新的检查点,再次运行最后一个 MACro,并退火几个周期(22,1,50)。这样,就可以得到图 15.8 中的结果和图 15.9 中的光通量均匀性。

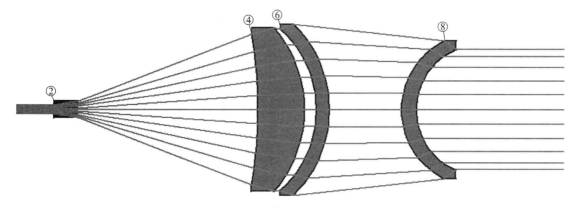

图 15.8　被重新优化的透镜

注:图中数字为透镜的表面编号。

优化后的光通量稍好一些,但仍然不够均匀。在保持光线角度控制的同时使强度分布变均匀并不容易。

OPD 约为 0.5 waves,这似乎与用四片透镜达到的平衡一样好。如果再添加一些会怎么样?从这个设计开始,再添加两片透镜,如图 15.10 所示。

需要将新变量添加到 PANT 文件中。此外,由于评价函数指定了要评估某些数量的表面编号,并且每次添加元件时此数字都会发生改变,可以通过将表面编号更改为特殊符号"LB1"来简化操作,这意味着"倒数第二个"。由于当前透镜中的最高表面为 15,该符号自动变为数字 14。现在,如果在搜索解决方案时决定添加或删除元件,则不必每次都编辑该数字。还在 GSO 之后添加了 GSR 指令,以更好地控制光线角度,并且通过降低 OPD 光扇图的权重来更好的平衡。还将 UMC 求解分配给表面 13 而不是表面 9,并声明所有厚度变量(C15M4)。

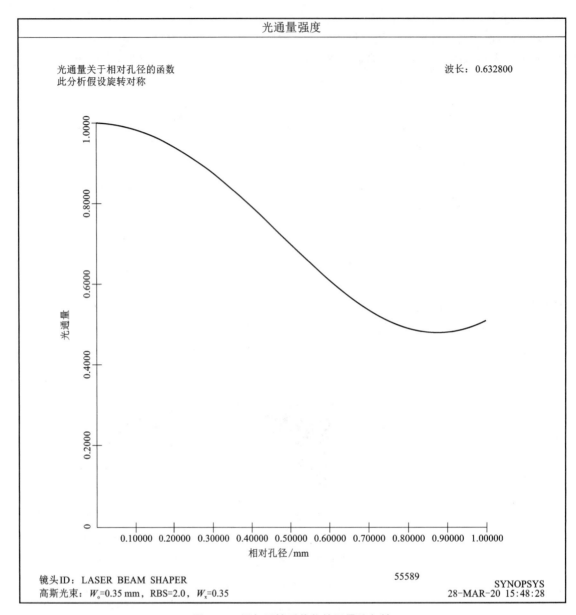

图 15.9　添加透镜后优化的通量均匀性

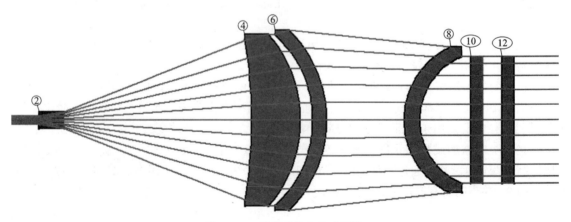

图 15.10　优化前的六片式透镜

注：图中数字为透镜的表面编号。

```
CHG
NOP
13 UMC
END

PANT                ! Start of variable parameter definitions.
VLIST RAD ALL  ! Vary all radii.
VLIST TH ALL   ! Vary the airspaces and all thicknesses (so AEC works on those
                    ! elements).
END

AANT                        ! Start of merit function definition
AEC 1 1 1
ACC 4 1 1
LUL 100 1 1 A TOTL      ! Prevent the system from growing too large; assign upper-
                             ! limit of 150 on TOTL.
M 5 10 A P YA 0 0 1 0 LB1 ! Ask for a beam radius of 5 mm on surfaces 9 and 10
M 5 10 A P YA 0 0 1 0 LB1
M 0 1 A P FLUX 0 0 1 0 LB1 ! Ask for a flux falloff of zero at several zones on 10
M 0 1 A P FLUX 0 0 .99 0 LB1
M 0 1 A P FLUX 0 0 .98 0 LB1
M 0 1 A P FLUX 0 0 .97 0 LB1
M 0 1 A P FLUX 0 0 .96 0 LB1
M 0 1 A P FLUX 0 0 .95 0 LB1
M 0 1 A P FLUX 0 0 .94 0 LB1
M 0 1 A P FLUX 0 0 .93 0 LB1
M 0 1 A P FLUX 0 0 .92 0 LB1
M 0 1 A P FLUX 0 0 .91 0 LB1
M 0 1 A P FLUX 0 0 .85 0 LB1
M 0 1 A P FLUX 0 0 .8 0 LB1
M 0 1 A P FLUX 0 0 .7 0 LB1
M 0 1 A P FLUX 0 0 .5 0 LB1
M 0 1 A P FLUX 0 0 .3 0 LB1
C 0 1 A P HH 0 0 1       ! Correct the marginal ray angle
GSO 0 .1 5 P               ! Control the output ray OPD over an SFAN of 5 rays.
GSR 0 1 5 P
END                         ! End of merit function definition.

SNAP
SYNO 100
```

运行此 MACro，然后模拟退火(22, 1, 50)。经过多次模拟退火后，透镜(C15L1)如图15.11所示。

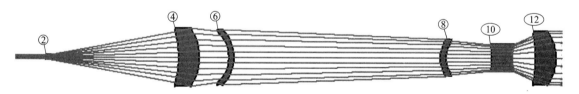

图 15.11　6 个元件优化后的透镜

注：图中数字为透镜的表面编号。

光通量完全在 10% 均匀度的目标范围内，如图 15.12 所示。

FLUX 100 P 14

OPD 误差现在低于 0.3 waves，似乎可以使用全球面透镜完成这项工作，但需要六片透镜。

现在可以很好地理解为什么人们通常会使用非球面或衍射元件来完成激光整形。这样可以使用更少的元件，虽然存在额外的制造麻烦，但也是值得的。

要完成本章节的任务，需看一下系统中出现的光线模式。转到足迹对话框(MFP)，关闭开关 27，选择表面 13，10x 比例，并要求有 600 条光线。其光线分布如图 15.13 所示。

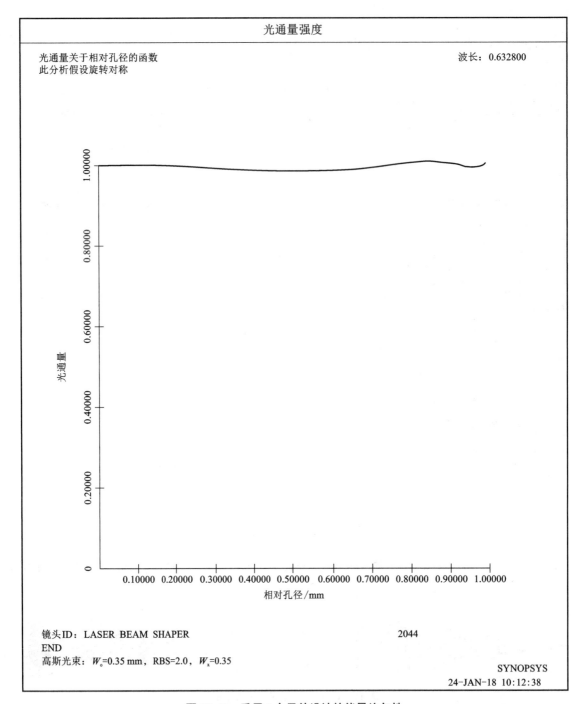

图 15.12 采用 6 个元件设计的能量均匀性

这对光束整形器来说非常好。光线更多地散布在中心附近并在边缘附近被压缩,这正是使光束更均匀的正确方法。

现在使用 DPROP 来评估最终的包络。在这种设计中,光束从表面 3 开始早期扩展,不会对此后的衍射有重大影响。

以下是运行 DPROP 所需的输入:

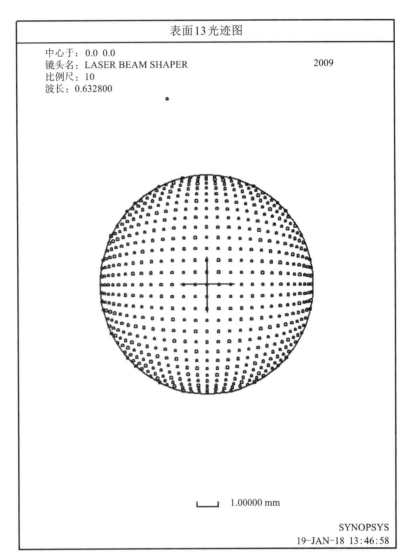

图 15.13　最终透镜的足迹图；光线集中在边缘附近，补偿进入光束的高斯衰减

```
CHG
CFIX
1 TH 0
END
DPROP P 0 0 13 SURF 3 R RESAMPLE
```

之后，使用 CFIX 将所有孔径更改为固定值，这在运行 DPROP 时总是被建议使用，因为如果衍射能将哪怕是少量的能量传到那里，该程序就会检查比透镜允许的面积更大的区域。固定孔径可防止发生这种情况。表面 13 上的波前现在看起来像图 15.14 中所示的样子。其离平面不太远，但还是没有想象中的那么好。

在本章中将引入一个新概念。在优化文件中可以输入：

```
C 0 1 A P H H 0 0 1
```

这是控制(C)一个特别重要的参量的方法，而不是将其作为目标的最小值(M)添加到评价函数中。通常情况下，该程序通过"拉格朗日乘数"技术来控制它。其效果是施加一个无限的权重，但不改变评价函数的值。这是至关重要的，因为要保持在光束边缘输出的光线角度非常接近于零。为什么？

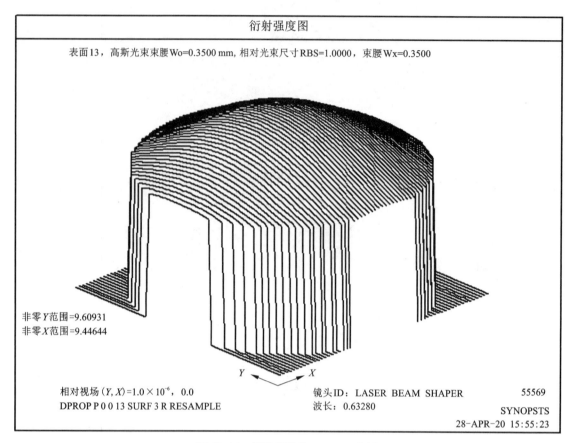

图 15.14　最终设计的 DPROP 分析

因为想要避免在输出表面产生焦散,这会使通量在该点无限大(数值上不可控)。当光束的一部分穿过较低的部分时,就会出现焦散,前面提到的控制(C)的参量方法一种避免焦散的简单方法。

在下一章中,将设计一个非球面激光束整形器,以说明这些非常有用的变量的影响。

第 16 章

非球面激光束整形器

> 使用非球面可设计出仅包含两个元件的激光束整形器

第 15 章设计的激光束整形器, 使得 He-Ne 激光器的高斯光束轮廓变成平顶。为了降低制造成本, 尝试了使用球面来完成设计, 因为球面比非球面更容易制作。但六个球面透镜是否比两个非球面透镜更便宜? 如果没有, 那么非球面设计将更具吸引力。

从第 15 章中使用的相同的两个元件配置开始, 经过修改, 我们可将通量平坦化到 $1/e^2$ 点。但把孔径扩大到原来的两倍似乎是不切实际的, 能量仍会出现不均匀。这里, 光束整形器的初始结构 (C16M1) 如图 16.1 所示。

```
RLE                          ! Beginning of lens input file.
ID LASER BEAM SHAPER
WA1 .6328                    ! Single wavelength
UNI MM              ! Lens is in millimeters
OBG .35 1           ! Gaussian object; waist radius -.35 mm; define full aperture at the 1/e**2 point.
1 TH 22             ! Surface 2 is 22 mm from the waist .
2 RD -5 TH 2 GTB S ! Guess some reasonable lens parameters; use glass type SF6 from Schott catalog
SF6
3 UMC 0.3 YMT 5     ! Solve for the curvature of surface 3 so the marginal ray has an angle of 0.3; find
                    ! spacing so ray height is 5 mm on next surface
4 RD 20 TH 4 PIN 2          ! Guesses for surface 4
5 UMC 0 TH 50               ! Solve for curvature of 5 so beam is collimated.
7                           ! Surfaces 6 and 7 exist
AFOCAL                      ! because they are required for AFOCAL output.
END                         ! End of lens input file.
```

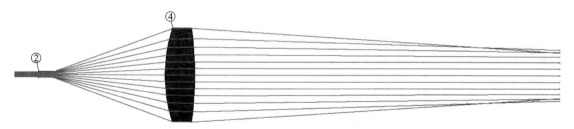

图 16.1　光束整形器的初始结构

注: 图中数字为透镜的表面编号。

并用以下的评价函数(C16M2)来开始设计。

```
CHG
NOP                      ! Be sure there are no pickups or solves.
4 PIN 2
5 TH 10 UMC 0  ! move surface 6 before the caustic
END

PANT                          ! Start of variable parameter definition.
VLIST RAD 2 3 4 5        ! Vary four radii.
VLIST TH 3              ! Vary the central airspace.
VY 3 CC          ! Vary the conic constant on surface 3.
VY 4 CC          ! And on surface 4.
VY 3 G 3         ! Add three aspheric terms to surface 3.
VY 3 G 6
VY 3 G 10
VY 4 G 3         ! And three to surface 4.
VY 4 G 6
VY 4 G 10
END

AANT             ! Start of merit function definition.
AEC 1 1 1        ! Enable automatic edge feathering control.
ACC 4 1 1        ! Enable automatic center thickness monitoring
ASC              ! Enable automatic slope control, so curves don't get too steep.
LUL 100 1 1 A TOTL           ! Limit the paraxial total length to no more than
                             ! 150 mm.
M 5 100 A P YA 0 0 1 0 LB1
M 5 100 A P YA 0 0 1 0 LB2   ! Assign a target of 5 mm to the marginal ray on
                             ! surfaces 5, 6.

M 0 1 A P FLUX 0 0 1 0 LB1   ! Target the flux difference between the marginal
                             ! ray point and the on-axis point to 0 on 6.
M 0 1 A P FLUX 0 0 .99 0 LB1 ! Target the flux at the 0.99 aperture point.
M 0 1 A P FLUX 0 0 .98 0 LB1 ! And so on, for a set of zones.
M 0 1 A P FLUX 0 0 .97 0 LB1
M 0 1 A P FLUX 0 0 .96 0 LB1
M 0 1 A P FLUX 0 0 .95 0 LB1
M 0 1 A P FLUX 0 0 .94 0 LB1
M 0 1 A P FLUX 0 0 .93 0 LB1
M 0 1 A P FLUX 0 0 .92 0 LB1
M 0 1 A P FLUX 0 0 .91 0 LB1
M 0 1 A P FLUX 0 0 .9 0 LB1
M 0 1 A P FLUX 0 0 .89 0 LB1
M 0 1 A P FLUX 0 0 .88 0 LB1
M 0 1 A P FLUX 0 0 .86 0 LB1
M 0 1 A P FLUX 0 0 .84 0 LB1
M 0 1 A P FLUX 0 0 .82 0 LB1
M 0 1 A P FLUX 0 0 .8 0 LB1
M 0 1 A P FLUX 0 0 .7 0 LB1
M 0 1 A P FLUX 0 0 .5 0 LB1
M 0 1 A P FLUX 0 0 .3 0 LB1
GSO 0 .01 10 P               ! Target the OPD of an SFAN of 10 rays to zero, with a
                            ! weight of .01
GSR 0 50 10 P               ! And also target the ray angles to zero.
END

SNAP
SYNO 50
```

但我们需注意以下几点:

为什么要使用 GSR 来瞄准光线角度? 通常情况下, GSR 控制每条光线相对于主光线的实际 X 坐标, 但该系统处于 AFOCAL 模式, 其输出是准直的, 因此该条目以输出角度为目标。我们选择使用 GSR 控制光线角度的方法, 而不是第 15 章中的"C"操作数。

如何控制在表面 6 上的光线和光通量目标？该系统共有 7 个表面，包括最后的 2 个虚拟面，虚拟面是实现 AFOCAL 角度转换所必需的。其中助记符"LB1"表示"倒数第二"，此处 LB1 表示表面 6。这种形式的输入在 PANT 和 AANT 文件中有效，并且当用户想在多个地方使用相同的数字时，这是一个真正节省时间的方法。

在本章的练习中，可选择在 2 个表面上改变圆锥常数和 3 个非球面系数，还用更高阶的系数表征表面类型。这种形式的非球面有 22 个系数可用，但只有系数 G 3、6、10、16、18、19、20、21 和 22 是旋转对称项。它们改变 4th、6th、8th、10th 到 20th 阶非球面项，在这里没有使用最后六项。

运行上述 MACro，然后模拟退火（22，1，50）。

这使得评价函数降至 3.7E-5，这表明已经得到了一个很好的解，如图 16.2 所示。

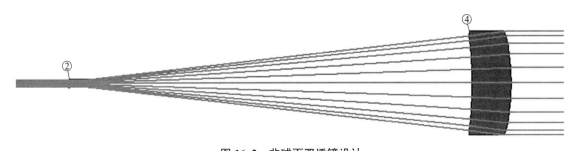

图 16.2　非球面双透镜设计

注：图中数字为透镜的表面编号。

最终设计（C16L1）的 FLUX 图如图 16.3 所示。

FLUX 100 P 5

光通量几乎完全均匀。OPD 误差如下：

```
SYNOPSYS AI>OPD

SYNOPSYS AI>TFAN 5 P

ID LASER BEAM SHAPER                    55571        29-APR-20   08:48:57
TANGENTIAL RAY FAN ANALYSIS

FRACT. OBJECT HEIGHT          HBAR     0.000000    GBAR      0.000000
COLOR NUMBER                  1
  REL ENT PUPIL    WAVEFRONT ABERR
     YEN              OPD (WAVES)
  ─────────────────────────────────
     -1.000          -0.000559
     -0.800          -0.001216
     -0.600           0.000922
     -0.400          -0.000552
     -0.200          -0.000721
      0.200          -0.000721
      0.400          -0.000552
      0.600           0.000922
      0.800          -0.001216
      1.000          -0.000559
SYNOPSYS AI>
```

这个设计现在基本上是完美的，仅有稍大于.001wave 的误差，并且该结构仅需要两个元件。

为了确定该结果，还需检查 DPROP 的输出波前，如图 16.4 所示。

```
STORE 9
CHG
CFIX
END
DPROP P 0 0 5 SURF 2.5 R RESAMPLE
GET 9
```

这与设计目标非常接近。

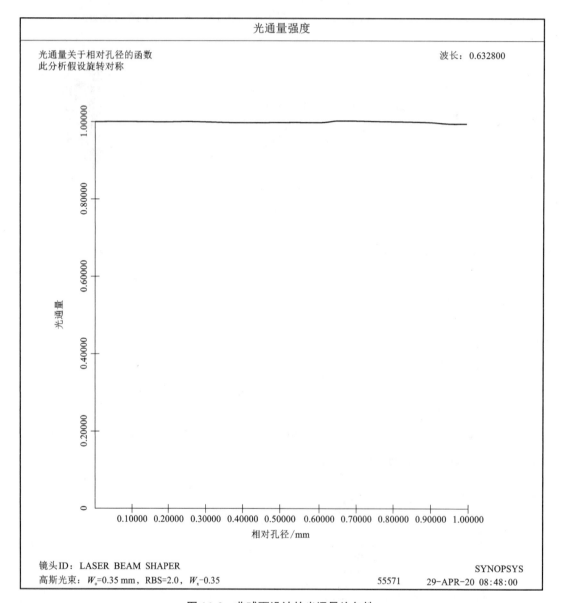

图 16.3 非球面设计的光通量均匀性

现在唯一的问题是非球面镜的制造难度。要查看非球面与最佳拟合球体(CFS)的距离,请输入:

```
ADEF 3 PLOT
ADEF 4 PLOT
ADEF 3 FRINGES
ADEF 4 FRINGES
```

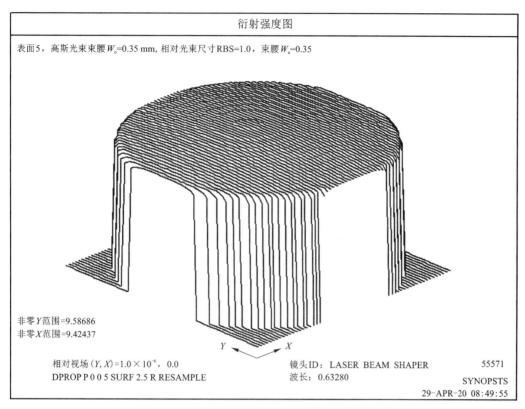

图 16.4　非球面设计的输出波前

由此获得图 16.5 中的结果。这两个非球面与 CFS 只有几微米偏差。看来这是可以被控制的。其相对于 CFS 的条纹图案如图 16.6 和 16.7 所示。

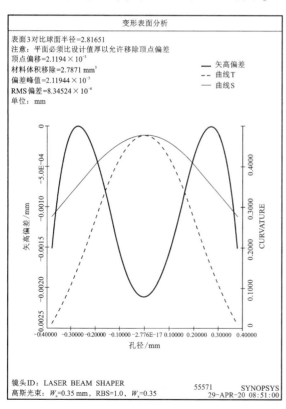

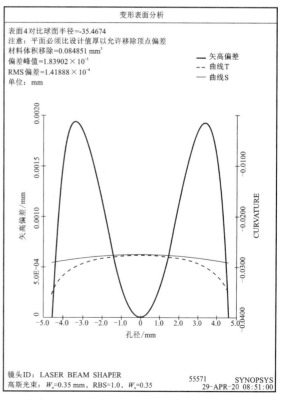

图 16.5　非球面分析

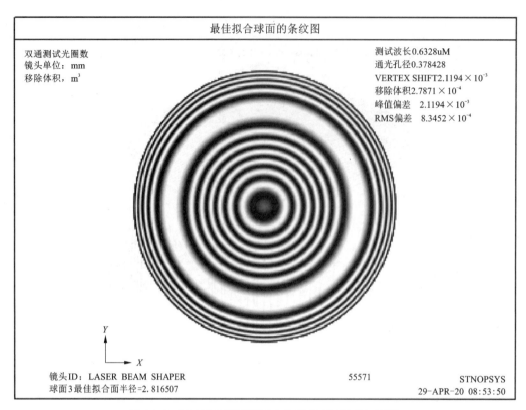

图 16.6　相对于最接近表面 3 的拟合球面的条纹图案

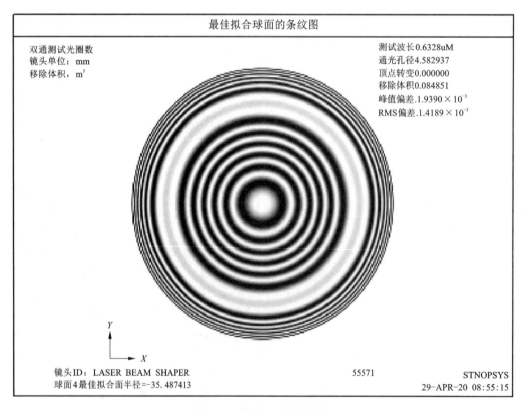

图 16.7　表面 4 的条纹图案

　　根据非球面的制作和测量方法，人们能尝试在某种程度上减少非球面偏离，从而避免出现偏离性能。也可参阅第 24 章，了解如何使用 CLINK 优化功能来实现这一目标。

第 17 章

带有 kinoform 透镜的激光扩束器

具有 kinoform 透镜的激光束整形器仅需要两片透镜

第 15 章讲述了如何使用普通球面透镜设计激光扩束器，并了解到需要六片透镜才能获得良好性能，而第 16 章只用两个非球面透镜实现且效果很好。本章将介绍衍射光学元件（DOE），也称为开诺全息透镜。

注意需将束腰半径为 0.35 mm 的 HeNe 激光器转换成直径为 10 mm 且均匀性控制在 10% 以内的光束。

初始结构（C17M1）的输入文件如下：

```
RLE                            ! Beginning of lens input file.
ID KINOFORM BEAM SHAPER
WA1 .6328                      ! Single wavelength
UNI MM                    ! Lens is in millimeters
OBG .35 1                 ! Gaussian object; waist radius -.35 mm; define full
                          ! aperture = 1/e**2 point.
1 TH 22                   ! Surface 2 is 22 mm from the waist.
2 RD -2 TH 2 GTB S        ! Guess some reasonable lens parameters; use glass
                          ! type SF6 from Schott catalog
SF6

3 TH 20                   ! Surface 3 is a kinoform on side 2 of the first
                          ! element
3 USS 16                  ! Defined as Unusual Surface Shape 16 (simple DOE)
CWAV .6328                ! Zones are defined as one wave phase change at this
                          ! wavelength
HIN 1.7988 55             ! Assume the zones are machined into the lens.  You
                          ! can also apply a film of a different index.

RNORM 1

4 TH 2 GTB S              ! The first side of the second element is also a DOE
SF6
4 USS 16
CWAV .6328
HIN 1.7988 55
RNORM 1

5 CV 0 TH 50              ! Start with a flat surface
7                         ! Surfaces 6 and 7 exist
AFOCAL                    ! because they are required for AFOCAL output.
END                       ! End of lens input file.
```

通过猜测表面 2 的 RD 值, 可得到非常好的初始结构。目前还没有使用非球面 DOE 项的系统, 如图 17.1 所示。如果不熟悉 USS 表面形状, 请在命令窗口中键入:

```
HELP USS
```

以打开帮助文件, 选择类型 USS 16, 作为一个简单的 DOE。

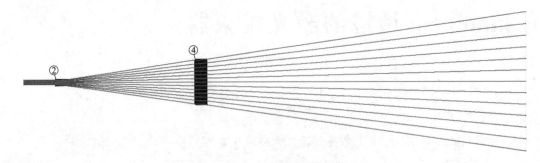

图 17.1　DOE 光束整形器的初始结构

注: 图中数字为透镜的表面编号。

光束已被扩展但并没有准直, 并且强度分布仍然是高斯输入光束的强度分布。任务是找到能够实现两个设计目标的 DOE 中的 OPD 项。首先将保持第二片透镜的两个表面平坦, 然后添加非球面项来定义 DOE。以下是完成工作的优化 MACro(C17M2):

```
PANT                    ! Start of variable parameter definitions.
RDR .001                ! This is a very small beam, so use smaller derivative
                        ! increments to start with

VY 2 RAD
VLIST TH 3              ! Vary the airspace
VY 3 G 26              ! Vary term Y**2,
VY 3 G 27              ! Y**4,
VY 3 G 28              ! and Y**6
VY 3 G 29              ! and Y**8

VY 4 G 26              ! Do the same at surface 4
VY 4 G 27
VY 4 G 28
VY 4 G 29

END


AANT                    ! Start of merit function definition
AEC 1 1 1
ACC 4 1 1
LUL 150 1 1 A TOTL              ! Prevent the system from growing too large
M 5 1 A P YA 0 0 1 0 5         ! Ask for a beam radius of 5 mm on surface 5
M 0 1 A P FLUX 0 0 1 0 6       ! Ask for a flux falloff of zero at several zones
M 0 1 A P FLUX 0 0 .98 0 6
M 0 1 A P FLUX 0 0 .97 0 6
M 0 1 A P FLUX 0 0 .96 0 6
M 0 1 A P FLUX 0 0 .95 0 6
M 0 1 A P FLUX 0 0 .94 0 6
M 0 1 A P FLUX 0 0 .93 0 6
M 0 1 A P FLUX 0 0 .92 0 6
M 0 1 A P FLUX 0 0 .91 0 6
M 0 1 A P FLUX 0 0 .85 0 6
M 0 1 A P FLUX 0 0 .8 0 6
M 0 1 A P FLUX 0 0 .7 0 6
M 0 1 A P FLUX 0 0 .5 0 6
M 0 1 A P FLUX 0 0 .3 0 6
GSO 0 .1 10 P                  ! Control the output ray OPD over an SFAN of 10 rays,
GSR 0 100 10 P                 ! and some transverse aberrations too.
END                            ! End of merit function definition.

SNAP
SYNO 40
```

此 PANT 文件定义了一些通用 G 变量,第 16 章中使用它来改变透镜元件上的非球面项。然而,在这种情况下,表面 3 和表面 4 已经被定义为 USS 类型 16,它是简单的 DOE 表面,因此这些 G 变量将改变 DOE 的特定系数(帮助文件描述了 G 项系数如何应用于每种 USS 表面类型)。

运行这个宏后,透镜得到了改善。再次运行它,然后退火(22,1,50)。获得了图 17.2 中的透镜。

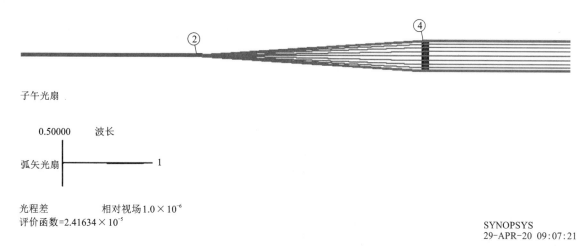

图 17.2　优化后,基于 DOE 的光束整形器

注:图中数字为透镜的表面编号。

还可以尝试改变一些高阶系数。在 PANT 文件中的两个 DOE 上添加变量,高达 G 31,即 $Y**12$ 项。重新优化之后,透镜(C17L1)看起来与之前大致相同,但是评价函数下降到 2.16E-7,看起来运行后光线产生汇集。

光通量如何随孔径变化?输入如下命令:

FLUX 100 P 6

之后会得到一条曲线,它几乎是直的,如图 17.3 左侧所示。

这是一个很好的设计。但问题是,可以做到吗?表面 4 的空间频率是多少?如果它太高,在制作技术上可能存在难度。打开 MMA 对话框选择 MAP 命令输入,在 Other Ray-Based Items 选择"HSFREQ",在 Select MAP type 中选择"PUPIL",在 Select Object Points 中选择"POINT 0"和在 Select Ray Pattern 中选择"CREC",Grid number 为 7,选择"DIGITAL"以及"PLOT the map"。结果显示在透镜边缘的频率为 100 c/mm(图 17.3 的右侧)。

透镜只有 10 μm/cycle,这是可以实现的,但并不容易。可以减少到 50 c/mm 吗?将变量 5 RAD 添加到变量列表中,并向 AANT 文件添加新的像差:

M 50 .01 A P HSFREQ 0 0 1 0 4

该程序现在能控制表面 4 上边缘光线截距处的空间频率。重新优化后,表面 5 略微凸起,表面 4 上的空间频率恰好在 50 c/mm。通量均匀性与以前一样好。

在重构光束之前,运行 DPROP 命令,查看表面 3 处的轮廓。

这显示了该点处光束的高斯分布,如图 17.4 所示。

DPROP P 0 0 3 SURF 3 L RESAMPLE

然后在表面 6 上做同样的事情,结果如图 17.5 所示。其基本上是完美的。

DPROP P 0 0 6 SURF 3 L RESAMPLE

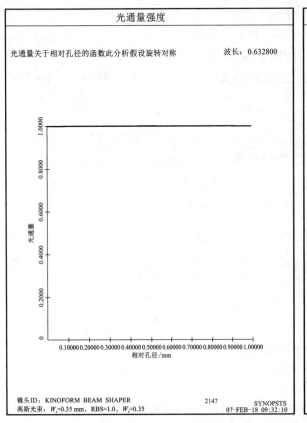

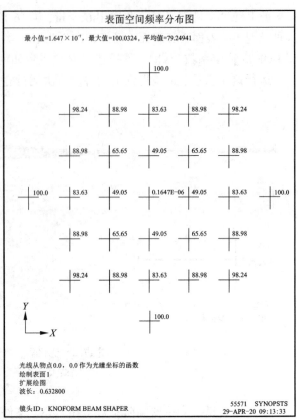

图 17.3 基于 DOE 的光束整形器(左)的通量均匀性和表面 4 上的表面空间频率的 MAP

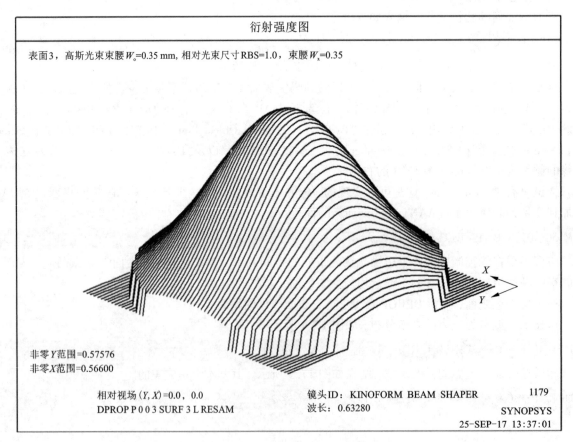

图 17.4 表面 3 处的光束强度图

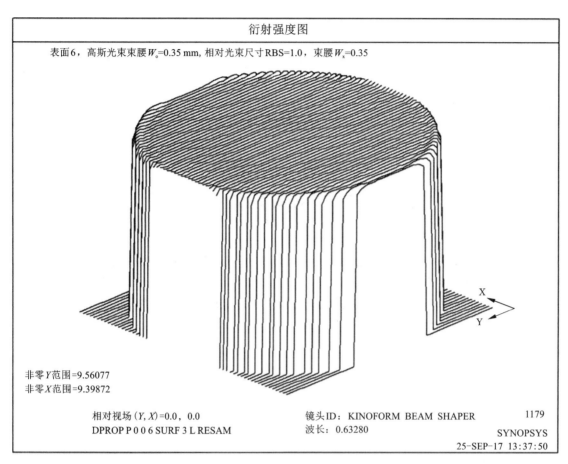

图 **17.5** 表面 **6** 处的光束强度图

第 18 章

高难度的优化挑战

从平行平板设计透镜；将玻璃模型替换为真实玻璃

第 7 章设计了一个从平行平板表面开始的七片透镜，本章则旨在展示 PSD III 优化算法的速度，这是使现代数值运算高效的方法之一。

在本章中，也将从平行平板开始，但是希望在四个视场点处实现高 MTF，并用玻璃目录中的玻璃类型替换第 7 章中的玻璃模型。为实现玻璃替换，将使用自动真实玻璃插入程序 ARGLASS。

以下是 RLE 输入文件和优化 MACro(C18M1)：

```
RLE                  ! The starting system.
ID TEST PSD III
OBB 0 20 12.7
WAVL CDF
UNITS MM
1 TH 5 GLM 1.6 50
2 TH 5
3 TH 5 GLM 1.6 50
4 TH 5
5 TH 5 GLM 1.6 50
6 TH 5
7 TH 5 GLM 1.6 50
8 TH 5
9 TH 5 GLM 1.6 50
10 TH 5
11 TH 5 GLM 1.6 50
12 TH 5
13 TH 5 GLM 1.6 50
14 TH 50
15
APS 7
END
PAD/U       ! Show the initial system.
TIME        ! Start a timer, then define a symbol, AWT, for the ap. weight

AWT: 0.5    ! almost equal weight over aperture
QUIET       ! not showing everything on the monitor speeds things up


PANT        ! Define variables.
VY 1 YP1    ! Vary the paraxial stop position.
VLIST RAD 1 2 3 4 5 6 7 8 9 10 11 12 13 14
VLIST TH ALL
VLIST GLM ALL
END
```

```
AANT              ! Start of merit function definition.
AEC
ACC
M 33 2 A GIHT
GSR AWT 5 5 M 0      ! Note how weights are assigned to the several fields.
GNR AWT 5 4 M .3     ! This creates a ray grid at the .3 field point
GNR AWT 5 4 M .5     ! These for the 0.6 field point
GNR AWT 5 4 M .65    ! These for the 0.75 field point
GNR AWT 4 4 M .8     ! These for the 0.8 field point
GNR AWT 4 4 M 1      ! Full field
END

SNAP 100
DAMP 1
SYNOPSYS 10
SYNOPSYS 50
SYNOPSYS 50
SYNOPSYS 100
ANNEAL 50 10
ANNEAL 50 10

LOUD              ! Restore output to the monitor
MERIT?

STORE 3           ! Store the results in the library.

TIME                      ! See how long the job took
MOF M 0 40 80 0 Q 30 20 10   ! Calculate the MTF over field.
```

程序运行约 60 s 后, 会产生图 18.1(C18L1)中的透镜结构和图 18.2 中的 MTF。

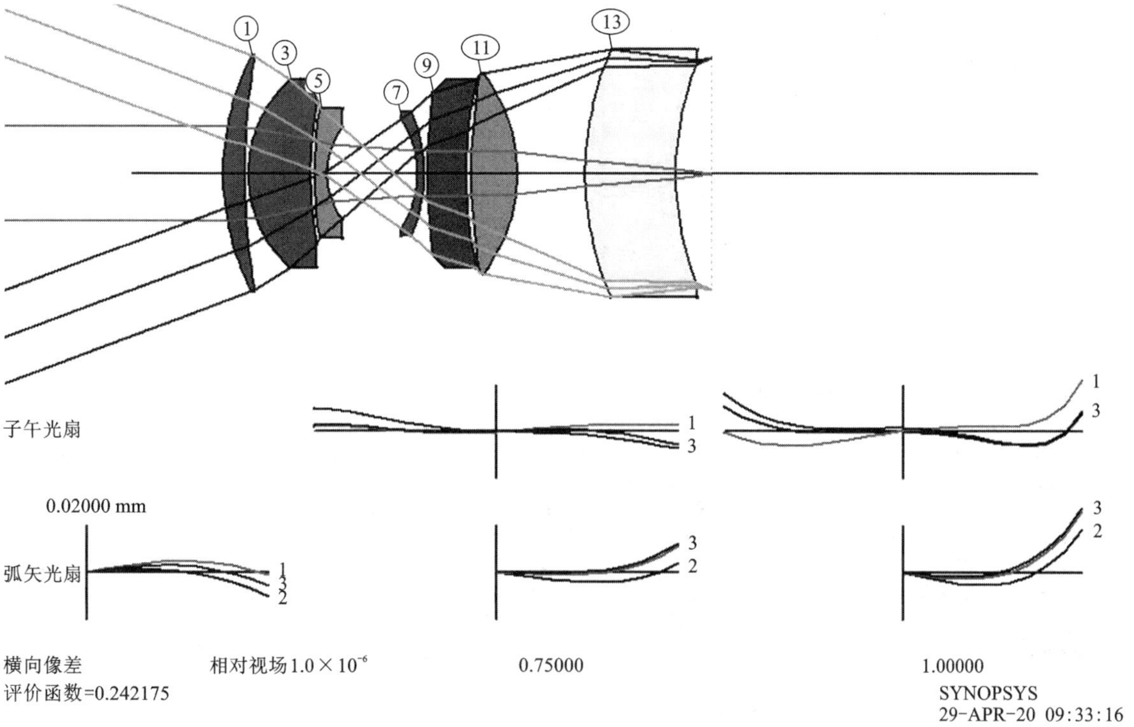

子午光扇

0.02000 mm

弧矢光扇

横向像差
评价函数=0.242175

相对视场1.0×10⁻⁶　　　　0.75000　　　　　1.00000

SYNOPSYS
29-APR-20 09:33:16

图 18.1　第一次优化的结果

注: 图中带圈数字为透镜的表面编号; 图中数字为定义波长下光扇图曲线对应的波长编号。

在光学上,这组透镜不错,但有些透镜太薄,这个问题必须解决。选中 MACro 中从 PANT 到第一个 SYNOPSYS 命令的行。键入<Ctrl>+C 将它们复制到剪贴板。然后单击"NewMACro"窗口按钮 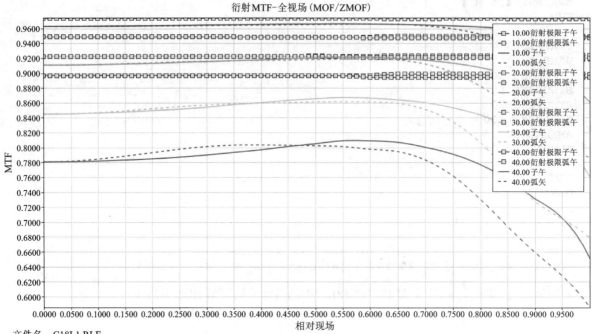 并键入<Ctrl>+V 将这些行粘贴到新编辑器窗口中。在 AANT 部分添加一行:

```
ADT 6 1 10
```

并运行宏。得到的透镜更厚,MF 上升到 0.259。模拟退火(55, 2, 50),MTF 将再次变得更好。

衍射MTF-全视场(MOF/ZMOF)

文件名:C18L1.RLE
波长/权重: 0.6563/1.000 0.5876/1.000 0.4861/1.000
备注:单击此处添加备注

图 18.2 被优化的透镜全视场 MTF

现在打开对话框(MRG),准备 ARGLASS 输入,并允许指定一些影响程序所选玻璃的因素。例如,只需要便宜的玻璃或耐酸性良好的玻璃,在运行程序时所选择的内容如下,选择 Schott 目录和 Sort(C18L2):

```
--- ARGLASS 1 QUIET
Lens number       1 ID TEST PSD III
  GLASS N-SK16         HAS BEEN ASSIGNED TO SURFACE    1; MERIT =   0.257108
  GLASS N-LAK21        HAS BEEN ASSIGNED TO SURFACE    3; MERIT =   0.270393
  GLASS N-LAK14        HAS BEEN ASSIGNED TO SURFACE   11; MERIT =   0.287159
  GLASS F5             HAS BEEN ASSIGNED TO SURFACE    5; MERIT =   0.288196
  GLASS N-LASF46A      HAS BEEN ASSIGNED TO SURFACE   13; MERIT =   0.295070
  GLASS N-SF14         HAS BEEN ASSIGNED TO SURFACE    7; MERIT =   0.275430
  GLASS N-SF66         HAS BEEN ASSIGNED TO SURFACE    9; MERIT =   0.263344
  Type <ENTER> to return to dialog.
  SYNOPSYS AI>
```

要检查这些玻璃的属性,请输入命令

PGA ALL   !Print Glass Attributes, all glasses

然后将得到下面数据,部分显示如下:

```
************************************************
GLASS ATTRIBUTE FOR SURFACE NO.  11
SCHOTT          N-LAK14
GLASS IS A PREFERRED TYPE.
GLASS IS ENVIRONMENTALLY SAFE (NO Pb OR As).

PRICE   BUBBLE   HUMIDITY   STAIN   ACID RESIST   ALKALI RESIST   SP GRAVITY
 3.0      0         3         3          6              1            3.63
THIS GLASS HAS A LIST OF TRANSMISSION VALUES ATTACHED
VALID RANGE OF TRANSMISSION DATA:
LOW      HIGH
 0.300   2.500
GLASS HAS SELLMEIER INDEX COEFFICIENTS:
 1.5078120E+00 3.1886680E-01 1.1428720E+00 7.4609870E-03 2.4202480E-02
8.0956520E+01
GLASS HAS 6 DNDT VALUES FROM GLASS TABLE:
 2.6800E-06  1.1500E-08 -1.4400E-11  3.7200E-07  5.5300E-10  2.2600E-01
THERMAL COEFFICIENT (ALPHA) =  0.550E-05

************************************************
```

最终透镜如图18.3所示。最后，可以在想要的光阑位置插入虚拟表面，在那里分配一个真实的光阑并重新优化。

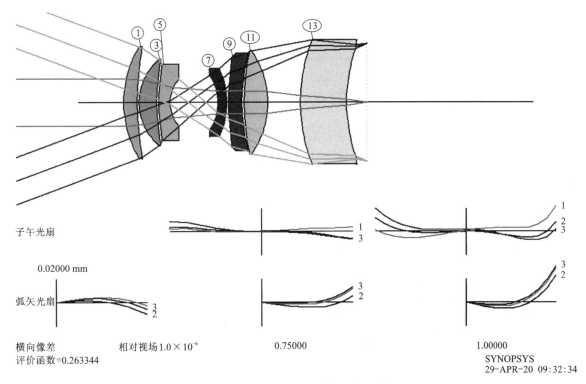

图18.3　带有真实玻璃的最终透镜

注：图中带圈数字为透镜的表面编号；图中数字为定义波长下光扇图曲线对应的波长编号。

我们建议用户自己运行此练习(用户需要软件许可证，因为只读模式不允许保存透镜，而且12个表面模式不允许设计七片透镜)，尝试更改一些视场权重或孔径权重并再次运行。结果对这些变化非常敏感。这个例子从平行平板开始，产生了一个相当不错的透镜。最终的形式非常类似于经典的双高斯，有一个中央挡板，且每侧的透镜向内弯曲。

玻璃吸收谱。

有一个需要解决的问题：这个透镜在表面 7 和表面 9 处有两个密集的火石玻璃元件。玻璃图区域的玻璃倾向于吸收较短的波长。这会影响蓝色的透射，因此需记得检查一下。输入命令 XCOLOR，然后获得图 18.4，可以看到透射的颜色确实有轻微的黄色。如果这是应用程序的问题，必须找到比

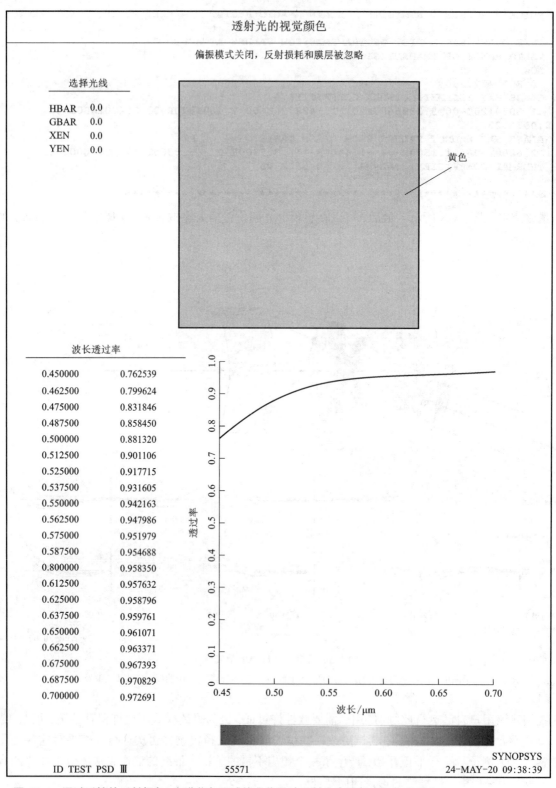

图18.4　通过透镜的透射颜色(光谱蓝色区域的吸收导致透射光束看起来有点带黄色)

Schott 目录中的 N-SF66 具有更好的蓝色透射率的玻璃类型，在本例中的表面 9 上使用。玻璃图显示（MGT）可以澄清情况，如图 18.5 所示，其中红线的长度是 0.4 μm 处吸收的函数。在左边可以看到玻璃 N-SF66 有一条长红线，因为它在那个波长处的吸收相当高，并且附近没有更好的玻璃。但是，有时候不同的玻璃制造商可以提供更合适的玻璃，如图 18.5 右侧所示。来自 Ohara 的玻璃 SNPH4 看起来是这款透镜的更好选择。

　　如果需要某种玻璃类型且无法找到合适的替代品，唯一的一种选择是尽可能减少有问题透镜的厚度。如果透镜用于空中侦察，黄色色调则无关紧要，因为这些系统通常使用黄色滤光片来削减大气雾度。

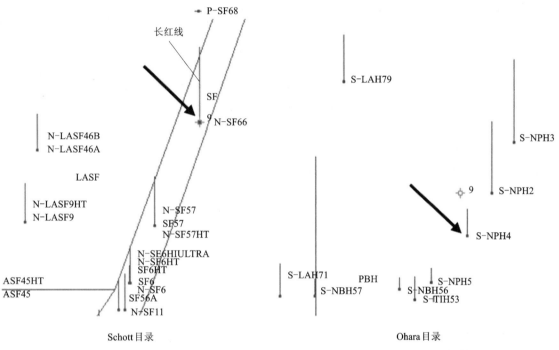

图 18.5　吸收波长为 4 μm；对于这种透镜，S-NPH4 是比 N-SF66 更好的选择

第 19 章

实际透镜设计

全局搜索七个元件透镜；校正两个物距

在第 18 章中，从平面平行表面开始，设计了一个 7 个元件透镜，并且符合设计，使用 ARGLASS 功能自动插入真实玻璃。本章将进一步讲述透镜开发的知识，并描述一些其他程序。本章中，将展示如何遵循各种路径以获得解决方案，但并不是所有的路径都能获得成功。

本章主要使用了 DSEARCH 以及其他工具。然后，在第 21 章中，将会展示另一种更快、更容易的方法。应该了解这两种方法各使用了哪些工具。

先运行 DSEARCH 以找到一个好的初始结构。输入(C19M1.MAC)：

```
CORE 64
ON 1
OFF 99
TIME
DSEARCH 6  QUIET
SYSTEM
ID DSEARCH SAMPLE
OBB 0 20 12.7
WAVL 0.6563 0.5876 0.4861

UNITS MM
END
GOALS
ELEMENTS 7
FNUM 3.575
BACK 50 SET
STOP MIDDLE
STOP FREE
RSTART 600
RT 0.5
FOV 0.0 .5 .7 .9 1
FWT 2 2 2 1 1
NPASS 55
ANNEAL 200 20 Q 44
COLORS 3
SNAPSHOT 10
QUICK 55 55
END
SPECIAL PANT

END
SPECIAL AANT
LUL 150 1 1 A TOTL
END
GO
TIME
```

注意此文件中的 RT 参数。如第 7 章所述，它能控制单根光线在评价函数中的加权方式。零的值使给定网格中的所有光线具有相同的权重，而更高的值将使靠近光瞳中心的光线比靠近边缘的光线有更高的权重。这是提高透镜分辨率的有效方法。光扇图可能会在边缘附近强烈抖动，但如果中心部分非常平坦，则分辨率无论如何都会很高。这是用户经常要试验的参数 RT。RT 0.5 是一个很好的初始猜测。分配给每个表面的初始半径 RSTART 有用的参数。在这里，将其设置为所需焦距的 6 倍。

在这种情况下，还需将后焦距设置精确到 50 mm，这意味着程序将不会在最后一个空气间隔使用 YMT 求解。这也是一个有时可以探索不同分支的参数。当有一个好的配置时，可以修复透镜厚度，因此在此阶段没有应用监视器。

运行这个宏，然后使用 DSEARCH_OPT 文件优化，该文件位于新的编辑器窗口中，并退火(50, 2, 50)。如图 19.1 所示，该透镜非常好。

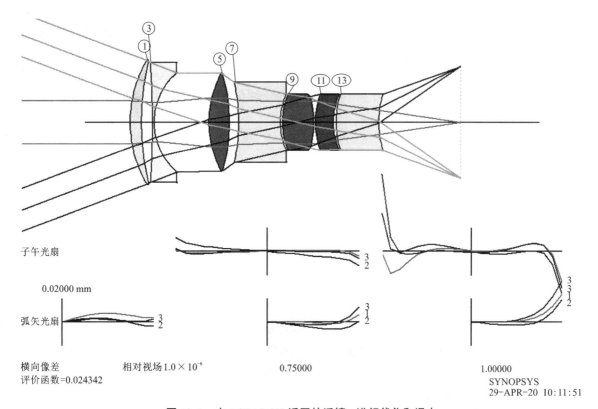

图 19.1　由 DSEARCH 返回的透镜，进行优化和退火

注：图中带圈数字为透镜的表面编号；图中数字为定义波长下光扇图曲线对应的波长编号。

假设希望透镜在 1 m 到无限远的物距范围内工作，有两种方法可以实现这一要求：使用非常灵活但复杂的多配置，或者通过声明变焦透镜，使物体距离变焦。第二种方法更简单，可以很容易地检查中间物体的距离。需将此透镜设置为 ZFILE 变焦透镜，在表面 9 处指定一个真实的光阑位置：

```
CHG
APS -9
END
```

然后在删除变量 YP1 后再次优化和退火。

接着，在新编辑器中输入以下内容：

```
CHG
15 CAO 32      ! fix the CAO on the image (so FFIELD works)
FFIELD         ! adjust the object height so the image fills the CAO there
14 YMT         ! assign a paraxial focus solve to surface 14
ZFILE 1        ! start of the ZFILE section
14 14          ! there is one zooming group, the last thickness
ZOOM 2         ! ZOOM 1 is default; ZOOM 2 gets OBA object on the next line
OBA 1000 -366.554 12.7      ! the object description at this zoom
END            ! end of changes
```

此输入在像平面上设置硬孔径,因此 FFIELD 指令可正常工作,并对表面 14 进行厚度求解,以便所有变焦自动重新聚焦,且在表面 14 声明单个变焦组。然后,它定义 ZOOM 2 的物距为 1000 mm,YPP0 为负,因为 ZOOM 1 中的值也是负数,所以它们必须具有相同的符号。

运行此 MACro,透镜变为变焦透镜,在这种情况下只有一个空气间隔变焦。现在,可在监视器右侧看到一个新工具栏。要想知道 ZOOM 2 中的图像是什么样的,单击按钮 2,就可以看到该变焦设置下的透镜,如图 19.2 所示。

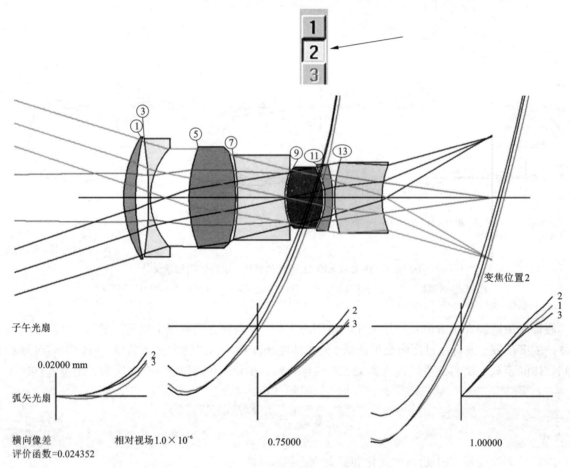

图 19.2 具有物距修改的透镜

注:图中带圈数字为透镜的表面编号;图中数字为定义波长下光扇图曲线对应的波长编号。

然而,当改变物距时,像差发生了显著变化。必须在两个共轭处校正图像。以下是一个可以执行此任务的 MACro(C19M2):

```
AWT: 0.5
PANT            ! Define variables.
CUL 1.9         ! Set upper limit of 1.9 on index variables.
FUL 1.9
!VY 1 YP1       ! Don't vary YP1
VLIST RAD ALL ! Varies all radii that are not flat.
VLIST TH ALL ! varies all thicknesses and airspaces except for the
! back focus, thickness 14, which has a solve in effect
VLIST GLM ALL
END

AANT                    ! Start of merit function definition.
AEC                     ! Activate automatic edge-feathering monitor
ACC                     ! and maximum center thickness monitor.
ADT 6 .1 10             ! Keep diameter/thickness ratio 6 or more
!M 33 2 A GIHT ! Comment this out, since the FFIELD will control scale
LUL 150 1 1 A TOTL


M 50 .1 A BACK       ! Since the back focus will vary, keep it reasonable
M 90.61 1 A FOCL     ! Add this requirement so the focal length doesn't
                     ! change
GSR AWT 10 5 M 0     ! Note how weights are assigned to the several field
                     ! points,
        ! and the symbol AWT controls the aperture weighting.
GNR AWT 5.5 4 M .5 ! This creates a ray grid at the ½ field point
GNR AWT 5.5 4 M .7 ! These for the 0.7 field point
GNR AWT 3 4 M 1    ! Full field gets the lowest weight.

ZOOM 2          ! Targets for zoom 2 (with the object at one meter)
GSR AWT 10 5 M 0    ! Note how weights are assigned to field points.
GNR AWT 5.5 4 M .5 ! This creates a ray grid at the ½ field point
GNR AWT 5.5 4 M .7 ! These for the 0.7 field point
GNR AWT 3 4 M 1    ! Full field gets the lowest weight.
END

SNAP
SYNO 50
```

运行它，并退火后的透镜更好但不是最好，在变焦范围的两端有大约相等且相反的误差，如图 19.3 所示。

还有一些细微之处值得一提：GLM ALL 变量将改变目前透镜中的所有玻璃模型，这意味着所有透镜都会被改变，因为 DSEARCH 使用了玻璃模型，除非另有说明。必须控制焦距，因为物体高度将被连续调整，所以图像 CAO 在全视场中填充，图像高度将不能用作控制它的目标。可以在 AANT 文件中使用 FOCL 操作数。

这比之前的 ZOOM 2 要好，但仍会损失分辨率。需要更多变量，但应该添加哪些？

针对这样的案例，经典的解决工具是 STRAIN 计算。具有最大应变的透镜贡献了大部分像差，并且在那里分裂透镜可能会减轻像差。（应变在此定义为该元件的 3rd 和 5rd 像差的平方和。）

在 CW 中键入 "STRAIN P"，其结果如图 19.4 所示。

实际上，透镜 4 具有最大的应变。现在，可以执行以下两项操作之一：拆分该透镜并重新优化，或者使用另一种工具来确定添加透镜的最佳位置。在此，我们将尝试这两种方法。先保存此版本，以便在出错时返回。输入：

```
STORE 1
```

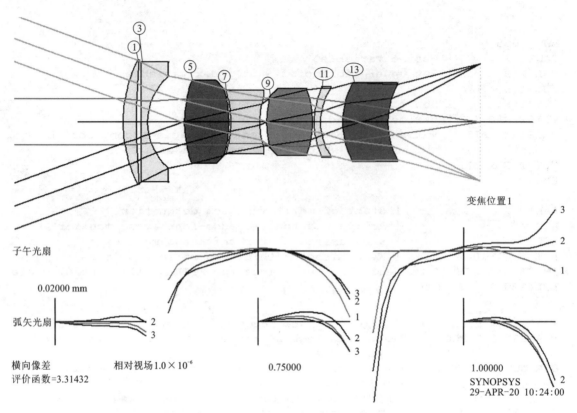

图 19.3 对两个物距重新优化的透镜(质量不好)

注:图中带圈数字为透镜的表面编号;图中数字为定义波长下光扇图曲线对应的波长编号。

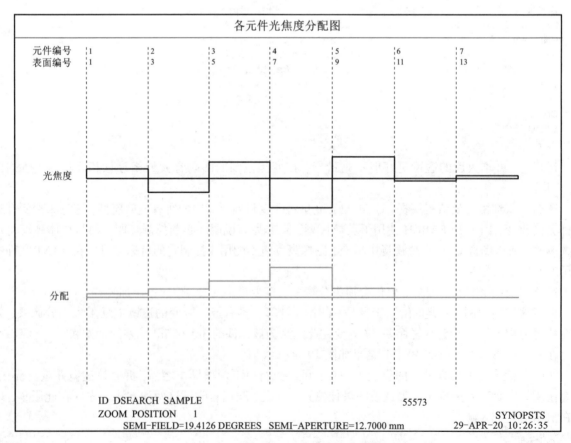

图 19.4 由 STRAIN P 命令产生的图

然后转到 WorkSheet(键入"WS"或单击按钮 ⊞)，单击按钮 ⊡，通过单击该透镜内轴上的 PAD 显示，可以分裂透镜。在表面 7 和表面 8 之间单击，分裂透镜。其如果如图 19.5 所示。

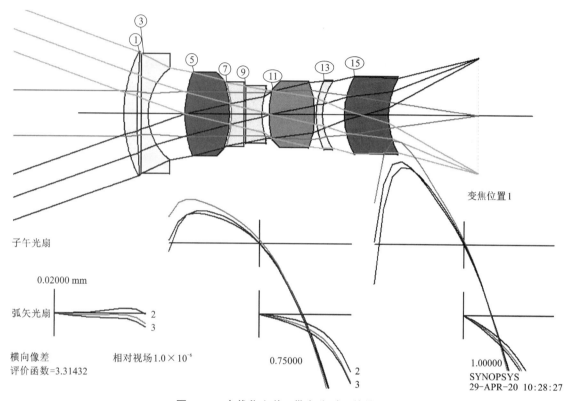

图 19.5　在优化之前，带有分裂元件的透镜

注：图中带圈数字为透镜的表面编号；图中数字为定义波长下光扇图曲线对应的波长编号。

当程序分裂(或添加)一片透镜时，它会自动分配一个折射率拾取，因为此时它没有其他折射率的数据。将表面 9 上的折射率拾取更改为玻璃模型，在 WorkSheet 编辑窗口中键入：

9 GLM

单击"Update"。这将为透镜设置一个玻璃模型属性。

创建一个新的检查点，关闭 WorkSheet，然后再次运行优化并退火。MF 达到 1.88。但不知道其是否已经足够好，该怎么做？

以上是透镜组设计长期以来使用经典工具的方式，是一个缓慢而艰巨的过程。用户可以修改透镜组，然后一次又一次地尝试优化……

今天，有了更好的工具。在分裂透镜之前，返回到存储的版本：

GET 1

然后在 PANT 文件前添加一行：

AEI 2 1 14 0 0 0 10 2

这将运行自动元件插入工具(AEI)，程序将搜索插入新透镜的最佳位置。注释掉 AEI 行并再次运行 MACro，然后模拟退火。结果(C19L1)如图 19.6 所示。

程序在表面 15 处插入了一个新透镜，并且评价函数降至 1.54。程序通常可以自动尝试如何更好地改进透镜组。

此时透镜组性能得到了极大的改善，同时 MTF 也不错。无论是共轭无限远还是 1 m 的范围都有了一定程度的校正。但是在这两个距离之间呢？如果加工透镜组时发现中间距离产生的像质很差时，

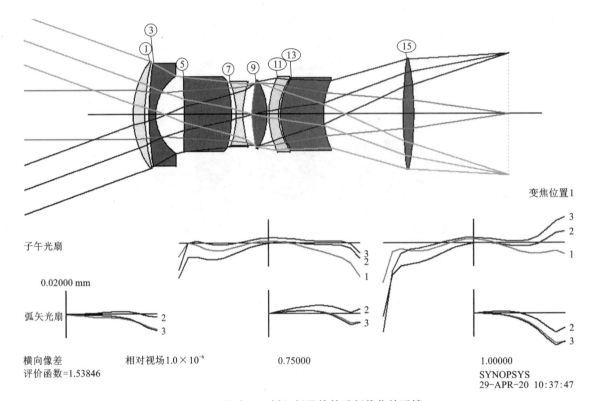

图 19.6 通过 AEI 插入新元件并重新优化的透镜
注: 图中带圈数字为透镜的表面编号; 图中数字为定义波长下光扇图曲线对应的波长编号。

需要查验。

可以通过扫描变焦范围并发现可能需要注意的任何点。单击变焦选择栏底部的按钮 ⊞,将打开 Zoom Slider,如图 19.7 所示。这是在此案例中选择使用 ZFILE 变焦功能的原因之一。

单击"SCAN"按钮并观察 PAD 显示。像面缓慢向后移动,从无限远移动到 1 米焦点位置,然后再向前移动。其像质在整个范围内几乎没有变化。(如果已更改,则可以使用 CAM 命令创建中间焦点位置,总共包含三个变焦,然后为 AANT 文件中的新 ZOOM 3 位置添加更多目标。您可以创建并定位多达 20 种这样的变焦,键入"HELP CAM"以阅读该功能的含义。)

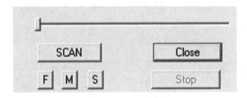

图 19.7 变焦滑块

本章展示了如何使用透镜组实现一些新的探索。先得到部分实现预期目标的透镜组,然后尽可能地平衡像差。第 21 章还展示了在这种情况下,如何用不同的方法更好地完成工作。

但现在需要再次优化真实玻璃。图 19.6 所示的第六片透镜存在着问题。可以删除吗? 对此,可以尝试删除 AEI 指令并将其替换:

AED 6 QUIET 1 15

再次运行它。程序提示第三片透镜可以删除。允许删除，然后注释掉 AED 指令，进行优化和退火（C19L2）。删除一片透镜后，评价函数变为 2.08，如图 19.8 所示。然而，此时的镜头结构性能不如前一个版本，可能会采纳上一个版本。

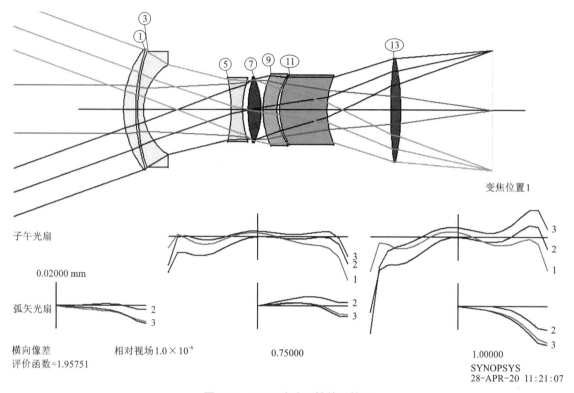

图 19.8　AED 移除透镜的透镜组

注：图中带圈数字为透镜的表面编号；图中数字为定义波长下光扇图曲线对应的波长编号。

解决这类问题的方法是：首先找出问题所在，然后使用 SYNOPSYS 中的工具来修复它。修复的过程可能很快，也可能很慢。甚至需要进行盲探索来优化。如果设计优化后的透镜仍不能满足要求，还可能需要调用 AEI 进行再一次优化。针对此类问题的解决方案将在第 21 章进行进一步详细介绍，直至设计的透镜满足预设要求。

第 20 章

实用相机透镜

以下是设计目标:

(1)焦距 90 mm;

(2)半视场角 20°;

(3)半孔径 25.4 mm;

(4)元件长度约 100 mm;

(5)后焦距 50 mm 或更长。

在本章中,将使用 DSEARCH 寻找初始结构。首先在命令窗口中键入"MDS",将打开设计搜索菜单,如图 20.1 所示。并输入箭头所示的数据,然后单击"确认"。这里,首先猜测所需透镜为 7 片,之后用户可随时进行更改。单击"确认"按钮后,程序允许用户输入所需的文件名。输入完成后,程序会打开一个宏编辑窗口,其中包含所有设置的 DSEARCH 输入,宏文件名为 C20M1。

```
CORE 64
TIME
OFF 1
ON 99
DSEARCH 1  QUIET
SYSTEM
ID DSEARCH SAMPLE
OBB 0 20 12.7
WAVL 0.6563 0.5876 0.4861

UNITS MM
END
GOALS
ELEMENTS 7
FNUM 3.54
BACK 0 0
TOTL 100 0.1
STOP MIDDLE

STOP FREE
RSTART 900
THSTART 12
ASTART 12
RT 0.75
FOV 0.0 0.75 1.0 0.0 0.0
FWT 5.0 3.0 3
NPASS 50        ! this gives the number of passes in the final MACro
ANNEAL 200 20 Q
COLORS 3
SNAPSHOT 10
QUICK 50 50      ! 50 passes in quick mode, 50 in real mode
END
SPECIAL PANT
```

```
END
SPECIAL AANT
LLL 50 .1 1 A BACK
END
GO
TIME
```

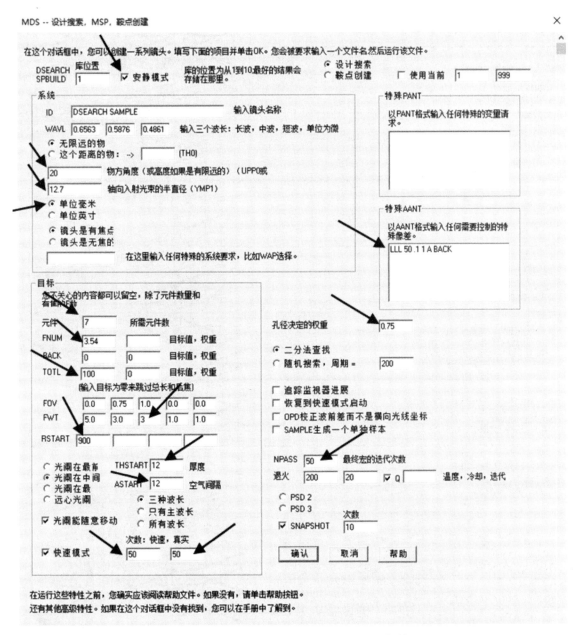

图 20.1　使用命令 MDS 打开 DSEARCH 对话框

在对话框中，没有直接设置后焦距 BACK 的目标值和权重，而是通过在"特殊 AANT"中设置 BACK 的允许范围。LLL 的意思是下限，使得 BACK 大于 50 时不受到任何惩罚，且后焦距不得小于 50。

运行此 MACro，将获得一组潜在的初始结构，如图 20.2 所示。DSEARCH 返回的一些透镜前面有一个负透镜，即反向摄远透镜。摄远透镜在后端有负透镜组，用于增加图像的尺寸，因此在紧凑系统中获得长焦距。前端带负透镜组的反向摄远结构，通常用于广角透镜，但用户想要的是焦距比系统尺寸更短。为了研究这些透镜结构请在 CW 中键入：

EM DSS

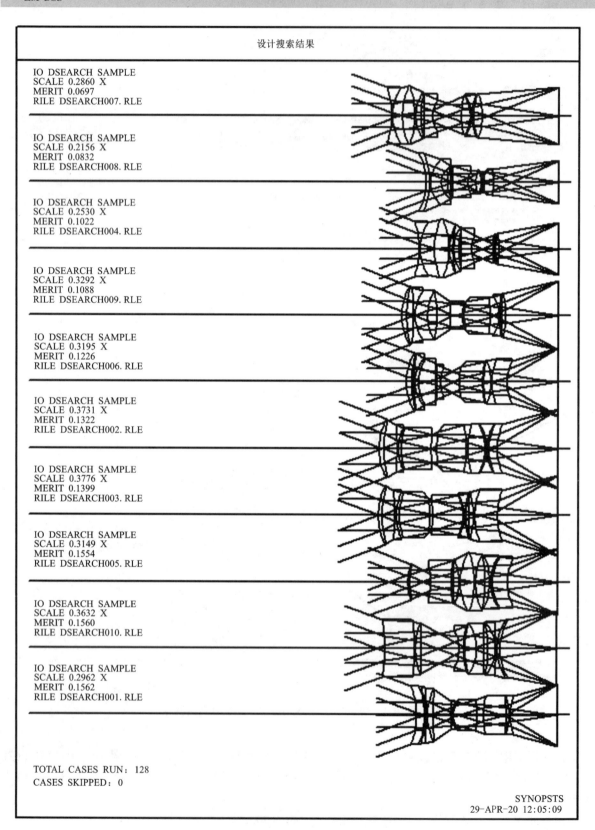

图 20. 2　由 DSEARCH 返回的 10 个透镜

此命令加载并运行 DSEARCH 已创建的 DSS. MAC 文件。MACro 将打开 DSEARCH 返回的每个透镜，同时将其显示在 PAD 图中，然后在打开下一个透镜之前按下"Enter"键。这时会发现它们中许多都有相似的像质。当找到一个符合自己要求的透镜时，只需按"Esc"键即可停止 MACro。DSEARCH 保存的最佳结构称为 DSEARCH07. RLE，此结构更受用户的青睐（最后得到的结果中的名称可能不同，是因为其名称顺序取决于哪个内核先完成）。透镜如图 20.3 所示。

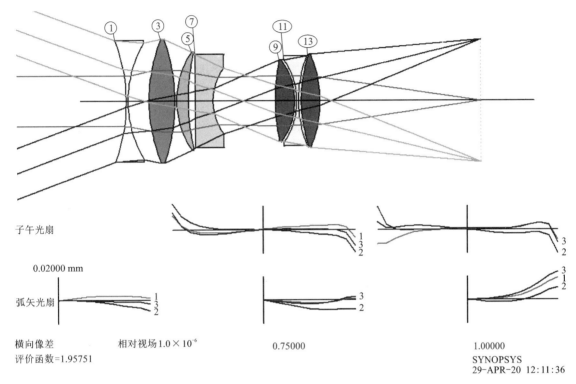

图 20.3　来自 DSEARCH 的一个很好的备选结构

注：图中带圈数字为透镜的表面编号；图中数字为定义波长下光扇图曲线对应的波长编号。

然后运行 DSEARCH 自动生成的优化 MACro DSEARCH_OPT；并退火（50，2，50）。此时的透镜略有变化。

如何评估透镜性能好坏？打开 MOP 对话框并输入如图 20.4 所示的数据。单击"MOF"按钮，可以获得图 20.5 中的 MTF 曲线。将此透镜称为版本 1。

但最后的结果不佳。MTF 随视场变化而变化，因此可能需要 DSEARCH 输入中的更多视场点。由于这个透镜离衍射极限不远，如果想要提高 MTF，应该尝试 TOSHEAR 指令而不是默认的横向像差。

为了理解此输入，必须了解如何计算 MTF。有一种常用的方法是评估卷积积分，它将出瞳的两个副本合并起来，其中一个在 X 或 Y 方向上的剪切量取决于要计算的频率。如果给定点处的 OPD 误差与剪切点处的 OPD 误差相同，则 MTF 是完美的，但仅就这点而言。在标量近似下，计算整个光瞳的结果就是透镜的 MTF。在第 59 章将对这些计算作出详细的解释。

在设置 MF 时，将一组横向光线目标与一组 GSHEAR 请求组合在一起。GSHEAR 是针对一组剪切的光瞳位置的 OPD 差异，并增加 0.5 和 0.7 视场的权重，因为这些视场比其他视场更差。

以下是 GOALS 部分的修订输入：

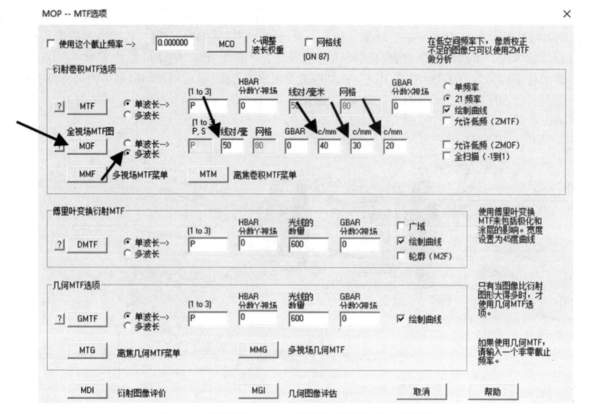

图 20.4　用于运行 MOF 的对话框,请求四个空间频率

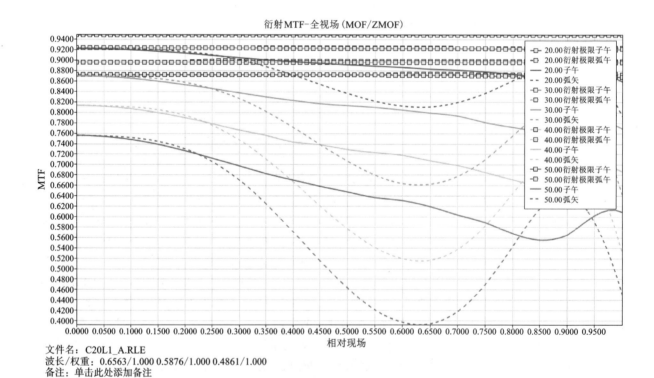

文件名：C20L1_A.RLE
波长/权重：0.6563/1.000 0.5876/1.000 0.4861/1.000
备注：单击此处添加备注

图 20.5　V1 的 MTF 曲线

```
GOALS
 ELEMENTS 7
 FNUM 3.54
 BACK 0 0
 TOTL 100 0.1
 STOP MIDDLE
 STOP FREE
 RSTART 900
 THSTART 12
 ASTART 12
 RT 0.75
 FOV 0.0 .5 .7 .9 1
 FWT 1 1.5 1.5 1 1
 TOSHEAR
 NGRID 6
 NPASS 40
 ANNEAL 200 20 Q
 COLORS 3
 SNAPSHOT 10
 QUICK 80 80
 END
```

运行这个 DSEARCH 文件，然后优化并退火，将获得一个更好的透镜组（C20L1），其具有更高的 MTF 曲线，如图 20.6 和图 20.7 所示。

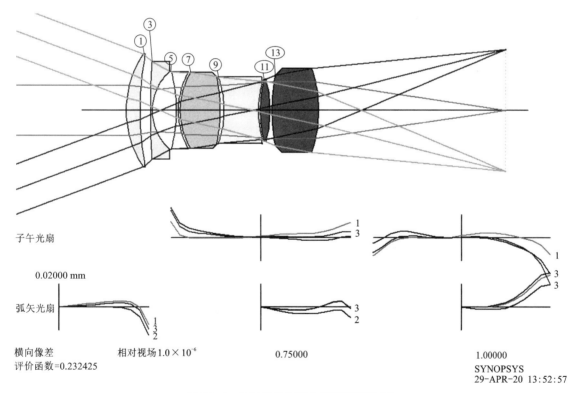

图 20.6　经过优化和退火后的透镜组 V2

注：图中带圈数字为透镜的表面编号；图中数字为定义波长下光扇图曲线对应的波长编号。

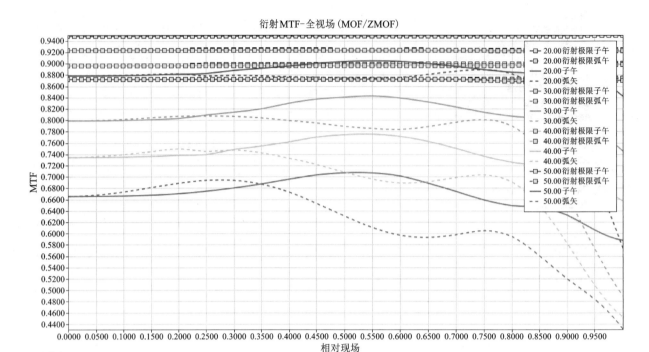

文件名：C20L1.RLE
波长/权重：0.6563/1.000 0.5876/1.000 0.4861/1.000
备注：单击此处添加备注

图 20.7　透镜 V2 的 MTF 曲线

可能仅用 7 个元件得到的透镜组并不是最好的，因此在 PANT 命令之前添加一行：

```
AEI 4 1 123 0 0 0 50 10
```

再次运行 MACro。程序将在表面 13 处插入一个元件，然后注释掉 AEI 行，再次优化和退火。最终 MF 降至 0.15。

版本 3 透镜如图 20.8 所示，MTF 曲线如图 20.9 所示。这是一款出色的透镜，像质很好，但有些元件太薄了，需稍微加厚点。

将新监视器添加到 AANT 文件：

```
ADT 7 .1 1
```

然后再次运行并退火，这样元件就更合理。版本 4 透镜的设计（C20L2）如图 20.10 所示，MTF 曲线如图 20.11 所示。

再次运行 DSEARCH，但使用总长度目标为 150 mm，而不是 100 mm。返回的透镜形式非常不同，MTF 曲线更高（在运行 AEI，优化和退火之后），如图 20.12 和 20.13（C20L3）所示。

使用 150 mm 的总长度可以获得更高的 MTF，并且 DSEARCH 搜索出的透镜总长为 150 mm。如果条件允许，后焦距更短。同样，这种自主透镜设计工具的权衡很简单，要求下限 10 mm，获得的只有 7 个元件的设计甚至比在版本 4 中获得的八元件透镜更好。在以前，这可能需要数周的时间进行开发，现在则可以用这些强大的工具在几分钟之内对其进行评估。

这个透镜似乎有一个影响非常弱的第二个元件，可尝试用 AED 在几乎不损失像质的情况下移除它。

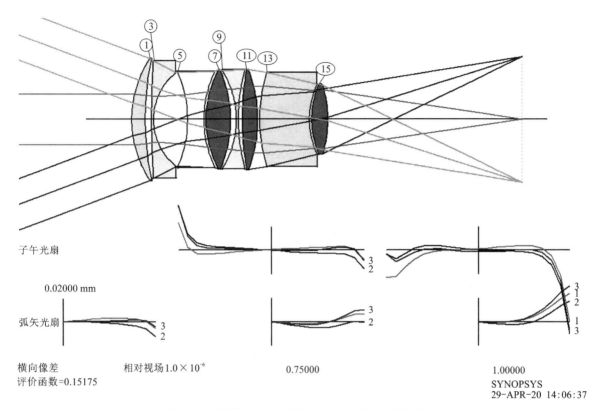

图 20.8　透镜 V3，AEI 插入元件 7，经过优化和退火

注：图中带圈数字为透镜的表面编号；图中数字为定义波长下光扇图曲线对应的波长编号。

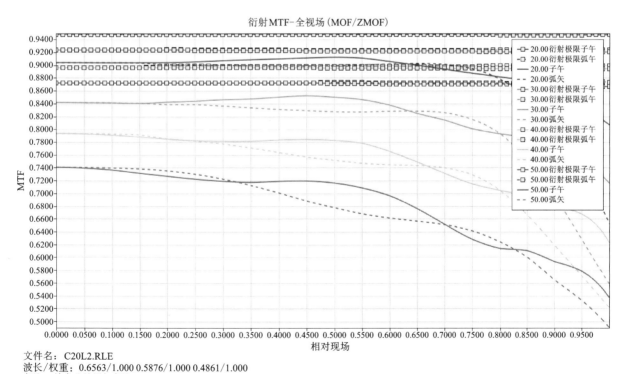

图 20.9　透镜 V3 的 MTF 曲线

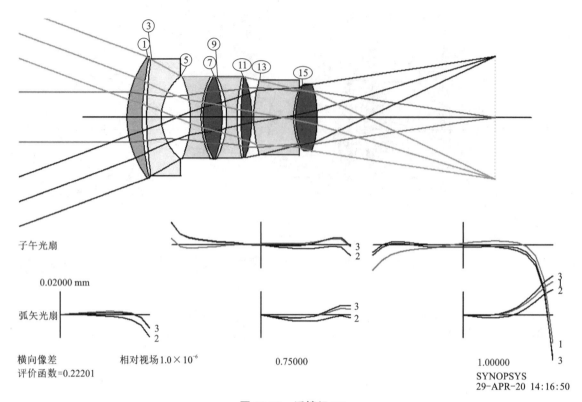

图 20.10   透镜组 V4

注：图中带圈数字为透镜的表面编号；图中数字为定义波长下光扇图曲线对应的波长编号。

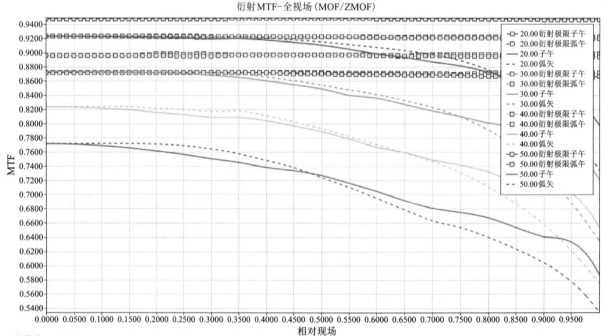

图 20.11   透镜 V5 的 MTF 曲线

有了这么多工具，用户自然想知道使用哪些工具更方便。例如，如果想要一个八元件透镜，应该向 DSEARCH 询问 8 个，或者 6 个。然后再使用两次 AEI 获得 8 个元件。

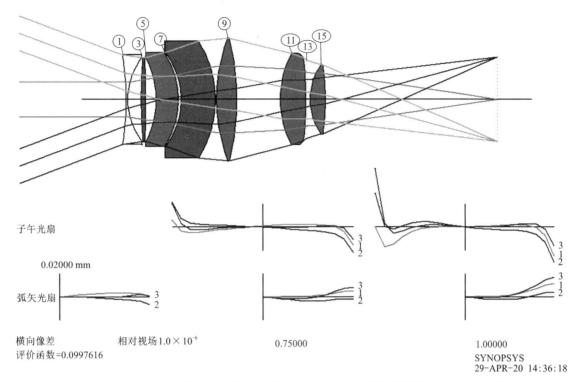

图 20.12 当允许用更长的透镜组时，根据 DSEARCH 返回的透镜形式使用 AEI 改进

注：图中带圈数字为透镜的表面编号；图中数字为定义波长下光扇图曲线对应的波长编号。

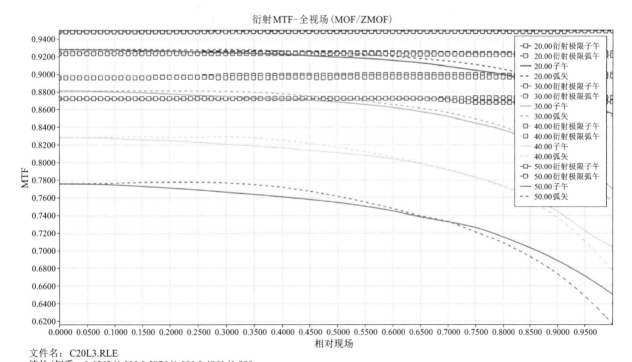

图 20.13 图 20.12 中透镜的 MTF 曲线

向 DSEARCH 搜索 6 个元件，再次执行此工作，然后运行两次 AEI。以这种方式测试所有 10 个 DSEARCH 结果，发现其中 9 个的像质与之前的设计相似。图 20.14 显示了最佳结果（C20L4），其 MTF

曲线如图 20.15 所示。这似乎是一个很好的策略,但由于这个过程具有混乱性,人们无法得出一个统一的结论;不同的问题可能使用不同的解决方式更有效。所以在必要时尝试不同的思路。

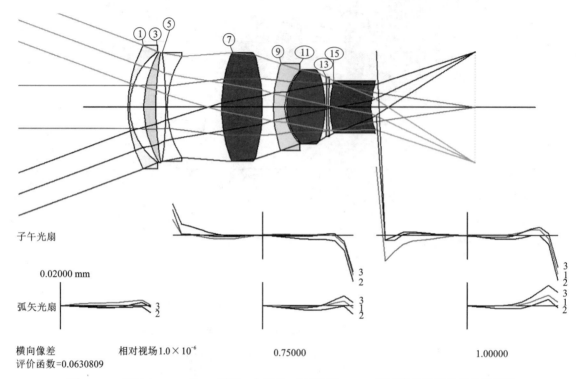

子午光扇

0.02000 mm

弧矢光扇

横向像差　　　相对视场 1.0×10^{-6}　　　0.75000　　　1.00000
评价函数=0.0630809

图 20.14　通过向 DSEARCH 得到 6 个元件,运行两次 AEI,然后优化返回的最佳透镜组

注:图中带圈数字为透镜的表面编号;图中数字为定义波长下光扇图曲线对应的波长编号。

这个透镜不像任何三片式透镜的经典形式,它们在负透镜附近有中间位置。其他具有基本相同性能的情况如图 20.16 所示(这个透镜确实有点类似于经典形式)。历史上的设计师发现像双高斯这样的结构效果很好,之后就没有探索过其他配置。搜索工具没有偏见,可以找到人类可能从未想到过的解决方案。

回到要解决的问题:需再次运行 DSEARCH,这次要求用 8 个元件,而不是使用 AEI 来获得该数字。在这个例子中,返回来的透镜不如之前的好,但性能接近。

本章以图形方式说明,在透镜设计中,需处理具有大量解决方案的景观。除非用户已经有一个非常好的起始透镜,否则在尝试使用 DSEARCH 的参数时,找到一个好透镜的概率会有所提高。

随着 DSEARCH 等新工具的出现,透镜设计的艺术发生了重大变化。在以前,专家设计师将在单一设计上耗费数天或数周,使用复杂的知识来指导设计过程,但今天人们可以在几分钟内完成许多设计,然后选择最有希望进一步工作的透镜。其中一些设计往往优于过去专家在几天的时间里才能够提出的设计。

接下来确定透镜,看看图像校正如何随着共轭变化而变化(如果这是用户的一个要求,并如第 19 章所示重新优化透镜),使用 GDIS 查看畸变,并在 AANT 文件中添加一个要求以控制它(如果需要的话),使用 ARGLASS 或 GSEARCH 插入真实玻璃类型,指定隐藏的真实光阑,减少某些元件的厚度并增加其他元件,重新优化,使用"Edge Wizard"定义边缘几何,使用 TPM 将曲线与供应商的测试板列表相匹配,使用 BTOL 准备公差,使用 ELD 制作元件图纸,系统图纸用 DWG 制作等。设计透镜时有很多工作要做,本章展示了如何使用一些实用的工具,从一系列要求开始,在相当短的时间内设计了一些相当不错的透镜。

请练习本章的内容,并在关闭开关 98 的情况下设定 DSEARCH 的起始半径、厚度、空气间隔和其他参数的各种值。

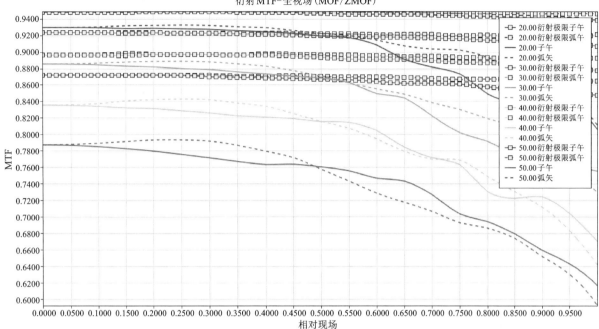

衍射MTF-全视场（MOF/ZMOF）

文件名：C20L3.RLE
波长/权重：0.6563/1.000 0.5876/1.000 0.4861/1.000
备注：单击此处添加备注

图 20.15　图 20.15 中透镜的 MTF 曲线（当使用 AEI 将 6 个元件的 DSEARCH 透镜增加到 8 个元件时得出的结果）

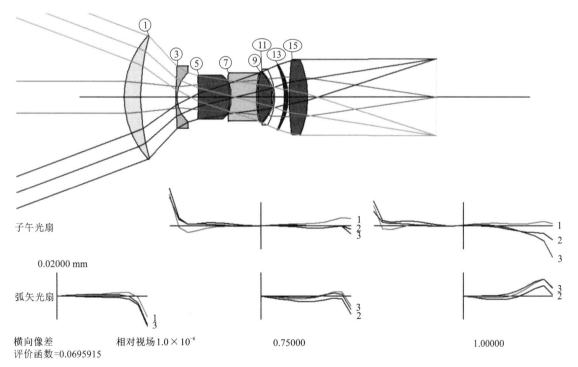

图 20.16　八元件透镜可以找到的不同配置

注：图中带圈数字为透镜的表面编号；图中数字为定义波长下光扇图曲线对应的波长编号。

重新使用对话框命令。

在分析这些透镜时,已经从 MOP 对话框(MTF OPtion)多次运行 MOF(MTF Over Field)分析,当然,还可以随时键入"MOP"以便在需要时返回。但是,在对话框运行命令后,请注意 CW 中的提示:

Type <ENTER> to return to dialog

现在只需按<Enter>键,就会返回上一步,这更简单。如果在此期间运行了其他命令,并且该提示不再存在,只需单击顶部工具栏上的"Last Menu"按钮 ，然后就能返回到最近的对话框,这也可以省略一些输入。

还有另一个方便的工具:从对话框运行命令后,如果在 CW 中键入"LMM"(Load Menu MACro),程序将打开一个新的编辑器窗口,其中已填写了命令表单,在这种情况下,只需输入:

MOF M 0 50 80 0 Q 40 30 20

现在可以将其保存为新文件,为其命名,如 MOF. MAC,可以使用以下命令运行它

EM MOF

如果要执行相同的分析,这将节省之后输入数据的工作量。如果要定义一个符号,需输入:

U9 : EM MOF

然后只需单击左侧工具栏上的 U9 按钮即可执行该 MACro。将该符号定义放在 CUSTOM. MAC MACro 中,每当重新启动 SYNOPSYS 时它都会返回。因为刚刚定义了一个全新的命令,只需按下 U9 按钮即可获得 MTF 分析,无需输入内容。

第 21 章

一个真实透镜的自动设计

使用 ZSEARCH 从零开始设计一个带有两个共轭的透镜

第 19 章使用 DSEARCH 搜索到了一个七片透镜结构，然后将其更改为变焦透镜，以便可以校正两个不同物体的共轭。但使用 AEI 命令添加其他透镜以提高性能时，最终得到 8 个元件的透镜组，并不完全成功，而且很枯燥，说明了一个重要的概念：如果可能的话，明确地控制所想要的。但在这种情况下，并没有对透镜进行严格控制。

因为 DSEARCH 不适用于变焦镜头，使用 DSEARCH 您将得到一个非常好的定焦透镜组，然后可以增加一个新的要求，以实现更短物距的聚焦。因此，从 DSEARCH 返回的透镜并不是变焦镜头的。

如果搜索功能可以搜索两个不同共轭性能的透镜，就可以从搜索到的透镜中挑选性能更良好的透镜。到目前为止，还未介绍 ZSEARCH，它与 DSEARCH 类似，不过它仅适用于变焦透镜。可在用户手册中查看 ZSEARCH，以便更好地使用。通过列出 ZSEARCH(C21M1) 的输入来总结这项工作的要求。

```
CORE 64
ON 1
ON 99

TIME
ZSEARCH 4 QUIET
SYSTEM
ID CHAPTER 21 ZOOM
OBB 0 20 12.7        ! OBJECT AT ZOOM 1, AT INFINITY
WAVL CDF
UNI MM
END


GOALS
ZOOMS 3              ! CORRECT AT THREE ZOOMS
GROUPS 8 0 0         ! ONE GROUP, EIGHT ELEMENTS
ZGROUPS Z 0          ! ZOOM THE FIRST GROUP
GIHT 32 32    .1     ! KEEP THE IMAGE HEIGHT CONSTANT
BACK 50 .01          ! BACK FOCUS DISTANCE IN ZOOM 1
RSTART 400
THSTART 10
ASTART 20
RT 0.25

FINAL
OBA 1000 -388 12.7  ! OBJECT DEFINITION FOR ZOOM 3
APS 10          ! PUT THE STOP NEAR THE MIDDLE OF THE LENS
NPASS 50
```

```
COLOR M

FOV 0 .5 .7 1
FWT 2 1 1 1
NGRID 5
SNAP 10
ANNEAL 30 5 Q 50
QUICK 50 100
AGROUP
END

SPECIAL AANT
ADT 6 .01 10
LUL 350 .1 1 A TOTL
END

GO
TIME
```

此输入声明了两个不同的物距,无限远和1000 mm,指定透镜将有三个变焦位置(ZSEARCH 允许的最小值),以及一个包含八片透镜的变焦组(整个透镜),并给出最大总长350 mm。

运行此宏,然后优化并退火(55,2,50),返回的最佳透镜结果(C21L1)如图21.1和图21.2所示。

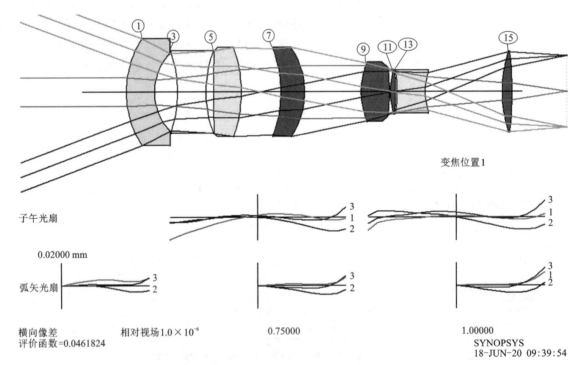

图 21.1   优化和退火后,在无限远处由 ZSEARCH 返回的两个共轭处的校正透镜组

注:图中带圈数字为透镜的表面编号;图中数字为定义波长下光扇图曲线对应的波长编号。

将此透镜与第19章的结果进行比较,当用户向 ZSEARCH 询问想要的内容时,可以轻松找到满足其要求的结果。此时的透镜看起来与之前的结果完全不同,而且效果更好。当然,此工具还可以节省大量时间。

但是,与所有工具一样,ZSEARCH 也有限制。ZSEARCH 不支持曲率或厚度求解,因为有太多的因素可能会变焦,并且它不支持变量 YP1。之前使用 YP1 来寻找光阑的最佳位置,因此可将光阑分配

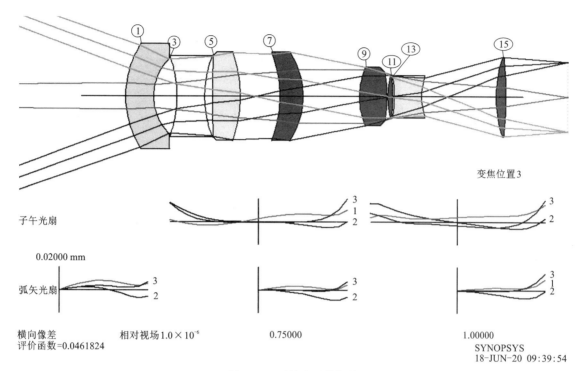

图 21.2　透镜在近共轭处

注：图中带圈数字为透镜的表面编号；图中数字为定义波长下光扇图曲线对应的波长编号。

到表面 10，这样它就在透镜中间。然后对透镜总长设置上限。

如果仔细观察两个共轭处的透镜，会发现表面 10 上光阑处的光束尺寸随着共轭物的变化而略有变化，这是一个很好的突破点。打开 WorkSheet，然后在编辑窗格中键入：

```
APS -10
CSTOP
WAP 2
```

单击"Update"，优化和退火。将固定表面 10 的孔径大小以适应边缘光线所需的近轴光线追迹，然后在每个变焦和视场点调整入射光瞳的大小，以便实际光束刚好通过该孔径。所有这些都将在第 22 章进行更全面的讨论。

ZSEARCH 的输入包含监视器

```
ADT 6 .01 10
```

为了防止透镜变得太薄，这个监视器必须谨慎使用，因为如果程序在早期对它进行限制，则可能不会错过一个很好的配置。当然程序也可以在后面修复透镜太薄的问题。在这里对 ADT 指定了一个 0.01 的低权重，这意味着当其他像差很大时，它们在各个阶段都不会受到影响，但是当它接近最佳状态且变得更小时，它将引导设计。但可以用更少的透镜设计这些透镜吗？在 PANT 文件之前添加以下命令：

```
AED 4 QUIET 1 123
```

再次优化。程序显示第六片透镜可以删掉，选择是否要删除它。选中"确定删除"的选项，元件会被移除。

现在删除 AED 命令行，重新优化并再次退火。新透镜如图 21.3 所示。这效果不像先前的那么好，所以真的需要 8 个元件的透镜。

如果再次运行 ZSEARCH，在开始时要求用 7 个元件，而不是 8 个元件，然后删除一个元件，会发

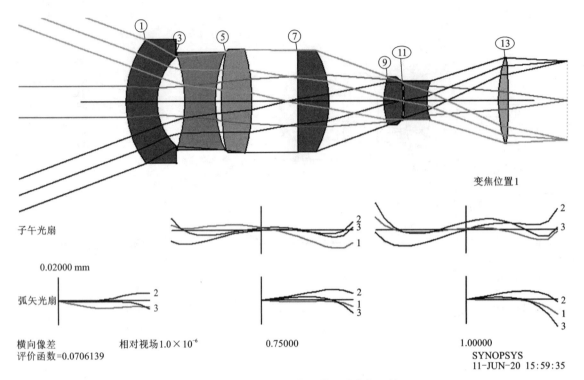

图 21.3　AED 移除一个元件后的变焦透镜

注：图中带圈数字为透镜的表面编号；图中数字为定义波长下光扇图曲线对应的波长编号。

生什么？在这样做的同时把光阑移到表面 8，这样光阑就可以保持在透镜中心附近。这是优化和调整光瞳后的结果，如图 21.4 所示。这个透镜与以前的大不相同，像质也差不多。上文所述方法都是非常有效的，只需在任何给定的情况下进行尝试，就可以知道哪种方法最适合哪个透镜组。

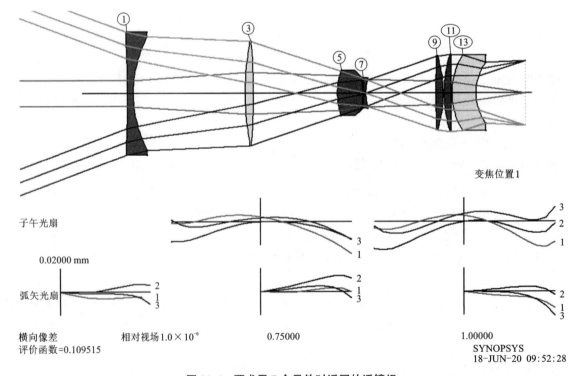

图 21.4　要求用 7 个元件时返回的透镜组

注：图中带圈数字为透镜的表面编号；图中数字为定义波长下光扇图曲线对应的波长编号。

如果将光阑分配到不同的表面，会发生什么？用户可以尝试看看。另外，试验 RSTART 的值。所做的每个更改都会将程序发送到树的不同分支，可以使用工具快速搜索到许多有潜力的结构，并且可以多次运行 AEI 和 AED，以进一步改进透镜或减少透镜数量。

最后，注意到，本章的示例中打开了开关 99。当授权使用许多核心时，搜索程序会自动使用所有核心。但是基本的优化特性不用于简单的工作，启动和停止所有这些核心会占用大量内存，因此对于简单的工作，它可以减慢速度，而不是加快速度。但是对于复杂的任务，比如优化变焦透镜，单个周期通常要花费更多时间，因此该过程实际上运行得更快。如果优化运行得很慢，试着打开开关 99 并授权所有的核心。

第 22 章

什么是好光瞳?

光瞳定义;渐晕;光线瞄准;广角光瞳选项

光瞳的常见定义:仅适用于简单系统的近轴光瞳,或适用于光阑在前面的;对于更复杂的系统,使用"光线瞄准",这是为了在系统的某个地方模拟一个真实的光阑。

本意使用图 22.1 中所示的透镜(C22L1)。表面 7 为光阑,它是一个近轴光阑。

这种透镜有两个问题:主光线不会穿过表面 7 的中心,上边缘和下边缘光线不会通过光阑边缘。图 22.2 为纠正这些问题后的透镜,来自每个视场点的光线填充表面 7 的孔径(而 EFILE 边缘将在全视场的边缘形成渐晕)。

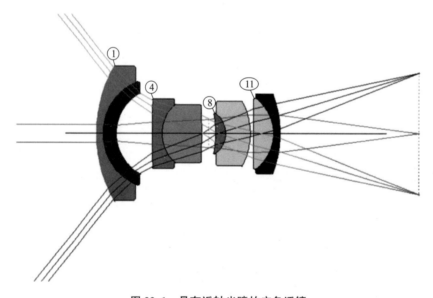

图 22.1 具有近轴光瞳的广角透镜

注:图中数字为透镜的表面编号。

当告诉程序追迹光线时,它必须先知道光线的瞄准位置,以便光线到达光阑上对应的位置。例如,HBAR=1 且 YEN=1(全视场边缘光线)的光线应该到达表面 7(光阑)孔径边缘的。它是如何知道要瞄准目标的?这是光瞳定义的整个问题。

有两种可能的光阑定义:近轴和实际。第一个例子中的定义是近轴的,采用下面语法:

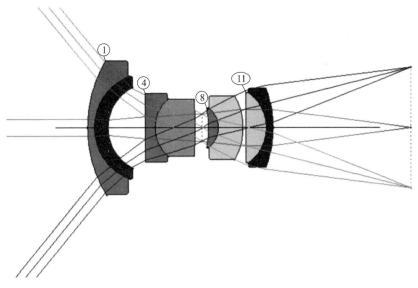

图 22.2　具有正确光瞳定义的广角透镜

注:图中数字为透镜的表面编号。

```
RLE
...
APS 7
...
END
```

为了解决近轴光瞳问题,首先声明表面 7 是一个真实的光阑

```
CHG
APS -7
END
```

现在可以正确追迹主光线,如图 22.3 所示。负号表示这是一个真实的光阑,主光线将通过迭代找到光阑。

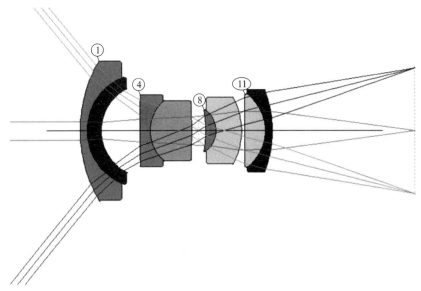

图 22.3　分配有真实光瞳但没有孔径瞄准的透镜

注:图中数字为透镜的表面编号。

虽然主光线现在是正确的,但边缘光线是错误的。需要用另一个常见的声明,它将调整光瞳的大小,以便很好地填充光阑。这是 WAP 2 选项(有三种广角光瞳可能性,如图 4.7 所示)。它通过在光阑的边缘迭代一些光线来找到入瞳的形状。但是,这个选项需要在光阑表面上有一个硬孔径,因此它知道瞄准的位置。假设当前没有定义孔径,可以输出 CAP 列表,查看所有当前孔径的值,然后指定"硬孔径"到表面 7。在这种情况下,值将变为 3.9937,因此可以在 CHG 文件或 WorkSheet 中输入该值。以下是如何使用 CHG 文件(CAO 表示 Clear Aperture Outside):

```
CHG
7 CAO 3.9937
END
```

更简单的方法是在 CHG 文件或 WorkSheet 编辑窗格中键入"7 CFIX"。这可以固定当前的值。无需手动输入。使用 WorkSheet 更改为 WAP 2,如图 22.4 所示,然后单击"Update"按钮,就得到了图 22.2 中的透镜。现在,主光线和边缘光线都在表面 7 上的正确位置,光线瞄准总共开启五条光线。

图 22.4　工作表编辑面板,其中已声明了广角光瞳(WAP)编号 2

但是,如果正在优化透镜,并且表面 7 上所需的孔径不断发生变化,则指定的硬孔径几乎立即就会出错。

每次透镜发生改变时,都可以激活一个选项以重新计算该孔径。这是通过将指令 CSTOP 添加到透镜输入文件来完成的,然后程序将改变 7 上的 CAO,因此 CAO 总是等于那里的近轴边缘光线高度。

如果透镜的光瞳像差太大,以至于真实的轴向边缘光线需要与近轴光线不同的孔径,请将其更改为 CSTOP REAL。甚至可以指定使用哪条真实光线来定义此孔径,如用户手册中所述。

这一切有什么意义呢?使用其他代码实现"光线瞄准"是不是更容易?

但事实上,仅做对这一点都不容易。通常当这些程序追迹任何类型的图像分析的光线网格时,它们都在光阑处创建了一个方形网格,然后迭代每条光线,使其通过该网格点。所有迭代都需要很多时间。

例如,如图 22.5 所示的广角镜头(C22L2)。光阑位于表面 9 上,并且由 WAP 2 选项很好地填充光阑。查看该表面上的足迹,显示来自全视场点的光线,如图 22.6 所示。

这肯定不是一个均匀的正方形网格。采用"光线瞄准"的程序以错误的光线分布填充光阑孔径,这种错误的分布是由于程序根据该点处的实际光线密度改变每条光线的有效能量。

这需要追迹相邻光线,找到局部密度,并进行调整,且对光瞳中每一条光线执行这些操作。这是相当复杂的。

虽然这确实可以对图像进行正确评估,但为什么要在所有光线迭代中花费这么多时间呢。

反而,SYNOPSYS 可以找到入瞳的大小和形状,然后用均匀的网格填充入瞳。对于上述透镜,表面 1 上的光瞳应该是常见的,如图 22.7 所示。

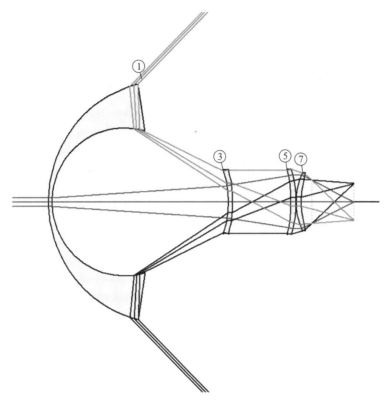

图 22.5　使用 WAP 2 选项的超广角透镜

注：图中数字为透镜的表面编号。

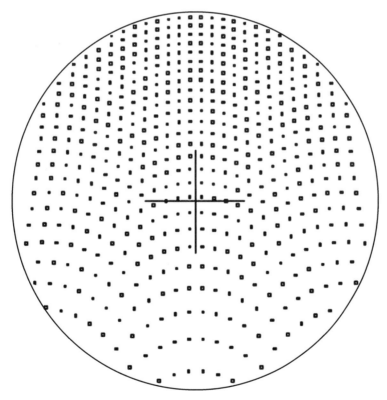

图 22.6　图 22.5 中透镜光阑的光线分布

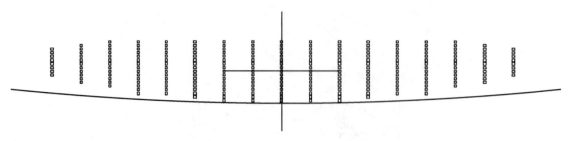

图 22.7　广角透镜入瞳处的光线网格

SYNOPSYS 中的 WAP 光瞳选项模拟了光瞳分布的轮廓, 因此常见网格可以按原样填充它, 没有必要迭代每条光线, 而且它更快, 能在光阑处的分布被正确建模。对于这个极端的例子, 简单的轮廓有点太小(但通常使用椭圆形状建模)。在这种情况下, 通过在透镜文件中声明 RPUPIL 可以找到更好的光瞳。现在它以一个包围该椭圆的矩形开始, 并删除掉落在孔径外的任何光线。进入透镜时的形状如图 22.8 所示, 实际穿过透镜的轮廓如图 22.9 所示。

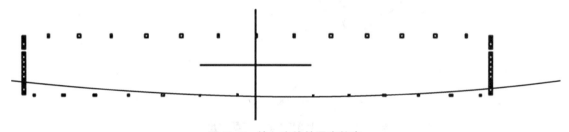

图 22.8　输入光线的图案轮廓

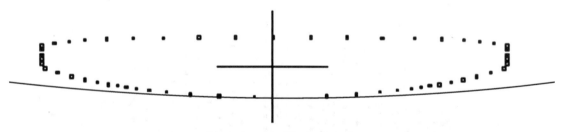

图 22.9　经过透镜的图案轮廓

与慢速的"光线瞄准"相比, 这个方法更好。

当然, 不要忘记查看对话框 MPW(Menu, Pupil Wizard)和 MOW(Menu, Object Wizard), 可以通过复选框和各种选项中选择来定义所需的光瞳类型。这两个对话框的功能大致相同, 但它们的布局方式不同, 因此可以选择自己最喜欢的对话框。

SYNOPSYS 中的光瞳定义是独特的。首先, 假设一些光线不在预期的位置, 然后本节将通过一种简单的方法来校正它们。打开 1. RLE 的透镜, 输入以下命令:

FETCH 1

此时, PAD 中显示的透镜如图 22.10 所示。

透镜已在表面 4 上指定了一个近轴光阑。在 PAD 中, 单击"PAD Top"按钮 ⊞, 然后选择 Single ray 选项。点击"OK", 就会打开一个小方框, 可以选择使用两个滑块绘制哪条光线。将顶部滑块移动到全视场(HBAR＝1), 将底部滑块移动到全孔径(YEN＝1)。此光线以正角度入射, 这意味着"全视场"光线从轴下方的物体开始, 如图 22.11 所示。

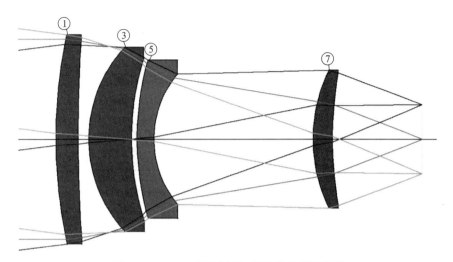

图 22. 10　PAD 显示透镜, 用于演示光瞳选项

注: 图中数字为透镜的表面编号。

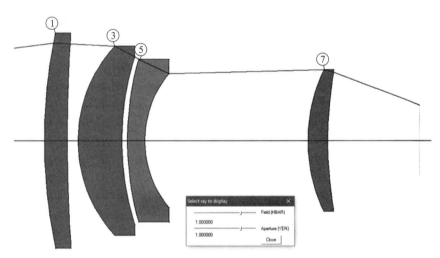

图 22. 11　PAD 在视场和孔径顶部显示单个用户选择的光线

注: 图中数字为透镜的表面编号。

　　可以看到预期的全视场边缘光线。现在将顶部滑块移动到视场的底部(HBAR=-1), 如图 22. 12 所示。

　　再一次让光线进入光瞳顶部, 这是近轴光瞳的基本思想。但有时使用简单的近轴光瞳是不够的。关闭"光线显示"对话框并在 WorkSheet 中更改光阑设定:

APS -4

　　对于全视场物体而言, 其位于远离最左边透镜的负 Y 坐标处。

　　再次打开单光线对话框, 将其设置为全孔径和全视场, 就能看到图 22. 13 中的光线。"全孔径"光线现在位于光瞳的底部。为何如此? 通过此功能用户可以查看各个视场点, 然后轻松纠正羽化边缘(在许多章节中都使用 AEC 命令行来控制边缘羽化, 这一功能非常有用。另外, 程序中还有一项规定可以控制沿给定表面的选定光线的羽化。实际上, 必须先知道要追迹哪条光线。可在帮助文件中查找 ECP 和 ECN 以了解该功能)。

　　在图 22. 13 的透镜中, 如果羽化有问题, 可以沿着"上"边缘光线(显示的光线)进行校正。

　　现在转到较低的视场点, HBAR=-1, 如图 22. 14 所示。要纠正的光线仍然是"上"边缘光线。程

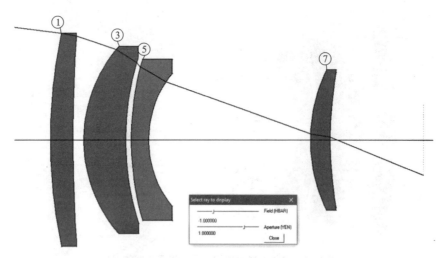

图 22.12　PAD 在视场底部显示单根光线

注：图中数字为透镜的表面编号。

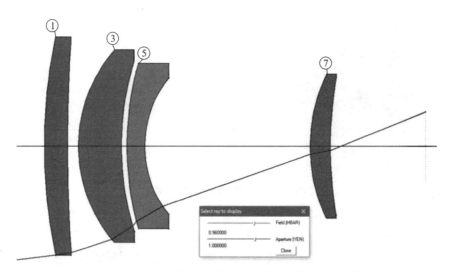

图 22.13　在视场的顶部定义具有真实光瞳的示例透镜

注：图中数字为透镜的表面编号。

序根据要追迹的视场方向旋转了整个入瞳。如果在倾斜视场中追迹一个视场点，"上"边缘光线将变为极端偏斜光线，因此可以轻松控制羽化边缘。如果程序让所有视场点"上"边缘光线和"下"边缘光线的定义相同（就像近轴光瞳一样），那么做到这一点并不容易，用户必须找出要修复的倾斜光线，然后为它创建像差。

　　如何才能轻松找出要检查或纠正羽化的光线？很简单：当 PAD 显示打开时，按<F7>键，仅显示全视场的"较低"边缘光线；按<F8>键仅显示"较高"边缘光线。只需按一下键就可以判断哪条光线在哪里，如果按住<shift>键，光线将从较低的视场点进行追迹。

　　这种光瞳定义还有一个优点：入射光瞳通常被建模为椭圆形，如本章第一部分所示，事实证明，椭圆也随着视场点旋转，因此它可以模拟视场中所有点的渐晕光瞳。

　　有关旋转光瞳的示例，请参阅"用户手册"中的第 2.6.1 节。

　　程序根据全局物体高度的符号来决定将哪条光线被称为"上"光线。因为在这个例子中它是负的，所以它翻转了正 HBAR 的边缘光线。物体+y 坐标发出的光线，对应视场点为负的 HBAR，反之亦然。

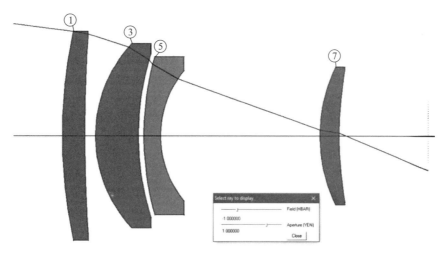

图 22.14　在视场的底部有一个真实的光瞳的示例透镜

注：图中数字为透镜的表面编号。

HBAR = 0 怎么样? 为避免混淆, 视场既不是正的, 也不是负的, 程序会在那里显示一个非常小但非零的视场点。

有感到疑惑的地方请尝试按<F7>键和<F8>键, 通过帮助手册能更容易地理解它。

第 23 章

在现代透镜设计中使用 DOE

用开诺全息表面改善透镜

在本章中,将从零开始设计一个五片式透镜,探索在透镜上添加衍射光学元件(DOE)是否可以改善其性能。

可以从"设计搜索"对话框(MDS)中来定义 DSEARCH 功能。此对话框将创建一个运行 DSEARCH 命令的 MACro,如图 23.1 所示,其中填入了所有数据。

此输入用于设计一个 F/3.5 的透镜,半视场角度为 25°,孔径半径为 12 mm。选择用"SPECIAL AANT"部分来控制后焦距,使后焦距不小于 22 mm,使"上下"边缘光线的全视场角相对于在每一个表面的法线不超过 60°,在 ACA 命令中采用低权重的要求,由于如果广角透镜中的光线过于陡峭,则在成像面处无法求解。

单击"确认"按钮时,程序将加载 MACro。在顶部添加 CORE 32 指令将加快程序运行速度,并指定网格数为 6,因为非球面和 DOE 会导致高阶孔径像差,可能需要超过默认网格 4(C23M1.MAC):

```
CORE 32
OFF 1
OFF 99
DSEARCH 1  QUIET
SYSTEM
ID DSEARCH SAMPLE
OBB 0 25 12
WAVL 0.6563 0.5876 0.4861

UNITS MM
END
GOALS

ELEMENTS 5
FNUM 3.5
BACK 0 0
TOTL 0 0
STOP MIDDLE
STOP FREE
RSTART 40 200
RT 0.5
FOV 0.0 .4 .6 .85 1
FWT 5.0 3.0 3 3 3
NPASS 100
NGRID 6
ANNEAL 200 20 Q
COLORS 3
SNAPSHOT 10
```

```
QUICK 40 100
END
SPECIAL PANT

END
SPECIAL AANT
 ACA 60 .1 1
 ADT 6 .1 10
 M 0 .01 A P HH 1
 LLL 22 1 1 A BACK
 LUL 250 1 1 A TOTL
END
GO
```

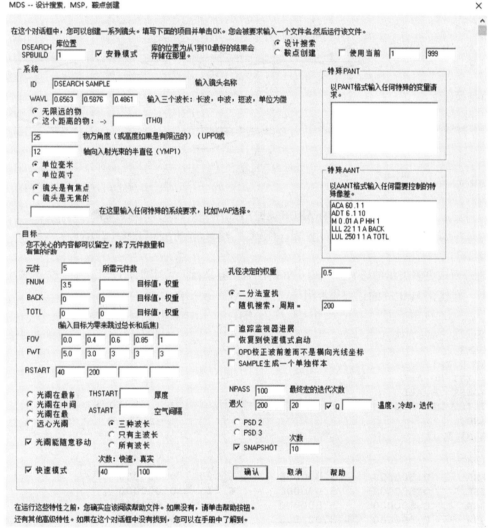

图 23.1　MDS 对话框，包含示例透镜的选项

由于要使用 DOE 面型，还需选择指定五个视场点进行校正。当使用任何类型的非球面时，因为在指定的视场可能获得很大的校正，但是在中间视场处欠校正，所以指定五个视场点通常是一个好的方法。

宏中还为每种情况的曲率半径指定了两个不同的起始值，程序会依次对其进行研究。请记住，即使对初始条件进行稍微的改变也将导致 DSEARCH 到达设计树的不同分支，这样可以将搜索到的案例数增加两倍。

运行这个 MACro，可以看到从 DSEARCH 返回的最好透镜不是太好，仅使用五个元件能达到怎样的效果？现在，使用 DSEARCH 准备的 MACro 进行优化，然后退火(50，2，50)。这是一款经典的反摄远透镜，如图 23.2 所示。

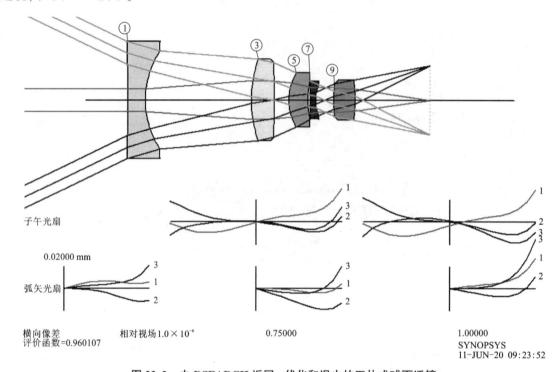

图 23.2　由 DSEARCH 返回，优化和退火的五片式球面透镜

注：图中带圈数字为透镜的表面编号；图中数字为定义波长下光扇图曲线对应的波长编号。

可以通过请求更多数量的透镜来获得更好的结果，但是目前希望能通过将其中一个透镜更改为 DOE 来改善透镜。在优化 MACro 的顶部添加另一行命令(ADA 表示自动 DOE 分配)：

```
ADA 5 QUIET 1 123
PANT
VY 0 YP1
VLIST RD ALL
VLIST TH ALL
VLIST GLM ALL
END
AANT P
AEC
ACC
GSR     0.500000     5.000000     6   2     0.000000
GSR     0.500000     5.000000     6   1     0.000000
GSR     0.500000     5.000000     6   3     0.000000
GNR     0.500000     3.000000     6   2     0.400000
GNR     0.500000     3.000000     6   1     0.400000
GNR     0.500000     3.000000     6   3     0.400000
GNR     0.500000     3.000000     6   2     0.600000
GNR     0.500000     3.000000     6   1     0.600000
GNR     0.500000     3.000000     6   3     0.600000
GNR     0.500000     3.000000     6   2     0.850000
GNR     0.500000     3.000000     6   1     0.850000
GNR     0.500000     3.000000     6   3     0.850000
GNR     0.500000     3.000000     6   2     1.000000
GNR     0.500000     3.000000     6   1     1.000000
GNR     0.500000     3.000000     6   3     1.000000
```

```
        ACA 60 .1 1
        ADT 6 .1 1
        M 0 .01 A P HH 1
        LLL 22 1 1 A BACK
        LUL 250 1 1 A TOTL
    END
    SNAP/DAMP 1
    SYNOPSYS  100
```

运行此程序发现表面 9 为 DOE 时最佳，如图 23.3 所示。该透镜得到了很大改善。

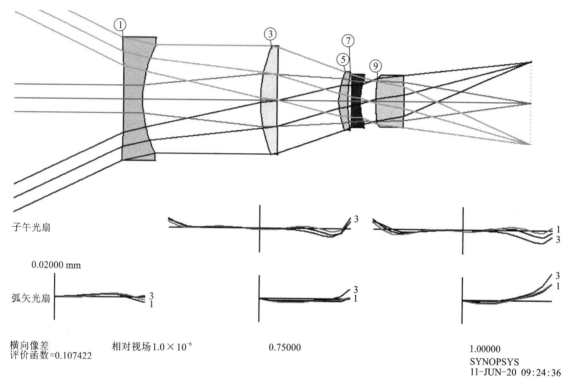

图 23.3　由 ADA 添加 DOE 面的透镜

注：图中带圈数字为透镜的表面编号；图中数字为定义波长下光扇图曲线对应的波长编号。

输入命令 ASY 得到此 DOE 的数据：

```
SYNOPSYS AI>ASY

  SPECIAL SURFACE DATA

    SURFACE NO.   9 -- UNUSUAL SURF TYPE 16 (SIMPLE DOE)
  WAVELENGTH OF OPD DEFINITION:        0.587600
  INDEX OF DOE MATERIAL: PICKUP SUBSTRATE
  NORMALIZING RADIUS:       17.532700
  DIFFRACTION ORDER:        -1
  XD  1  0.007901242 (CV)   XD 11   7.875870E+01 (p**2)  XD 12 -1.287067E+01 (p**4)
  XD 13  6.007757130 (p**6) XD 14   -1.185123280 (p**8)

  THIS LENS HAS NO TILTS OR DECENTERS
```

如果继续增加第二个 DOE 表面将会发生什么？为 ADA 刚刚添加的 DOE 项在 PANT 文件中添加变量：

```
VY 9 G 16
VY 9 G 26
VY 9 G 27
VY 9 G 28
VY 9 G 29
```

再次运行 MACro。如何知道哪些 G 变量有变化？可查看 USS(unusual surface shapes)下的用户手册，选择类型 16，会看到这些系数将改变基本曲率和从 2 阶到 8 阶的 OPD 项，如表 23.1 所示。

表 23.1　非球面系数

XD 编号	函数	XDD 系数	G 变量
1	基础曲率	1	16
2	基础圆锥常数	1	17
3	Rho 4 次方曲率项	1	18
4	Rho * * 6	1	19
5	Rho * * 8	1	20
6	Rho * * 10	2	21
7	Rho * * 12	2	22
8	Rho * * 14	2	23
9	Rho * * 16	2	24
10	Rho * * 18	2	25
11	Rho 2 次方 OPD 项	3	26
12	Rho * * 4	3	27
13	Rho * * 6	3	28
14	Rho * * 8	3	29
15	Rho * * 10	3	30
16	Rho * * 12	4	31
17	Rho * * 14	4	32
18	Rho * * 16	4	33
19	Rho * * 18	4	34
—	D0：闪光深度常数项		54
—	D1：线性项		55
—	D2：平方项		56

这次在表面 3 处添加 DOE，如图 23.4 所示，并且评价函数减少到 0.0435。

并为表面 7 分配一个真实的光阑，然后修改 PANT 文件，这样它将改变两个 DOE 上的系数，并包括一些更高阶的项。系数 G 32 是第 12 次幂系数，而 ADA 的默认值仅到了 8th 幂。(务必注释掉 ADA 命令，这样就不会获得第三个 DOE。)另外，注释掉 YP1 变量，使光阑保持在表面 7。

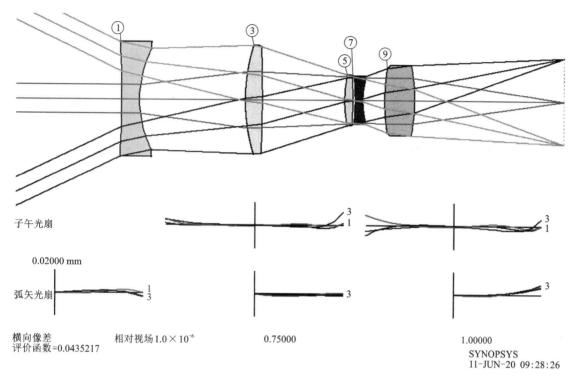

图 23.4 由 ADA 指定的两个表面上具有 DOE 的透镜

注: 图中带圈数字为透镜的表面编号; 图中数字为定义波长下光扇图曲线对应的波长编号。

```
!ADA 5 QUIET 1 123

PANT
!VY 0 YP1
VLIST RD ALL
VLIST TH ALL
VLIST GLM ALL

VY 3 G 16
VY 3 G 26
VY 3 G 27
VY 3 G 28
VY 3 G 29
VY 3 G 30
VY 3 G 31
VY 3 G 32

VY 9 G 16
VY 9 G 26
VY 9 G 27
VY 9 G 28
VY 9 G 29
VY 9 G 30
VY 9 G 31
VY 9 G 32

END
...
```

再次运行, 然后退火(50, 2, 50), 就可以获得图 23.5(C23L1)中的设计。

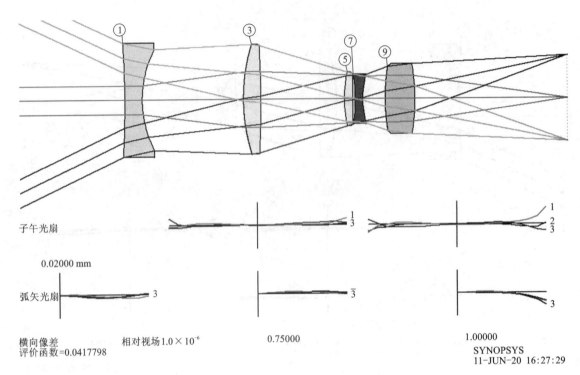

图 23.5 通过高阶项优化的具有两个 DOE 的透镜

注:图中带圈数字为透镜的表面编号;图中数字为定义波长下光扇图曲线对应的波长编号。

这个透镜非常接近衍射极限,然后换成优化 OPD 目标后,也可以继续做。

如何计算光的透过率? DOE 必须将光衍射到所需方向,当然衍射涉及多阶。该程序假设 DOE 上的区域以衍射方向与折射方向一致的方式传输,但该假设不是对所有光线都是精确的。打开 MMA 对话框,选择 Transmission of ray(不是 Transmission of beam),在"Select Map type"上选择"PUPIL","Y-field point"为 1.0 在视场中,在"Ray Pattern"中选择"CREC"带有 Grid number 为 51,选中"EXPLODED"和"Show color scale"。单击"Execute",将获得一张显示映射到孔径上的透镜传输图片,如图 23.6 所示。上面所提到的假设,也称为布拉格条件,似乎足以用于实际目的,传输效率非常高。(系统不处于偏振模式,因此忽略了反射损耗,此刻的材料都是玻璃模型,没有吸收系数。这些效果可以在以后分析。)

如果想要看看多少片球面透镜才能达到这样的像质,则肯定不少于 5 片。下一步是用真实的玻璃替换玻璃模型。

本章展示了如何将透镜表面转换为 DOE 来显著提高图像质量,或者以更少的透镜获得所需的质量。当然,这完全取决于透镜供应商是否可以制造 DOE。这些可能不太容易。表面 3 和表面 9 的 DMASK 分布如图 23.7 所示。

DMASK 3 PROFILE
DMASK 9 PROFILE

第二个可能是对加工厂的挑战。检查一下空间频率。使用 MMA 再次打开 MAP 对话框,在"Select MAP type"选择"PUPIL",在"Other Ray-Based Items"选择"HSFREQ","On surface"为 9,"Object point"为 0,"Ray Pattern"为"CREC 9",选中"DIGITAL",点击"Execute"。最高频率在边缘超过 7 c/mm。这看起来很不错,但这取决于制作它们的加工厂的能力。表面 9 上的 DOE 的表面光栅频率如图 23.8 所示。

随着这项技术的成熟,透镜设计将变得越来越实用,希望最好跟上技术飞速发展的步伐。并期待具有 DOE 设计能力的透镜供应商对本章进行讨论。

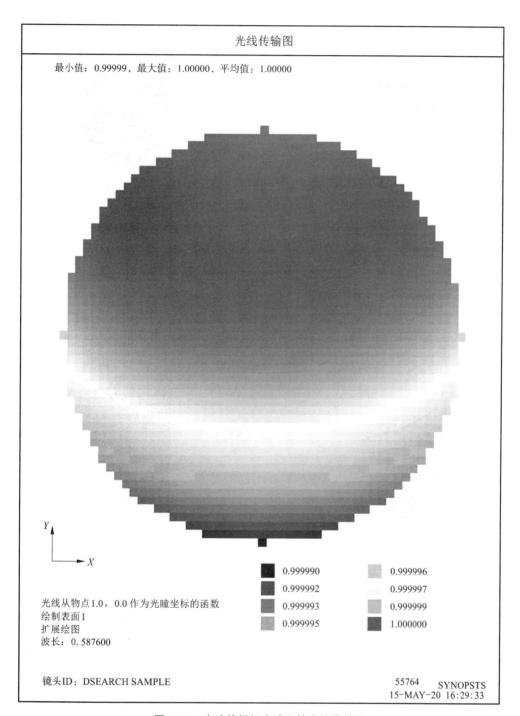

图 23.6　在边缘视场光瞳上的光线传输图

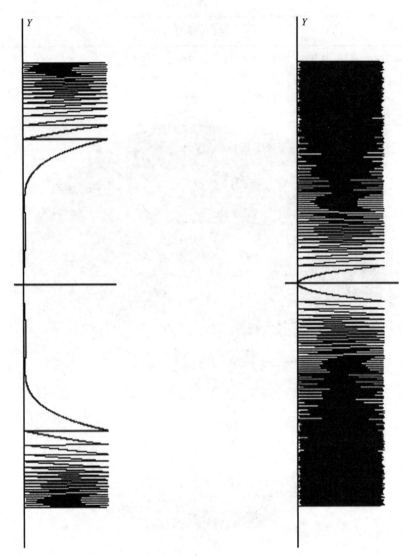

图 23.7　表面 3 和表面 9 处的 DOE 条纹轮廓

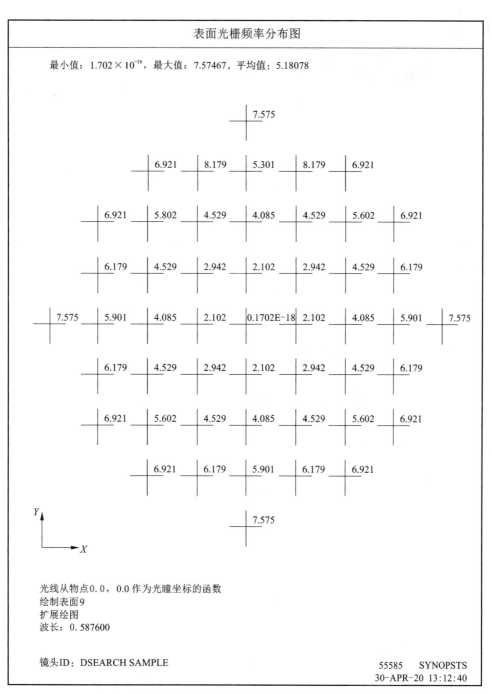

图 23.8　表面 9 上的 DOE 的表面光栅频率

第 24 章

设计可加工制造的非球面

用非球面改善组;控制与最佳球体的偏离;CLINK

本章介绍了如何添加非球面项,以改善图像。然后,优化控制非球面与拟合球面(CFS)的 RMS 偏离,以使其更容易被制造。

一个校正不良的三片式透镜(6.RLE),如图 24.1 所示。键入"FETCH 6"打开此透镜。

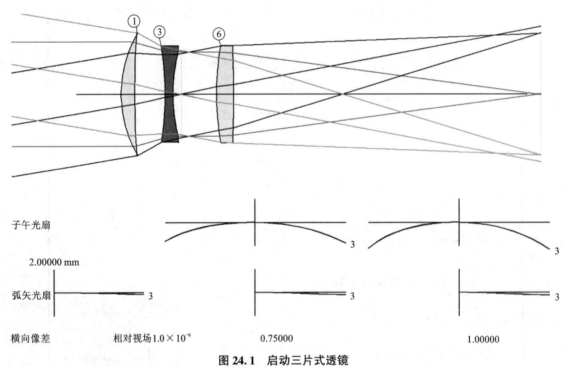

图 24.1 启动三片式透镜

注:图中带圈数字为透镜的表面编号;图中数字为定义波长下光扇图曲线对应的波长编号。

对此透镜进行简单的优化。在运行过程中,将仅使用球面。以下是 MACro(C24M1):

```
PANT
VLIST RAD 1 2 3 4 6
VY 1 TH 20 3
VY 2 TH
VY 3 TH 20 3
```

```
VY 5 TH
VLIST GLM 1 3
END

AANT
AEC          ; AUTOMATIC EDGE CORRECTION
ACC          ; AUTOMATIC CENTER THICKNESS CONTROL

GNR .5 1 3 2 0
GNR .5 1 3 2 .5
GNR .5 1 3 2 .7
GNR .5 1 3 2 1.
GNR .5 1 2 1 0
GNR .5 1 2 3 0
GNR .5 1 2 1 1
GNR .5 1 2 3 1
END

SNAP         ; REQUEST SNAPSHOTS AS OPTIMIZATION RUNS
SYNO 50      ; REQUEST OPTIMIZATION FOR 50 PASSES
```

运行此宏后,透镜得到了改善,但是五阶球差被未校正的三阶球差所平衡,如图 24.2 所示。

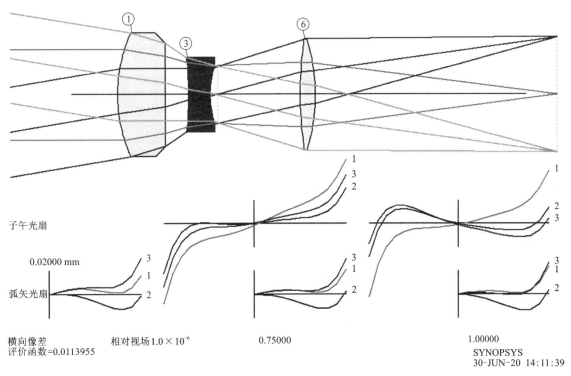

图 24.2 改进的透镜的 PAD 显示

注:图中带圈数字为透镜的表面编号;图中数字为定义波长下光扇图曲线对应的波长编号。

现在使用自动 G 项测试功能 AGT 来检查是否需添加一些非球面项进行改进。在 MACro 中的

PANT 文件前添加一行命令:

```
AGT 5 QUIET 1 .01 3 6 10 16
```

要求程序在表面 1 上添加高阶项 G 3，6，10 和 16，将评价函数降低 1% 或更多。表面 1 当前不是非球面，因此这些高阶项将适用于默认的幂级数非球面，并且将改变孔径中的 4，6，8 和 10 次幂的项。

运行此宏，透镜的效果变得更好，如图 24.3 所示。该程序报告只有第 G 3 项有用。

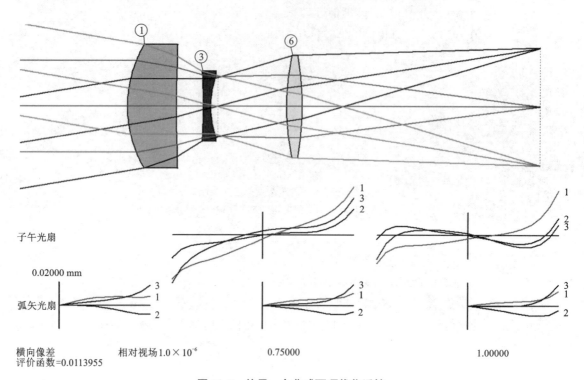

图 24.3　使用一个非球面项优化透镜

注:图中带圈数字为透镜的表面编号;图中数字为定义波长下光扇图曲线对应的波长编号。

这些非球面项的值是多少? ASY 列表给出了系数:

```
SYNOPSYS AI>ASY

SPECIAL SURFACE DATA

 SURFACE NO.   1 -- RD + POWER-SERIES ASPHERE

G 3   -8.491556E-08 (R**4)

THIS LENS HAS NO TILTS OR DECENTERS
```

到目前为止，只使用了 22 个可能的 G 系列非球面项中的一个。这个表面与最贴近的球面有多接近?

输入命令"ADEF 1 PLOT"，然后获得图 24.4 中的图。最大 sag 差约为 5.8 μm。

 24.1　使用 CLINK 向评价函数添加特殊需求

图 24.4 中显示了与 CFS 的较大偏离，差不多为 6 μm。这可能很难准确控制。需尽可能获得类似的非球面性能，且非球面具有较小的偏离。将变量添加到 PANT 文件，如下所示，以查看是否可以通

过较小的 RMS 偏差获得类似的性能：

```
VY 1 G 3
VY 1 G 6
VY 1 G 10
VY 1 G 16
```

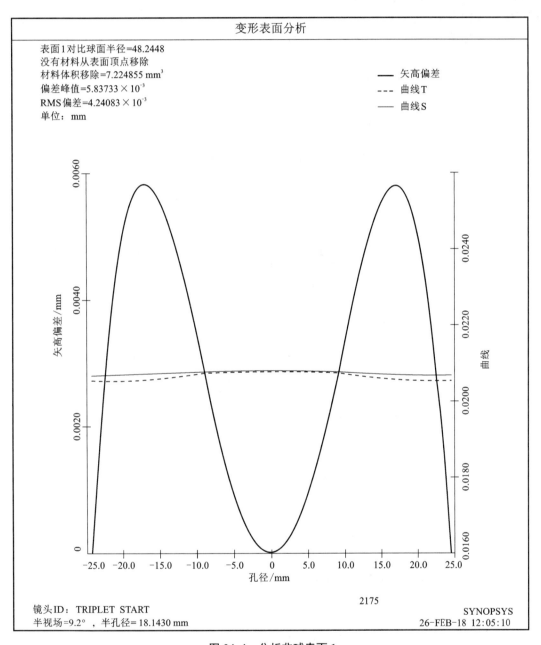

图 24.4 分析非球表面 1

注释掉 AGT 行，并在 AANT 文件中添加行：

```
M 0 5 CLINK
ADEF 1
CD1 FILE 6
  = CD1
```

这里使用 CLINK 选项，它能使优化程序运行下一个命令(在这种情况下为 ADEF)，然后从文件缓冲区中获取所需的数量。(要了解此有用功能，请在 CW 中键入"HELP CLINK"。)

SYNOPSYS 已经有了这种分析的命令，如用户手册的第 10.3.3 节所述，但如果没有，应该怎么做？本章展示了如何使用其他功能来执行相同的操作，并且如果想要执行没有命令的操作，最好知道如何使用这些其他功能。(要使用内在形式，请在 AANT 文件中添加 M 0 50 A ADIFF sn 行，而不是上面的 CLINK 部分，其中 sn 是表面编号。)

权重因子 5 的由来：非球面和 CFS 之间的 RMS 差异为 0.0037 mm，其他像差中最大的差异为 0.015 mm。要查看这些值，可以使用方便的 FINAL nb 命令。输入"FINAL 5"，查看五个最大像差，并获得如下数据。

```
FINAL 5
ABERRATION LIST
          NAME          TARGET          WEIGHT              RAW VAL.  FINAL ERROR   R. EFFECT

    80                0.0000000     0.9362033 SR       0.0144    0.134860E-01  0.029585
        A   2  YC   0.70000   0.50000   0.83333     0.00000      ACON 2

    90                0.0000000     0.9362033 SR      -0.0131   -0.122242E-01  0.024307
        A   2  YC   0.70000   0.50000  -0.83333     0.00000      ACON 2

   102                0.0000000     1.7262735 SR      -0.0068   -0.118239E-01  0.022742
        A   2  YC   1.00000   0.16667   0.50000     0.00000      ACON 2

   156                0.0000000     1.1508490 SR       0.0133    0.152882E-01  0.038020
        A   1  YC   1.00000   0.25000   0.75000     0.00000      ACON 2

   160                0.0000000     2.5733766 SR      -0.0057   -0.147917E-01  0.035591
        A   1  YC   1.00000   0.25000  -0.25000     0.00000      ACON 2
SYNOPSYS AI>
```

因此，这个权重与将使 RMS 偏差的误差与最大光线像差的误差相当。因此，当已知参数的情况下，可以在之后调整权重。

如何找出添加到 AANT 文件中的其他输出？当 ADEF 命令运行时，它会将其部分输出的副本放入 AI 缓冲区。运行命令"ADEF 1"，然后询问 AI 问题，查看输出。

BUFFER？

```
    SYNOPSYS AI>BUFF?

    The current FILE BUFFER contains
      1        0.02072660    BEST FIT CV
      2       48.24717805    BEST FIT RD
      3    -4.52970994E-13   VERTEX SHIFT
      4        7.22272358    VOL. REMOVED
      5        0.00583572    PEAK DIFF.
      6        0.00423966    RMS DIFF.
```

位置 6 具有所需的 RMS 偏差，即想要减少的量。

运行这个新的优化时，光扇图几乎没有发生变化。现在非球面结果如图 24.5 所示。

```
SYNOPSYS AI>ASY

SPECIAL SURFACE DATA
────────────────────────────────────────────────
  SURFACE NO.  1 -- RD + POWER-SERIES ASPHERE
 G 3 -3.459206E-08 (R**4)  G 6  5.725129E-12 (R**6)   G 10 6.886139E-14 (R**8)
 G 16 -2.957288E-17 (R**10)
```

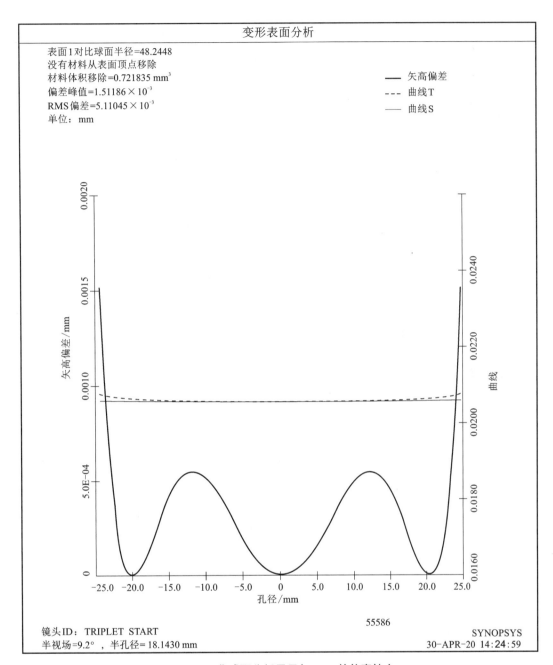

图 24.5　非球面分析显示与 CFS 的偏离较小

RMS 差异仅为 0.0005 μm。透镜只有 12% 的非球面偏离，其性能基本相同（C24L1）。

现在调整权重因子可能是有意义的，分阶段增加它直到透镜的性能开始降低。这可能会产生比上面更容易制作的透镜。

通过简单地拾取 FILE 5 而不是 FILE 6，也可以控制 PEAK 差异而不是 RMS。更改上面添加的额外 AANT 命令：

```
M 0 5 CLINK
ADEF 1
CD1 FILE 5
 =CD1
```

重新优化。峰值偏离为 0.00074mm，如图 24.6 所示。

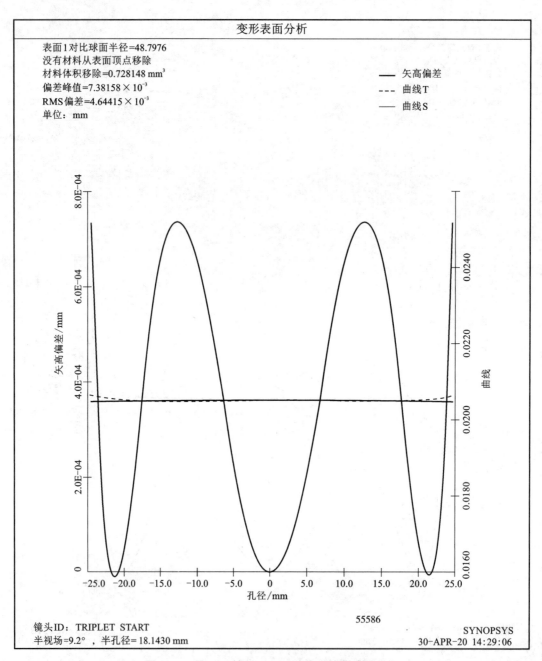

图 24.6　用 CFS 控制 PEAK 差异后的非球面分析

制造这种非球面困难吗? 输入以下命令行:

```
ADEF 1 FRINGES
```

进行检查, 结果如图 24.7 所示。

这是一个不错的非球面。只有一些条纹达到最佳拟合的球面。条纹是在双通检测中能看到的, 实际的偏差只有所示的一半。

使用这些工具时, 可以利用非球面透镜, 而且它们易于制造。

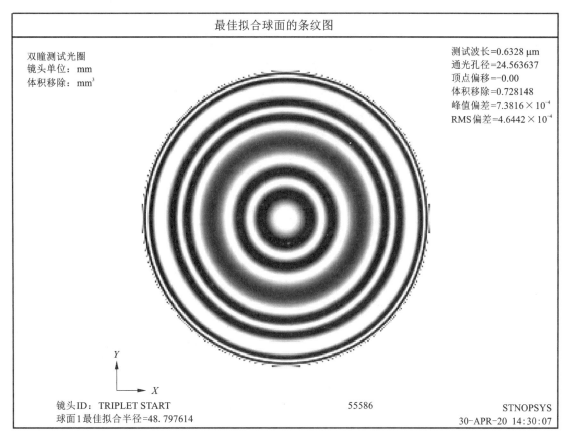

图 24.7 减小 PEAK 偏差的非球面分析

24.2 用 COMPOSITE 定义像差

另一种自定义像差的方法是使用 COMPOSITE 命令,它能将数量与代数方程组合在一起。例如,考虑以下 AANT 文件(与上面的透镜无关):

```
AANT
M 0 1 COMPOSITE
CD1 PYA 10
CD2 PYB 10
CD3 GBD
CD4 RAD 10
=ATAN(CD3)+ASIN((SQRT(CD1**2+CD2**2))/CD4)
END

SYNO 5
```

这里使用了 9 个 CDn 变量中的 4 个,这些变量在 AANT 文件中被定义,如上所示。设变量 CD1 等于表面 10 上边缘光线的近轴 Y 坐标,CD2 为该处主光线的 Y 坐标,CD3 为最后一个表面的高斯光束发散角,CD4 为表面 10 的曲率半径。当这些变量都被定义时,像差由输入的方程组成,包括 arctan、arcsin 和平方根。然后,计算结果以 0 为目标,权重为 1.0。用户手册的第 10 章更详细地描述了这个特性。

第 25 章
设计一个消热差透镜

选择玻璃类型和外壳材料以校正色差和热效应

本章将介绍如何设计一个必须在很宽的温度范围内保持聚焦的透镜。

必须先理解"achrotherm"的概念,它适用于同时校正色差和温度变化的透镜。该理论实际上非常简单。用户可以在 Applied Optics Vol. 33, No. 34, 8009–8013(1 December 1994)上阅读原稿。

要设计此类系统,请选择符合特殊要求的两种玻璃类型。如可以使用 glass table display(MGT)找到它们,再单击"Graph"按钮,然后选择"Thermal properties"。

在这种情况下的图表显示横坐标上的数量 $1/Vd$(Vd 是阿贝数)和纵坐标上的数量 β,定义为

$$\beta = \alpha_g - \frac{1}{n-1}\frac{\mathrm{d}n}{\mathrm{d}T}$$

其中,α_g 是玻璃的热膨胀系数,n 是折射率,$\mathrm{d}n/\mathrm{d}T$ 取自玻璃库。设计想法是在图表上选择两个玻璃并绘制一条连接它们的线。将此线向右延伸至 $1/V$ 等于零的位置,纵轴读取的截距高度是透镜材料的 CTE(热膨胀系数)。

该特征还需要知道外壳材料的热系数。打开任何透镜文件并指定铝 6061:

```
CHG
ALPHA A6061
END
```

可以使用玻璃库来选择一些可能的玻璃组合。在 MGT 中,选择 Ohara 目录并查看热属性,如上所述。该程序在右侧绘制一个绿色符号,这是刚刚输入的透镜外壳的 ALPHA 的特性。单击最左侧的玻璃,在该玻璃和符号之间画一条线,如图 25.1 所示。

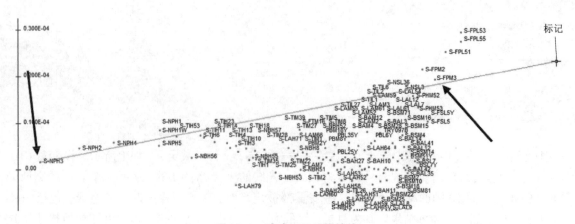

图 25.1 玻璃库显示热性能

　　该线从玻璃 S-NPH3 开始。现在需要另一个靠近同一条线的玻璃。S-FPM3 类型与它非常接近，所以这两个玻璃看起来很好。第二种组合可能也很有用，所以点击玻璃 S-TIM35，然后能看到靠近新线的玻璃类型 S-PHM53，如图 25.2 所示。

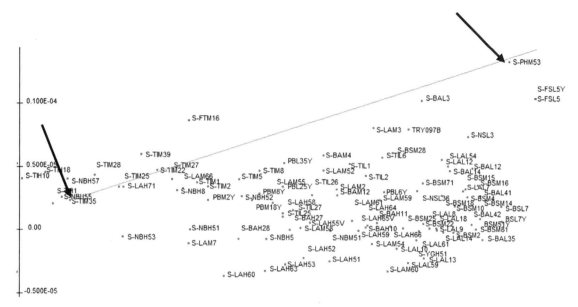

图 25.2　选择第二个玻璃时显示的热性能

　　此时选择了四种玻璃类型。现在设计一个带有这些玻璃的透镜，希望可以控制其热性能。

　　先创建一个 DSEARCH MACro，仅指定上面找到的前两个玻璃。MDS 对话框可以输入要求。单击"确认"时为文件命名，然后创建一个 MACro，可以根据需要进一步编辑。这是一个很好的例子（C25M1）：

```
CORE 64
OFF 1
TIME
DSEARCH 1 QUIET
SYSTEM
ID DSEARCH ATHERMAL
OBB 0 25 2.5
WAVL 0.6563 0.5876 0.4861
UNITS MM
END
GOALS
ELEMENTS 5
FNUM 2
BACK 0 0
TOTL 10 0.1
STOP MIDDLE
STOP FREE
RT 0.5
FOV 0.0 0.75 1.0 0.0 0.0
FWT 5.0 3.0 1.0 1.0 1.0
NPASS 40
GLASS POSITIVE
O S-NPH3
GLASS NEGATIVE
```

```
O S-FPM3
ANNEAL 200 20 Q
COLORS 3
SNAPSHOT 10
QUICK 33 40
END
SPECIAL PANT
END
SPECIAL AANT
END
GO
TIME
```

运行宏,程序会找到最佳透镜,然后使用 DSEARCH 创建的 MACro 对其进行进一步优化。至少在 20℃(C25L1)的温度下,其图像质量非常好。

这时必须检查热特性。在 WorkSheet 中,将外壳声明为铝 6061,如上所述。然后删除厚度求解, 因此随着温度的变化,透镜不会自动重新聚焦。在 WorkSheet 中键入"NTOP"以删除求解。(有阴影的 透镜会自动消除曲率求解。)

准备另一个 MACro 来启动这个透镜的热阴影:

```
THERM
ATS 50 2
ATS 100 3
END
```

运行此程序。程序将透镜的副本放在 ACON 2 中,重新设置温度为 50℃,在 ACON 3 中设置为 100℃。ACON 1 显示如图 25.3 所示。

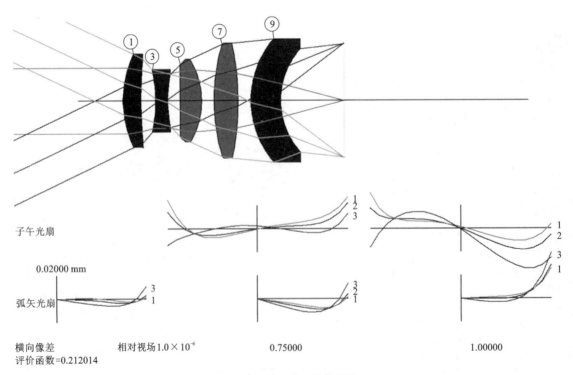

图 25.3 20℃的无热化透镜

注:图中带圈数字为透镜的表面编号;图中数字为定义波长下光扇图曲线对应的波长编号。

现在进行关键测试：点击 ACON 2 的按钮。

没有发生任何改变。光线扇形图看起来几乎与 ACON1 中的曲线相同。ACON3 为 100℃ 时，光线扇形图几乎完全相同。所以透镜是无热化的。

如果该透镜的效果没有很好怎么办？可以更正优化文件中所有 ACON 中的像质。这应该能解决剩下的问题，甚至无须第二对玻璃。

本练习展示了如何使用合适的工具设计 achrotherm 透镜。完成后，请务必在命令窗口中键入：

THERM OFF

然后就可以进行其他操作，其不会受热分析影响。

第 26 章

使用 SYNOPSYS 中的玻璃模型

> 玻璃变量；边界条件

在 SYNOPSYS 中改变光学玻璃的属性时，可要求程序找到折射率 *Nd* 和阿贝数 *Vd* 的值，这些值将校正像差并且在商用玻璃图的边界内。程序必须计算透镜中每个波长的折射率，并且找到的值与图中该部分的真实玻璃的特性非常相似。这就是玻璃模型的目的。玻璃模型可以使用的玻璃图区域如图 26.1 所示，其还显示了 Schott 玻璃公司的首选玻璃。命令 MGT 可以打开该显示。边界由玻璃显示屏左侧和右侧的线条给出。

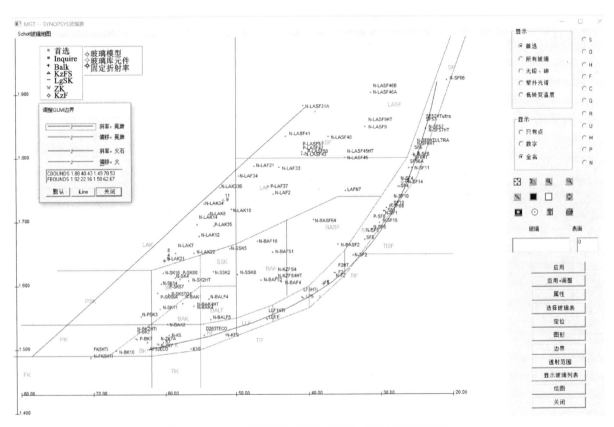

图 26.1　MGT 对话框显示肖特玻璃和 GLM 变量的边界

可以通过 SpreadSheet 将玻璃模型插入透镜，或者使用键盘或 WorkSheet 更快地插入玻璃模型。例如，输入

```
CHG
1 GLM 1.6 55
END
```

使用指定的 *Nd* 和 *Vd* 值将玻璃模型指定给表面 1。可以使用诸如以下输入在 PANT 文件中声明的玻璃变量

```
VY 1 GLM
VY 3 GBC
VY 5 GBF
VLIST GLM 1 5 8
VLIST GLM ALL
```

VLIST GLM ALL 形式改变了所有已经声明为玻璃模型的玻璃，而 VY sn GLM 形式强制材料为玻璃模型(如果尚未加入)，并且添加了表面编号的 VLIST 形式也是如此。在这种情况下，程序需先找到一个与当前玻璃非常相似的模型并将其分配给透镜。GBC 和 GBF 则沿着冕牌或火石边界改变玻璃。

玻璃边界很难划定。在优化期间，通常希望折射率变得非常高，当然也希望许多透镜的 Vd 值都是无限的。这在数学上是理想的，但是这样的材料并不存在，因此程序必须将玻璃模型约束到玻璃库的可用部分。要做到这一点，可尝试做一些事情：当任何模型试图越过左边界或右边界时，程序首先限制变化，使其精确到达玻璃边界，然后重新定义该变量，更改 GLM 变量取而代之的是 GBC(玻璃有界，冕牌)或 GBF(玻璃有界，火石)。然后玻璃模型将沿着该边界向上或向下移动。结果，玻璃模型被保留在玻璃图中，并且只剩下一个变量，而之前有两个变量。如果玻璃试图超过折射率的上限或下限，程序会减少更改，因此它会精确到达该边界。通过这种方式，玻璃模型变量始终保留在玻璃库的区域内，在该区域中可以找到实际的玻璃。

然而，一旦玻璃被固定到冕牌或火石边界，它就会在那段运行期间保持不变。有时会发生这样的情况：在设计得到很大改进之后，如果一个玻璃离开边界，另外一个玻璃会更好。这很容易测试，只需再次运行优化。玻璃会自由地开始移动到任何地方，如果它们可以立即离开边界，透镜就可以得到改善。模拟退火程序还可以释放所有在第一次重新优化透镜之前固定到边界的玻璃模型。

当然，即使不希望在优化过程中找到的模型玻璃与选定供应商目录中的任何实际玻璃完全一致，这也不是问题，因为通常可以找到其属性与模型非常接近的模型。然后只需替换那个玻璃并重新优化。在前几章中使用过的 ARGLASS 会使这项工作变得简单。有一个玻璃搜索程序和 GSEARCH，通常就可以找到合适的组合。第 35 章给出了相关示例。

许多高质量的设计必须在一定程度上补偿二次色差，并且为了使程序在考虑该像差的同时优化玻璃，模型的部分色散必须合理地接近附近的真实玻璃，一个真实的玻璃被取代时将保持校正。"部分色散"是指折射率曲线的曲率，其在不同的波长下是不同的。

但是，现在它变得棘手。SYNOPSYS 对其玻璃模型使用多项式表达式，在给定玻璃图坐标(*Nd* , *Vd*)的情况下，在可见区域的任何波长处产生折射率，通过最小方形找到的系数适合 Schott 表中的选定玻璃。图 26.3 显示了 Schott 玻璃贴图，其中选择了"Graph"选项以显示部分"P(F, e) vs. Ve"(使用 MGT 或 PAD 按钮 打开玻璃库，选择"Schott"，单击 **Graph** 按钮并选择该选项，如图 26.2 所示)。

对于上面的例子，准备一个 8 片式透镜，玻璃模型分配如图 26.3 中的红色圆圈所示。目标是使模型接近与真实玻璃相同的分布位置，它确实足够有用。

玻璃模型与真实的玻璃有多接近？准备一个透镜，其中透镜 1 使用玻璃 SK6，而表面 3 分配 GLM，其具有与该玻璃相同的 *Nd* 和 *Vd*。然后准备一个 AI 图，对两者进行比较，如图 26.4 所示。

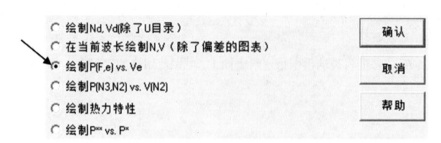

图 26.2　选择部分图

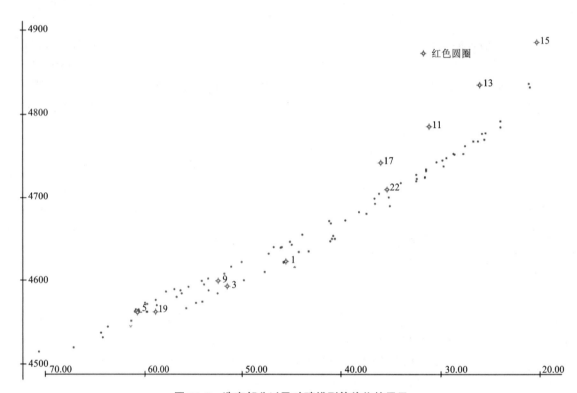

图 26.3　选定部分以及玻璃模型等价物的显示

```
STEPS = 50
MULTI PLOT INDEX OF 1 FOR WAVL = .3 TO 2
ADD PLOT INDEX OF 3 FOR WAVL = .3 TO 2
END
```

该拟合足够接近设计目的,特别是在 0.4~0.7 μm 的视觉范围和更宽的范围内有用,尽管略微有差异,如图 26.4 所示。(模型系数的计算范围为 0.35~0.9 μm。)对于远远超出此范围的波长,例如第 14 章中的 NIR 设计,最好按照该章的描述进行。

现在将展示如何使玻璃模型适应特殊条件,比如在设计紫外光谱。其中一种仅限于来自 Ohara 玻璃公司的 iLine 玻璃。如何在可以找到这些玻璃的区域内改变玻璃模型? 玻璃图如图 26.5 所示,仅显示由该单选按钮选择的 iLine 玻璃。垂直线显示相对价格;红色的玻璃是首选,黑色是询价玻璃。

如果像往常一样改变 GLM 变量,可能会得到非常高折射率的材料,这些材料与 iLine 玻璃不太接近。对此,可以通过改变边界来防止发生这种情况。单击按钮 Boundaries ,程序显示当前(在这种情况下是默认的)边界,如图 26.6 所示。

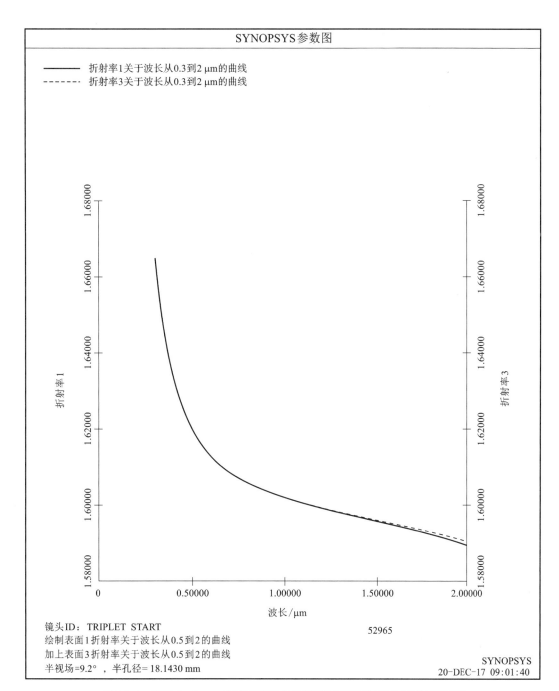

图 26.4　在 0.3~2 μm 的光谱范围内比较真实玻璃和模型玻璃的折射率

　　现在，单击边界对话框上的"iLine"按钮，可以看到 iLine 玻璃所在的区域，如图 26.7 所示。如果需要，还可以使用此对话框中的滑块调整边界线。

　　可以在 PANT 文件中指定四个参数来控制玻璃边界，图 26.6 中的编辑框提供了 CBOUNDS 和 FBOUNDS 指令的数据。选择这些行，然后将它们复制粘贴到靠近顶部的 PANT 文件中，然后添加另一条行，给出 GLM 折射率变量 1.6 的上限，用 CUL(冕牌，上限)行。PANT 文件现在以下述代码开头

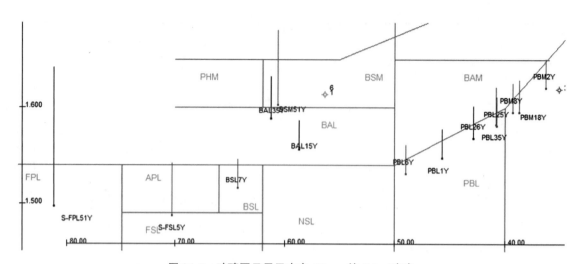

图 26.5　玻璃图只显示来自 Ohara 的 iLine 玻璃

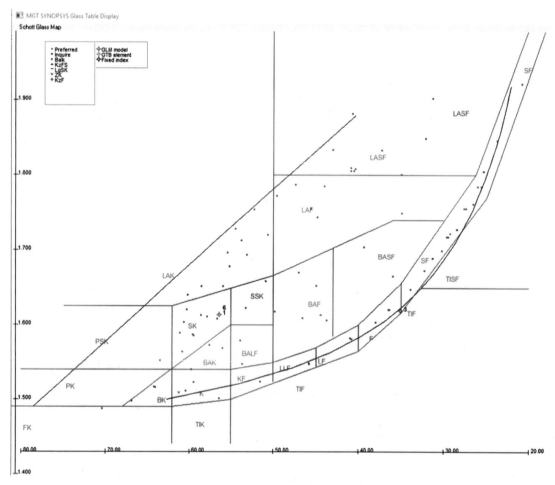

图 26.6　默认玻璃边界的玻璃库显示

```
PANT
CBOUNDS 1.88 9.43 1.49 82.55
FBOUNDS 1.92 22.16 1.50 62.67
CUL 1.6
...
```

当玻璃发生变化时，它们将被保留在图 26.7 所示的区域中，用户可以毫不费力地找到与模型相匹配的 iLine 玻璃。

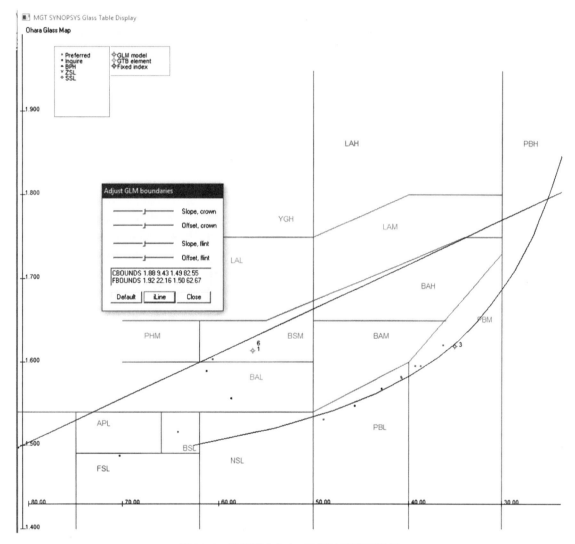

图 26.7　边界适合 iLine 玻璃的玻璃图显示

需注意的是，为程序提供玻璃模型时，需指定多项式的输入。每个波长返回的实际折射率是模型的输出，两者可能略有不同。如果透镜被分配了 CDF 谱线，它们将非常接近；但如果光谱是其他任何东西，那么可以预期 SPEC 的折射率列表（给出模型输入）与 PRT 的输出略有不同（列出输出折射率）。

事实证明，这种玻璃模型非常适合在玻璃图上找到最佳透镜的位置。在某些情况下，甚至能设法通过一个好的玻璃选择纠正二次色差，所有这些都是通过程序完成的。如果 ARG 对话框找不到能够保持玻璃模型提供的出色校正的透镜，搜索程序 GSEARCH 通常会完成这项工作。第 47 章给出了相关示例。

第 27 章
透镜优化中的混沌

PSD 优化的效果；三参数图；自动光线故障校正

本章将介绍 SYNOPSYS 的一个强大搜索功能：它可以进行参数研究，显示两个变量对第三个变量的影响。在探索的过程中，希望了解透镜优化运行的起点如何决定终点。在完美的优化中，每一个起点都有可能达到最佳状态。对于任何给定问题的优化，通常存在许多局部最小值，但期望的最好优化算法应该是到达目标最接近的优化算法(当然，像 DSEARCH 这样的全局优化算法可以找到各种解决方案，但与本章所述主题不同。这里，将分析最简单的最小值评价函数的过程，从单个多重结构开始)。

人们会期望两个几乎完全相同的初始结构达到相同的局部最小值，即使它不是全局的。现代算法的效果如何？代尔夫特理工大学的 Florian Bociort 博士得出了一些有趣的结果。他运行一个简单的案例，如图 27.1 所示。

为了使工作变得非常简单，他只在主波长的三个视场校正了光线，忽略了边缘违规。然后，他以光栅方式改变半径 2 和半径 3 的起始值，并绘制一个图，其中网格上每个像素的颜色编码代表评价函数的最终值。他发现即使是对于如此简单的双透镜，也有几个局部最小值。但完全出乎意料的是，评价函数在许多地方是以混沌方式变化的。因此，不同的起始点往往指向不同的终点(即不同的结果)。(他使用与 SYNOPSYS 中使用的 PSD 方法不同的优化算法对不同的程序进行了分析)。他的文章中的数据显示在图 27.1 的右侧(已将原文中照片翻转以便与下面的 SYNOPSYS 分析相一致)。

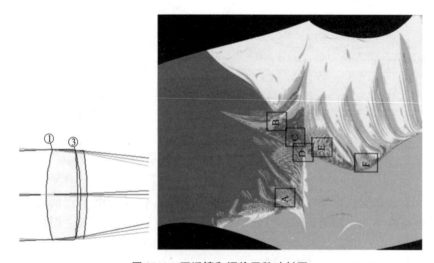

图 27.1 双透镜和评价函数映射图

注：图中数字为透镜的表面编号；图中字母为划分区域。

图 27.1 右侧来源于 van Turnhout M and Bociort F 2009 Instabilities and fractal basins of attraction in optical system optimization Opt. Express 17 314-28. Copyright The Optical Society. 。

注意吸引区边界附近的结果是非常复杂和混乱的。黑色区域显示出光线失效的初始结构，未进行分析。需考虑 SYNOPSYS 中的 PSD Ⅲ 算法是否比用上述图像的方法更可靠和稳定。以下是运行三参数评估功能 PA3 的输入。

　　这是双透镜(C27M1)的文件：

```
RLE
ID FLORIAN STARTING DOUBLET
WA1 .5876000
WT1 1.00000
APS             1
UNITS MM
OBB  0.000000     3.00000   16.66670     0.00000     0.00000     0.00000    16.66670
   0 AIR
   1 CV      0.0146498673770    TH     10.34600000
   1 N1 1.61800000
   1 GID 'GLASS        '
   2 RAD    -174.6512432672814   TH      1.00000000 AIR
   2 AIR
   3 RAD    -80.2251653581521   TH      2.35100000
   3 N1 1.71700000
   3 GID 'GLASS        '
   4 RAD    -111.8857786363961   TH     92.41206276 AIR
   4 AIR
   4 CV     -0.00893769
   4 UMC    -0.16667000
   4 TH     92.41206276
   4 YMT      0.00000000
   5 CV     0.0000000000000    TH      0.00000000 AIR
   5 AIR
END
STORE 5
```

　　这是 PA3 程序(C27M2)的输入：

```
ON 78                ! use finer grid (118x118 points)
PA3 LOOP COLOR       ! initialize PA3, request color boxes for output
RZ1 -.025 .04        ! set the range of variable Z1
RZ2 -.045 .075       ! set the range of Z2
RZ3 0 3.7            ! display results over this range of merit function
                     ! values
NOSMOOTH             ! there will be steps in the output; do not smooth
XLAB "2 CV -.025 .04"    ! define the label for the X-axis, which is
                         ! variable Z1
YLAB "3 CV -.045 .075"   ! label for Y-axis, Z2
ZLAB "MERIT"         ! label for Z-axis, the final merit function
LOOP                 ! tell PA3 to loop over the above raster of data

GET 5                ! get the starting lens each time
2 CV = Z1            ! set curvature 2 to the value of variable Z1
3 CV = Z2            ! and CV 3 to Z2, using the artificial-intelligence
                     ! parser

PANT                 ! initialize the variable list
VLIST RAD 2 3        ! and vary two radii
END                  ! end of the variable list
```

```
AANT                         ! initialize the merit function definition
GSR .5 10 3 P 0              ! correct a sagittal fan, three rays, on axis
GNR .5 1 3 P .75             ! correct a full grid of rays, primary color, 0.75
                             ! field point
GNR .5 1 3 P 1               ! same, at full field.
END                          ! end of merit function definition

DAMP 10000                   ! initial damping (see below)
SNAP 50                      ! watch what happens, but not too often, in order to
                             ! keep it fast
SYNOPSYS 100                 ! optimize until it converges

Z3 = MERIT                   ! assign the current merit function value to Z3
PA3                          ! tell PA3 to cycle to the next case.
```

为何会出现高阻尼(默认值为 1.0 或 0.01,具体取决于模式开关)？SYNOPSYS 中的第一次迭代是
DLS(阻尼最小二乘)循环,希望避免在该算法第一次迭代时产生任何混乱;高阻尼将确保透镜在该过
程中发生的变化很小。更强大的 PSD 算法能追踪一阶导数的变化,并推导出关于高阶导数的信息。这
是 PSD 方法的神奇之处,如附录 B 中详细描述的那样,但它只能在第二次迭代时开始工作。

该研究的结果如图 27.2 所示。左侧和底部附近的紫色区域显示该程序在非常不同的起点处达到
相同的最小值,而在 Florian 的研究中,这些区域达到了不同的最小值。在吸引区的边界没有明显的混
乱,正如预期的那样,PSD 方法就是这种情况,尽管在中央红色区域出现了散乱的极点。将后者归因
于第一遍中 DLS 方法所做的非零更改。实际上,如果以不同的初始阻尼再次运行,那些随机点将出现
在不同的地方。顶部和底部的黑色区域显示了起点产生光线失败的位置,与在 Florian 的研究中所做
的相同。如果激活自动光线故障校正功能将会发生什么？改变 SYNOPSYS 命令为:

SYNOPSYS 100 0 FIX

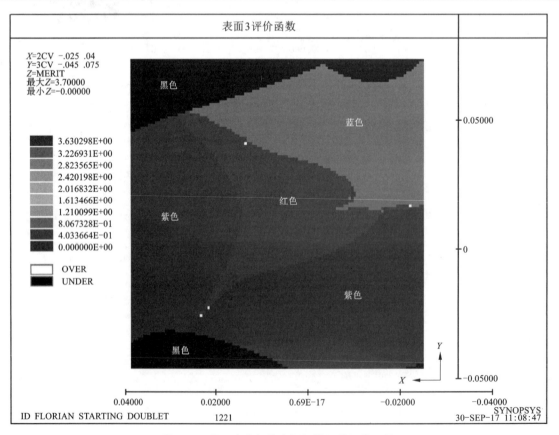

图 27.2　用两个半径的光栅扫描评估评价函数

重新运行程序。结果如图 27.3 所示。

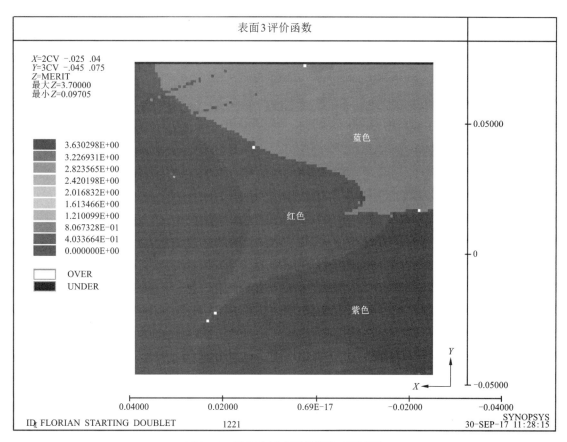

图 27.3　激活自动光线故障校正的评估

现在，该程序已经纠正了之前发生的每个点的光线故障。Florian 没有优化的起始透镜都能提供可观的解决方案。然而，在以前全黑的区域的边界处存在一些非常轻微的混乱，并且将其归因于改变光线故障校正程序对该起点的影响。这些变化有时会使透镜更接近另一个吸引区域。

这项非常简单的研究只涉及两个变量的优化。如果将 CV 1 添加到变量列表会发生什么？（边界稍微偏移，散乱的光斑将不再出现。）对于有兴趣进一步研究透镜设计混乱主题的用户，在这里引用的是 Florian Bociort 的分析。

"混沌"这个词代表严格意义上的非线性系统理论。在这个理论中，当吸引域是分形的时候，会导致点颜色的优化算法的迭代总是一个"临时"的混沌吸引子（技术术语是"混沌鞍形"）。迭代过程中被吸引到一个似乎是混沌吸引子的东西（这是在流行的 Lorenz 蝴蝶效应比喻中发现的东西）。然而，事实证明这个混沌吸引子有"逃逸"洞，所以当迭代发现这样的"洞"和"逃逸"时，它最终会像预期的那样收敛到最小。当迭代从相邻点开始时，吸引域的精细交织结构会在不同的最小值中发现不同的逃逸孔和着陆点。

第 28 章

元件时钟楔角误差的公差分析案例和像质误差的 AI 分析

带时钟楔角的公差预算统计；将 AI 命令添加到 Monte-Carlo 模拟中

本章将介绍前面讨论过的一些功能，并新增一些功能强大的选项。将使用 BTOL 来计算八片透镜的公差分析，然后分析图像质量统计数据，了解通过时钟角来补偿楔形误差的情况。最后，我们将在透镜重新聚焦和时钟角之后，根据预算检查一组 100 个透镜的横向色差的统计数据。

以下是 MACro(C28M1)，它将创建公差分析，透镜(C28L1)如图 28.1 所示。

```
FETCH C28L1          ! Get out the starting lens.
STORE 5
BTOL 90              ! Ask for 90% confidence level.
TPR ALL              ! All surfaces are matched to testplates.
EXACT ALL INDEX      ! Assume melt data are received,
EXACT ALL VNO        ! so the index and dispersion tolerances are zero.
TOL WAF .18 .32 .18  ! Ask for this wavefront variance at three fields.
FOCUS REAL           ! Focus the on-axis image point
ADJUST 14 TH 100     ! with thickness 14 (the last airspace).
PREP MC              ! Prepare the input for Monte-Carlo evaluation.
GO                   ! Start BTOL.
```

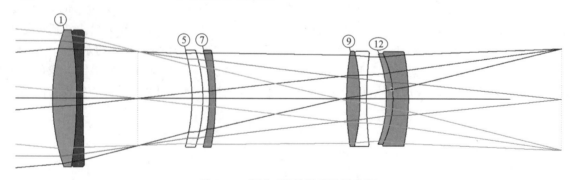

图 28.1　楔形时钟的透镜演示案例

注：图中数字为透镜的表面编号。

此 MACro 使用 FETCH 命令将透镜输出并将副本存储在库位置 5，然后它会创建一个 BTOL 公差分析，该公差分析将被列在显示器上。在这个过程中，需要先使用 Monte-Carlo 程序 MC。调整由 BTOL

准备的 MACro，即 MCFILE.MAC，它是 MC 分析的一部分。然后输入 LM MCFILE 来加载 MACro：

```
PANT
VY  14 TH
END
AANT

M    0.000000E+00 0.3333      A  2 XC  0.000 0  .1        0.000
M    0.297888E-05 0.3333 SR A  2 YC  0.000 0  .1        0.000
M    0.000000E+00 0.3333      A  2 XC  0.000 0 -.1        0.000
M   -0.297888E-05 0.3333 SR A  2 YC  0.000 0 -.1        0.000
M    0.297888E-05 0.3333      A  2 XC  0.000 .1 0        0.000
M    0.000000E+00 0.3333 SR A  2 YC  0.000 .1 0        0.000
M   -0.297888E-05 0.3333      A  2 XC  0.000 -.1 0        0.000
M    0.000000E+00 0.3333 SR A  2 YC  0.000 -.1 0        0.000
M   -0.177179E-02 0.3333      A  2 XC  0.000 -.64 .64     0.000
M    0.177179E-02 0.3333 SR A  2 YC  0.000 -.64 .64     0.000
M    0.177179E-02 0.3333      A  2 XC  0.000 .64 .64     0.000
M    0.177179E-02 0.3333 SR A  2 YC  0.000 .64 .64     0.000
M    0.177179E-02 0.3333      A  2 XC  0.000 .64 -.64     0.000
M   -0.177179E-02 0.3333 SR A  2 YC  0.000 .64 -.64     0.000
M   -0.177179E-02 0.3333      A  2 XC  0.000 -.64 -.64    0.000
M   -0.177179E-02 0.3333 SR A  2 YC  0.000 -.64 -.64    0.000
M    0.000000E+00 0.6667      A  3 XC  0.000 0  0.        0.000
M    0.000000E+00 0.6667      A  3 YC  0.000 0  0.        0.000
M    0.000000E+00 0.6667      A  3 XC  0.000 0  .1        0.000
M    0.149917E-03 0.6667      A  3 YC  0.000 0  .1        0.000
M    0.000000E+00 0.6667      A  3 XC  0.000 0 -.1        0.000
M   -0.149917E-03 0.6667      A  3 YC  0.000 0 -.1        0.000
M    0.149917E-03 0.6667      A  3 XC  0.000 .1 0.        0.000
M    0.000000E+00 0.6667      A  3 YC  0.000 .1 0.        0.000
M   -0.149917E-03 0.6667      A  3 XC  0.000 -.1 0        0.000
M    0.000000E+00 0.6667      A  3 YC  0.000 -.1 0        0.000
END
SYNOPSYS 10
MC
```

　　根据要求，PANT 文件中的最后一个空气间隔是变化的，并且 AANT 文件定义了一个评价函数，如果调整能够恢复与标准设计完全相同的光线模式，它将精确地收敛到零。现在需要准备 MC MACro（这是指定所需 Monte-Carlo 分析的文件，而上面显示的文件 MCFILE.MAC 指定了我们想要在每个案例上运行的调整。它们是单独的文件）。

　　首先，将使用随机楔形方向运行 MC。这是 MACro（C28M2）：

```
MC ITEMIZE
SAMPLES 1              ! One case, please.
LIBRARY 5              ! We saved the initial lens in library location 5.
WORST ALL 1            ! Later we may want to see a worst case.
THSTAT UNIFORM         ! Uniform thickness statistics.
WEDGES RANDOM          ! Wedges have random orientation.
TEST                   ! Let's just look at a perturbed example.
GO                     ! Run MC.
```

　　这里没有进行优化，只是准备一个单一的扰动示例，以便可以检查它（元件现在都有楔角误差，因此 PAD 显示不能像以前那样为透镜着色）。如图 28.2 所示。然后运行一组 100 个透镜并查看统计数据。首先键入"GET 5"，然后注释掉 TEST 指令并更改样本编号。

```
MC ITEMIZE
SAMPLES 100 ! Ask for a set of 100 lenses.
LIBRARY 5
QUIET
WORST ALL 1
THSTAT UNIFORM
WEDGES RANDOM
! TEST
GO
```

当 MC 完成时,用 MC PLOT 绘制统计图,如图 28.3 所示。

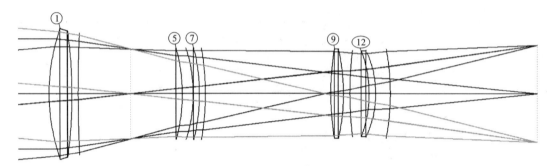

图 28.2　受到 MC 的干扰,所有的透镜上都有楔

注:图中数字为透镜的表面编号。

然后,按以下方式更改宏:

```
MC ITEMIZE
SAMPLES 100
LIBRARY 5

QUIET
WORST ALL 1
THSTAT UNIFORM
WEDGES CLOCK      ! Clock the wedge errors for each case.
TEST              ! Again make a single TEST case.
GO
```

现在,程序将使用 GROUP 而不是 RELATIVE 倾斜,使用不同的设置对元件倾斜进行建模。这释放了每个元件上的 gamma 倾斜,用于引起楔角误差("时钟"是指旋转系统中的每个元件,将它们对齐,以便通过其他元件的方向来补偿给定元件的楔形误差的影响)。这里通过一个测试案例,来检查错误的来源。执行此操作后,可查看扰动透镜的 ASY 列表,数据如下。

```
TILT AND DECENTER DATA
 LEFT-HANDED COORDINATES
```

SURF	TYPE	X	Y	Z	ALPHA	BETA	GAMMA	GROUP
1	GROUP	0.00000	-0.00406	0.00000	0.0065	0.0000	0.0000	3
2	REL	0.00000	0.00000	0.00000	-0.0238	0.0000	0.0000	2
3	REL	0.00000	0.00000	0.00000	0.0000	0.0033	0.0000	1
5	GROUP	0.00000	-0.00969	0.00000	0.0413	0.0000	0.0000	2
6	REL	0.00000	0.00000	0.00000	-0.0035	0.0000	0.0000	1
7	GROUP	0.00000	-0.01296	0.00000	0.0200	0.0000	0.0000	2
8	REL	0.00000	0.00000	0.00000	0.0000	-0.0248	0.0000	1
9	GROUP	0.00000	-0.03168	0.00000	-0.0495	0.0000	0.0000	3
10	REL	0.00000	0.00000	0.00000	-0.0848	0.0000	0.0000	2
11	REL	0.00000	0.00000	0.00000	0.0000	0.0021	0.0000	1
12	GROUP	0.00000	-0.01401	0.00000	-0.0103	0.0000	0.0000	3
13	REL	0.00000	0.00000	0.00000	-0.0189	0.0000	0.0000	2
14	REL	0.00000	0.00000	0.00000	0.0000	0.0569	0.0000	1
15	REL	0.00000	0.00000	0.00000	-0.0134	0.0000	0.0000	1

从该列表中可以看到表面 1、表面 5、表面 7、表面 9 和表面 12 已经被分配了组倾斜。除了提供参考方向的表面 1 上，需改变所有表面的时钟角度(gamma 倾斜)。

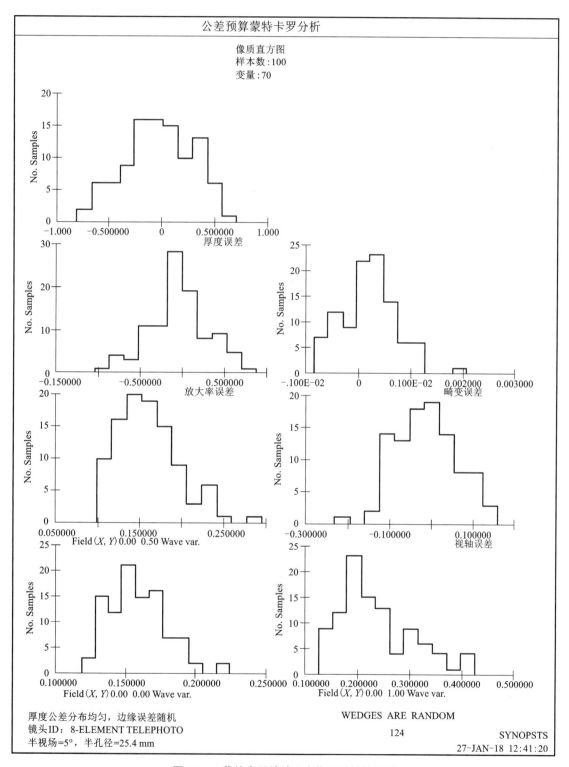

图 28.3 蒙特卡罗统计没有楔形时钟的透镜

需要修改文件 MCFILE. MAC，添加 gamma 倾斜变量，也可选择何时进行更复杂的优化。然后保存新的 MACro，以便 MC 能够打开它并查看更改(不要运行这个文件；当它优化每种情况时，MC 将自动使用它)。MCFILE. MAC 如下：

```
PANT
VY 14 TH
VY 5 GPG           ! Vary group gamma tilt on surfaces 5, 7, 9, and 12
                   !(but not surface 1).
VY 7 GPG
VY 9 GPG
VY 12 GPG
END
AANT
M 0 1 A P YA       ! Control the boresight error this way.
M 0 1 A P XA
GSR .5 10 5 M 0 0 0 F      ! Correct over the full pupil since the
                          ! lens no longer has
GNR .5 2 3 M .7 0 0 F      ! bilateral symmetry.
GNR .5 1 3 M 1 0 0 F

GNR .5 2 3 M -.7 0 0 F     ! For the same reason, we also control
                          ! the negative field.

GNR .5 1 3 M -1 0 0 F
END
SYNOPSYS 10
MC
```

保存此版宏,再在命令窗口键入"GET 5",然后重新运行 MC MACro,请求 100 个案例并删除 TEST 指令。运行时,将获得改进的统计信息,如图 28.4 所示。实际上,按照预期,对透镜进行时钟对准可以提高性能。

为了解每种情况优化后产生的像差的统计数据,可添加一些 AI 输入文件 MCFILE.MAC,如下:

```
PANT
VY 14 TH
VY 5 GPG
VY 7 GPG
VY 9 GPG
VY 12 GPG

END
AANT
M 0 1 A P YA
M 0 1 A P XA
GSR .5 10 5 M 0 0 0 F
GNR .5 2 3 M .7 0 0 F
GNR .5 1 3 M 1 0 0 F

GNR .5 2 3 M -.7 0 0 F
GNR .5 1 3 M -1 0 0 F
END
SYNOPSYS 10

Z1 = XA IN COLOR 1   ! Get the actual X coordinate of the chief ray in
                     ! color 1.
RMS 1 0 555          ! Run the RMS command, which also finds the centroid.
Z2 = FILE 4          ! This is the X-centroid location, relative to the
                     ! chief ray,
Z3 = FILE 5          ! and this is the Y.
Z4 = YA IN COLOR 1   ! Also get the actual Y coordinate.

Z5 = XA IN COLOR 3   ! Do the same thing in color 3.
RMS 3 0 555
Z6 = FILE 4
Z7 = FILE 5
Z8 = YA IN COLOR 3

= SQRT((Z1 + Z2 - Z5 - Z6)**2 + (Z3 + Z4 - Z7 - Z8)**2)
Z9 = FILE 1              ! Load it into variable Z9, and tell MC
MC IZ9 "RedCen-BlueCen"  ! to gather the statistics and plot Z9 with
                         ! this label.
MC
```

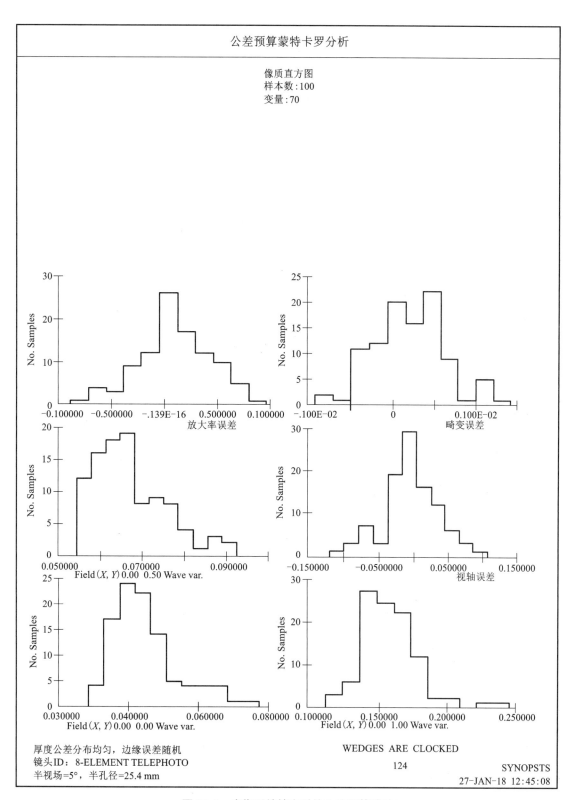

图 28.4　当楔形被锁定时的公差预算统计

保存这个文件。在运行 MACro 时，MC 将横向色散的统计信息添加到第二个 plot 页面，该页面还显示了调整后的统计信息，如图 28.5 所示。

获得的结果可能与这些不同是因为 MC 必须忽略开关 98，程序为它分析的每个案例使用不同的随机数。但基于统计学应该与其相当吻合。

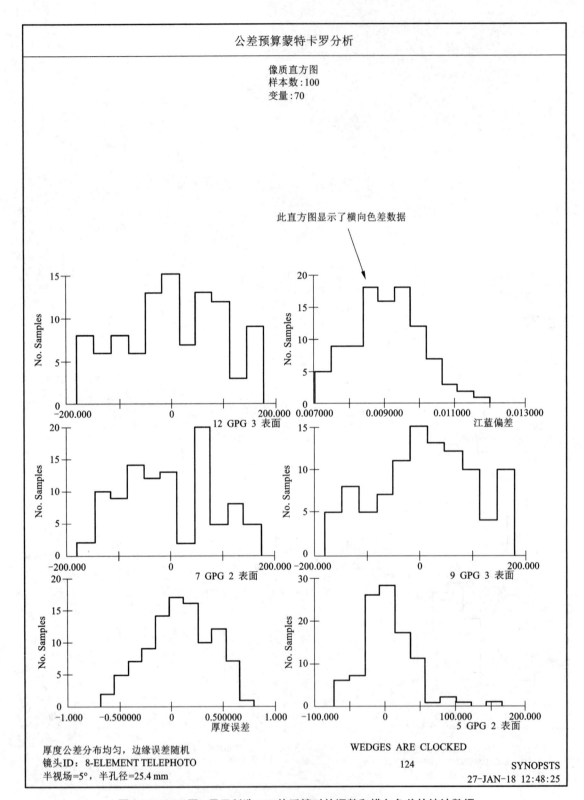

图 28.5　MC 图，显示制造 100 片透镜时的调整和横向色差的统计数据

第 29 章
给高级用户的提示和技巧

有效使用透镜优化软件节省时间的技巧

下面是一个更复杂的优化 MACro 的示例。

```
LOG
AWT: 1.0
CHG
NCOP
END

PANT
VY 0 YP1 50 -50
VY 0 BTH
VLIST RD ALL
VLIST TH ALL
END

AANT P
AEC
ACC
M 100 10 A FOCL
LLL 2 1 1 A BACK
AAC 49.5 .5 5

SKIP
GSR      AWT      6.000000      4  1      0.000000
GNR      AWT      3.000000      4  1      0.100000
GNR      AWT      3.000000      4  1      0.300000


GNR      AWT      3.000000      4  1      0.500000
GNR      AWT      3.000000      4  1      0.70000
GNR      AWT      3.000000      4  1      0.80000
GNR      AWT      3.000000      4  1      0.90000
GNR      AWT      3.000000      4  1      1.000000
EOS
```

```
!SKIP
GSO      0      0.8        4    1      0.000000
GNO      0      0.27       4    1      0.100000
GNO      0      0.27       4    1      0.300000
GNO      0      0.27       4    1      0.500000
GNO      0      0.27       5    1      0.70000
GNO      0      0.27       5    1      0.80000
GNO      0      0.37       5    1      0.930000
GNO      0      0.27       5    1      0.950000

GNO      0      0.27       5    1      1.000000
EOS


!SKIP
LUL 29 1 1
A BLTH 8


EOS


END
!EVAL
!EDS

SNAP/DAMP 1
SYNOPSYS 40
```

技巧1：在这个例子中，改变近轴量 YP1。该透镜没有明确的光阑定义，这个变量将使表面1上的主光线交点位置发生变化，从而将其应用到当前位置的透镜，并意味着在它穿过轴线的任何地方都有一个光阑位置。这是一种很有效的方法，可以帮助用户找到该光阑的地方。如果此设计看起来很不错，那么在找到的光阑位置设置光阑面，然后重新对其优化。

技巧2：注意监视器 AAC 49.5 .5 5。这个透镜必须装在直径为 100 mm 的管内，如果任何一个通光孔径超过半径 49.5 mm，这个监视器就会惩罚透镜；另外两个参数给出相对权重和监视窗口。可以根据控件的重要性来调整它们(如果想了解它是如何工作的，可以随时在用户手册中查找该主题)。在命令窗口中键入"HELP AAC"，有必要知道 17 个监视器是如何使用的。

技巧3：注意文件是如何定义一个符号 AWT：1.0 的。这个符号在 AANT 文件中显示为一些光线集合上的孔径权重参数。值 0 表示将生成的网格中所有光线按相同的量加权，即光线网格请求上的第二个参数给出的值。1.0 的权重、中心光线的权重比边缘光线的权重更重，对于这个透镜来说是很有用的。均匀的权重往往会提供高对比度的图像，而较高的权重往往会提供更好的分辨率。在这里，也可以试验一下，看看什么样的权重最适合当前的透镜。通常从 0.5 开始。将此设置为数值的目的是允许用户可以通过更改数值并重新优化来尝试不同的值——这样就不必在每次尝试新值时更改 MACro 每一行上的所有权重。

技巧4：制造图 29.1 中透镜的加工厂时有一个问题，即它们已经在表面 8 处有一片透镜毛坯，并测量了它的厚度为 30 mm。因此，在优化过程中必须控制透镜，以确保它不会有更厚的毛坯。

在 AANT 中输入：

```
LUL 29 1 1
A BLTH 8
```

即为该透镜的毛坯厚度指定了 29 mm 的最大值(LUL)。LUL 表示限制，上限；必须控制毛坯厚度的长宽比。键入"HELP LUL"查找有用的功能。还可以通过将 TH 和 sag 组合在当前通光孔径处恰好 sag 的任何表面上来制作自己的像差。用户手册的第 10.3.3 节描述了目标 SCAO(当前孔径下的 sag)。

技巧5：注意在此 MACro 中使用 SKIP 指令。使用 MACro 编辑器工具栏上的按钮可以轻松生成光线网格定义和权重，这些按钮 可生成受横向截距控制的光线，或带有 OPD 目标的光线。

但是应该选择哪个？上例中的 SKIP 指令允许仅通过注释或取消注释该指令来选择其中一个(或两者)。如上所示(以粗体显示)，将跳过第一组目标横向像差的光线网格，因为它位于 SKIP 块内。当程序到达 EOS(Skip End)行时，它会停止跳过，因此以 OPD 为目标的光线网格将生效。要查看横向目标而不是 OPD 的效果，只需注释掉第一个 SKIP 并取消注释另一个(删除"!")。从一个切换到另一个是多么简单，只需点击几下按钮，就可以查看效果。

技巧 6：关于 TAP 目标与 OPD 目标的更多主题，请查看图 29.2 和 29.3 中的光扇图。

用户可能会认为这是一张糟糕的图片，光线在光扇图的两端飞出。但是，请看图 29.3 中的 OPD 光扇图。

如果透镜接近衍射极限，那么可以解释为什么要切换到 OPD 目标。仅关注横向像差的用户，可能会放弃该透镜重新开始，或对边缘光线施加权重继续优化。指

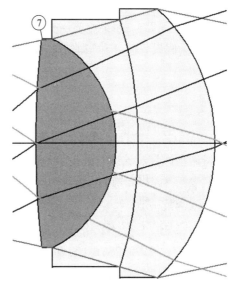

图 29.1　必须控制毛坯厚度的示例透镜

注：图中数字为透镜的表面编号。

定一个较大的孔径权重参数值(我们在上面的 MACro 中称为 AWT)可能会稍微好一些，但是在这种情况下，OPD 目标仍然更好一些。请记住，OPD 光扇是 TAP 光扇的组成部分，OPD 曲线上的陡坡意味着大的横向像差。如果 OPD 足够小则可忽略它。

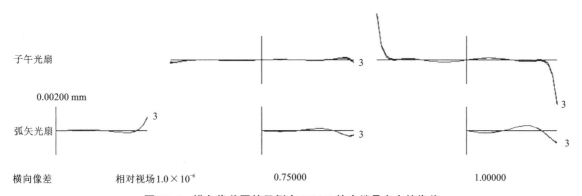

图 29.2　横向像差图的示例在 TFAN 的末端具有大的像差

注：图中数字为定义波长下光扇图曲线对应的波长编号。

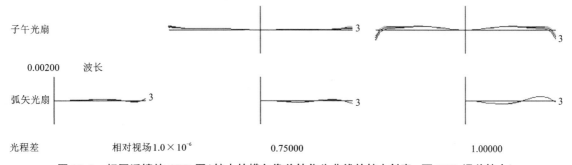

图 29.3　相同透镜的 OPD 图(较大的横向像差转化为曲线的较大斜率，而 OPD 误差较小)

注：图中数字为定义波长下光扇图曲线对应的波长编号。

技巧 7：为什么要使用横向目标呢？根据研究过的透镜可知，这些目标可以更快地改变透镜，并且比 OPD 目标更快速地达到一个良好的配置。所以从横向目标开始，当几乎到达那里时要切换到

OPD。DSEARCH 和 ZSEARCH 都有一个包含这两种目标的选项(使用 TOPD, OPD, OPSHEAR, TOSHEAR directive),如果想要一个衍射受限的图像,这些选项有时会很有用。

技巧 8:假设只想评估当前的透镜,以发现最大的像差,但不想改变任何东西时,只需取消注释以下行:

```
!EVAL
!EDS
```

运行 MACro。该程序将评估评价函数,然后在 EDS 一行结束数据集(MACro)。稍后,如果想优化透镜,只需再次注释这些行并重新运行它。

技巧 9:当优化透镜时,假设打开了开关 1(默认),那么最好运行两次程序:

```
SYNOPSYS 50
SYNOPSYS 50
```

这有时会比 SYNOPSYS 100 更好。

因为如果第一次运行中的任何变量遇到一个边界,则在剩余的迭代中删除该变量(根据 switch1)。该规则节省了时间,因为该变量通常会继续尝试违反相同的边界,如果不删除它,则只会减慢速度。然而,如果透镜在运行过程中发生了显著的变化,同样的变量现在可能想要朝另一个方向移动。第二次运行释放了所有变量,因此它可以这样做。对于玻璃模型变量(GLM)来说尤其如此,它通常在早期就会达到一个边界。

经常看到新用户要求进行 500 次优化。虽然在运行功能不那么强大的程序时,这可能是有必要的,但在 SYNOPSYS 中几乎没有必要这样做,只需要求较小的数字,然后使用模拟退火按钮。

技巧 10:本章开始时给出的 MACro 包括横向像差和 OPDs。要注意权重的差异。这反映了一个事实,一个单位(一个波长)的 OPD 误差通常比一个 1 in(1 in=2.54 cm)(或 1 mm)的横向误差能得到更好的图像。有时,可以通过给这两种误差都设定目标来获得更好的结果——但现在,相对权重变得重要了。如果存在一个机械性能的目标,比如孔径或间距,则要确保当程序认为单波长 OPD 很糟糕并试图以其他代价将其降低时,平衡不会被破坏。为了更容易找到合适的权重,该程序提供了两个工具。

如果在 MACro 编辑器中单击"Ready-Made Raysets"按钮 并选择选项 8,程序将为这两种目标创建光线网格,为反映当前波长和 F/number 的 OPD 误差分配权重。这些权值确保了单位的差异以一种合理的方式被解释,当然可以在看到效果之后再调整。按钮 还允许您选择 OPD 目标,在这种情况下,可像往常一样分配相对权重,然后单击"Calculate special OPD weights"框。当将光线网格请求添加到 MACro 中时,OPD 权值将被相同的规则修改。(这些计算是当前透镜的 F/number 的函数,必须已经被很好地定义了。)

技巧 11:在前面的章节中,已经给出了一些针对初学者的定义,从简单的近轴到复杂的广角选项。一些用户试图用最复杂的选项开始一个新的设计,比如 WAP 3,但是运行时间较长。

通常建议从最简单的开始,如果可能的话,近轴光瞳只有在明显需要的时候才添加。如果渐晕是一个问题,而且近轴光瞳明显不够,那么应该切换到一个真实的光瞳(APS 输入为负值)。如果光阑没有被正确填充,那么在光阑(或有效的 CSTOP)上使用 CAO 临时切换到 WAP 2,然后使用 FVF 实用程序找到一组渐晕孔径(VFIELD),复制 WAP 2 的结果。这样就删除了 WAP 选项,之后一切都会运行得更快,因为所有的光瞳搜索都已经完成了。如果透镜改变了形状,当前的 VFIELD 不再合适,只需再次运行 FVF,孔径就会更新。如果还没有这样做,那么最好键入"HELP VFIELD",并了解该命令。

技巧 12:如果仅使用 OPD 误差优化透镜,则在 FOCAL 模式下有两种解决方案。通过比较给定光线的路径长度与主光线的路径长度来计算 OPD 误差,并且如果光束进入和离开透镜准直并且到达水平的像平面,这些路径可以再次相等。理论上来讲,向 MF 添加至少一个横向截距误差是个好主意。它具有较轻的权重,但它能使准直解看起来没有吸引力。

技巧 13：如果 PC 具有多个 CPU，则在运行搜索程序或某些图像分析功能时，可以通过授权多个核心来节省大量时间，但速度的提高不是该数字的简单函数。事实证明，如果有 N 个核心，对于大的 N 值，通过增加一个核心的速度增量为 $1/N2$，而启动、停止和管理来自额外核心的数据所需的开销 N 是线性函数。从数学角度剖析，这两个函数必须跨越某个地方，在那之后，添加更多核心实际上会使运行时间变得更长。

因此，当激活 PC 中的最大内核数（如果该数量很大）时，并不总是会节省最多的时间。从一个内核增加到两个内核将时间减少 0.5，而从 10 增加到 11 将使其减少仅仅为 0.09 09，以此类推。尝试使用 PC 查找能够提供最快性能的内核编号。

请记住，如果一个程序需要单个进程进行一半的计算，那么最大的改进将是 50%，即使内核数量无限。

技巧 14：弄清楚如何使透镜的 MTF 最大化，并且一些设计者常规地针对 MF 中的波前差来达到此目的。虽然这有效，并且可以使用 AANT 文件中的 GNV 光线集选项来完成，但它不一定是最好的方法，因为它通常收敛得非常慢。相反，请阅读用户手册中的 GSHEAR 光线集，该功能通常可以更好、更快地运行。第 20 章中的 DSEARCH 示例显示了该程序如何利用该技术。

技巧 15：改变曲率通常对 MF 的影响比改变厚度或空气间隔要大得多。在大多数例子中，根本没有在透镜厚度上设置任何控制，结果通常会带有太厚或太薄而不实用的透镜。

如果一片透镜太薄，很难防止它在抛光压力下弯曲，这会破坏成像效果。如果太厚，它将更昂贵并且可以吸收光。该程序具有默认限制，但通常没有很严格的限制，我们应该在这些情况下降低目标值。观看初步结果的透镜制造商可能会对它们的实际情况感到惊讶，但它们会逐步实现目标，而这个问题会在以后得到纠正。另外，请注意，当供应商首次制作透镜时，它的直径总是大于显示要求。在透镜小心地在精密车床上居中并且两侧都正确地移除残余楔形之后，将多余部分磨掉，使其直径被切割成所需尺寸。但是，除非在所需的通光孔径之外有一些玻璃要切除，否则这不起作用，因此请确保透镜上的边缘厚度不要太薄，一些透镜制造商非常喜欢有厚边缘的透镜，以便安装在抛光机上。当然，出于其他原因，这通常不是一个好主意，所以必须让加工厂参与讨论。

当设计形状良好时，就可以轻松地将这些特性包含起来。ADT 显示器非常有用，但应该谨慎地使用。先分配一个低权重和大窗口，例如：

```
ADT 7 . 01 10
```

如果需要，可逐渐增加权重。这是针对透镜直径与厚度之比与输入值的比值。调整目标值和权重以查看哪种组合效果最佳。ACM 和 ACC 监视器也很有用，它可以简单地控制超出这些条目限制的任何元件厚度，如 ACM 的最小厚度和 ACC 的最大厚度。应该根据需要轻轻地使用这些监视器。

在极少数情况下，使用这些工具修改边缘时，DSEARCH 返回的透镜效果会不佳。现在是探索搜索程序中其他一些结果的好时机；或者可以将 ADT 监视器放在 SPECIAL AANT 部分，权重轻，并期望获得一组不同的结构。尝试这些设置；会得到更多解决方案。

第 30 章

FLIR 设计，冷反射效应

> FLIRS；冷却探测器的逆反射在 FLIR 显示器上产生暗区；如何校正冷反射效应

夜视系统可以在黑暗中观察成像。这是因为宇宙中的所有物质都以光子的形式辐射能量，在理想的黑体辐射器的情况下遵循普朗克函数或者在某种程度上近似该函数。由于人的皮肤在 20℃ 或 293 K 时接近室温，因此所发出的辐射符合 Spectrum Wizard 计算的图 30.1 中的曲线。注意峰值约为 10 μm。(键入"MSW"以打开 Wizard。)

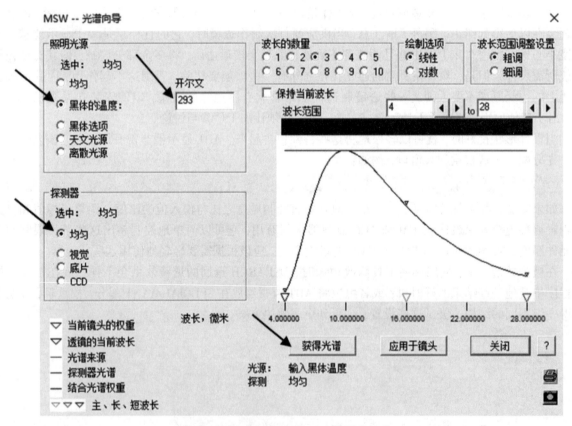

图 30.1　光谱向导显示 293K 的黑体曲线

虽然大气层吸收了大量的红外线，但它的透明度窗口中心波长仅为 10 μm，非常适合图 30.2 所示的光谱。夜视系统通过将红外光子转换为电流的探测器来感知这种辐射。用于此目的的常见材料是 HgCdTe，其光谱灵敏度如图 30.2 所示。确切的灵敏度范围取决于成分的相对比例，在物面、大气，探测器都能在所需的光谱窗口内正常工作。

　　为了获得高信噪比，必须确保光学器件甚至探测器本身不会在相同波长下辐射不需要的光通量。这是通过冷却探测器来完成的，通常使用液氮并在透镜表面上使用高质量的防反射膜层。如果没有采取这些步骤，情况就像通过望远镜看到的那样，如果透镜和外壳都是发白光，将很难区分自己在看什么。在本章中，将设计一种新的 FLIR 设计，然后分析冷反射特性。

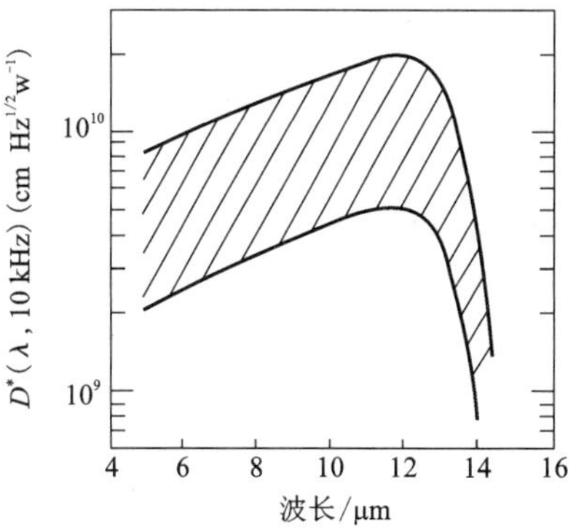

　　将使用 DSEARCH 设计一个五片式透镜，使用锗作为正元件，ZnSe 作为负元件。以下是输入文件（C30M1）：

图 30.2　HgCdTe 探测器的灵敏度

```
CORE 32
OFF 1
 DSEARCH 5  Q
 SYSTEM
 ID FLIR DSEARCH
 AFOCAL
 OBB  0.000000        17.50000        6.35000
 WAVL 12 10 8

 UNITS MM
 END
 GOALS
 ELEMENTS 5

 TOTL 350 .1
 FNUM -25.4 1

 STOP FIRST
 STOP FREE
 RT 0.25
 RSTART 3000

 FOV 0.0 0.75 1.0 0.0 0.0
 FWT 3.0 2.0 2.0 1.0 1.0

 NPASS 100
 ANNEAL 200 20 Q
 TSTART 10 ! This thickness on each element to start with
 QUICK 60 90

 GLASS POS ! positive elements will use this glass type
 U GE
 GLASS NEG ! and negative this type.
 U ZNSE
 END

 SPECIAL AANT
 ACC 10 .1 1
 AAC 26 .1 1
 M 13.37 1 A P YA 1 0 0 0 2
 M 0 1 A P YA 1 0 0 0 10
 ADT 7 .1 10
 END
 GO
```

在 SPECIAL AANT 部分，要求全视场的主光线到达表面 2 的高度为 13.37 mm（允许扫描棱镜在表面 1 处间隙),并在轴上到达表面 10 处(因为这是物镜)。这个系统是反向设置的,而光实际上是通过另一条路来的。它可以用任何一种方式进行设计。ACC 监视器可以控制厚度,AAC 的保持孔径半径不超过 26 mm。无焦放大率由 FNUM 要求控制,在这种无焦系统中,被解释为出射近轴光束的半径,负号是因为内部焦平面翻转光束。

在运行这个文件之后,从顶部开始数,选择第三个,如图 30.3(C30L1)中的透镜。它已经处于衍射极限,用户可能认为它不需要更多的优化。但是,我们还没有对冷反射进行控制。

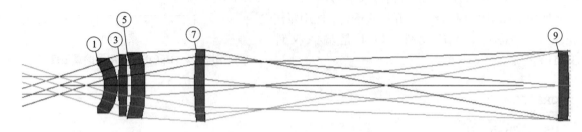

图 30.3 DSEARCH 返回 FLIR 设计

注:图中数字为透镜的表面编号。

校正冷反射效应介绍如下。

冷反射效应经常被忽视,在像面或探测器的中心,在扫描红外系统中显示为一个黑色的污点,就像图 30.4 中模拟的图像一样。出现这种效果是因为在视场的中心,探测器可以看到自身的鬼像,从某处的透镜表面反射。这个鬼像非常暗,因为探测器非常暗,所以探测器看到的总背景信号在中心处比在视场的其他部分处低,其中鬼像被其他透镜孔径渐晕,或者因为它不能形成清晰的图像。只有在中心,所有的鬼像才排成一列。

以上面设计的透镜为例,控制鬼像。它专为 8~12 μm 波段设计并使用 AFOCAL 模式,这意味着光线输出以角度而非横坐标给出。(SYNOPSYS 中不需要"完美透镜"。)

图 30.4 冷反射效应案例

要分析此透镜的冷反射特性,请使用命令 NAR:

冷反射特性列表

```
SYNOPSYS AI>NAR

ID FLIR DSEARCH                          55602              10-NOV-20   07:18:28

  NARCISSUS ANALYSIS
```

SURF	YNI	Imarg/Ichief	CYNI	RATIO (M/C)
1	1.5197	2.8209	0.9007	1.6872
2	1.7533	1.4301	2.2574	0.7767
3	0.1769	0.0758	4.3745	0.0404
4	1.0251	-37.6347	0.0525	19.5353
5	1.4883	1.4203	2.1474	0.6931
6	0.9554	9.3410	0.2253	4.2406
7	0.2329	-0.2301	4.3015	0.0542
8	0.5113	2.0508	1.0978	0.4657
9	1.8925	1.0526	0.1941	9.7522
10	1.8525	-0.8452	0.2243	8.2589
11	0.0036	0.0018	0.1987	0.0181

SYNOPSYS AI>

列 YNI 显示量 $\varphi A_0 N$ 的值，其中参数在图 30.5 中被定义。由此可以计算出探测器上逆向反射模糊的近似大小：$Y1 = 2\varphi A_0 N/\alpha$。其中 α 是探测器会聚光束的半角；$Y1$ 是在给定表面反射后，图像模糊处的光线高度。

为了控制冷反射，必须确保 YNI 的值永远不会低于限制值，这是扫描仪灵敏度和用户接受度的函数。值越大意味着重影图像越失焦，因此不太强烈。根据上表，最差的冷反射来自表面 3，其中值为 0.1769。这非常小。可以使

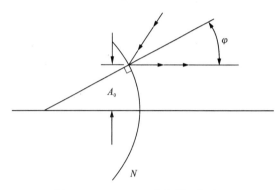

图 30.5　Narcissus 方程的几何表示

用 GHPLOT 程序来查看表面 3 的冷反射路径。在 CW 中键入"MGH"或导航到 MLI 中的该对话框。输入如图 30.6 所示的数据，然后单击"GHPLOT"按钮，将得到图 30.7 中的图片。

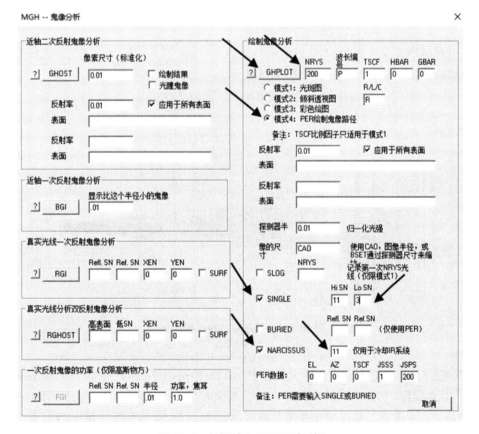

图 30.6　数据输入 MGH 对话框

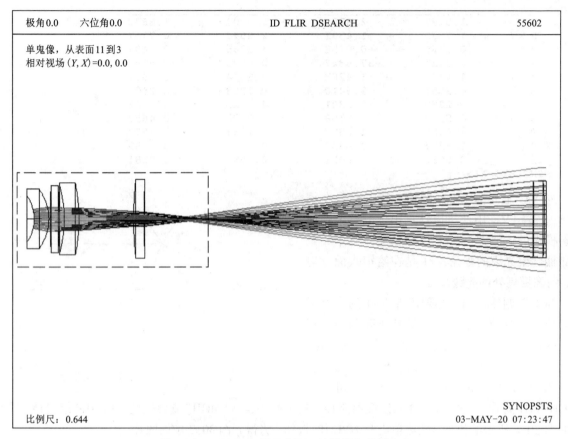

图 30.7　GHPLOT 显示表面 1 处的逆向反射光束

在这里，可观察到光束从表面 11 反射然后从表面 3 反射，进入、输出的情况。选择左侧显示的区域，然后在矩形内单击以放大该部分，如图 30.8 所示。

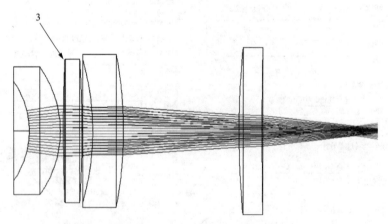

图 30.8　透镜产生的冷反射现象

光线从左侧进入，以红色显示，直到它到达表面 11，即透镜末端的平面，在页面右侧，我们在对话框中声明了 NAR 表面(它指定反射系数为 1.0)。要求形成一个鬼像，从表面 11 回到表面 3，然后从那里再次回到最后一个表面。那里的光通量是准直的，假设任何返回那里并再次被准直的光将在探测器上显示出清晰的聚焦。在从表面 11 反射之后，光线以蓝色显示，并且在第二次反射之后，在表面 3 处，它们以绿色绘制。逆向反射光束几乎完全落在入射光线上。该怎么控制如此糟糕的冷反射呢？

需要知道艾里斑的角度大小。要求在轴上进行 PSPRD 分析，转到 MDI 对话框，并单击"PSPRD"按钮。如此，可以获得 30.9 中的图。

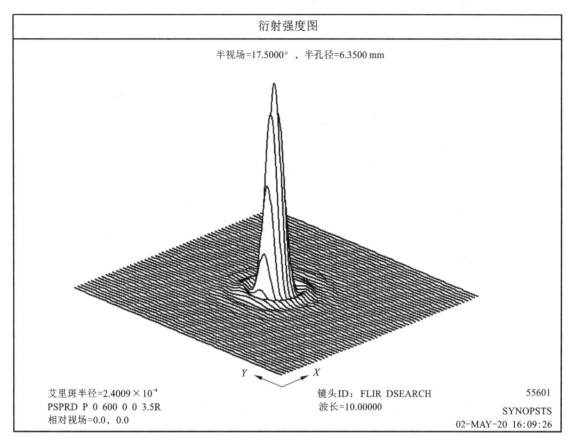

图 30.9　来自红外望远镜的衍射点扩散图像

注意，艾里斑半径的值为 0.00024。这是一个角度值，因为透镜被声明为 AFOCAL。要知道，如果冷反射光束以等于或小于该值的角度返回，光束将处于清晰的焦点并导致非常令人反感的冷反射。

那么返回光束角的当前值是多少？返回 MGH 对话框，这次单击"RGHOST"按钮，其数据如图 30.10 所示。

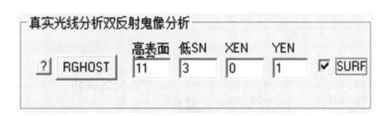

图 30.10　MGH 选择显示单个鬼像路径

```
SYNOPSYS AI> --- RGHOST 11 3 0 1 SURF
                        RAY VECTORS              (X DIR TAN)  (Y DIR TAN)  (INC. ANG.)
  SURF          X              Y            Z        ZZ           HH          UNI
──────────────────────────────────────────────────────────────────────────────────
  OBJ      0.000000       0.000000     0.000000    0.000000     0.000000
```

```
 1       0.000000       6.350000      -0.771072       0.000000       0.143023      13.846911
 2       0.000000       7.760558      -0.921499       0.000000       0.007752       5.403949
 3       0.000000       7.775910       0.058978       0.000000      -0.009443       1.313247
 4       0.000000       7.718689      -0.092196       0.000000      -0.110335       1.909710
 5       0.000000       7.365350      -0.348873       0.000000       0.010154      11.720017
 6       0.000000       7.468152      -0.237194       0.000000      -0.065264       3.056502
 7       0.000000       5.002296       0.047351       0.000000      -0.030490       2.649402
 8       0.000000       4.781678       0.008387       0.000000      -0.112127       1.545407
 9       0.000000     -25.040452      -0.450767       0.000000      -0.054941       4.335096
10       0.000000     -25.404563      -0.929646       0.000000   2.486630E-05       1.046706
--- RAY REVERSES AFTER NEXT SURFACE ---
11       0.000000     -25.404515       0.000000       0.000000   2.486630E-05
10       0.000000     -25.404467       0.929639       0.000000       0.054954
 9       0.000000     -25.040274       0.450760       0.000000       0.112178
 8       0.000000       4.795228      -0.008434       0.000000       0.030510

 7       0.000000       5.015983      -0.047610       0.000000       0.065188
 6       0.000000       7.479004       0.237884       0.000000      -0.010240
 5       0.000000       7.375330       0.349821       0.000000       0.110311
 4       0.000000       7.728514       0.092431       0.000000       0.009414
 3       0.000000       7.785558       0.059124       0.000000      -0.020965
 4       0.000000       7.658494      -0.090763       0.000000      -0.157242
 5       0.000000       7.152023      -0.328914       0.000000      -0.010216
 6       0.000000       7.048533      -0.211264       0.000000      -0.109986
 7       0.000000       2.899287       0.015905       0.000000      -0.035578
 8       0.000000       2.640941       0.002558       0.000000      -0.137767
 9       0.000000     -33.949175      -0.828789       0.000000      -0.070916
10       0.000000     -34.390940      -1.705563       0.000000       0.014424
11       0.000000     -34.351916       0.000000       0.000000       0.014424
GHOST REFLECTED FROM SURFACES      3    11 AT SURFACE     12
     X               Y              ZZ              HH
-----------------------------------------------------------------
  0.00000        0.144227E-01     0.00000        0.144237E-01
Type <ENTER> to return to dialog.
SYNOPSYS AI>
```

程序创建并运行 RGHOST 命令，当光线返回到表面 11 时，将看到光线的切线(HH)等于 0.0144；但艾里斑半径是 0.00024，希望冷反射弥散斑要比其大得多。经验表明，这款透镜会在显示屏上显示非常严重的冷反射。

同样，根据经验可以了解到，如果透镜以英寸为单位，YNI 的最小值应为约 0.009，对于以毫米为单位的透镜，YNI 的最小值应为 0.229。(即使透镜是 AFOCAL 并且光线输出是角度，与透镜单位无关，YNI 的数量也是长度单位，因此其与这些单位成比例。)

纠正这个透镜，以获得更好的冷反射值。以下是 PANT 和 AANT 文件(C30M2)：

```
PANT
VY 0 YP1
VLIST RD ALL
VLIST TH ALL
END
AANT P
AEC
ACC
GSR      0.500000       5.000000       4   M       0.000000
GNR      0.500000       3.000000       4   M       0.750000
GNR      0.500000       1.000000       4   M       1.000000
M   0.350000E+03   0.100000E+00 A TOTL
ACC 10 .1 1
AAC 26 .1 1
M 13.37 1 A P YA 1 0 0 0 2
M 0 1 A P YA 1 0 0 0 10
M -.076 10 A P HH 1
ADT 7 .1 10

LLL .23 1 .1 A NAR 3
END
SNAP    0/DAMP 1
SYNOPSYS  100
```

运行这个程序，发现透镜变化很小。冷反射如何？

```
SYNOPSYS AI>NAR

ID FLIR DSEARCH                        55602           10-NOV-20   08:08:10

NARCISSUS ANALYSIS

SURF        YNI          Imarg/Ichief     CYNI         RATIO (M/C)

  1        1.5688         2.5873         1.0082          1.5560
  2        1.7327         1.4803         2.1432          0.8085
  3        0.2295         0.0944         4.5598          0.0503
  4        1.0226       -32.0901         0.0614         16.6548
  5        1.5012         1.3930         2.2109          0.6790
  6        1.0311         3.8484         0.5899          1.7480
  7        0.2229        -0.2105         4.4805          0.0498
  8        0.4903         3.3052         0.6506          0.7535
  9        2.1366         1.2231         0.2087         10.2351
 10        1.6251        -0.7430         0.2491          6.5249
 11        0.0029         0.0015         0.2217          0.0131
SYNOPSYS AI>
```

透镜得到了很大改善，表面 3 上的小透镜实现了要求的目标。冷反射通常很容易被控制。

有时，提高目标表面的贡献时，另一个表面的冷反射会变得更糟。这种情况经常发生。因此，只需为新表面添加一个目标并重新优化，所有表面就都可以校正到高于极限。最终的透镜如图 30.11（C30L2）所示。

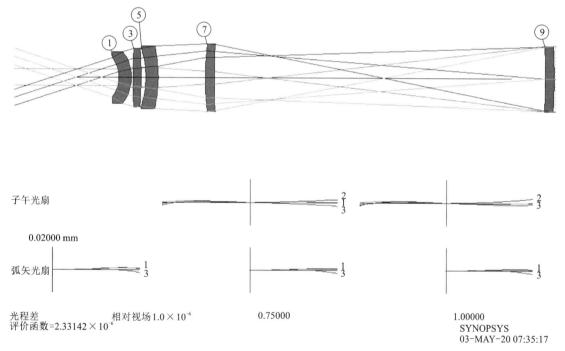

图 30.11　FLIR 最终设计

注：图中带圈数字为透镜的表面编号；图中数字为定义波长下光扇图曲线对应的波长编号。

上面的讨论模拟了探测器位于冷光阑末端的情况。现在，将检查如果它在杜瓦瓶内，而且冷光阑比探测器本身大很多，会发生什么。冷反射可能会更强烈，这仅仅是因为当冷区域很小的时候，其反射的光线比以前更容易达到寒冷的地方。

在这种情况下，必须研究冷反射效应是如何随视场变化而变化的。在上面的讨论中，关注的是

YNI 在 NAR 列表中的值,如果要避免一个较小值,那么返回的光线将对准冷光阑附近。最后一列是 RATIO(M/C),它将在边缘光线处的 YNI 除以主光线处的 YNI。对于后者,需要一个较小的值,因为这意味着冷反射在视场相对恒定,眼睛不太容易察觉。因此,如果两者的比例很大,就得到了两种情况中最好的一种。为了分析这种情况,将使用 FNAR 特征,全视场冷反射。

```
FNAR
NRYS 1000
ICOL P
JNAR 3 5 7
NSTEPS 50
REFL 0.01
CLOC 0 15.3
DISPLAY .8 .75 .85
END
```

此功能要求透镜位于探测器的左侧,如图 30.11 所示。如果透镜被设计成另一种方式,必须先 REVERSE 它。

检查三个表面叠加的冷反射的显示效果。使用上面 NAR 列表中 RATIO 值最小的表面 3,表面 5 和表面 7。冷光阑位置为 0.0,这意味着它位于表面 1,孔径半径为 15.3 mm,如图 30.12 所示。假设调整显示,使背景强度级别为 0.8,并设置增益,使 0.75 的信号显示为黑色,0.85 显示为白色。能看到一个温和的冷反射,蔓延在大约一半的屏幕上。

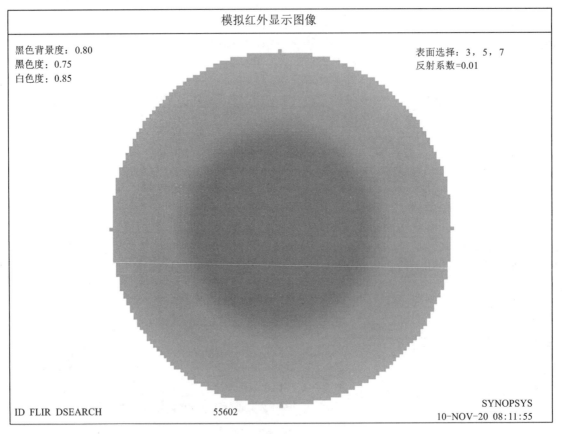

图 30.12　模拟冷光阑在表面 1 显示出的温和的冷反射效应

最严重的贡献来自表面 3 和表面 7,它们的比率最低。如果想进一步减少冷反射,会在 AANT 文件中为这些表面的 RNAR 贡献添加目标,也可以在用户手册中看到。

但是为什么要从 DSEARCH 结果的顶部选择第三个呢？查看搜索结果，部分结果如图 30.13 所示。

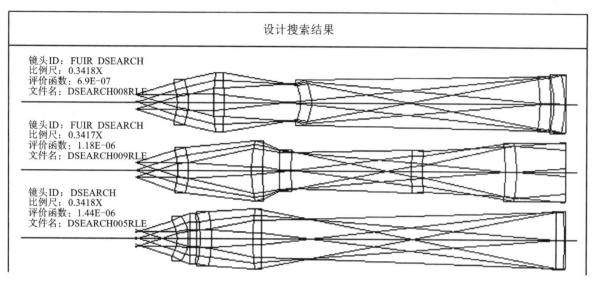

图 30.13　DSEARCH 返回的部分结果

虽然最上面的两个都是非常优秀的设计，两者都将透镜表面定位于非常靠近中间的焦平面。但是当这种情况发生时，其表面的冷反射很严重，不容易校正好。为此，曲率必须变得非常陡峭，防止其他像差过大。所以选择第三个，它能使焦平面远离任何透镜表面。

这就是冷反射的全部意义所在。冷反射通常不难控制，但如果忘记查看 NAR 列表并且不控制值，则可能最终显示非常差的结果而不是期望的结果。

关于这个系统的最后一个说明：锗又重又贵，所以希望元件尽可能薄一些。系统中存在散射，所以再次强调元件要薄。另外，要注意系统不能太热；当锗变热时，锗开始吸收红外光，导致热量不断增加，等等。这被称为"热失控"，需要引起重视，特别是对于高功率的 CO_2 激光器。在这个透镜设计中，元件 3 用的是 ZnSe，同样也很贵，所以应尽可能减薄元件。

第 31 章
理解人工智能

> 自带语言输入；人工智能改变透镜参数；自动循环迭代评估

前面的章节已经介绍了 SYNOPSYS 的一些 AI 特性，本章将更全面地介绍这个工具的功能和使用方法。输入 AI 命令或点击"AI"按钮 ，都可以打开 AI 模式。它可以通过命令 INTERACTIVE 或者点击"AI off"按钮 打开 AI，如果它还没有打开，可 FETCH C31L1 并创建一个检查点。AI 练习的示例透镜如图 31.1 所示。

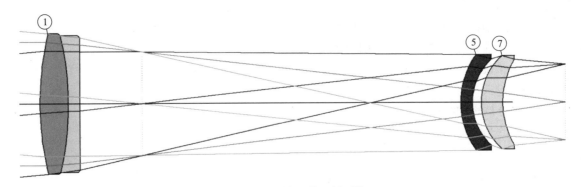

图 31.1　AI 练习的示例透镜

注：图中数字为透镜的表面编号。

表面 3 后的空气间隔距离是多少？询问 AI：

    SYNOPSYS AI>3 TH?

    The thickness or spacing of surface number 3 is   26.3666993

将其改为 27：

    SYNOPSYS AI>TH 3 = 27

     The thickness or spacing of surface number 3 is   27.00000000

三阶球差是多少？询问 AI：

    SYNOPSYS AI>What is the third-order spherical aberration?

    The third-order spherical aberration sum (SA3) is   -0.02340108

或者可以键入一个非常简单的句子：

```
SYNOPSYS AI>SA3?

    The third-order spherical aberration sum (SA3) is      -0.02340108
```

最后一个问题是"SA3?"，其在语法上和前面的句子一样，如果用户更喜欢简洁输入，可以采用这种方式。通常，AI 输入是非常灵活的。程序解析句子，找到主语和动词，满足任何条件，然后试图回答问题。

因为 SYNOPSYS 中的许多任务可以通过多种方式完成，所以可以找到最简单的。假设想知道表面 7 的全局 z 坐标。可以键入"ASY GLOBAL"命令并从列表中选择答案：

```
SYNOPSYS AI>ASY GLOB

THIS LENS HAS NO SPECIAL SURFACE TYPES
THIS LENS HAS NO TILTS OR DECENTERS
Global mode has been turned on.

GLOBAL COORDINATE DATA

GLOBAL COORDINATE SURFACE LOCATION IN COORDINATE SYSTEM OF SURFACE  1
```

SURF	X	Y	Z	NOTES	ALPHA	BETA	GAMMA
1	0.000000	0.000000	0.000000		0.00000	0.00000	0.00000
2	0.000000	0.000000	12.000000		0.00000	0.00000	0.00000
3	0.000000	0.000000	17.000000		0.00000	0.00000	0.00000
4	0.000000	0.000000	43.366699		0.00000	0.00000	0.00000
5	0.000000	0.000000	179.512319		0.00000	0.00000	0.00000
6	0.000000	0.000000	184.512319		0.00000	0.00000	0.00000
7	0.000000	0.000000	188.168005		0.00000	0.00000	0.00000
8	0.000000	0.000000	197.168005		0.00000	0.00000	0.00000
9	0.000000	0.000000	223.717528		0.00000	0.00000	0.00000

但是，问 AI 能更容易得到答案：

```
SYNOPSYS AI>7 ZG?

Surface number   7   is not controlled by any tilt or decenter.
Surface number   7   has a global Z-coordinate of      188.16800509
```

如果想改变这个值，而表面 7 目前还没有分配全局坐标，可以去 SpreadSheet 并将数据输入到子菜单中，或者使用工作表或 CHG 文件并以正确的格式输入数据。然而，在这种情况下，问 AI 更好：

```
7 ZG = 200
```

这个简单的句子指定了全局坐标。AI 功能中最有用的一个功能是制作一个与其他东西的对比图。将透镜恢复到之前做的检查点，然后移除近轴解：

```
CHG
NOP
END
```

输入以下句子后，查看色差校正，如图 31.2 所示。

```
PLOT DELF FOR WAVL = .4 TO .8
```

由于透镜现在没有求解项，近轴离焦（DELF）随波长变化而变化。如果透镜被分配一个 YMT 解，那么 DELF 在所有波长上都是 0，此时使用后焦点（BACK）（注意，使用 NOP 条目删除了曲率，因为不希望最后一面半径也随波长变化而被改变）。

假设正在设计的一个透镜存在多波长的问题。想多次查看图形的输出，但又不想每次输入很长的句子。该怎么做呢？可定义一个新的命令 SC：

```
SC: PLOT BACK FOR WAVL = .4 TO .8
```

现在只要输入 SC，程序就会再次输出这个图。把这个定义放在 CUSTOM.MAC MACro 中，每次启动程序时它都会显示出来。

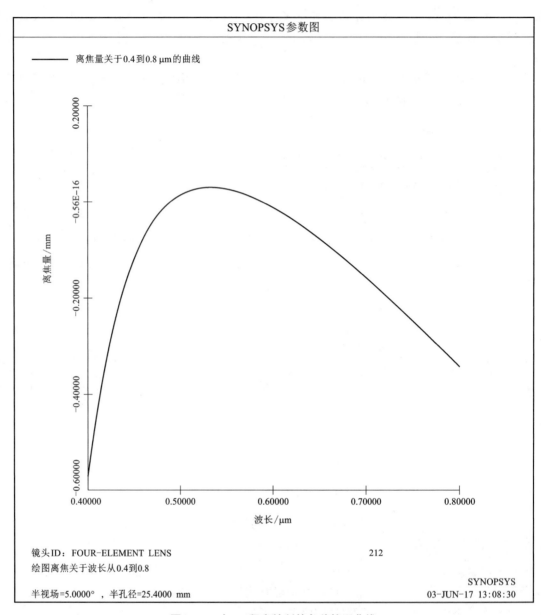

图 31.2　由 AI 程序绘制的色差校正曲线

这个原理很简单：用一句英语询问 AI。针对于有限范围的问题，它也可以识别很多内容。程序识别的句子有五类：

(1)关于某类事情的询问；

(2)对某些事进行更改；

(3)每次循环、修改和评估其他内容，通常是对结果进行绘图；

(4)为字符串指定符号；

(5)评估一个方程。

所有这些都在用户手册第 15 章中进行了解释，可以阅读从第 15.2 节开始的入门部分。

AI 的词汇量只有几百个单词，如果让 AI 显示主语、动词或条件，可以在显示器上看到一个列表。需要以直观的方式对其进行更改：

```
4 RAD=123.456
Change radius 4 to 123.456
Increase 4 RD by 12.66
Increase 4 RAD to 33.5
```

注意最后两个例子之间的区别。最后一句实际上是没用的,除非表面 4 的半径小于 33.5。如果 AI 识别到某些像是一个错误的内容,就会给出有用的建议。

 ## 31.1　错误校正

说到错误,作为一个新用户,会犯很多错误。这也是这个程序有大量菜单和对话框的原因之一。单击按钮时,这些对话框会为用户提交命令,在这种情况下,格式当然是正确的。然而,一些功能也可以用一个非常简单的命令来运行,通常通过手动输入这些命令来更快地完成这些任务;简单的错误也可以很快改正,而且通常不需要重新输入整个句子。假设打错了:

```
4 RRD=123.456
```

RRD 字符不在词汇表中,程序会立即要求重新输入四个从 RRD 开始的字符。因此输入 RAD(注意 RAD 后面的空格:程序用任何类型替换四个字符)后,它修复了句子并正确地继续。这种错误修正既适用于 AI 句子,也适用于普通的 SYNOPSYS 命令。输入

```
DDW 0 1 123 HBAR 0 1-1
```

会生成相同的错误消息,如果输入"DWG"(注意在 G 后有空格),将正确执行绘图命令。

最后,如果输入混乱到只想从头开始,只要按下<Esc>键,AI 就会把句子删掉。

 ## 31.2　MACro 循环

AI 循环功能非常强大和通用。衍射图像分析有很多种,可以在 MDI 对话框中看到,但如果没有想要的视场的波前差图,可以自己设置。比如,要绘制现场的方差图。

实际上有一个命令可以进行这种分析,但在这里说明了在没有命令的情况下,如何使用 AI 工具来创建自己的特性。

选择 VAR 条目上的"多波长"选项,单击"VAR"按钮,如图 31.3 所示。

程序输出 VAR 值:

```
    VARIANCE      STD. DEV.        STREHL R.       XIP            YIP
   0.287577E-01  0.157605        0.428754      -0.492627E-20  0.874175E-21

   VARIANCE IN EACH COLOR AT ABOVE IMAGE POINT:

   WAVELENGTH, WEIGHT      0.587560      1.000000

     VARIANCE      STD. DEV.        STREHL R.
    0.591760E-01  0.243261      0.966967E-01
   WAVELENGTH, WEIGHT      0.656270      1.000000
     VARIANCE      STD. DEV.        STREHL R.
    0.910363E-02  0.954130E-01  0.698097
   WAVELENGTH, WEIGHT      0.486130      1.000000
     VARIANCE      STD. DEV.        STREHL R.
    0.179936E-01  0.134140      0.491468
    Type <ENTER> to return to dialog.
    IMAGE>
```

和 SYNOPSYS 的其他特性一样,VAR 命令将其结果的副本放入 AI 缓冲区中,可以要求查看带有问号的内容"BUFF?"。

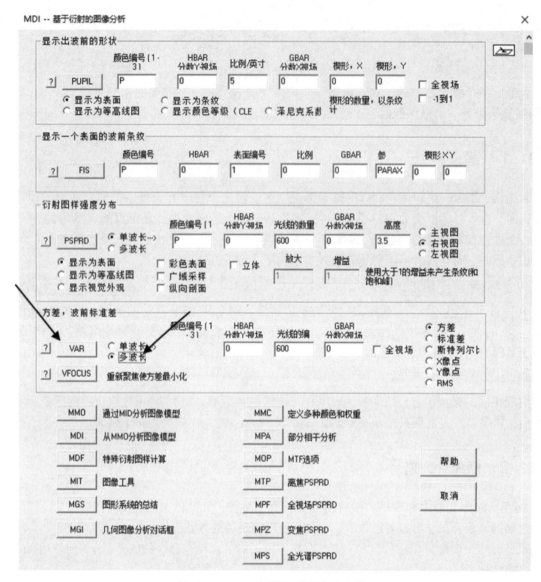

图 31.3　MDI 对话框, 选择多色方差

```
IMAGE>BUFF?

The current FILE BUFFER contains
    1       0.02875775   VARIANCE
    2       0.15760478   STD. DEVIA.
    3       0.42875398   STREHL R.
    4      -4.92627452E-21   X IM. POINT
    5       8.74175408E-22   Y IM. POINT
    6       1.00000000   TRANS. FRAC.
    7       0.05917602   VARIANCE
    8       0.24326121   STD. DEVIA.
    9       0.09669675   STREHL R.
   10       0.58756000   WAVEL.
   11       0.00910363   VARIANCE
   12       0.09541296   STD. DEVIA.
   13       0.69809714   STREHL R.
   14       0.65627000   WAVEL.
   15       0.01799359   VARIANCE
   16       0.13414018   STD. DEVIA.
   17       0.49146805   STREHL R.
   18       0.48613000   WAVEL.
```

假如文件位置 1 有所需的数据。请求"VAR"按钮提交的命令的副本,输入"LMM"(也可以在 MACro 菜单下拉列表中找到)。打开 EE 编辑器,使用恰当格式的 VARIANCE 命令,如图 31.4 所示。

还需要告诉 AI 改变图上每一点的相对视场。选择字符"VAR",然后向下查看托盘,如图 31.5 所示。

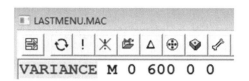

图 31.4　从 MDI 对话框中运行后,
由 LMM 自动格式化的 VARIANCE 命令

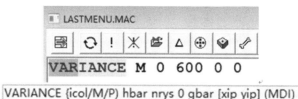

图 31.5　选择字符"VAR",
将在托盘中显示命令格式

程序显示命令的格式,可以看到相对视场(托盘上的"hbar")在单词 3 中。在编辑器中编辑命令,将该命令替换为命令"AIP"(代表"AI 参数"),如图 31.6 所示。然后告诉 AI,绘图上的纵坐标是从 AI 输出缓冲区中的文件位置 1 获取的。

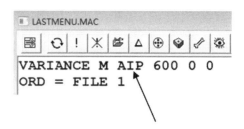

图 31.6　相对视场请求被字符"AIP"替换,结果将来自 AI 缓冲区中的第一个文件位置

通过单击"Load this"按钮 将这个 MACro 加载到内存中(也可以单击"Run MACro"按钮 ,该按钮也将加载该 MACro,运行 AIP 的当前值)。现在输入 AI 句子:

IMAGE>DO MACRO FOR AIP=0 TO 1

程序循环默认 100 种情况,然后显示所需的绘图,如图 31.7 所示。

这也很容易改变坐标轴上的标签:

ALAB="REL. FIELD"
AGAIN

使用内置命令来完成这项任务,只需进入 MDI 对话框,选择"Over field"复选框,输入适当的数据,然后单击"VAR"按钮。

可以循环很多内容。例如,如果用户设计了变焦透镜,可以输入:

PLOT DISTORTION FOR ZOOM=1 TO 9.

AI 还有一个非常有用的特性,可以执行简单的计算,包括从其他特性输出的结果。打开名称为 4. RLE 的透镜。如图 31.8 所示(FETCH 4)。

用 CAP 命令查看当前的通光孔径:

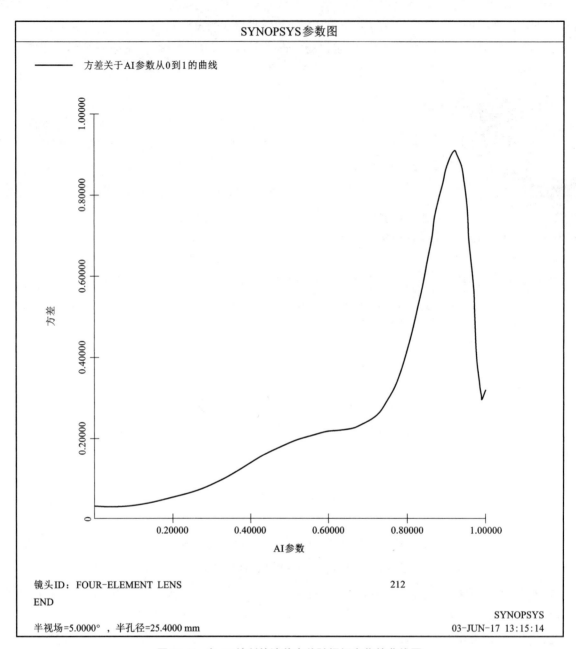

图 31.7　由 AI 绘制的波前方差随视场变化的曲线图

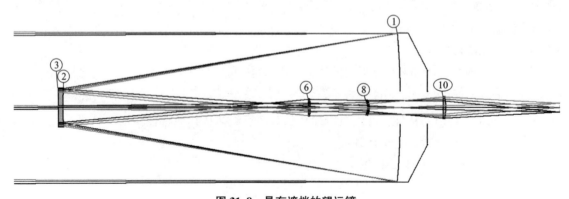

图 31.8　具有遮挡的望远镜

注：图中数字为透镜的表面编号。

```
SYNOPSYS AI>CAP
```

ID RELAY FLAT   141   01/13/2024   12:05

CLEAR APERTURE RADIUS

SURF	X OR R-APER.	Y-APER.	REMARK	X-OFFSET	Y-OFFSET	EFILE?
1	8.0014		Soft CAO			*
1	1.7500		* User CAI			*
2	2.0456		Soft CAO			*
3	2.0070		Soft CAO			*
4	1.9644		Soft CAO			*
5	0.4628		Soft CAO			
6	0.8797		Soft CAO			*
7	0.8849		Soft CAO			*
8	0.7373		Soft CAO			*
9	0.7780		Soft CAO			*
10	1.1225		Soft CAO			*
11	1.1340		Soft CAO			*
12	0.4899		Soft CAO			

目前,这款镜子的内孔径(CAI)为1.75。假设想让它等于表面2的外部孔径。以下是 AI 的运行过程:

```
SYNOPSYS AI>Z1 = CAO OF 2
The semi-aperture on surface number  2  is          2.04561850
SYNOPSYS AI>CAI OF 1 = Z1
Surface number  1  has an inside semi-clear aperture       2.04561850
```

这里,使用20个 Z 参数中的一个,将值从一个位置转移到另一个位置。现在表面1上 CAI 等于表面2的 CAO。

最后,AI 可以进行简单的计算。只需输入一个以等号"="开头的句子,并且只涉及常量、Z 参数以及任何当前定义的等同于数字的符号。例如,如果变量 $Z1$ 当前等于2.055619,AIP 的值为3.66,可以这样计算:

```
 SYNOPSYS AI>AA: 4.147
SYMBOL  42 DEFINED: AA *
4.147
SYNOPSYS AI>= Z1 + AIP + AA
= Z1 + 0                 + AA
= Z1 + 0                 + 4.147
The composite value is        6.19261850
```

建议用户阅读用户手册的第15章,可以参考如何使用 AI 的其他例子。

第 32 章

注释编辑器

给图形添加注释；在透镜图纸上增加公差标注

在本章中，将学习如何使用 SYNOPSYS 的注释编辑器，这是一种可以向图形绘图添加多种符号和文本的工具。取出保存为 1. RLE 的透镜，并绘制图纸，如图 32.1 所示。

```
FETCH 1
DWG
```

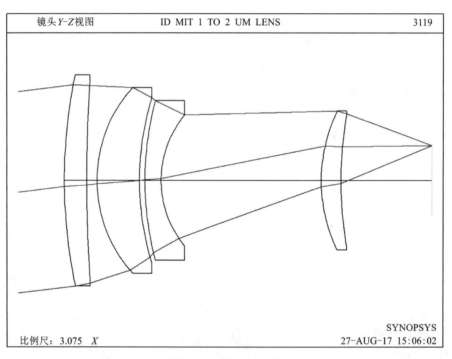

图 32.1　透镜 DWG 图

现在，在图纸上添加一条警告信息。单击图形窗口工具栏上的"Annotate"按钮 **Ab**，打开注释编辑器工具栏，单击最左侧的按钮，如图 32.2 所示。

图 32.2　打开注释编辑器

点击在元件 3 上方的图形位置。输入如图 32.3 所示的文本，选择大小 14，然后单击"确认"。

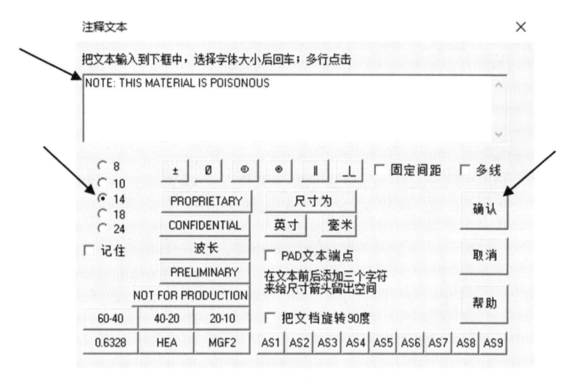

图 32.3　在注释编辑器中输入文本

显示在图纸上的文本，如图 32.4 所示。

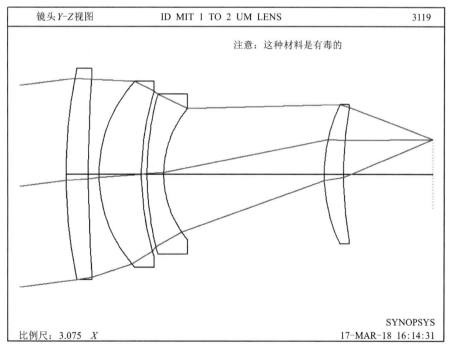

图 32.4　DWG 图中添加注释

这还有没完成。需单击"Arrow"按钮，如图 32.5 所示。
然后单击文本行下方并向下拖动到元件 3，添加箭头，如图 32.6 所示。

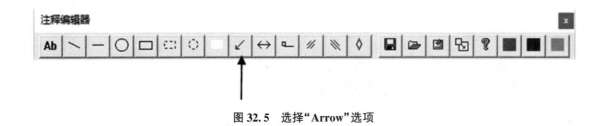

图 32.5 选择"Arrow"选项

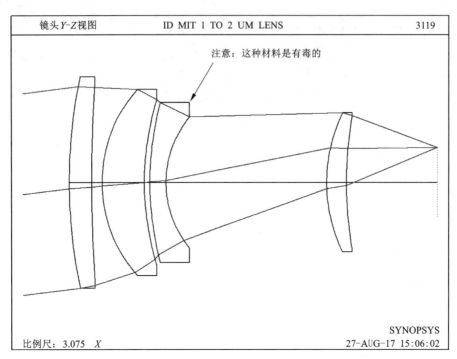

图 32.6 DWG 图中添加箭头和文本行

　　单击工具栏上的红色框并绘制指向最后一个元件的另一个箭头,然后在其中添加更多文本,如图 32.7 所示。

　　再次单击红色框(将其关闭)并单击最左侧的 hashmark 按钮,如图 32.8 所示。

　　在显示元件 2 的区域中单击几次。元件显示散列标记,如图 32.9 所示。

　　尝试使用正确的 hashmarks 按钮并向元件 3 添加标记。如果在点击元件时按住<Ctrl>键,则散列标记会更小,这适用于较小的元件,如图 32.10 所示。在这个过程中,需清楚如何使用直线、圆和矩形按钮,其是被用于在图纸中拖动以定义注释的大小和位置。

　　如果想再次改变它怎么办?很简单:单击"Edit"按钮,如图 32.11 所示。

　　添加的所有注释都包含一个编辑句柄,点击一个,它就变黑了。然后,可以按下<Delete>键来删除它,将它拖到另一个位置,或者双击编辑它。所有这些操作都相当简单。现在我们将进行更高级的操作。编辑一个 MACro 并运行它,然后打开对话框(MPL),输入如图 32.12 所示的数据。

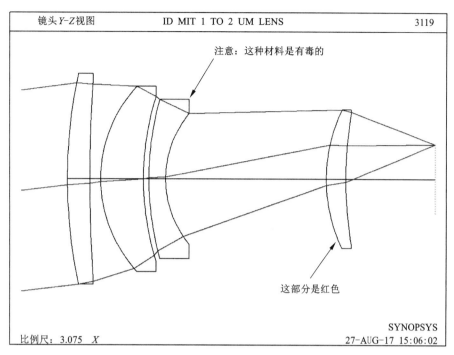

图 32.7 DWG 图中添加红色文本行

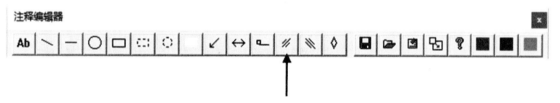

图 32.8 选择 hashmark 选项

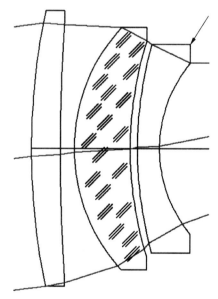

图 32.9 带有散列标记的元件

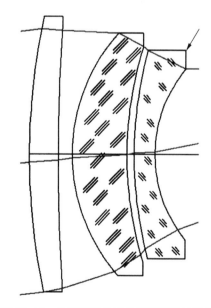

图 32.10 具有两种类型的散列标记的元件

图 32.11 选择编辑处理

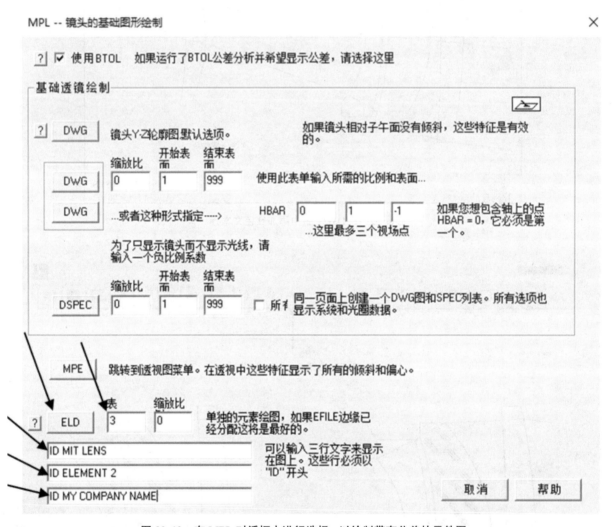

图 32.12 在 MPL 对话框中进行选择，以绘制带有公差的元件图

```
CCW
FETCH 1
BTOL 2
TPR ALL
DEGRADE WAVE 0.2
GO
```

该程序为透镜进行公差分析，ELD 命令为元件 2 绘图。

打开 MPL 对话框并选中使用 BTOL 复选框，点击 ELD 按钮。BTOL 产生的元件公差如图 32.13 所示，这是 USE BTOL 命令的功能。

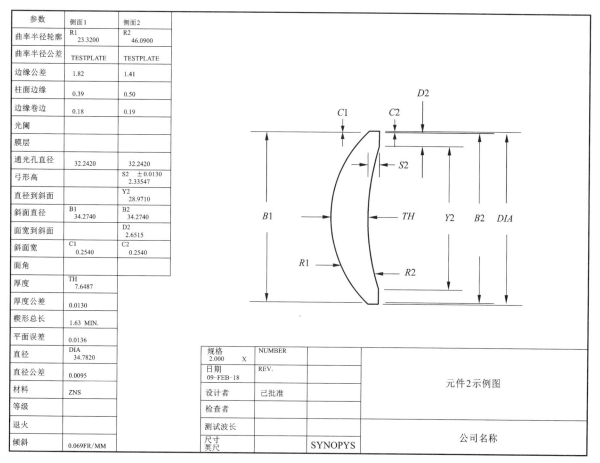

参数	侧面1	侧面2
曲率半径轮廓	R1 23.3200	R2 46.0900
曲率半径公差	TESTPLATE	TESTPLATE
边缘公差	1.82	1.41
柱面边缘	0.39	0.50
边缘卷边	0.18	0.19
光阑		
膜层		
通光孔直径	32.2420	32.2420
弓形高		S2　±0.0130 2.33547
直径到斜面		Y2 28.9710
斜面直径	B1 34.2740	B2 34.2740
面宽到斜面		D2 2.6515
斜面宽	C1 0.2540	C2 0.2540
面角		
厚度	TH 7.6487	
厚度公差	0.0130	
楔形总长	1.63　MIN.	
平面误差	0.0136	
直径	DIA 34.7820	
直径公差	0.0095	
材料	ZNS	
等级		
退火		
倾斜	0.069FR/MM	

规格	NUMBER		元件2示例图
2.000　　X			
日期 09-FEB-18	REV.		
设计者	已批准		
检查者			
测试波长			公司名称
尺寸 英尺	SYNOPYS		

图 32.13　自动添加公差的元件图

　　所有公差都由程序作为注释而不是图形文本添加的，因此如果要更改或自定义任何内容，可以使用"Edit"按钮执行此操作。此刻的绘图没有指定表面光洁度或膜层，但也可以使用注释编辑器添加这些数据。抛光通常由划痕规格指定，例如 40~60，这对大多数透镜来讲是一个较好的品质标准，或20~10，这是一种非常高的品质要求，主要用于分划板。未镀膜的玻璃表面反射约 4% 的入射光，因此除了要胶合到另一片透镜上的表面，其他所有表面都是正常镀膜的，以减少不必要的反射。对于多片式透镜，光损失将很快变得不可接受，否则反射光必须到达某处，通常会在最终图像处出现遮光、眩光。最便宜的膜层是 1/4 波长的 MgF_2 层，但今天人们通常会指定一种高效抗反射膜层（HEA）并给出应该设计的波长范围。这种膜层每表面损失可小于 0.1%。

　　也可以要求 ELD 自动标注膜层和抛光。它能接受表格输入，然后将这些注释字符串添加到图形上相应的框中。

　　这里有一个技巧：要为每个元件绘图添加注释。只能输入一次的方法是可以使用命令定义 9 个注释字符串。我们将定义第一个：

　　AS1 "GET MELT DATA FOR ALL ELEMENTS"

　　现在，打开注释文本编辑器，单击绘图，然后单击"AS1"按钮 **AS1**。字符串会在文本窗口弹出。单击"OK"后，它就在图中，如图 32.14 所示。

　　这是另一个很好的技巧。要想列出产生特定绘图的 MACro，需先做一个 MACro 如下：

参数	侧面1	侧面2
曲率半径	R1 23.3200	R2 46.0900
半径公差	测试板	测试板
边缘公差	1.84	1.42
柱面	0.30	0.50

获得所有元件的熔体数据

图 32.14 通过注释编辑器自动添加注释字符串

```
OFF 88
PER 20 30 2 1 99
PLOT
RED
RAY P
BLUE
PUP 2 1 20
TRA P 1 0 20
END
```

选择文本并按<Ctrl>+C 键将一个副本放在剪贴板上。现在运行 MACro, 当图片出现时, 打开注释编辑器, 选择"Text", 然后点击空白的地方。现在将剪贴板粘贴到编辑窗格中, 使用<Ctrl>+V 键, 选择大小为 14 并单击"OK"。注释显示出来的图形, 如图 32.15 所示。

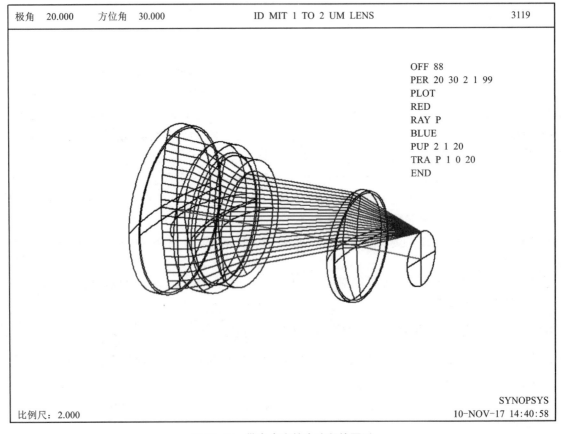

图 32.15 带命令字符串注释的图形

如果要保存图片(使用'save'按钮),注释也会被保存。保存图片后,可以轻松地复制注释并将其放到新图片上。只需创建新图片,然后在注释编辑器中单击"Fetch"按钮 并选择要复制的文件,所有注释都会被返回。该按钮会删除之前的注释,但是如果用户想要添加之前的注释,那么可以使用"Copy"按钮 。

第 33 章

理解高斯光束

高斯光束的传输；用真实光线建模

通常激光器产生的是直径非常小的光束，常用作各种光学系统的物面。光源这种光束的强度是非均匀的，在理想情况下遵循高斯分布，因此被称为高斯光束，并且在许多实际情况下以特殊的方式偏离该分布。在设计和分析具有这种激光照明的系统时，必须考虑两个问题：轮廓的形状以及直径非常小的光束在传输时表现出的强烈衍射效应。

 ## 33.1 SYNOPSYS 中的高斯光束

与大多数复杂的功能一样，SYNOPSYS 程序的目标是获得精确的结果，尽可能让过程不那么复杂。因此，此处以一种新颖的方式处理了这种光束的特殊性质。

现在主要的问题是，如果光束直径很小，衍射在光束中起主要作用。另外，穿过普通透镜的光线(光束直径比光的波长大得多)会沿着直线到一个非常好的近似值，然后就可以处理"光线"了。对于高斯光束，只要光束很小，光线就不是沿直线传播。光线的路径是弯曲的，这点在光线追迹中需要特别注意。

考虑以下系统(C33L1)，使用高斯光束的激光系统如图 33.1 所示。

```
RLE
ID OBG DEMO
OBG .15 2
UNI MM
WA1 .6328
1 TH 50
2 RD -2.55 TH 2 GTB S
BK7
2 CAO 2
3 CAO 2
3 RD -55 TH 100
4 RD 100 TH 2 PIN 2
5 TH 50 UMC
4 CAO 10
5 CAO 10
7
AFOC
END
```

根据这类光束的规则，物面被声明为 OBG 类型，其束腰位于表面 1，半径为 0.15 mm。根据 OBG

行的第三个单词, 关心的是在 $1/e^2$ 点的两倍处的入射光线。图 33.1 所示的边缘光线起源于光束中的这一点。该示例还包括两个简单的透镜, 用于扩展和重新准直光束。

图 33.1　使用高斯光束的激光系统

注: 图中数字为透镜的表面编号。

如果把表面 1 上的光束精确准直, 表面 2 上的光线截距和表面 1 上的光线截距是一样的。但这是不正确的, 因为衍射会放大到达那里的光束。为了解释这一效应, 该程序认为束腰处有轻微的弯曲, 刚好使从表面 1 追迹的真实光线照射到与带有相同发散角衍射高斯光束大致相同的位置的表面 2 上。从这一点出发, 可以用通常的光线追迹方法来处理衍射光束, 前提是其之后的衍射最小。这个技巧有多准确?

要求提供光束追迹, 根据近轴高斯光束理论对光束进行所有位置评估:

```
SYNOPSYS AI>BEAM

ID OBG DEMO                                33262         13-MAY-13    14:16:08

GAUSSIAN BEAM ANALYSIS

SURF    BEAM RADIUS   WAIST LOCATION     WAIST RADIUS        DIVERGENCE
─────────────────────────────────────────────────────────────────────────
  1      0.150000  -7.5157030E-15        0.150000           0.001343
  2      0.164341       -7.368983        0.005965           0.022287
  3      0.208892       -6.563589        0.006332           0.031811
  4      3.389933     -357.899054        0.014036           0.009472
  5      3.408876    -2087.561971        3.406641        5.9127598E-05
  6      3.408985    -2137.561971        3.406641        5.9127598E-05
  7      3.408985    -2137.561971        3.406641        5.9127598E-05
```

注意, 由于衍射作用, 表面 2 上的光束半径大于表面 1 上的光束半径。现在在光瞳点 $(0, 0.5)$ 处追迹一根真实的光线, 即 $1/e^2$ 点:

```
SYNOPSYS AI>RAY P 0 0 .5 SURF

INDIVIDUAL RAYTRACE ANALYSIS

FRACT. OBJECT HEIGHT            HBAR     0.000000    GBAR     0.000000
FRACT. ENTRANCE PUPIL COORD.    YEN      0.500000    XEN      0.000000
COLOR NUMBER                     1

                    RAY VECTORS          (X DIR TAN)  (Y DIR TAN)  (INC. ANG.)
SURF     X            Y           Z         ZZ          HH          UNI
─────────────────────────────────────────────────────────────────────────
 OBJ  0.000000     0.000000    0.000000   0.000000    0.000549
  1   0.000000     0.136910    0.000000   0.000000    0.000549     0.031434
  2   0.000000     0.164338   -0.005301   0.000000    0.022307     3.663636
  3   0.000000     0.209062   -0.000397   0.000000    0.031846     1.060103
  4   0.000000     3.395560    0.057666   0.000000    0.009449     3.769940
  5   0.000000     3.413463   -0.047616   0.000000   -5.576629E-05  1.057009
  6   0.000000     3.410672    0.000000   0.000000   -5.576629E-05  0.003195

         REDUCED RAY ANGLES IN RADIANS AT IMAGE SURFACE
         PSI (X)      PHI (Y)              Z
         0.000000  -5.576629E-05       0.000000
```

这根真实光线的路径与 BEAM 追迹非常接近。现在有一个工具,可以在分析和优化这样一个系统时使用真实的光线。只要光束在系统的早期就被扩展,衍射在之后几乎没有影响,这个真实光线近似是有用的,并且建立起来很简单。

 ## 33.2　复杂的情况

但有时也会出现一些复杂的情况。例如,假设在束腰处有一片透镜。如果表面 1 的厚度为零,或者该表面不是虚拟的,程序就不能对其进行上述调整。相反,它会调整几何形状,以便可以追迹一个 OBA 对象(有限的物距)

```
TH0 = 1.0E14
YP0 = TH0 ∗ DIV
YMP1 = WAIST ∗ RBS
YP1 = 0.0
```

因此,物体在无限远处,入瞳半径是输入 OBG 束腰的函数。在这种情况下,程序仍然可以运行 BEAM 分析,但是衍射不像以前那样考虑实际光线。然而,如果第一片透镜扩展了光束,那么衍射无论如何都起不到什么作用,这仍然是一个有用的方法。

但如果光束中有一个或多个表面或透镜,但它仍然非常小呢?假设有一个扩束器距离腰部 1 m,在这条光路上有几个折叠式反射镜。要注意,描述的技巧只在表面 1 和 2 之间起作用,在这种情况下,其他表面之间的衍射将被忽略,但在本例中不应该被忽略。幸运的是,还有另一个技巧非常简单。

将 1 m 的厚度分配给表面 1(或者不管到扩束器的距离有多远),在该距离处放置一个虚拟表面 2,然后指定一个减去 1 m 的厚度(或返回第一个元件或镜子的任何距离)到表面 2。现在,程序可以调整束腰处的光束属性,以便在虚拟表面 2 处考虑衍射。如果追迹真实光线,它将在高斯光束的相同位置击中表面 2,而一旦光束真正地到达扩束器,路径之后将是正确的。

同时击中表面 2 到第一片透镜或镜像到表面 2,像高斯光束那样放置,并且一旦光束实际到达扩展器,该路径此后将是正确的。

 ## 33.3　光束轮廓

要观察高斯光束的轮廓,可键入以下 AI 句子:

```
STEPS = 100
PLOT TRANS FOR YEN = −1 TO 1
```

图 33.2 显示了一个漂亮的高斯形状。其实还有其他方法可以看到该形状。第 15 章就介绍了如何使用 COMPOSITE 像差格式制作 MACro 来绘制轮廓,以及如何设计一个简单的系统来扩展光束并同时产生均匀的强度。它还展示了衍射传播程序 DPROP 如何分析改进的能量分布,为分析这种光束提供了另一种方法。

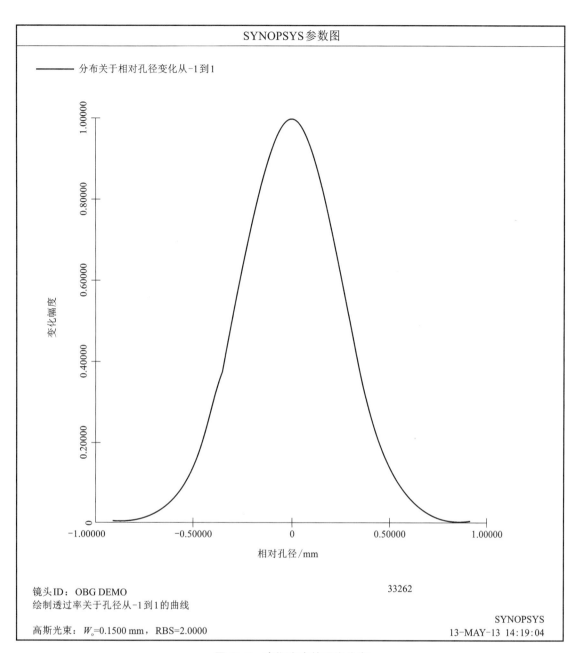

图 33.2　高斯光束的强度分布

 ## 33.4　对像质的影响

输出一个衍射图样，由于光束是高斯的，远视场图像在形状上也是高斯的。转到 MDI 对话框，请求一个 PSPRD 绘图，如图 33.3 所示，并指定 9999 光线（能量都集中在光束中心的附近，用更少的光线来分析图像就不那么精确了）。

事实上，根本没有衍射环。这是高斯光束的一个性质。衍射主要发生在光束的边缘附近，如果边缘非常模糊，且已经下降到远低于中心的值，那么边缘的衍射就不起作用了。

要了解关于高斯光束的其他细微之处，包括非圆光束和光束质量的影响，请在命令窗口中输入"HELP OBG"。

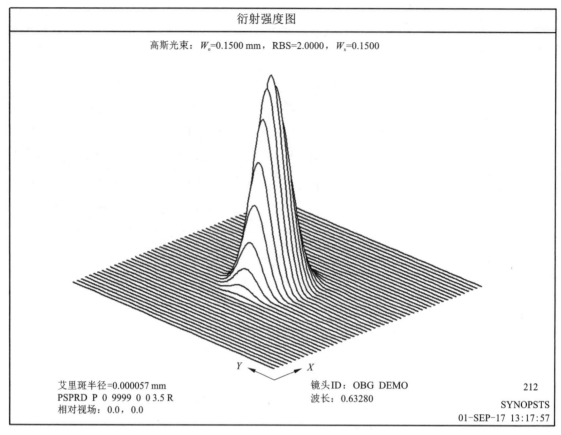

图 33.3 高斯光束的衍射图

第 34 章
超消色差透镜

用赫茨伯格(Herzberger)理论修正色差

本章将探索 SYNOPSYS 的 FST 特性,当需要特殊的色散校正时,此特性会很有帮助,甚至比复消色差的效果更好。第 12 章展示了如何选择三种玻璃类型,使在三种波长的轴向色差的校正成为可能。

假设我们正在设计一个波长范围为 0.4~1.0 μm 的透镜。能用高消色差透镜做吗?以下是初始系统(C34L1)的 RLE 文件,除了最后一个,所有的表面都是平的,它是一个 6 in(1 in=2.54 cm)孔径的 F/8 望远镜目镜:

```
RLE
ID WIDE SPECTRAL RANGE EXAMPLE
OBB 0 . 25 3
UNITS INCH
1 GLM 1.6 50
3 GLM 1.6 50
5 GLM 1.6 50
6 UMC −0.0625 YMT
7
1 TH .6
2 TH .1
3 TH .6
4 TH .1
5 TH .6
END
```

这个设计文件中还没有指定波长,所以使用默认的 CdF 谱线。但必须进行波长改变。打开光谱向导(MSW),并更改图 34.1 中所示的数据。

点击"获得光谱"按钮后,点击"应用于镜头"按钮,让该透镜有更宽的光谱范围。初始透镜如图 34.2 所示,它除了最后一面,所有曲率都是平的。

现在改变玻璃模型、半径和空气间隔进行优化。编辑一个 MACro:

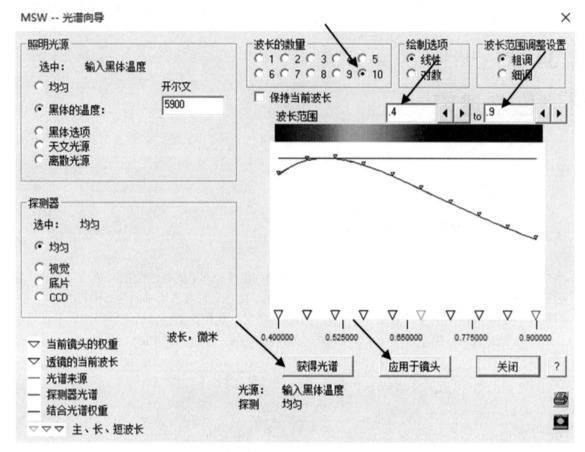

图 34.1 选择 0.4 ~0.9μm 内的十个波长的光谱向导

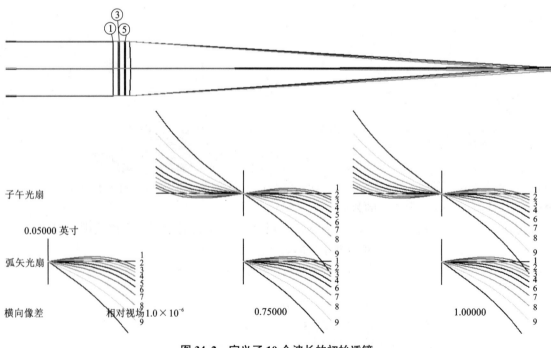

图 34.2 定义了 10 个波长的初始透镜

注:图中带圈数字为透镜的表面编号;图中数字为定义波长下光扇图曲线对应的波长编号。

```
LOG
STO 9
OFF 1
PANT
VLIST RAD 1 2 3 4 5
VLIST TH ALL
VLIST GLM ALL
END

AANT
ACM .5 1 1
LUL 5 1 1 A TOTL

END

SNAP
SYNOPSYS 50
```

将鼠标光标放在 AANT 部分的空白行上，然后单击按钮。选择默认评价函数编号 6，因此只需单击"回到宏编辑器"按钮即可。这将自动创建一个简单的评价函数。同时添加对 TOTL 的控制，并通过空气间隔的变化，尽可能的使透镜保持紧凑。修改 AEC 命令行，使透镜边缘的厚度保持在 0.2 inch 以上：

```
...
AANT
ACM .5 1 1
LUL 5 1 1 A TOTL
AEC .2 .01 1
ACC
GSR .5 10 5 M 0
GNR .5 2 3 M .7
GNR .5 1 3 M 1

END
...
```

在这里，可以通过 AANT 文件中的 M 命令校正所有十种波长。现在开始优化。运行 MACro，然后打开模拟退火对话框。在这种情况下，在对话框中选择"Free GLM"选项，因为玻璃模型很可能立即被固定到玻璃图的冕牌或火石玻璃边界，希望它们可以随着设计形式的变化而自由地离开边界。如果透镜在开始时已经具有合理的结构，则通常不建议使用此选项。运行模拟退火，选择温度 50℃，冷却 2 次，50 次进程数。透镜的效果要好得多，如图 34.3 所示。

校正效果如何？我们可以要求 AI 展示波长的离焦，但目前这是不明智的。该透镜具有曲率求解，并且在每个波长下程序将重新计算它。因此，需制作第二个 MACro，如下所示：

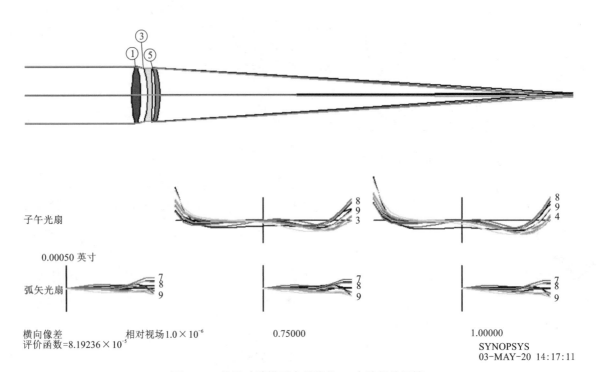

图 34.3　使用玻璃模型变量优化 10 个波长的透镜

注：图中带圈数字为透镜的表面编号；图中数字为定义波长下光扇图曲线对应的波长编号。

```
STORE 9
STEPS = 50
CHG
NOP
END
PLOT DELF FOR WAVL = .365 TO 0.9
GET 9
```

此文件通过输入 NOP 删除所有解(和拾取)，绘制离焦。然后，它以原样的方式返回透镜。色差校正曲线，如图 34.4 所示。

这个透镜已经看起来像一个"superachromat"，这是由 Herzberger 和 McClure 在 1963 年创造的术语。他们认为，如果使用玻璃目录的图表，其中轴为 $P*$ 和 $P**$ 值，然后选择三个位于直线上的玻璃，可以同时校正四个波长。$P*$ 项是指部分色散 $(NF-N*)/(NF-NC)$，其中 F 和 C 是 Fraunhofer 线，分别在 0.4861 和 0.6563 μm；$N*$ 是在 1.014 μm 的 IR 线；$N**$ 是在 0.365 μm 的 UV 线，为用户提供类似的"$P**$ 方程"。在这种情况下，该程序自动找到了很好的玻璃模型组合。

但是，如何自己手动设计一个超消色差透镜了？

首先使用 SYNOPSYS 的玻璃库功能手动找到合适的玻璃组合，然后让程序自动执行任务的另一种方式，这种方式可以节省时间。

SYNOPSYS 的屏幕玻璃库可以显示需要的图。输入"MGT"打开"玻璃选择"对话框，选择"O(Ohara) catalog"，在显示 map 时，单击"图形"按钮，选择底部选项(如图 34.5 所示)，就可以看到如图 34.6 所示的显示。

在图 34.6 中，可以看到每个元件 (红色圆圈)的模型的当前位置。它们排得很好，但它们之间的距离很短。用户要做的是调整线条，使它连接三种玻璃类型，最好是一条直线。选择底部附近的一个玻璃，最好倾向于火石玻璃，并点击"Ctrl"+点击其中一个。这将把黑线的底部放在玻璃上，并在"玻璃"框中显示玻璃名称。然后在分布的顶部选择一个玻璃，点击"Shift"+点击那个，把线的顶部放在那里。现在在这条线的中心附近选择第三个玻璃，并且尽可能地靠近它。单击该符号，也可以看到该玻璃的名称。把这三种玻璃的名字写下来。最终的选择如图 34.7 所示。

　　三个超消色差的潜在玻璃，分别是 S-PHM52、S-NPH5 和 S-TIL27。用户还可以显示相对成本和其他属性，以帮助选择三个可接受的玻璃。然后将这三个玻璃插入透镜并进行优化。如果这不能产生令人满意的透镜，则根据相同的步骤选择不同的玻璃组合。这个过程相当烦琐但有效。

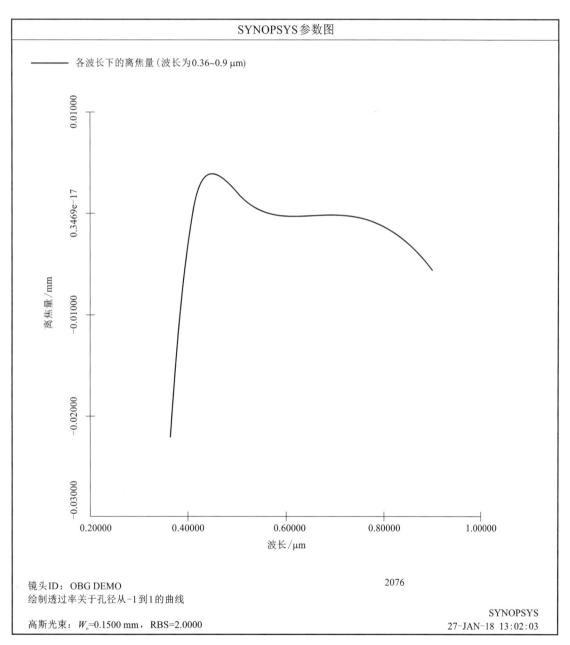

图 34.4　重新优化后的色差校正曲线

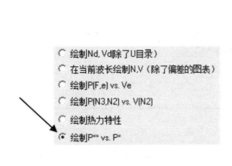

图 34.5 在玻璃图上选择 $P**$ 和 $P*$ 的图形   图 34.6 玻璃图显示,显示 Ohara 玻璃目录的 $P**$ 与 $P*$ 图

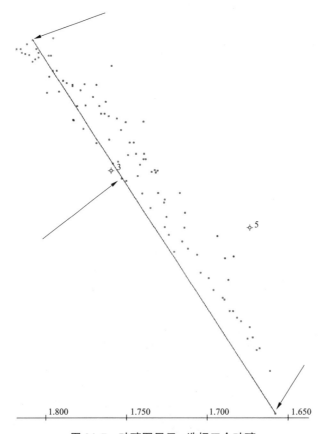

图 34.7 玻璃图显示,选择三个玻璃

另一个步骤是让程序自动选择玻璃组合。在 CW 中键入

```
FST
PREF
CAT O
CAT S
GO
```

FST 指的是超级消色差三片式透镜。这个输入将检查来自 Ohara 和 Schott 目录的所有玻璃类型的组合，并评价 10 个最适合超消色差的玻璃。程序运行如下：

```
--- FST
 --- PREF
 --- CAT O
 --- CAT S
 --- GO
SUPERACHROMAT GLASS SEARCH RESULTS (LOWER SCORES ARE BETTER)

       SCORE      UPPER          MIDDLE          LOWER               OFFSET
   1   0.02171385 O S-FPL55      O S-LAM54       S SF57           0.00000914
   2   0.02008505 O S-FPL53      O S-LAL8        O S-NPH1W        0.00000923
   3   0.02082027 O S-FPL55      S N-KF9         S SF10           0.00000567
   4   0.02008505 O S-FPL53      O S-LAL8        O S-NPH1         0.00000923
   5   0.01881642 O S-FPL55      O S-TIL27       O S-TIH23        0.00000071
   6   0.02026308 S N-FK58       N N-SSK8        S SF4            0.00000296
   7   0.02120605 O S-FPL53      O S-LAL13       O S-TIM28        0.00000424
   8   0.02139100 O S-FPL53      S N-SK4         S SF56A          0.00000909
   9   0.02171385 O S-FPL55      O S-LAM54       S SF57HTultra    0.00000914
  10   0.02147608 O S-FPL55      S N-SSK8        S SF1            0.00000460
SYNOPSYS AI>
```

这种方法优于手工操作，因为它可以将不同厂家的玻璃结合在一起。例如，组合 5 是由一个 Ohara 玻璃和两个来自 Schott 的玻璃组成的。尝试这个组合。编辑优化 MACro，如下所示（C34M1）（这里，使用了现成的评价函数 8，它校正了横向和 OPD 像差的组合，然后调整了权重）：

```
LOG
STO 9
CHG
1 GTB O 'S-FPL55'
3 GTB S 'N-SSK8'
5 GTB S 'SF1'
END
PANT
VLIST RAD 1 2 3 4 5
VLIST TH ALL
END
AANT
ACM .5 1 .1
LUL 5 1 1 A TOTL

AEC .1 1 1
ACC
GSR .5 10 5 M 0
GNR .5 5 3 M .7
GNR .5 4 3 M 1
GSO 0 0.003916 5 M 0
GNO 0 0.003 3 M .7
GNO 0 0.002 3 M 1
END
SNAP
SYNOPSYS 90
```

在运行了这个程序和模拟退火（50，2，50）之后，得到了一组在轴上的 1/10 波长和在 1/2 波长全视场上校正好的透镜，尽管波长 10（0.4μm）并没有像其他波长那样被校正，如图 34.8 所示。

　　但是,我们只猜到了三个玻璃的顺序,还有六种可能的组合。接下来,将尝试5、1、3的顺序。退火后,结果如图34.9所示,这个透镜太棒了。

　　现在透镜(C34L2)在整个(非常宽)光谱区域被校正到大约1/4波长。运行前面第二个MACro获得的曲线如图34.10所示。

　　它肯定会在三个波长处进行校正,但目标是四个。为什么曲线不会在右端再次上升到真实的超消色差呢? 这很简单:像往常一样,程序在评价函数中平衡所有内容,而不仅仅是轴向色差,而其他像差使它略微偏离。尽管如此,这依然是一个很棒的透镜,如果对比第一个透镜(具有玻璃模型)的OPD光扇图,程序也找到了一个超消色差透镜,但是该设计中的OPD误差略大。该透镜的性能图显示了近轴焦点,当考虑整个光瞳上的真实光线时,它不一定是最佳解决方案。

　　第35章将设计一个更苛刻的超消色差,以及第47章利用DSEARCH和GSEARCH一起设计出了与校正二级色差玻璃的组合。

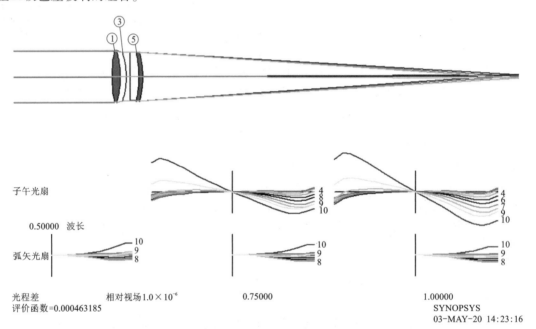

图 34.8　通过 FST 找到的三种玻璃的优化透镜

注:图中带圈数字为透镜的表面编号;图中数字为定义波长下光扇图曲线对应的波长编号。

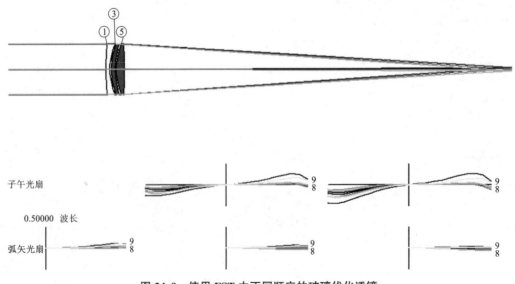

图 34.9　使用 FST 中不同顺序的玻璃优化透镜

注:图中带圈数字为透镜的表面编号;图中数字为定义波长下光扇图曲线对应的波长编号。

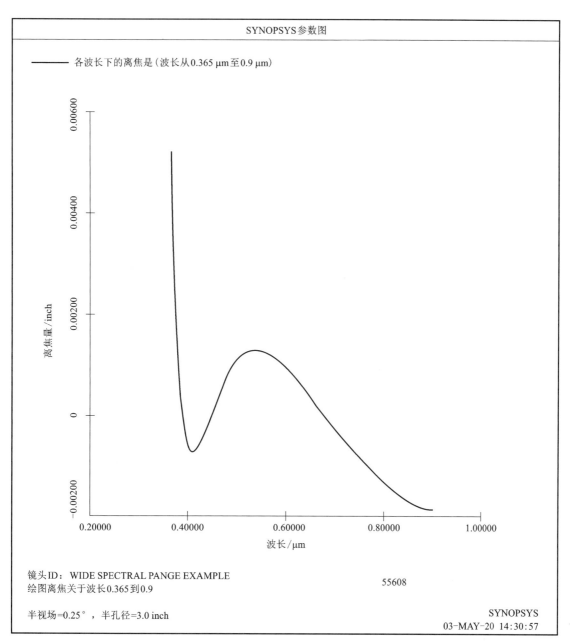

图 34.10　最终透镜的色差校正

第 35 章
宽光谱超消色差显微镜物镜

> 挑战校正一个宽光谱范围内的消色差；偏振；矢量衍射

　　本章将进行一项高级的透镜设计任务，该任务将利用在前几章中学到的许多强大工具。(但需正版软件才能运行此示例，因为它需要超过 12 个表面功能并需要保存透镜文件)。当用户阅读以下内容时，建议使用帮助功能查找不熟悉的内容。

　　透镜要求在 $0.38 \sim 0.9 \ \mu m$ 的波长范围内工作，透镜 F/# 为 0.714。其他要求如下：

　　(1)无限远处物体，半视场 $0.8°$，半孔径 1.26 mm。

　　(2)光谱范围为 $0.38 \sim 0.9 \ \mu m$。

　　(3)F/数 0.714。

　　(4)元件总长不超过 25 mm。

　　(5)畸变校正良好。

　　(6)像方远心。

　　(7)没有羽化，中心厚度不超过 8 mm。

　　预估要达到设计要求，可能需要 10 片透镜，但是还想逐步增加透镜数量。设置 DSEARCH 的输入，搜索八片式透镜的结构，如下所示。这将提供一些潜在的初始结构，一旦知道进度的情况，就可以根据需要增加设置。光谱范围很宽，因此请设定五个波长，而不是设置常用的三个波长，以避免波长之间出现较大的焦点误差。MACro(C35M1)：

```
CORE 64
OFF 1
OFF 99
TIME
DSEARCH 3 QUIET

SYSTEM
ID EXAMPLE WIDE-SPECTRUM FAST LENS
UNI MM
OBB 0 0.8 1.26
WA1 0.9 0.77 0.64 0.51 0.38
CORDER 3 1 5
END

GOALS
ELEMENTS 8
FNUM 0.7143 100
BACK 0 0
TOTL 0 0
STOP FREE
```

```
COLORS M
RSTART 20
THSTART 1
ASTART 1
RT 0.0
OPD
PASSES 50
QUICK 50 50
ANNEAL 200 20 Q 100
END


SPECIAL PANT
SLIMIT 100 0.1            ! SMALL ELEMENTS; CAN BE CLOSE TOGETHER
END


SPECIAL AANT
AEC .1 1 .05             ! edge monitor
ACM .1 1 .05             ! minimum element TH
ACC 8 1 0.5             ! maximum TH
ACA 70 1 1              ! avoid critical-angle refraction

LUL 25 1 1 A TOTL          ! limit track length
A BACK
M 0.5 1 A BACK            ! want image clearance of 0.5 mm
M 0 1 A P YA 1           ! control distortion
S GIHT
M 0 1 A P HH 1           ! and make telecentric
END

GO
TIME
```

注意 FNUM 后面第三个单词的权重因子。其具有微妙的结果：如果省略，程序将完全满足请求，UMC 在最后半径上求解。然而，对于像这样的具有非常低的 F/number 的透镜，这可能在该表面上产生非常短的曲率半径并且在追迹真实光线时产生光线故障。因此，在这种情况下，最好输入权重因子。然后将半径变为普通变量，并且通过 MF 中的命令控制 F/number。

运行此文件，DSEARCH 会返回一组有潜力的初始结构。它还会创建一个优化 MACro，运行它然后模拟退火（50，2，50），将获得图 35.1 所示的设计（如果在第 34 章中打开了 Free GLM 选项，请确保将其关闭；下面的示例是在关闭该选项的前提下运行的）。

色差校正是一项大挑战，下一步是找到一些有可能制造宽光谱的玻璃。将通过两种方式做到这一点：首先使用超消色差理论，然后让 GSEARCH 自动发现玻璃的组合。保存此透镜，以便后面可以再次调用：

STORE 1

第 34 章解释了超消色差的理论，现在使用命令 MGT 打开玻璃地图，选择 Schott 目录，单击"图形"按钮，然后选择底部选项"绘制 $P*$ vs. $P**$"。我们需要将三个玻璃材料放在玻璃库中，并处于很长的一条线上。按"Ctrl"+单击定义线条底部的玻璃 P-SF68，然后按"Shift"+单击玻璃 N-PK52A，定义顶部，如图 35.2 所示。

如何看到玻璃 N-F2？它靠近线的中心。这样就确定了系统中的三种琉璃类型，但是不清楚哪种玻璃应分配给哪片透镜。可使用 GSEARCH 自动分配玻璃。

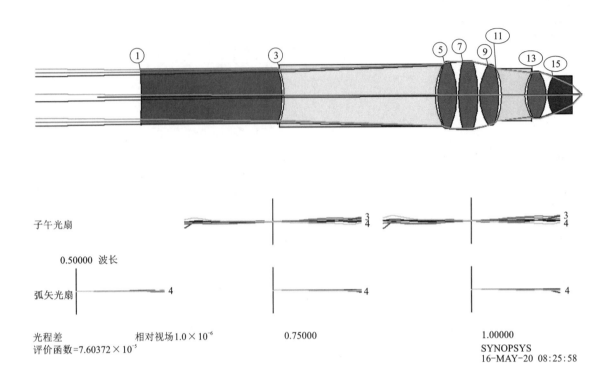

图 35.1　从 DSEARCH 返回的透镜，优化和退火后，带有玻璃模型

注：图中带圈数字为透镜的表面编号；图中数字为定义波长下光扇图曲线对应的波长编号。

接下来，创建两个文件。第一个是一个普通的优化文件。使用 DSEARCH 创建的宏，只需稍微编辑一下：如果任何组合最初都无法追迹，请求优化程序运行自动 ray-failure 修复进程（C35M2）（折射率的大变化会使光线向不同的方向发射，从而导致失败）：

```
PANT
SLIMIT 100 0.1  ! SMALL ELEMENTS; CAN BE CLOSE TOGETHER
VY 0 YP1
VLIST RD ALL
VLIST TH ALL
VLIST GLM ALL
END
AANT P

AEC
ACC
M   0.139997E+01   0.100000E+03 A CONST 1.0 / DIV FNUM
GSO      0.000000       0.039182      4   M      0.000000
GNO      0.000000       0.023509      4   M      0.750000
GNO      0.000000       0.007836      4   M      1.000000
AEC .1 1 .05 ! EDGE MONITOR
ACM .1 1 .05 ! MINIMUM ELEMENT TH
ACC 8 1 0.5  ! MAXIMUM TH
ACA 70 1 1   ! AVOID CRITICAL-ANGLE REFRACTION
LUL 25 1 1 A TOTL  ! LIMIT TRACK LENGTH
A BACK
M 0.5 1 A BACK  ! WANT IMAGE CLEARANCE OF 0.5 MM
M 0 1 A P YA 1 ! CONTROL DISTORTION
S GIHT
M 0 1 A P HH 1 ! AND MAKE TELECENTRIC
END
SNAP/DAMP 1
SYNOPSYS  50 FIX 30
```

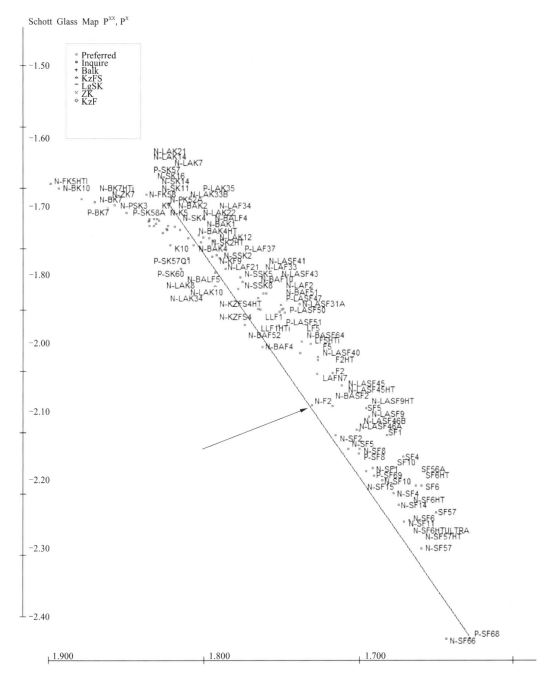

图 35.2　玻璃图显示 $P*$ 和 $P**$

使用名称 GSOPT. MAC 保存此文件，然后创建第二个 MACro（C35M3），以告知 GSEARCH 希望它执行的操作：

```
GSEARCH 3 QUIET LOG
SURF
1 3 5 7 9 11 13 15
END
NAMES
S N-PK52A
S N-F2
S P-SF68
END
USE 3        ! only allow cases that use all three glass types
GO
```

然后运行这个文件。

使用 64 个内核后，运行约 2 min，经过优化和退火(C35L1)后，产生图 35.3 中的设计。

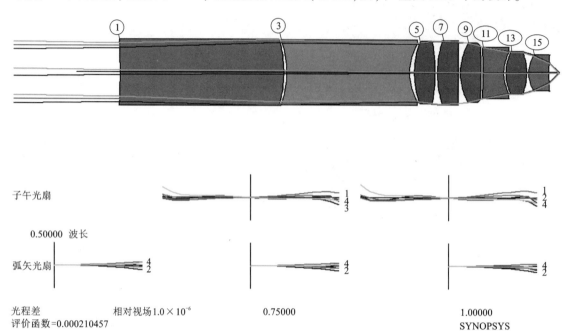

图 35.3　根据"superachromat"理论指定三种玻璃类型时，GSEARCH 返回的透镜

注：图中带圈数字为透镜的表面编号；图中数字为定义波长下光扇图曲线对应的波长编号。

这是一个相当不错的设计，因为超消色差理论只适用于薄透镜，而这些透镜显然并不薄。如果让 GSEARCH 自己找到玻璃会发生什么。回到保存的版本，然后编辑 MACro，以便 GSEARCH 搜索光明玻璃库中三种最接近的玻璃组合，而不是在上面透镜选择的三种(注意 SKIP 指令，它忽略了直到 EOS 命令行的输入；使用 NEAREST 选项时，USE 指令不适用)：

```
GSEARCH 3 QUIET LOG
SURF
1 3 5 7 9 11 13 15
END
SKIP
NAMES
S N-PK52A
S N-F2
S P-SF68
END
EOS
NEAREST 3 P
G
END
USE 3        ! only allow cases that use all three glass
types
GO
```

这次产生了质量与之前非常相似的透镜，使用 GSEARCH 功能后，用户就不必费心去找适合透镜的玻璃。再次优化和退火，得到如图 35.4 所示的结果。GSEARCH 不做任何薄透镜假设，使用不依赖于超消色差理论的数值方法。这是另一个例子，说明自主方法可以和经典方法一样好，甚至更好。

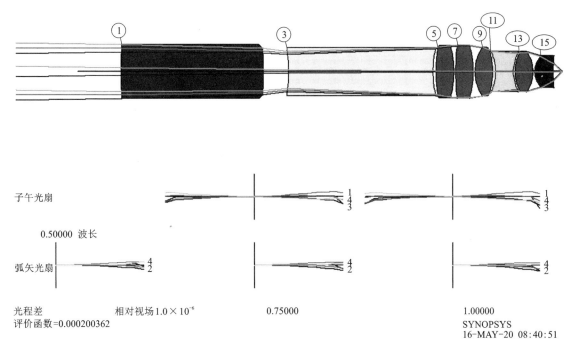

图 35.4　当 GSEARCH 匹配三种最接近的玻璃时的结果

注：图中带圈数字为透镜的表面编号；图中数字为定义波长下光扇图曲线对应的波长编号。

这款透镜基本上是完美的。但是可以用更少的透镜来实现吗？使用自动元件删除功能很容易找到可以被删除的透镜。返回之前保存的带有玻璃模型的版本，并在优化 MACro 的顶部添加一行：

AED 3 QUIET 1 16.

再次运行它。程序检测到可以删除元件 4，接受建议（删除该透镜），从 MACro 中删除 AED 行，然后重新优化并退火。将此透镜与 G 玻璃库相匹配（从列表中删除表面编号 15，因为它不再存在），优化和退火，并获得图 35.5（C35L2）中的透镜。

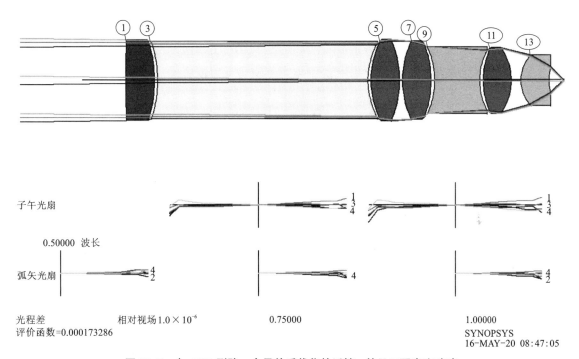

图 35.5　由 AED 删除一个元件后优化的透镜，并且匹配真实玻璃

注：图中带圈数字为透镜的表面编号；图中数字为定义波长下光扇图曲线对应的波长编号。

观察 MTF 在这个视场的情况。键入"MMF",选择"Multicolor",然后单击"Execute"。结果如图 35.6 所示。

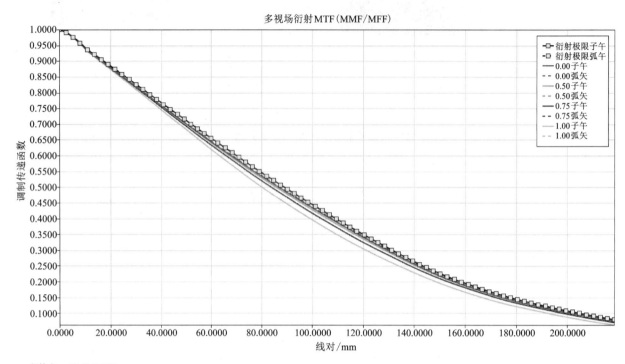

文件名:C35L2.RLE
波长/权重:0.9000/1.000 0.7700/1.000 0.6400/1.000 0.5100/1.000 0.3800/1.000
备注:单击此处添加备注

图 35.6 图 35.5 中透镜的 MTF 图

MTF 接近完美。

检查后焦位置与波长的关系,输入 AI 句子:

```
STEPS = 100
PLOT BACK FOR WAVL = .38 TO .9
```

由于透镜在最后的空气间隔上有一个边缘光线高度求解,这将显示色散校正曲线,如图 35.7 所示。

近轴焦点位置确实只有 1 μm 的变化——这是一个极好的透镜。在实际制作透镜之前,最好先把光阑定义到表面 8。即使是这样一个困难的挑战,这些新工具也能很好地应对。

还试着让 DSEARCH 寻找一个七片式透镜,而不是像上面那样找到一个八片式透镜,然后用 AED 删除一片透镜。很难预测在混乱的设计树中哪条路径会是最好的,但用户所能做的就是不断尝试。本例中的结果与前一个例子的结果几乎一样好,如图 35.8(C35L3)所示,尝试了几种透镜,并将它们与 Ohara 玻璃库相匹配。

如果七片式透镜的结果不够好,可以尝试自动插入元件,添加一行命令到 MACro 的顶部:

```
AEI 3 1 14 CONLY 100 1 10 50
```

这将在所有当前透镜的每一侧依次添加一个胶合透镜,然后返回最有效的组合。有了这些工具,可以选择任意组合。如果也想尝试在空气间隔添加透镜,请把 CONLY 改为 CEMENT。然后程序将依次尝试在空气间隔中添加一个透镜,并返回最佳的组合(之前在 AEI 命令中使用"0"也会只尝试空气间隔的透镜)。

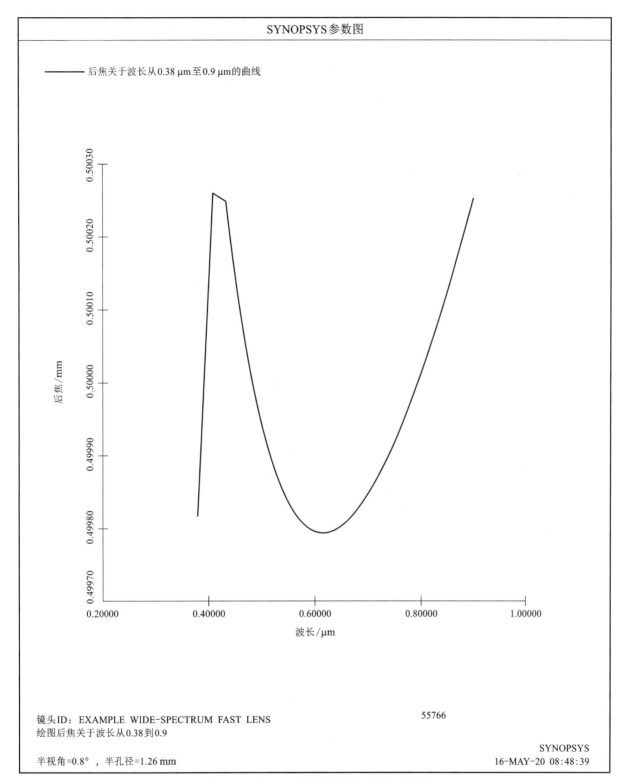

图 35.7　图 35.5 中的透镜的色差校正曲线

这是一个非常好的透镜，可以通过进入 MPS 对话框，显示 PSPRD over spectrum，选择"Show visual apperarance"，在 FIELD 输入"1"，在 Magnify 输入"10"，然后点击"Execute"。结果如图 35.9 所示。

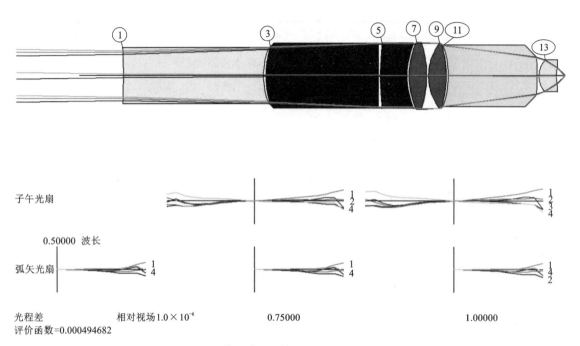

图 35.8 由 DSEARCH 返回的七片式透镜，优化和退火，且与 Ohara 玻璃库相匹配

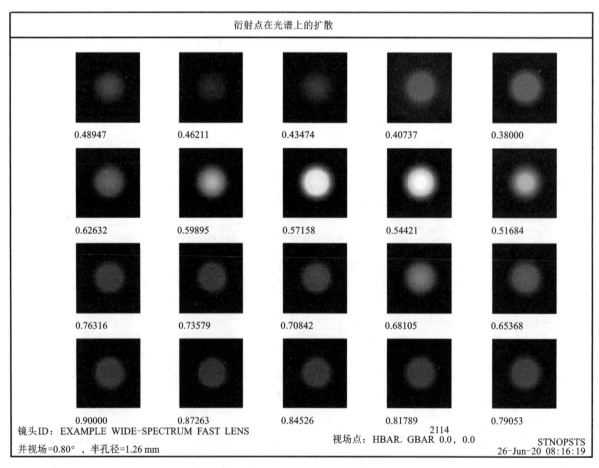

图 35.9 绘制 20 个波长的衍射图案

矢量衍射、偏振介绍如下。

仔细观察在上述设计中汇聚到图像上的光线，如图 35.10 所示。

通常基于衍射的像质分析采用了所谓的"标量衍射"理论。该理论认为，如果两个波阵面处于相同相位，它们就会相加；如果处于不同相位，它们就会相互抵消。然而，图 35.10 中的电场向量 E_1 和 E_2 几乎成直角，它们不能完全相加或抵消。要准确地分析这样一个系统中的图像，就必须使用矢量衍射理论，这需要将电场矢量分解成三个(x, y, z)分量，进行三次衍射计算，并将结果按比例相加。然而，现在要考虑光的偏振。如果这束光在 y 方向（在图片的平面上）形成偏振光，它们在相位上，E 向量的 y 分量相加，而几乎在相反方向上的 z 分量会被抵消。另外，在 x 方

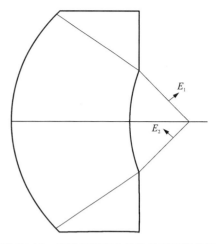

图 35.10　光线汇聚在非常快的透镜的像面

向上偏振光遵循标量规则，因为这两束光线上的向量指向纸面外并且是平行的。

要模拟这种情况，要先将透镜置于偏振模式，并输入：

```
CHG
POL LIN Y
END
```

现在可以使用 MTF 计算的傅里叶变换进行矢量衍射分析：

```
DMTF M 0 6000 1 0 P
```

从图 35.11 可以看出，在 y 方向上的 MTF 比在 x 方向上的 MTF 要低（MTF 比衍射截止频率高，因为短波长的截止频率更高）。这种形式的 MTF 也可以从菜单 MFM 进行访问。

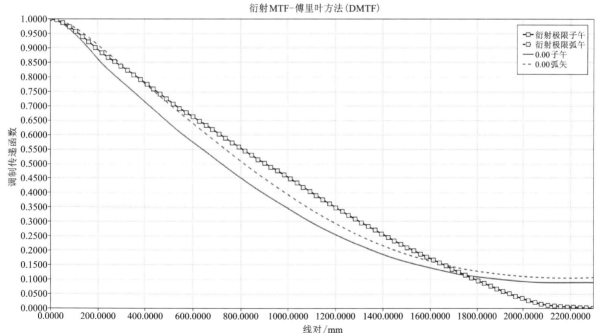

图 35.11　y 偏振快速透镜的轴上 MTF 的矢量衍射计算

如果光线是非偏振的，结果会有一点不同，如图 35.12 所示。基于矢量衍射理论再次计算，但是是在 x 和 y 偏振下进行的，结果加了标量：

```
CHG
POL UNPOLAR
END
DMTF M 0 6000 1 0 P
```

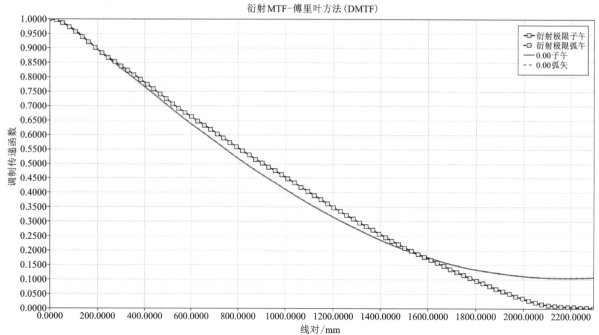

文件名：C35L2.RLE
波长/权重：0.9000/1.000 0.7700/1.000 0.6400/1.000 0.5100/1.000 0.3800/1.000
备注：单击此处添加备注

图 35.12　非偏振的矢量衍射 MTF 计算

当谈到偏振的话题时，还有另一个微妙的影响值得去了解。获取文件 AMICI. RLE，如图 35.13 所示，其中追迹了光线的 SFAN。这是几种包含屋顶表面的棱镜之一，光线从一侧反射，然后立即从另一侧反射出来。

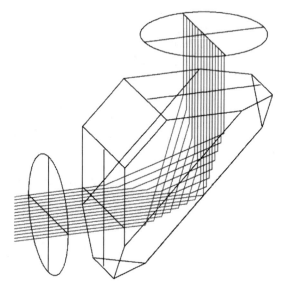

图 35.13　带有 SFAN 光线的 Amici 棱镜

　　需要特殊工具来分析这种系统。首先，系统处于非序列模式，因为光线遇到表面的顺序取决于先击中屋顶的哪一侧而不同。在优化中可以忽略该问题，因为如果屋顶角度是完美的，MF 是相同的，但是在分析最终图像时则不然。其次，必须考虑屋顶对光的偏振的影响。如果在 y 方向射入线性偏振光并制作偏振图，则可以获得图 35.14 中的图像。同样，光瞳每侧的偏振矢量相对于另一侧的偏振矢量处于陡峭的角度，并且 MTF 再次受损，则如图 35.15 所示。

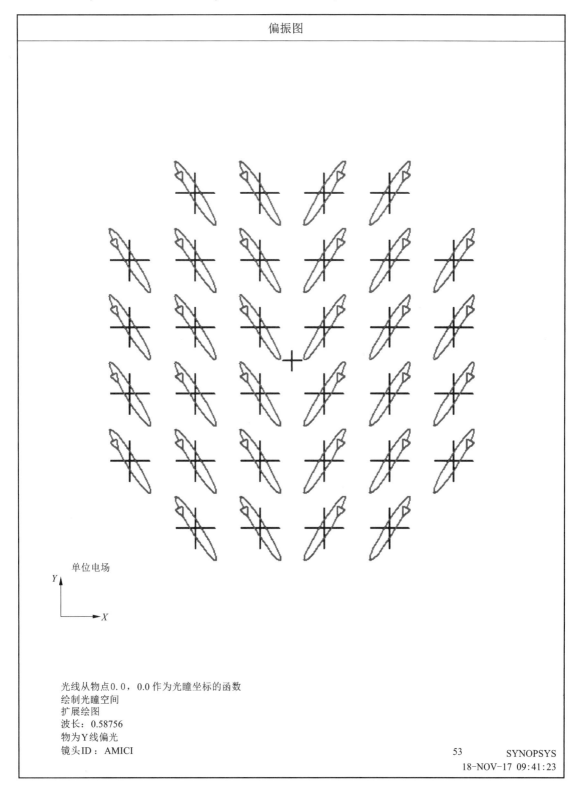

图 35.14　当屋顶没有膜层时，Amici 棱镜产生的偏振图

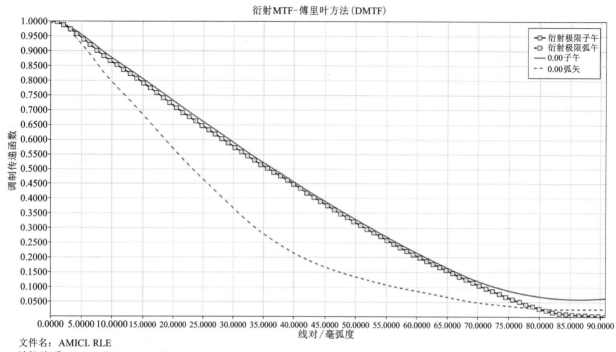

衍射MTF-傅里叶方法(DMTF)

文件名：AMICI. RLE
波长/权重：0.6563/1.000 0.5876/1.000 0.4861/1.000
备注：单击此处添加备注

图 35.15　表面无膜层时, 偏振旋转对 Amici 棱镜 MTF 的影响

命令 PCOAT 显示当前屋顶表面没有膜层:

```
GSEARCH 3 QUIET LOG
SURF
1 3 5 7 9 11 13 15
END
SKIP
NAMES
S N-PK52A
S N-F2
S P-SF68
END
EOS
NEAREST 3 P
G
END
USE 3        ! only allow cases that use all three glass
types
GO
```

但是, 如果为屋顶棱镜指定反射膜层, 偏振几乎会完全恢复, 如图 35.16 所示, MTF 曲线也几乎完美。此输入为屋顶表面分配铝膜层:

```
SYNOPSYS AI>PCOAT

SURF. NO.    COATING
-------------------
   1 Dummy surface
   2 UNCOATED
   3 UNCOATED REFLECTOR
   4 UNCOATED REFLECTOR
   5 UNCOATED
   6 Dummy surface
```

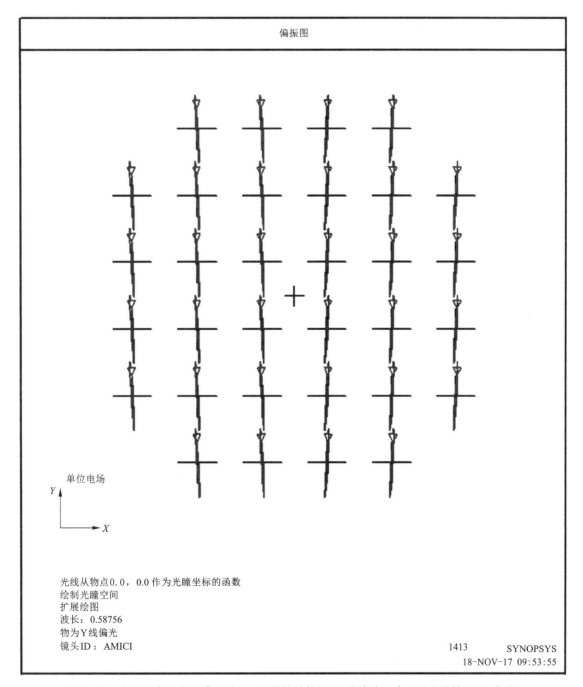

图 35.16   当屋顶表面有铝膜层时 Amici 棱镜的偏振 (这将产生一个近乎完美的 MTF 曲线)

第 36 章

鬼像分析

鬼像；鬼像分析；评价函数中的鬼像校正

即使设计出的透镜理论上很好，并且光阑设计也很好，但是当用一个被照亮的物体经过透镜成像时，就会看到一个糟糕的鬼像。为了避免这种情况，SYNOPSYS 提供了一套强大的工具，用户应该了解这些特性，并在适当的时候使用它们。它们在 MGH 对话框(Menu，GHost image)中，并且可以通过这些工具在设计过程的早期发现问题，并在完成前纠正它们。

简而言之，鬼像是由透镜系统内的两次不需要的反射引起的光在图像上的汇聚。如果透镜有 3 片透镜，则可能有 15 个鬼像；有 6 片透镜，就有 66 个，依此类推。但不要担心，SYNOPSYS 有一个非常强大的工具。要查看其中一些工具可以执行的操作，FETCH 透镜 1.RLE。然后看 PAD 显示。如图36.1 所示。

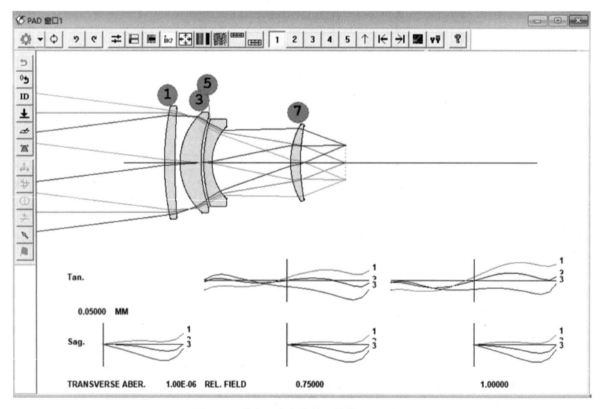

图 36.1　具有不良鬼像的透镜的 PAD 显示

鬼像现象并不明显，打开 MGH 对话框进行鬼像分析，如图 36.2 所示。

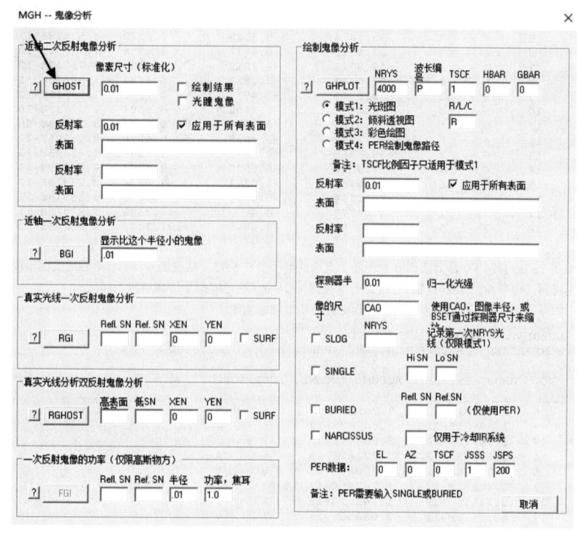

图 36.2　分析鬼像的 MGH 对话框

图 36.2 的左上角是 GHOST 按钮。这一特性仅使用近轴光线追迹来寻找鬼像，当然，它所发现的鬼像与真实光线形成的鬼像有所不同。尽管如此，最终的结果通常都很接近，可以看到问题出现的地方。用户可以给透镜中的任何一个或所有的表面分配反射系数，当程序估计它发现的每一个鬼像的强度时，它会考虑这些值。打开对话框，将其默认的 1% 反射率应用于所有的透镜表面。这是有关抗反射膜层的内容。

单击"GHOST"按钮，会得到两张数值表，先分析所有表面的组合。输出的一部分如下所示。

```
--- GHOST R 0.01
 ID MIT 1 TO 2 UM LENS

 GHOST IMAGE ANALYSIS

 --- R 0.01 ALL
 --- END
  NO.   GHOST SURF      Ymarg           U'marg        Ychief    INTENSITY
```

1	2	-	1	-30.0244	-0.3778	7.3095	1.10930E-11
2	3	-	1	27.2543	-0.3984	4.6907	1.34627E-11
3	3	-	2	63.5945	-0.2721	4.1819	2.47264E-12
4	4	-	1	-46.5167	-0.2920	4.9249	4.62149E-12
5	4	-	2	-25.1674	-0.3088	6.6272	1.57879E-11
6	4	-	3	-75.6813	-0.4937	4.4156	1.74591E-12
7	5	-	1	-45.8712	-0.2619	4.0455	4.75247E-12
8	5	-	2	-27.0481	-0.2839	6.4039	1.36686E-11
9	5	-	3	-72.6068	-0.4577	2.7558	1.89691E-12
10	5	-	4	-3.4550	-0.3402	6.5304	8.37735E-10
11	6	-	1	0.5515	-0.5074	4.2824	3.28758E-08
12	6	-	2	44.1259	-0.4028	8.4078	5.13585E-12
13	6	-	3	-38.8865	-0.5677	1.4386	6.61305E-12
14	6	-	4	67.9018	-0.0930	9.4364	2.16889E-12
15	6	-	5	66.9185	-0.0241	8.9874	2.23310E-12
16	7	-	1	-26.2150	-0.5336	-37.0598	1.45513E-11
17	7	-	2	17.4775	-0.4677	31.7392	3.27372E-11
18	7	-	3	-71.3906	-0.6925	-107.3067	1.96208E-12

. . .

在 Ymarg 标题下,注意表面 6 和表面 1 组合的最小值 0.5515。从表面 6 反射,然后从表面 1 反射的光将到达像平面,形成(近轴)弥散斑的半径约 1/2 mm。这可能是个需要解决的问题。

如果透镜很长,通过检查第二个列表更容易找出问题鬼像:

```
CUMULATIVE GHOST DISTRIBUTION
NORMALIZED FOR DETECTOR SEMI-APERTURE        0.0100
```

NO.	GHOST INTENS.	ACCUM. INTENS.	SURFACES	
6	1.74591E-12	1.74591E-12	4	3
9	1.89691E-12	3.64282E-12	5	3
18	1.96208E-12	5.60491E-12	7	3
14	2.16889E-12	7.77380E-12	6	4
15	2.23310E-12	1.00069E-11	6	5
3	2.47264E-12	1.24795E-11	3	2
20	3.94955E-12	1.64291E-11	7	5
19	4.15611E-12	2.05852E-11	7	4
4	4.62149E-12	2.52067E-11	4	1
7	4.75247E-12	2.99592E-11	5	1
12	5.13585E-12	3.50950E-11	6	2
13	6.61305E-12	4.17081E-11	6	3
21	6.62606E-12	4.83341E-11	7	6
1	1.10930E-11	5.94271E-11	2	1
2	1.34627E-11	7.28898E-11	3	1
8	1.36686E-11	8.65584E-11	5	2
16	1.45513E-11	1.01110E-10	7	1
5	1.57879E-11	1.16898E-10	4	2
25	2.20749E-11	1.38973E-10	8	4
26	2.25477E-11	1.61520E-10	8	5
17	3.27372E-11	1.94257E-10	7	2
24	5.08281E-11	2.45085E-10	8	3
23	5.72162E-11	3.02302E-10	8	2
28	8.28536E-11	3.85155E-10	8	7
10	8.37735E-10	1.22289E-09	5	4
27	3.67946E-09	4.90235E-09	8	6
22	1.09304E-08	1.58327E-08	8	1
11	3.28758E-08	4.87085E-08	6	1

在这里，鬼像会被分类，最严重的鬼像在底部，并且计算、显示和总结它们累积的强度。实际上，累积的鬼像强度 4.87E-08 主要是来自那个单独的鬼像，它的强度是 3.29E-8。

将使用一个 MACro 来执行几个鬼像分析功能。这是 MACro(C36M1)：

```
; GHPLOT.MAC
; THIS EXAMPLE EXAMINES THE GHOST IMAGE IN A LENS
; IT RUNS GHPLOT IN ALL FOUR MODES.

CCW              ! CLEAN UP FIRST; CLEAR COMMAND WINDOW
KAG              ! AND CLOSE GRAPHICS WINDOWS
FET 1
CHG
CFIX             ; FIX CLEAR APERTURES TO DELETE VIGNETTED GHOSTS
VIG              ; AND TURN ON VIG MODE IF OFF
END

OFF 27           ! SPOTS SHOWN AS SYMBOL
SSS .01          ; SMALL SPOT SIZE HERE

GAW              ; NEED NEW WINDOW FOR EACH PICTURE (GRAPHICS ADD
                 ! WINDOWS)
GHPLOT 4000 P 10 .5 0 1      ; SELECT MODE 1, INDIVIDUAL RAYS
R .01 ALL             ; THIS IS ALSO THE DEFAULT REFLECTANCE
PLOT

GHPLOT 20000 P 1 .5 0 2 L ! NOW GET AN OBLIQUE !PERSPECTIVE VIEW
DRAD .0004
PLOT

GHPLOT 20000 P 1 .5 0 3 L    ; THIS MAKES COLORED BINS
DRAD .0004
PLOT

GHPLOT 400 P 1 .5 0 4 L              ! AND THIS DRAWS A SINGLE GHOST
                                     ! WITH PERSPECTIVE
SINGLE 6 1
PER 0 0 0 1 99
PLOT

GRW    ; RESTORE GRAPHICS OPTION (GRAPHICS REUSE WINDOW)
```

GHPLOT 有四种模式，用户最好先阅读并理解它们。由于此 MACro 已经在编辑器中，只需选择字符"GHPLOT"，然后查看 TrayPrompt，如图 36.3 所示。

GHPLOT -- 多行命令 (MGH)

图 36.3　TrayPrompt 显示关于"GHPLOT"的设置

这是一个多行命令，因此提示无法显示整个格式，但如果在显示提示时按"F2"键，则帮助文件将打开索引中的该部分。

将在本章中使用所有四种模式。对 GHPLOT 的第一次调用使用模式 1，生成在图像平面上 HBAR = 0.5 处的物点叠加的所有鬼像图像，如图 36.4 所示。在视场中间确实有一个黑色的暗斑，这可能是我们之前标记过的鬼像。模式 2 分析显示与倾斜透视图相同的能量分布，如图 36.5 所示。

图 36.5 中的尖峰确实是鬼像。另一种查看它的方法显示在模式 3 图中，如图 36.6 所示。

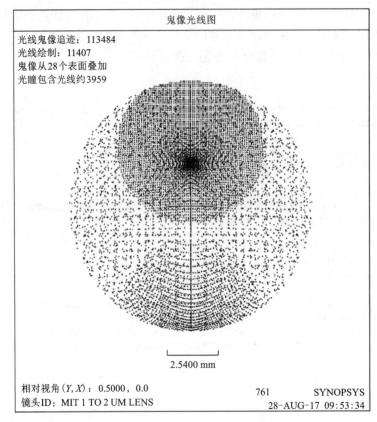

图 36.4　模式 1 GHPLOT 输出，显示所有的鬼像叠加

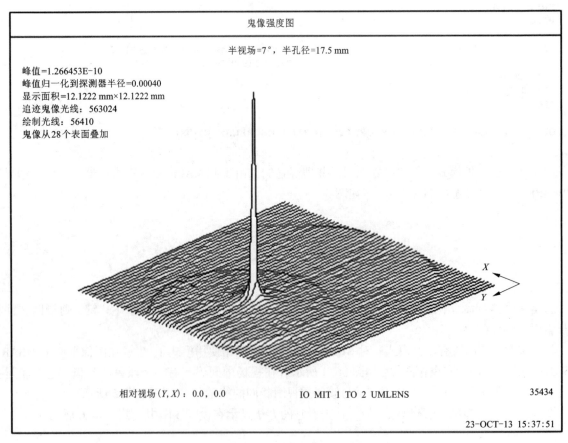

图 36.5　在模式 2 中以斜视角绘制的鬼影叠加

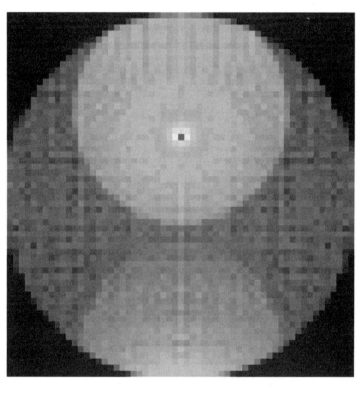

图 36.6　模式 3 以颜色比例绘制叠加的鬼像

最后，模式 4 绘图选出了特定的一组反射(我们所需要的)并绘制出一条子午方向的光扇图，如图 36.7 所示。

在这里，光从左边进入变为红色，从表面 6 反射后变成蓝色，然后在表面 1 处第二次反射后变成绿色。它确实会在图像上聚焦，但是有很大的球差，所以鬼像不是很尖锐。

返回 MGH 对话框，会发现还有其他四个功能未使用。让程序在 0.5 视场追迹真实鬼影的路径。

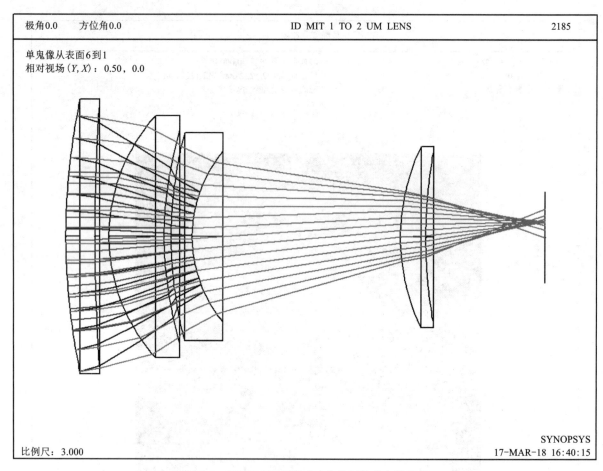

图 36.7　GHPLOT 在模式 4 中绘制单个鬼像路径

填写如图 36.8 所示的框, 然后单击 RGHOST 按钮。

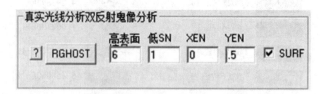

图 36.8　RGHOST 命令的数据

这会产生以下输出:

表 36.3

```
--- RGHOST 6 1 0 .5 SURF
                        RAY VECTORS       (X DIR TAN) (Y DIR TAN) (INC. ANG.)
  SURF        X             Y           Z         ZZ         HH         UNI
```

SURF	X	Y	Z	ZZ	HH	UNI
OBJ	0.000000	0.000000	0.000000	0.000000	8.750000E-12	
1	0.000000	8.750000	0.442564	0.000000	-0.056702	5.790967

```
    2     0.000000      8.540210      0.142402     0.000000    -0.086503    1.334779
    3     0.000000      8.256701      1.510615     0.000000    -0.246653   15.791928
    4     0.000000      6.624679      0.478579     0.000000    -0.384916    5.591649
    5     0.000000      6.274262      0.388953     0.000000    -0.226690   13.957837
 --- RAY REVERSES AFTER NEXT SURFACE ---
    6     0.000000      5.481374     -0.886627     0.000000     0.444814
    5     0.000000      6.994957     -0.483893     0.000000     1.206445
    4     0.000000      7.951450     -0.691073     0.000000     0.498903
    3     0.000000     10.791512     -2.647176     0.000000     0.470102
    2     0.000000     12.783436     -0.319172     0.000000     0.221387
    1     0.000000     13.505397      1.05809      0.000000    -0.095157
    2     0.000000     13.193103      0.339970     0.000000    -0.151262
    3     0.000000     12.414364      3.579028     0.000000    -0.404621
    4     0.000000     10.296378      1.164810     0.000000    -0.674892
    5     0.000000      9.767857      0.947929     0.000000    -0.369535
    6     0.000000      8.241826      2.077523     0.000000    -0.148082
    7     0.000000      4.247415      0.334421     0.000000    -0.153884
    8     0.000000      3.743737      0.107527     0.000000    -0.282387
 GHOST REFLECTED FROM SURFACES     1     6 AT SURFACE      9
       X             Y             ZZ            HH
 -----------------------------------------------------------------
    0.00000      -0.828738      0.00000      -0.282387
```

光线从表面 6 反射，然后再从表面 1 反射，并进入图像，其 Y 坐标为 -0.829 mm。这确实是一个糟糕的鬼像。

如果用户在设计过程的早期就发现了这个问题，那么它很容易被控制。键入"HELP GHOST"，然后选择描述控制鬼像的链接，如图 36.9 所示。

图 36.9　帮助文件中选择鬼像选项

这将打开一个描述如何控制鬼像的页面，如图 36.10 所示。

10.3.1.5 Ghost-image control　　　　　　　　　　　Next Previous TOC

A ghost image is caused by a reflection from one or more refracting surfaces. SYNOPSYS can evaluate and control two types: The GHOST program can show which combinations of surfaces are responsible for ghost images at the image surface, and BGI can evaluate the properties of a ghost image that is formed at another place within a lens system.

　　To control the size of the blur at the image from a selected paraxial ghost, the input is

M TAR WT A PGHOST JREFH JREFL

...

图 36.10　控制鬼像

　　在这里，可以看到控制鬼像所需的简单输入。AANT 文件中的合适请求：

```
M 5 0.1 A PGHOST 6 1
```

　　调整权重以与其他像差很好地平衡。如果实现这个目标，鬼像将比以前大1%。鬼像越大，强度越弱，这是一个很好的猜测。

　　这个过程通常会对指定的鬼像进行很大的改进。然而，另一种反射组合通常会产生自己的鬼像，这就需要在评价函数中使用 GHOST 和另一种 PGHOST 像差进行另一种评估。当它们出现的时候，可把它们加起来，直到到达一个点，在这个点上，许多鬼像的强度大致相同。从来没有遇到过这样的情况：鬼像强度高到足以成为一个问题。如果是的话，那么是时候在问题表面上使用更好的膜层了。

第 37 章

将 Zemax 文件导入 SYNOPSYS

SYNOPSYS 可以打开大多数由 Zemax 和 Code-V 程序创建的透镜文件。然而，从一个程序到另一个程序的大多数转换的结果通常是不完整的，用户必须编辑透镜文件，根据目标程序的规则重新构造某些参数。

但有些内容是不能转换的。Zemax 和 Code-V 两个程序使用的是不同的入瞳描述，尽管最终都达到了大致相同的效果。而且，并非所有可以在 Zemax 中定义的表面形状都可以在 SYNOPSYS 中定义（反之亦然）。尽管如此，所有最流行的面型在任何一个程序中都能很好地工作，大多数用户不会因此而遇到困难。与 SYNOPSYS 文件相比，Zemax 文件包含的信息要多得多，比如变量的定义、评价函数和公差值，但是转换只会捕获基本的透镜数据，因为 SYNOPSYS 中的 RLE 文件只是透镜描述，其他数据存储为单独的文件。每个人将一个程序转换到另一个程序自然会希望利用 SYNOPSYS 的优势创建自己的数据文件，因此尝试导入其他项目是没有意义的。

还有一个更常见的问题是如何正确地识别商用玻璃类型的名称。这两个程序有广泛的玻璃库，但名字经常不同。因此，在导入 .zmx 文件之后，最常见的用户任务是编辑 RLE 文件并插入正确的玻璃名称。下面这个例子将说明其中一些问题（鼓励在导入文件之前阅读用户手册的第 5.42 节，用户将在其中找到更多信息）。

为了说明这个特性，将转换一个描述衍射光学透镜的文件 doe.zmx，它存储在 Dbook-ii 目录中。这个文件包含以下几行：

```
VERS 91012 185 25430
MODE SEQ
NAME Achromatic singlet
NOTE 0 Notes...
NOTE 4
NOTE 0
NOTE 4
NOTE 0
UNIT MM X W X CM MR CPMM
ENPD 5.0E+1
ENVD 2.0E+1 1 0
GFAC 0 0
GCAT SCHOTT
RAIM 0 0 1 1 0 0 0 0 0
PUSH 0 0 0 0 0 0
SDMA 0 1 0
FTYP 1 0 3 3 0 0 0
ROPD 2
PICB 1
XFLD 0 0 0
XFLN 0 0 0 0 0 0 0 0 0 0 0 0
YFLD 0 3.5 5.0
YFLN 0 3.5 5.0 0 0 0 0 0 0 0 0 0
FWGT 1 1 1
FWGN 1 1 1 1 1 1 1 1 1 1 1 1
```

```
ZVDX 0 0 0
VDXN 0 0 0 0 0 0 0 0 0 0 0 0
ZVDY 0 0 0
VDYN 0 0 0 0 0 0 0 0 0 0 0 0
ZVCX 0 0 0
VCXN 0 0 0 0 0 0 0 0 0 0 0 0
ZVCY 0 0 0
VCYN 0 0 0 0 0 0 0 0 0 0 0 0
ZVAN 0 0 0
VANN 0 0 0 0 0 0 0 0 0 0 0
WAVL 4.861E-1 5.876E-1 6.563E-1
WAVN 4.861E-1 5.876E-1 6.563E-1 5.5E-1 5.5E-1 5.5E-1 5.5E-1 5.5E-1 5.5E-1 5.5E-1
5.5E-1 5.5E-1
WWGT 1 1
WWGN 1 1 1 1 1 1 1 1 1 1
WAVM 1 4.861E-1 1
WAVM 2 5.876E-1 1
WAVM 3 6.563E-1 1
WAVM 4 5.5E-1 1
WAVM 5 5.5E-1 1
WAVM 6 5.5E-1 1
WAVM 7 5.5E-1 1
WAVM 8 5.5E-1 1
WAVM 9 5.5E-1 1
WAVM 10 5.5E-1 1
WAVM 11 5.5E-1 1
WAVM 12 5.5E-1 1
WAVM 13 5.5E-1 1
WAVM 14 5.5E-1 1
WAVM 15 5.5E-1 1
WAVM 16 5.5E-1 1
WAVM 17 5.5E-1 1
WAVM 18 5.5E-1 1
WAVM 19 5.5E-1 1

WAVM 20 5.5E-1 1
WAVM 21 5.5E-1 1
WAVM 22 5.5E-1 1
WAVM 23 5.5E-1 1
WAVM 24 5.5E-1 1
PWAV 2
POLS 1 0 1 0 0 1 0
GLRS 1 0
GSTD 0 100.000 100.000 100.000 100.000 100.000 100.000 0 1 1 0 0 1 1 1 1 1 1
NSCD 100 500 0 1.0E-6 5 1.0E-6 0 0 0 0 0 1 1000000 0
COFN COATING.DAT SCATTER_PROFILE.DAT ABG_DATA.DAT PROFILE.GRD
SURF 0
  TYPE STANDARD
  CURV 0.0 0 0 0 0 ""
  HIDE 0 0 0 0 0 0 0 0 0 0
  MIRR 2 0
  SLAB 1
  DISZ 2.5E+2
  DIAM 5.0 0 0 0 1 ""
  POPS 0 0 0 0 0 0 0 1 1 1 1 0 0 0
SURF 1
  STOP
  TYPE STANDARD
  CURV 7.5762934618539999900E-003 0 0 0 0 ""
  HIDE 0 0 0 0 0 0 0 0 0 0
  MIRR 2 0
  SLAB 2
  DISZ 2.5E+1
  GLAS BK7 0 0 1.69673 5.6419998E+1 -7.4E-3 1 1 1 0 0
  DIAM 3.0E+1 1 0 0 1 ""
  POPS 0 0 0 0 0 0 0 1 1 1 1 0 0 0
  FLAP 0 3.0E+1 0
```

```
SURF 2
  TYPE BINARY_2
  CURV -6.676695260572999700E-003 0 0 0 0 ""
  HIDE 0 0 0 0 0 0 0 0 0
  MIRR 2 0
  SLAB 3
  PARM 0 1
  PARM 1 0
  PARM 2 0
  PARM 3 0

  PARM 4 0
  PARM 5 0
  PARM 6 0
  PARM 7 0
  PARM 8 0
  XDAT 1 3.000000000000E+000 0 0 0.000000000000E+000 0.000000000000E+000 0 ""
  XDAT 2 3.000000000000E+001 0 0 0.000000000000E+000 0.000000000000E+000 0 ""
  XDAT 3 -2.993832387049E+003 0 0 0.000000000000E+000 0.000000000000E+000 0 ""
  XDAT 4 1.135544608547E+003 0 0 0.000000000000E+000 0.000000000000E+000 0 ""
  XDAT 5 -5.932105454300E+001 0 0 0.000000000000E+000 0.000000000000E+000 0 ""
  DISZ 2.5073834507E+2
  DIAM 3.0E+1 1 0 0 1 ""
  POPS 0 0 0 0 0 0 0 1 1 1 1 0 0 0
  FLAP 0 3.0E+1 0
SURF 3
  TYPE STANDARD
  CURV 0.0 0 0 0 0 ""
  HIDE 0 0 0 0 0 0 0 0 0
  MIRR 2 0
  SLAB 4
  DISZ 0
  DIAM 5.175465768436 0 0 0 1 ""
  POPS 0 0 0 0 0 0 0 1 1 1 1 0 0 0
BLNK
TOL TOFF    0    0              0            0    0 0 0
MNUM 1 1
MOFF    0    1 "" 0 0 0 1 1 0 0.0 ""
```

输入命令 ZMC（ZeMax Convert）后，将显示一条警告消息，如图 37.1 所示（这是为了防止用户盲目地选择一个文件，并期望透镜每次都像在 Zemax 中一样被打开，但事情并不像这样简单）。如果单击"No"按钮，会立即转到描述 ZMC 的帮助文件。

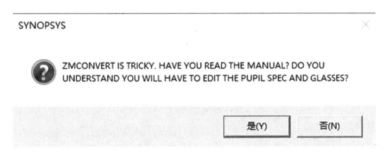

图 37.1　ZMCONVERT 的警告信息

当单击 Yes 按钮时，会在当前目录中显示.zmx 文件的列表，然后选择该文件(要导入的文件必须位于当前目录中)。上面的行在命令窗口上滚动过去时，会收到一条警告消息：

```
******************************************
***************** WARNING *****************
***** THE DOE EMULSION INDEX IS NOT GIVEN ****
*** IN THE ZEMAX FILE AND MUST BE ENTERED BY **
*** HAND IN THE RLE FILE AFTER CONVERSION ****
****** IN WORD THREE OF THE DOE ENTRY ********
******************************************
```

这是软件协议差异的一个例子。在SYNOPSYS RLE 文件中,材料的精确折射率数据与玻璃目录名称(如果有的话)会一起给出,然后列出 DOE 的属性。由于这个协议,任何人读取 SYNOPSYS 创建的 RLE 文件时就可以知道材料的折射率,即使几年后,玻璃类型已经过时并且不再在目录中。Zemax 列出玻璃名称,但不列出折射率值。因此,读取 DOE 输入(并由 ZMC 转换)时,尚不清楚折射率数据。玻璃名称稍后显示,但转换已经过了那个阶段。由于 SYNOPSYS 中的 DOE 规范需要(emulsion)材料的折射率,程序已插入 1.517 的虚拟折射率以避免输入错误。事实证明,这个 DOE 实际上是由 BK7 制造的,所以折射率只是偶然正确的。否则,用户需要编辑文件并将该数字更改为正确的玻璃折射率。(在 SYNOPSYS 中,完全处理 RLE 文件后从玻璃表中检索折射率值,并且在 ZMC 运行时,该折射率值不可用。)在转换结束时,程序会显示一条信息性消息:

```
NOTE: OBJECT AND PUPIL DEFINITIONS MAY DIFFER. THE PROGRAM PUTS THE
WAP 3 PUPIL IN EFFECT TO BE SAFE. BUT THIS LENS MAY OR MAY NOT REQUIRE
THAT OPTION. YOU SHOULD DELETE IT IF IT IS NOT NECESSARY.
IF ANY GLASS-TABLE GLASSES WERE NOT FOUND, IT MAY BE DUE TO DIFFERENT
SPELLINGS. CHECK THE LISTING ABOVE TO SEE WHAT THE NAME WAS, AND CHANGE
TO THE APPROPRIATE SPELLING IF THAT GLASS IS IN ONE OF THE GLASS TABLES.
```

此时,该程序(默认情况下)实现了 WAP 3 选项,这通常是安全的选择。通过各种方法尝试理解 Zemax 中光瞳定义的几何结构,如果它不需要 WAP 3,请尝试更简单的 WAP 0。

下一步是查看它创建的 RLE 文件并加载到 MACro 编辑器中。

```
RLE
ID ACHROMATIC SINGLET
ID1 NOTES...
ID2
ID3
 UNITS MM
TEMPERATURE 20.000
PRESSURE  100.000
 GTZ
WT1  1.00000     1.00000     1.00000
WA1 0.486100     0.587600     0.656300
CORDER  2 3 1
 POLAR OFF
  0 CV 0.0
OBC  250.000    5.00000    25.0000    0.00000    0.00000    0.00000    0.00000
APS   -1
 WAP 3
  1 RD   131.991
  1 TH   25.0000
  1 GTB S
BK7
  1 CAO   30.0000

  3 RD  -149.775
  3 TH   250.738
  3 CAO   30.0000
  2 PIN    1
  2 DOE  0.587600    1.51700
RNORM  30.0000
A11  476.483   -180.728    9.44124    0.00000    0.00000
  3 DC1 0.0000000E+00 0.0000000E+00 0.0000000E+00 0.0000000E+00 0.0000000E+00
  4 CV 0.0
  4 TH   0.00000
END
```

为查看此透镜,将 WAP 3 更改为 WAP 0,运行 RLE 文件,然后打开 PAD,结果如图 37.2 所示。

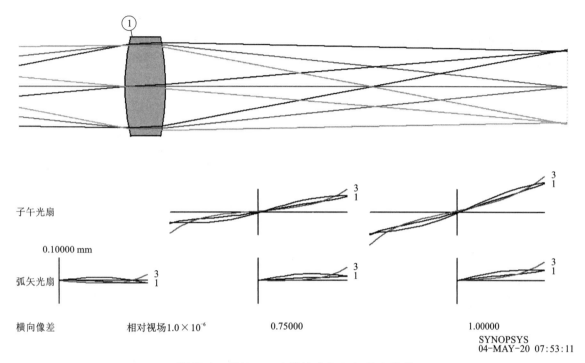

图 37.2　将 Zemax 文件转成 SYNOPSYS 格式

注：图中带圈数字为透镜的表面编号；图中数字为定义波长下光扇图曲线对应的波长编号。

子午光扇

0.10000 mm

弧矢光扇

横向像差　　　相对视场1.0×10⁻⁶　　　0.75000　　　1.00000

转换此文件非常简单。如果现在要求 SYNOPSYS 创建一个合适的 RLE 文件(使用命令 LEO)，将会得到：

```
RLE
ID ACHROMATIC SINGLET                        378
ID1 NOTES...
ID2
ID3
 LOG      378
 WAVL .4861000 .5876000 .6563000
 CORDER   2    3    1
 APS             -1
 GTZ
 UNITS MM
 OBC  250.  5.  25.  0 0 0  25.

  0 AIR
  1 CAO    30.00000000         0.00000000        0.00000000
  1 RAD    131.99066634000000    TH    25.00000000
  1 N1 1.52237223 N2 1.51679274 N3 1.51431609
  1 CTE   0.710000E-05
  1 GTB S      'BK7          '
  2 N1 1.52237223 N2 1.51679274 N3 1.51431609
  2 CTE   0.710000E-05
  2 GID 'BK7          '
  2 DOE       0.587600       1.517000      55.000000
  RNORM    30.0000
  A11  4.7648E+02 -1.8073E+02  9.4412E+00  0.0000E+00  0.0000E+00
  A12  0.0000E+00  0.0000E+00  0.0000E+00  0.0000E+00  0.0000E+00  0.0000E+00
  A13  0.0000E+00  0.0000E+00  0.0000E+00  0.0000E+00  0.0000E+00  0.0000E+00
  2 PIN    1
  3 CAO    30.00000000        0.00000000        0.00000000
  3 RAD   -149.7746955999999    TH    250.73834510 AIR
  3 DC1  0.00000000E+00 0.0000000E+00 0.0000000E+00 0.0000000E+00 0.00000000E+00
  3 DC2  0.00000E+00 0.00000E+00 0.00000E+00 0.00000E+00 0.00000E+00 0.00000E+00
  3 DC3  0.00000E+00 0.00000E+00 0.00000E+00 0.00000E+00 0.00000E+00 0.00000E+00
  3 DC4  0.00000E+00 0.00000E+00 0.00000E+00 0.00000E+00 0.00000E+00
  4 CV      0.0000000000000    TH     0.00000000 AIR
 END
```

　　注意，OPD 系数已被改变。Zemax 文件以弧度为单位表示系数，而 SYNOPSYS 文件中的所有 OPD 表达式以 cycles 或 waves 为单位。

　　这个例子具有较复杂的面型，接下来演示一个更复杂的。打开一个描述 IR 透镜(IR_EXAMPLE. ZMX)的文件，并在运行转换时看到错误消息，如图 37.3 所示。

图 37.3　当玻璃名字没有对应，ZMCONVERT 发出的警告信息

滚动列表进行阅读，看到以下详细信息：

```
SURF 12
  COMM OBJ EL1
  TYPE STANDARD
  CURV -4.127115146513000200E-001 0 0.000000000000E+000 0.000000000000E+000 0
  HIDE 0 0 0 0 0 0 0
  MIRR 2 0.000000000E+000
  SLAB 4
  DISZ -2.362204724409E-001

 GLAS CLEARTRAN_WANDA 0 0 3.46217496 0.000000 0.000000 0 0 0 0.000000 0.000000
*************************************************
***********    GLASS TYPE NOT FOUND *************
CLEARTRAN_WANDA

*****   A GLASS MODEL (GLM) IS USED INSTEAD  ****
***   SOME GLASS TABLES USE DIFFERENT SPELLING **
***   CHECK THE NAME CAREFULLY.  GLM DATA MAY  **
*************   NOT BE APPROPRIATE  *************
*************************************************
```

　　此表面需要一种在 SYNOPSYS 玻璃表中找不到名称的材料。该程序将指定玻璃模型，因为此时它没有其他信息，但是当编辑生成的 RLE 文件时，必须将其更改为正确的材料。以下是在这一环节输入的内容：

```
 12 SID 'OBJ EL1
 12 RD   -2.42300
 12 TH   -0.236220
 12 GLM    1.50000          55.0000
 12 CAO   0.745000
 13 RD    7.82870
```

　　如果不知道要使用的材料的名称，需要查看不常用的玻璃目录。然后输入 HELP UNUSUAL 并按照链接进行操作。在打开的列表中，可能找到一个候选项：

```
...
NACL            Sodium chloride                    0.2      22.3
NAFL            Sodium fluoride                    0.186    17.3
PBFL            Lead fluoride                      0.2909   11.9
SAPPHIRE        Aluminum oxide                     0.193    5.263
SILICON         Silicon; see SILICON-NIR, below    1.4      16.0
ZNS             Zinc sulfide                       0.42     18.2
CLEARTRAN       Zinc sulfide, higher grade         0.4047   13.0
ZNSE            Zinc selenide                      0.54     18.2
CRQUARTZ        Crystal quartz, ordinary ray  0.198        2.053
```

现在可以编辑 RLE 文件:

```
12 SID 'OBJ EL1
12 RD  -2.42300
12 TH  -0.236220
12 GTB U
CLEARTRAN
12 CAO  0.745000
13 RD   7.82870
13 TH  -0.100000E-01
13 CAO  0.745000
```

同样的错误出现在其他几个表面上时,也可以使用 PIN 12 指令对其进行纠正。若另一个表面想要一种名为 SILICON_FIT 的材料时可以将其更改为 SILICON。以这种方式继续,让程序识别必须更新其名称的所有材料,然后使用更正的 RLE 文件运行 MACro。

特别要注意成都光明公司在 Zemax 中的玻璃名称。该公司使用许多与 Schott 公司相同的玻璃名称,尽管其折射率和色散系数非常不同,必须仔细验证要使用哪个目录的玻璃(SYNOPSYS 用前缀标识所有存在名称冲突的中国玻璃,如将 F2 改为 G-F2,依此类推)。

第 38 章
改进 Petzval(佩兹伐)透镜

Joseph Max Petzval(1807—1891 年)是一位德国数学家,他的名字被附在一种由两个独立的正片组组成的照相机透镜。该相机结构如图 38.1 所示。

这个例子在焦平面附近增加了两个透镜以校正视场像差。DESEARCH 可以设计这种透镜吗?可以,需要 8 个元件,但是本章将会试图设计一个只含有 7 个元件的透镜。

以下是设计要求:

(1)13 inch(1 in=2.54 cm)的焦距;

(2)$F/3.5$;

(3)视场角为±6°;

(4)光谱为 0.7~0.52 μm;

(5)总长度为 17.06 inch;

(6)后焦距为 0.7 inch。

这是一个合适的 MACro 输入(C38M1):

```
CORE 64
OFF 1
OFF 99
TIME
DSEARCH 3 QUIET
 SYSTEM
 ID DSEARCH SAMPLE
 OBB 0 6 1.857
 WAVL 0.7 .6 .52

UNITS INCH
END
GOALS
ELEMENTS 7
FNUM 3.5 10
BACK 0.7 SET
TOTL 17 .1
STOP FIRST
STOP FREE
TSTART .5
ASTART 1.0
```

```
RT 0.5
FOV 0.0 0.75 1.0 0.0 0.0
FWT 5.0 3.0 3.0 1.0 1.0
NPASS 55
ANNEAL 200 20 Q 100
OPD
SNAPSHOT 10
QUICK 40 40
END
SPECIAL PANT
END
SPECIAL AANT
ADT 7 .01 10
M 0 10 A GIHT
S P YA 1
END
GO
TIME
```

运行此宏,程序在大约 2 min 内会返回一个校正为 0.2 波长的透镜,经过优化和退火(50,2,50)之后会更好,如图 38.2 所示。

13-inch, *f*/3.5 PETZVAL LENS

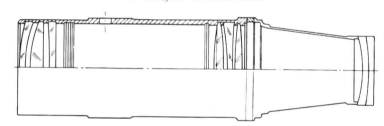

图 38.1　Petzval 间谍相机设计(经 Berge Tatian 允许转载)

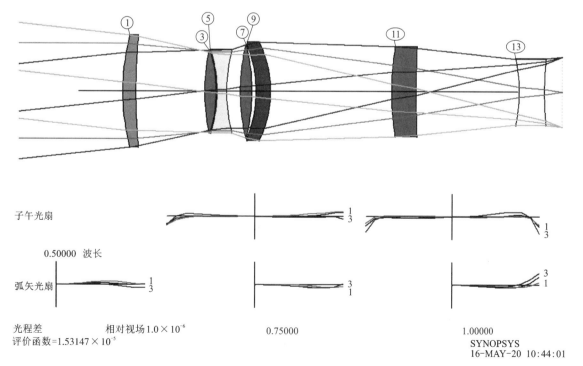

图 38.2　从 DSEARCH 返回的透镜,经过优化和退火

注:图中带圈数字为透镜的表面编号;图中数字为定义波长下光扇图曲线对应的波长编号。

透镜已经达到衍射极限,但是这和 Petzval 的结构并不类似。

尽管如此,这个透镜也非常棒,几乎没有次级色差。透镜的表面 1 上是正的火石元件,这个程序总是会找到这种减少次级色差的好办法。接下来,将要使用 ARGLASS 插入真实玻璃,但是要记得保存这个透镜,以便在需要的时候重新使用它。

打开 MRG 对话框,选择"Schott"和"Sort"等,得到的透镜具有太多的次级色差。这个程序是通过找到最接近玻璃模型的真实玻璃并优化结果来分配玻璃。

回到之前保存的透镜,将优化程序 MACro 保存为 GSOPT. MAC,然后准备另一个 GSEARCH MACro:

```
GSEARCH 5 QUIET LOG
SURF
1 3 5 7 9 11 13
END
NEAREST 4 P
G
END
CLIMIT 20000
GO
```

运行这个程序,GSEARCH 会从 Guangming 玻璃目录中找到一个很好的玻璃类型。在本例中,程序将会检查 47 个组合,或总共 16384 种情况(需要使用 CLIMIT 以增加默认的 9999 种情况)。经多次优化和退火后得到的结果(C38L1),如图 38.3 所示。

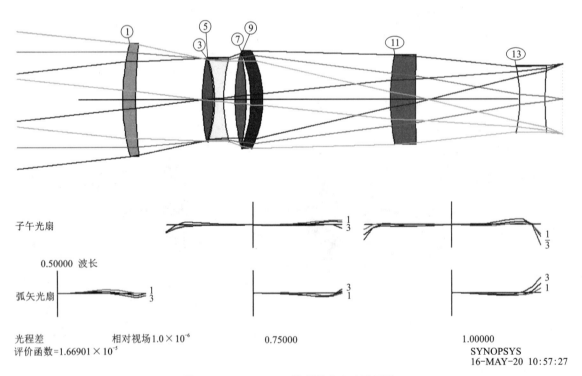

图 38.3　GSEARCH 发现的真实玻璃透镜

注:图中带圈数字为透镜的表面编号;图中数字为定义波长下光扇图曲线对应的波长编号。

同时也尝试将这个设计匹配到 Schott 和 Ohara 玻璃库,但在本例中它们的效果不如之前的好。当运行 GSEARCH 时,可以多尝试几个目录,因为结果依赖于哪种玻璃最接近于透镜中的哪种 GLMs,并且它们是不同的。

打开 MMF 对话框，选择"多波长"，然后点击"执行"。这个透镜的 MTF 曲线如图 38.4 所示。其性能比原来的 Petzval 设计要好得多，且只有 7 个元件——这已经足够了。

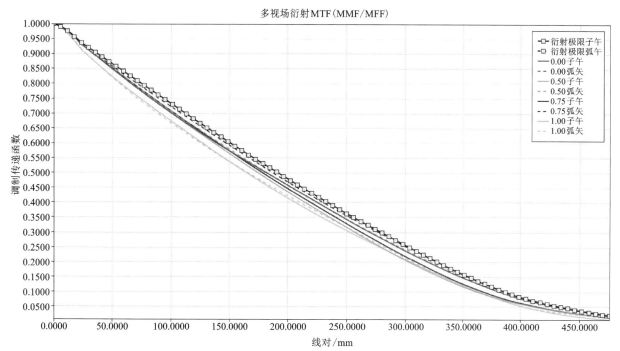

文件名：C38L1.RLE
波长/权重：0.7000/1.000 0.6000/1.000 0.5200/1.000
备注：单击此处添加备注

图 38.4　具有真实玻璃的 7 个元件的 MTF 曲线

为什么 DSEARCH 文件包括行：

```
FNUM 3.5 10
BACK 0.7 SET
```

这些项创建的透镜不在最后一个表面上使用曲率求解或厚度求解。虽然程序可以找到一个很好的设计使用这些求解，但当求解被激活时，会在匹配真实玻璃时遇到了麻烦。由于图像接近最后一个元件，前面折射率的微小变化可以改变近轴光线路径，而且曲率求解可以产生非常短的半径，因为光束直径可能会变得非常小，导致光线追迹失败。通过消除求解，F 数将成为 MF 中的一个目标，而不是在最后一个元件上的 UMC 求解结果，且后焦距将设置为 0.7 inchs，其不受 YMT 求解的控制。通过这些改变，当用 GSEARCH 插入真实玻璃时，没有遇到光线失败。

另一种尝试是为 RSTART 指定一个不同于默认值 100 inches 的值。这将探索设计树的不同分支。

在设计本章内容时，尝试了参数 RT、ASTART 和 RSTART 的几种组合。每种方法都产生了不同的结果，虽然大多数都在 1/4 波长区域，但有些没有。这就是处理设计任务的本质。

如果要求 DSEARCH 设计一个 6 片式透镜，可以做得更好吗？这里是输入文件(C38M2)：

```
CORE 64
TIME
DSEARCH 3 QUIET
 SYSTEM
 ID DSEARCH SAMPLE
 OBB 0 6 1.857
```

```
WAVL 0.7 .6 .52
UNITS INCH
END
GOALS
ELEMENTS 6
FNUM 3.5 10
BACK 0.7 SET
TOTL 17 .1
STOP FIRST
STOP FREE
TSTART 1.0
ASTART 1.0
RT 0.5
FOV 0.0 0.75 1.0 0.0 0.0
FWT 5.0 3.0 3.0 1.0 1.0
NPASS 90
ANNEAL 200 10 Q 90
TOPD
SNAPSHOT 10
QUICK 40 40
END
SPECIAL PANT
END
SPECIAL AANT
ADT 7 .01 10
M 0 10 A GIHT
S P YA 1
END
GO
TIME
```

运行它,当 DSEARCH 完成时,像之前一样将 DSEARCH_OPT 文件另存为 GSOPT,然后创建一个新 MACro 来运行 GSEARCH,并寻找 Schott 目录中最好的玻璃组合:

```
GSEARCH 5 QUIET LOG
SURF
1 3 5 7 9 11
END
NEAREST 4 P
S
END
CLIMIT 20000
GO
```

运行这个 GSEARCH 宏,然后对 Ohara 和 Guangming 目录执行相同的操作。当优化和退火(50,2,50)时,使用 Ohara 玻璃时会返回一个最好的透镜。返回的透镜如图 38.5 所示,调制传递函数(MTF)如图 38.6 所示。这是一个极好的设计(C38L2),只有 6 个元件,而且比原始的 8 个元件的 Petzval 更好。

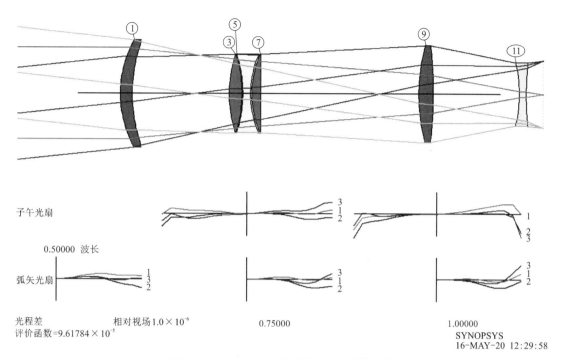

图 38.5　DSEARCH 找到的 6 个元件的透镜

注：图中带圈数字为透镜的表面编号；图中数字为定义波长下光扇图曲线对应的波长编号。

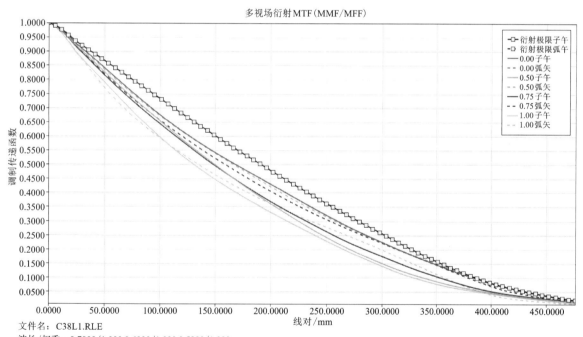

文件名：C38L1.RLE
波长/权重：0.7000/1.000 0.6000/1.000 0.5200/1.000
备注：单击此处添加备注

图 38.6　最终 6 个元件的透镜的 MTF 曲线，具有真实玻璃

　　不同的玻璃有着不同的色散，因此尝试不止一个玻璃目录是非常有意义的。如果使用一个玻璃库发现了一个很好的设计，那么可以从供应商那里换成同等性能但是更加便宜的玻璃，而其质量只有略微的损失。

　　在本章中，获得了一个性能优异的六元件透镜，其性能优于图 38.1 所示的原始八元件透镜。

第 39 章

红外透镜的无热化

计算空气间距和材料；使热效应最小化

在本章中，将研究随着温度的变化中红外透镜的像质会发生什么变化。从图 39.1(C39L1)中的透镜开始。

以下是此示例的 RLE 文件：

```
RLE
ID FOUR ELEMENT INFRARED OBJECTIVE
 WAVL 4.000000 3.250000 2.500000
 APS               1
 UNITS MM
 OBB  0.000000   3.0000   30.0000     0.0000    0.0000    0.0000    30.0000
 MARGIN       1.270000
 BEVEL        0.254001
   0 AIR
   1 RAD     163.0500000000000     TH        4.50000000
   1 N1 3.42403414 N2 3.42836910 N3 3.43782376
   1 DNDT   1.336E-04 1.336E-04 1.336E-04 1.4000E+00 7.5000E+00 1.6000E+01
   1 CTE    0.255000E-05
   1 GTB U      'SILICON            '
   1 EFILE EX1     31.417334     31.417334     31.671335     0.000000
   1 EFILE EX2     31.014427     31.417334      0.000000
   2 RAD     255.4500000000000     TH        5.55000000 AIR
   2 AIR
   2 EFILE EX1     31.014427     31.417334     31.671335
   3 RAD    -721.5000000000000     TH        3.60000000
   3 N1 4.02415626 N2 4.03741119 N3 4.06419029
   3 DNDT   4.100E-04 4.100E-04 4.100E-04 2.0500E+00 1.1000E+01 2.200E+01
   3 CTE    0.550000E-05
   3 GTB U      'GE                 '
   3 EFILE EX1     30.633643     30.633643     30.887644     0.000000
   3 EFILE EX2     30.633643     30.633643      0.000000
```

```
4 RAD    -1590.0000000000000    TH      65.70000000 AIR
4 AIR
4 EFILE EX1     30.633643      30.633643      30.887644
5 RAD     145.5000000000000    TH       3.15000000
5 N1 4.02415626 N2 4.03741119 N3 4.06419029
5 DNDT   4.100E-04 4.100E-04 4.100E-04 2.0500E+00 1.1000E+01 2.200E+01
5 CTE    0.550000E-05
5 GTB U     'GE              '
5 EFILE EX1     27.236976      27.236976      27.490977      0.000000
5 EFILE EX2     26.712556      27.236976      0.000000
6 RAD     120.4500000000000    TH      13.20000000 AIR
6 AIR
6 EFILE EX1     26.712556      27.236976      27.490977
7 RAD     255.0000000000000    TH       4.50000000
7 N1 3.42403414 N2 3.42836910 N3 3.43782376
7 DNDT   1.336E-04 1.336E-04 1.336E-04 1.4000E+00 7.5000E+00 1.600E+01
7 CTE    0.255000E-05
7 GTB U     'SILICON        '
7 EFILE EX1     27.355510      27.355510      27.609511      0.000000
7 EFILE EX2     27.165926      27.355510      0.000000
8 RAD    2025.0000000000000    TH     107.272545 AIR
8 AIR
8 EFILE EX1     27.165926      27.355510      27.609511
9 RAD    -405.0000000000000    TH       0.00000000 AIR
9 AIR
END
```

　　假设这个透镜必须在 20℃ 到 100℃ 的温度范围内保持焦点不变, 怎么做呢? 运行 THERM 程序, 首先测试是否存在所有必需的系数:

```
SYNOPSYS AI>THERM TEST
WARNING – NO DEFAULT CTE HAS BEEN ASSIGNED TO AIRSPACES
 ALL GLASSES IN THIS LENS HAVE BEEN ASSIGNED THERMAL–
INDEX COEFFICI ENTS
```

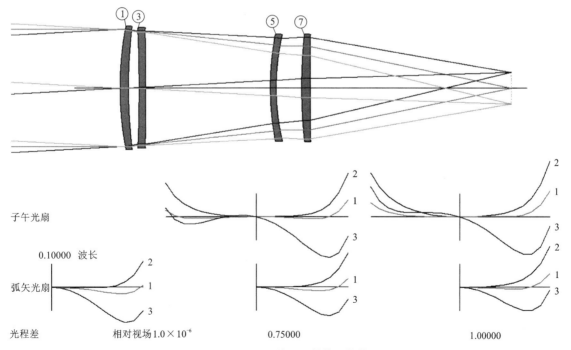

图 39.1　近红外望远镜的无热化

注: 图中带圈数字为透镜的表面编号; 图中数字为定义波长下光扇图曲线对应的波长编号。

实际上,这个透镜还没有为空气间隔分配一个系数。使用 CHG 文件修复该问题,分配铝类型 6061 的系数:

```
CHG
ALPHA A6061
END
```

现在可以激活热阴影。创建并运行一个新 MACro:

```
THERM
ATS 100 2
END
```

将透镜的副本放入配置 2 中,所有参数都会根据温度变化而变化,从默认的 20℃到 100℃。图 39.2 显示了 ACON 2 在该温度下的样子。

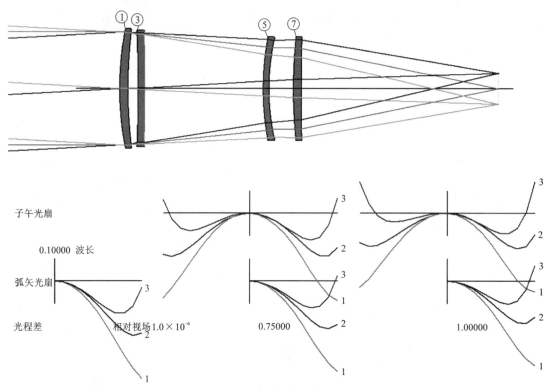

图 39.2 近红外望远镜在 100℃,校正前

注:图中带圈数字为透镜的表面编号;图中数字为定义波长下光扇图曲线对应的波长编号。

透镜失焦,必须校正这一点。

以下是一种简单的方法来判断一个元件的轴上移动在哪里可能会有好处。首先,单击按钮 在 ACON 2 中创建一个检查点。其次,打开 WorkSheet(单击按钮),单击 PAD 显示中的表面 4。首先怀疑该空气间隔的改变可能会改变焦点位置。实际上,其所需的移动必须非常小,因此将速度滑块滑到靠近底部,然后将"Spacing"滑块向右滑动,如图 39.3 所示。

校正后,图像几乎聚焦了,移动也非常小,从 65.827 到 65.53,离目标越来越近了。

现在必须使元件 3 随温度以这种方式移动。可设计具有外套管和内套管的结构:外套管从表面 4 向右延伸,穿过下一个元件,然后使用内套管从中间返回并夹持这些元件。如果外套管由铝制成,内套管由塑料制成,则元件 3 的净运动将小于全铝材料的净运动。

再次返回 ACON 1,仍然打开 WorkSheet 创建一个检查点,然后单击"Add Surface"按钮 。点击

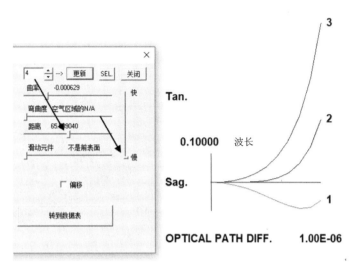

图 39.3　WorkSheet 滑块用于调节透镜中的空气间隔

表面 4 和表面 5 之间的透镜图中的光轴，插入虚拟表面，如图 39.4 所示。

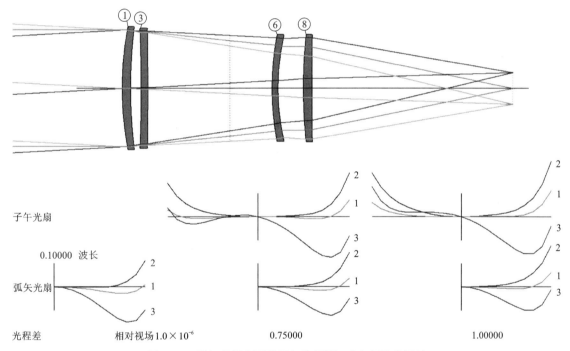

图 39.4　插入虚拟表面的近红外透镜，准备无热化设计

注：图中带圈数字为透镜的表面编号；图中数字为定义波长下光扇图曲线对应的波长编号。

现在必须告诉程序，从表面 5 到表面 6 的膨胀系数不同于在上面指定给所有空气间隔的铝材料。关闭 WorkSheet 并创建一个新的 THERM 文件：

```
THERM
COE 1 STYRENE
TCHANGE 1
5
ATS 100 2
END
```

该文件表明将系数 1 定义为苯乙烯(STYRENE)的系数，然后将厚度系数 1 指定给表面 5，将透镜更改为100℃并将结果放到ACON 2中。

运行它后,ACON 2的结构确实发生了变化。现在的诀窍是找到最佳补偿这种热变化的外套管和内套管的长度。对于此任务,要使用优化程序来完成。以下是优化MACro(C39M1):

```
ACON 1
PANT
VY 4 TH 1000 -1000
VY 5 TH 1000 -1000
END
AANT
ACON 1
M 0 1 A DELF
M 8.103249 1 A P YA 1
GSO 0.5 5.332000 3 M 0
GNO 0.5 1 3 M 0.5
GNO 0.5 1 3 M 1.0
ACON 2
M 0 1 A DELF
GSO 0.5 5.332000 3 M 0
GNO 0.5 1 3 M 0.5
GNO 0.5 1 3 M 1.0
END
SNAP
SYNO 20 MULTI
```

改变表面4和表面5厚度来尝试在两个温度下保持系统聚焦和像质。注意优化命令上的MULTI声明,这允许程序优化多重结构。运行它后,ACON 2中的透镜比以前更好,如图39.5所示。

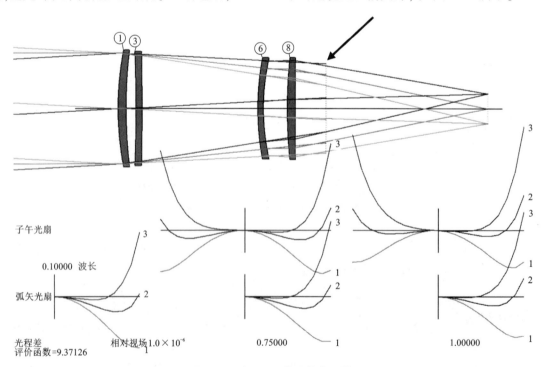

图39.5　在100℃的无热化透镜

注:图中带圈数字为透镜的表面编号;图中数字为定义波长下光扇图曲线对应的波长编号。

　　有一些像质会下降，但在合理范围内，在这个温度变化的情况下焦点仍然保持在合理范围内。注意表面 5 的位置，它会告诉您两个套管必须延伸到何处以及它们应该连接到何处。由此可见，其实无热化并不困难。

　　另外，有一些限制是正确的。用户为 TH 变量输入了明确的限制，因此程序不会让正 TH 变为负数。为了保持放大率不变，为主光线的 YA 添加了一个目标。但是没有设置选项来说明安装方案是将透镜固定在元件的右侧还是左侧，对于此示例，采用默认的情况，热膨胀朝向右侧。

第 40 章

边缘

定义透镜边缘和斜面

在将元件图纸发送到加工厂之前，用户必须仔细定义边缘的形状和尺寸。这是通过边缘向导（MEW）实现。

由此获取如图 40.1 所示（C40L1）的透镜。

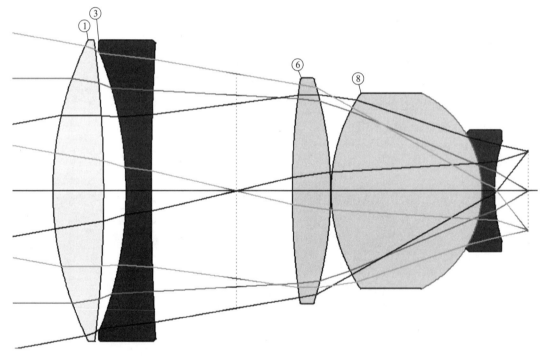

图 40.1 分配了 EFILE 边缘的透镜

注：图中数字为透镜的表面编号。

已使用边缘向导为此透镜指定了合理的边缘。为了说明它是如何工作的，将先删除所有边缘定义，然后展示如何将它们放回去。在命令窗口中键入：

```
EFILE
ERASE
END
```

然后就可以看到图 40.2 中的默认边缘，这些边缘是由程序指定的，因此它们在全视场限制了上下边缘的光线。即在透镜优化期间使用的合理边缘，如图 40.2 所示，当制造元件时，它们必须更大并且更仔细地定义以被允许安装在结构单元中。通过键入"MEW"或单击 PAD 工具栏上的按钮 打开边缘向导或选择"工具+库"中的"边缘定义"。目前，透镜不再有边缘定义。单击"创建全部"按钮，将获得一组合理的边缘。单击提示中的"是"按钮，图片已更改。在"从表面"框中输入数字"1"，可以看到已应用于第一个元件的尺寸，如图 40.3 所示。

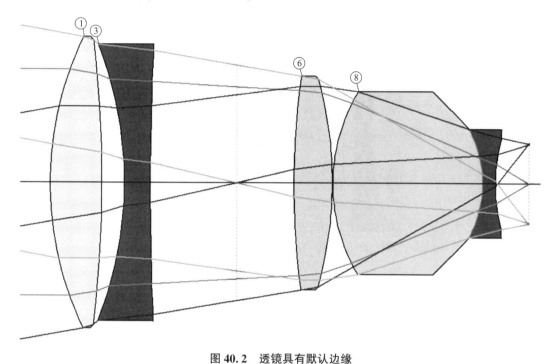

图 40.2 透镜具有默认边缘

注：图中数字为透镜的表面编号。

程序在每个元件的边缘创建了五个参考点，在对话框的图表中标记为 A 到 E。通常必须编辑这些默认尺寸，元件 1 的数据表明了一个原因。第一个表面是凸面，但一般不希望在该表面上有斜角。该程序定义了默认边缘并实施了"Explicit"规则，该规则适用于大多数透镜，如果需要，可以使用对话框上的编辑框和微调按钮编辑数据。

默认点 C 当前距离轴 34.2198 mm，而表面 1 上的通光孔径为 31.9355 mm。这个元件有一个相当薄的边缘，所以可以稍微减小直径。在尺寸 C 的框中输入数字"34"，然后单击"更新"。还将删除该表面上的斜面。单击 C 标注左侧的"-B"框，"-B"表示去除那边的斜面。然后再单击"-F"按钮。当您移除斜面时，将 A 点留在了原处，这可能适用于一些安装有法兰模具的塑料元件，但在此不受欢迎。该按钮将平坦部分从 A 移到 B。第一个表面现在是合理的，用户可能还想要去掉第二个表面的斜面和平面(对于具有浅的曲线的较厚正元件，通常将斜面留在原位)。

元件 2 是负透镜，这里想要在侧面 1 有一个平坦部分和侧面 2 有一个斜面(但不是平面)。单击"下一个"按钮以查看该元件的数据，如图 40.4 左侧所示。

假设元件 2 的外径与元件 1 的外径相同。只需在 C 框中输入相同的尺寸"34"，然后单击"更新"。边缘发生变化，如图 40.4 中间所示。

这增加了元件直径，但同样留下了原本尺寸 A 和 B，需减小表面 3 上斜角的大小。在尺寸 B 的编辑框右侧有两个微调按钮(见图 40.3)，点击两个按钮中的顶部按钮多次后，观察斜面变小，平坦部分变大，如图 40.4 右侧所示。在点击两个微调按钮的同时观察图片，用户可以完全按照自己的意愿定义边缘。

如果还想在该元件的第 2 侧使用较小的斜角，请使用点 D 的微调按钮进行调整，然后单击该侧的"-F"按钮以移除平面部分。现在的边缘如图 40.5 所示。

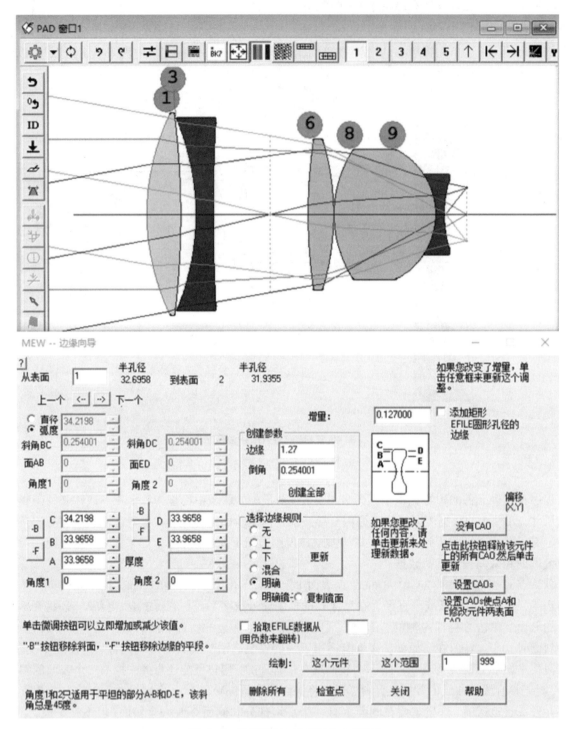

图 40.3　边缘向导,显示元件 1 的数据

　　前两个元件的边缘现在看起来还不错。此时,需注意单击 MEW 对话框上的"Checkpoint"按钮。当用户处理其他元件时可能会犯错,这可以帮助用户返回到以前的透镜。

　　以这种方式继续,可以根据需要定义所有边缘。完成后,关闭向导并在命令窗口中键入"ELIST"。此列表显示了每个元件上当前定义的点 A 和 C,以及从 A 到 B、B 到 C 的距离,依此类推。

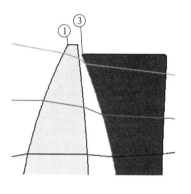 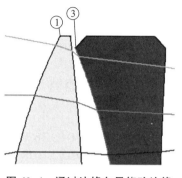

图 40.4 通过边缘向导修改边缘

注：图中数字为透镜的表面编号。

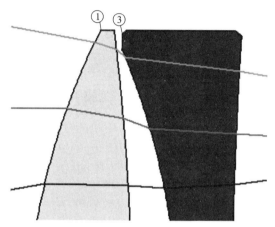

图 40.5 前两个元件的最终边缘

注：图中数字为透镜的表面编号。

```
SYNOPSYS AI>ELIST

CURRENT EFILE DATA:

Surf.    A            AB            BC             C           ANG          CAO       TYPE
         E            ED            DC             C           ANG2         CAO

--------------------------------------------------------------------------------------------
  1    34.000       0.0000        0.0000        34.000        0.0000       32.696     EXPL
       33.966       0.0000        0.34200E-01   34.000        0.0000       31.936

  3    32.345       1.5240        0.13071       34.000        0.0000       31.075     EXPL
       33.615       0.12192E-05   0.38471       34.000        0.0000       29.602

  6    25.242       0.0000        0.25400       25.496        0.0000       23.972     EXPL
       25.242       0.0000        0.25400       25.496        0.0000       23.349

  8    21.809       0.0000        0.25400       22.063        0.0000       20.539     EXPL
       21.809       0.0000        0.25400       22.063        0.0000       12.174

  9    13.444       0.0000        0.25400       13.698        0.0000       12.174     EXPL
       11.590       1.8532        0.25400       13.698        0.0000       10.320

CURRENT BEVEL IS     0.2540010
CURRENT MARGIN IS    1.270000
SYNOPSYS AI>
```

这些边缘成为透镜文件的一部分, 并在 RLE 数据中显示为 EFILE 参数。对于元件 2, 这些数据如下所示:

```
...
3 RAD    -81.3505230000000    TH        6.00000000
3 N1 1.83648474 N2 1.84664080 N3 1.87201161
3 CTE   0.830000E-05
3 GTB S    'SF57               '
3 EFILE EX1     32.345300     33.869287     34.000000     0.000000
3 EFILE EX2     33.615288     33.615289     0.000000
4 RAD    553.8617899999995    TH       19.92504900 AIR
4 AIR
4 EFILE EX1     33.615288     33.615289     34.000000
...
```

虽然可以在 WorkSheet 中编辑边缘尺寸, 但不建议这样做。因为它们中的一些是相互关联的, 结果并不总是直观的。如果需要, 可使用向导编辑数据, 其一切都显示在对话框上, 使用起来非常简单。

反射系统示例。

带折叠镜的系统也可以分配边缘和厚度。本例中的透镜采用 C40L2。

获取这个透镜并输入 CAP 来查看当前的孔径:

```
SYNOPSYS AI>CAP

ID EXAMPLE FOLDED SYSTEM                    28301          01-SEP-17   14:25:22

CLEAR APERTURE DATA
(Y-coordinate only)

SURF    X OR R-APER.     Y-APER.     REMARK      X-OFFSET    Y-OFFSET    EFILE?

  1       0.2621                   *User CAO
  2       0.6611                    Soft CAO                                *
  3       0.6870                    Soft CAO                                *
  4       0.7014                    Soft CAO                                *
  5       0.7064                    Soft CAO                                *
  6       0.7071                    Soft CAO                                *
  7       0.6302                    Soft CAO                                *
  8       0.5566                    Soft CAO
  9       1.2000       1.6000     *User RAO                                 *
 10       0.6779                    Soft CAO
 11       0.9358                    Soft CAO                                *
 12       0.9595                    Soft CAO                                *
 13       1.5000       2.2000     *User RAO                                 *
 14       0.9705                    Soft CAO
 15       2.0000       2.4000     *User RAO                                 *
 16       0.9793                    Soft CAO
 17       1.0306                    Soft CAO                                *
 18       1.0406                    Soft CAO                                *
 19       1.0424                    Soft CAO
 20       1.0424                    Soft CAO

NOTE: CAO, CAI, EAO, and EAI input is semi-aperture.
      RAO and RAI input is full aperture.
SYNOPSYS AI>
```

该系统目前具有 EFILE 边缘, 如上面列表中的"＊"所示。再次打开"Edge Wizard", 然后单击 Wizard 对话框上的"Erase all"按钮以恢复默认边缘。系统的一部分如图 40.6 所示。

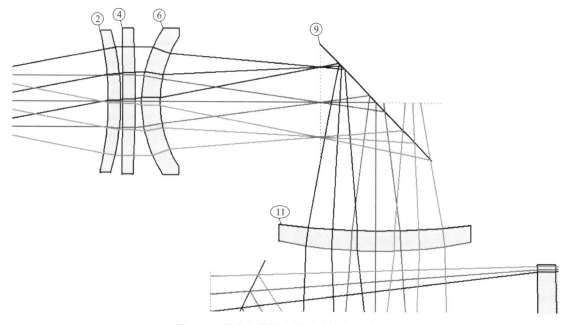

图 40.6　具有折叠镜和默认边缘定义的系统

注：图中数字为透镜的表面编号。

　　表面 9 是折叠镜，其被指定为尺寸为(1.2×1.6)in 的矩形外孔径(即矩形的整个尺寸：圆形孔径由半径给出，矩形由边长度给出)。但是，如果没有指定 EFILE 数据，它在 PAD 显示屏上只显示为一条直线。边缘向导可以在此折叠镜上创建合适的尺寸，纵横比取自 RAO 数据。在向导中，转到表面 9，会看到其尚未分配任何内容。选择"明确镜子"选项，然后单击"更新"。创建默认边，现在的折叠镜具有厚度，如图 40.7 所示。

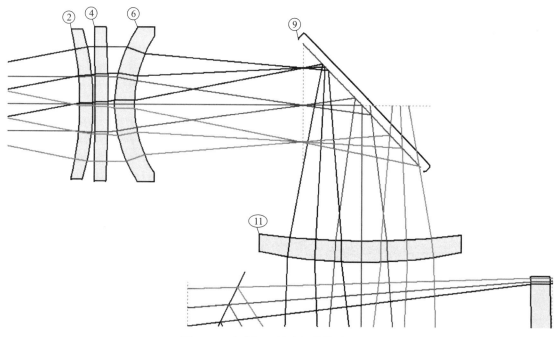

图 40.7　在表面 9 处为折叠镜分配厚度

注：图中数字为透镜的表面编号。

　　假设希望更厚，可以在"Thickness"编辑框中输入更大的数字，或单击该框上的上方微调按钮。厚度增加的形状，如图 40.8 所示。微调按钮更改尺寸的量在"Spin increment"框中给出。

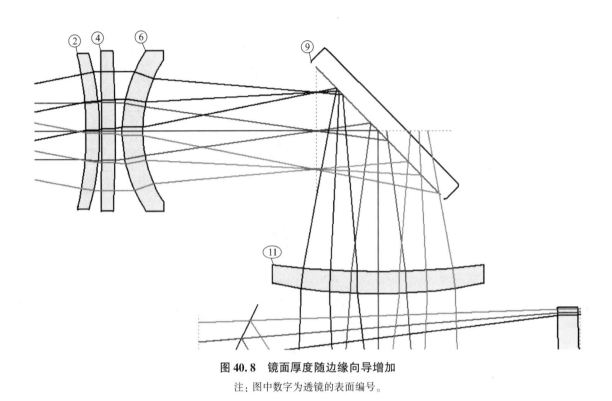

图 40.8　镜面厚度随边缘向导增加

注：图中数字为透镜的表面编号。

将增量更改为 0.02，单击"Update"，然后使用方框 D 中下方的微调按钮将斜角添加到折叠镜的背面，如图 40.9 所示。

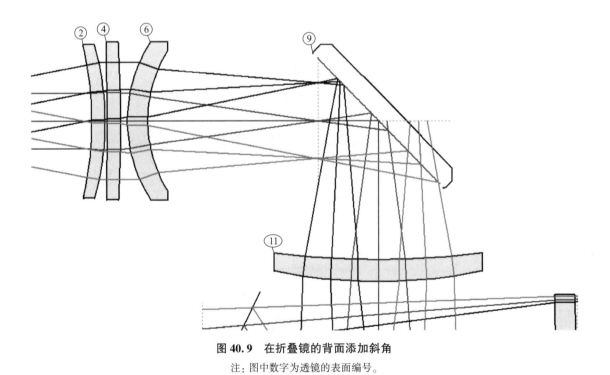

图 40.9　在折叠镜的背面添加斜角

注：图中数字为透镜的表面编号。

以相同的方式在表面 13 和表面 15 处向其他折叠镜添加边缘，然后关闭向导。现在使用对话框 MPE 制作 RSOLID 图片，如图 40.10(C40L3)所示。

调整之后，透镜完全按照用户想要的方式倾斜并展示出来。

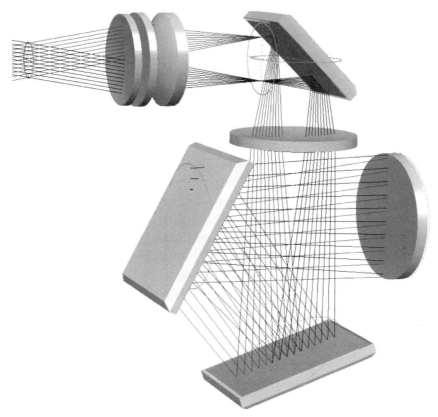

图 40.10 系统的 RSOLID 图

返回向导并在表面 6 处定义元件 3 的边缘, 如图 40.11 所示。

现在打开 MPL 对话框, 在表面 6 输入 ELD 绘图的数据, 如图 40.12 所示。

单击"ELD"按钮, 显示图形并记录所有边缘尺寸, 如图 40.13 所示。

以下是 Edge Wizard 的简要介绍, 其还有更多选项, 包括一些在透镜 CAO 发生变化时会自动改变尺寸 C 的选项。阅读用户手册的第 7.8 节, 将学习到如何创建这样的边缘(C40L4):

```
RSOLID 22 33 0 0 0
PLOT
PUPIL 1
RED
TRACE P 0 0 200
END
```

RSOLID 图如图 40.14 所示。

图 40.15 显示了带有离轴非球面镜(C40L5)的系统。研究 RLE 文件以查看边缘的定义方式。该系统在第一个折射元件的表面 5 上具有真实光阑, 以及在表面 2 和表面 3 处的反射镜上的 DCCR 指令。表面 4 向下偏心, 并且两个反射镜同轴。主光线必须进入轴上方的表面 2, 以便在达到表面 5 时击中光阑的中心。真实光线会瞄准它。表面 2 上的通光孔径是偏心的, 以便在上下视场点与边缘光线相匹配, 第二个反射镜也是如此。这种常见的几何结构设置有相当简单的输入, DCCR 指令负责镜子上的偏心孔径。

图 40.16 中的 RSOLID 视图是使用输入创建的:

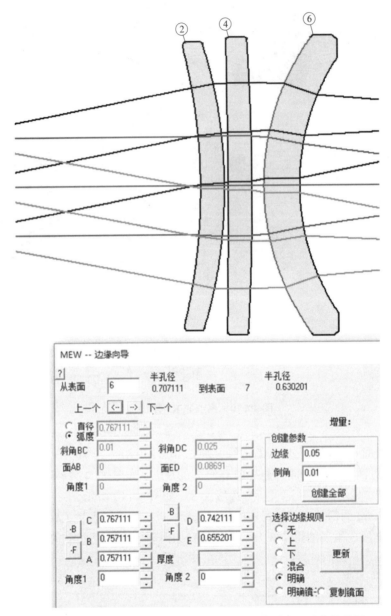

图 40.11　边缘向导,带有用于调整表面 6 和表面 7 上边缘的数据

注:图中数字为透镜的表面编号。

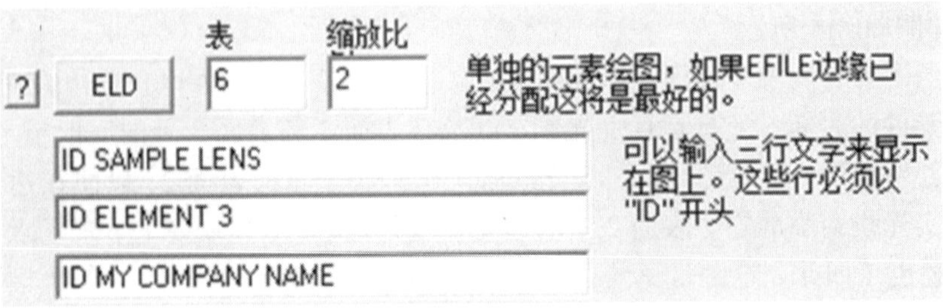

图 40.12　用于绘制透镜元件的 MPL 数据

参数	侧面1	侧面2
曲率半径轮廓	R1 1.2750	R2 1.1644
曲率半径公差		
边缘公差		
柱面边缘		
边缘卷边		
结束		
膜层		
通光孔直径	1.4142	1.2604
弓形高		S2 0.20183
直径到斜面		Y2 1.3104
斜面直径	B1 1.5142	B2 1.4842
面宽到斜面		D2 2.6515
斜面宽	C1 0.0100	C2 0.0250
面角		
厚度	TH 0.1886	
厚度公差		
楔形总长		
平面误差		
直径	DIA 1.5342	
直径公差		
材料	GE	
等级		
退火		
倾斜		

规格 2.000　　X	NUMBER		
日期 09-FEB-18	REV.		案例镜头 元件3
设计者	已批准		
检查者			
测试波长			
尺寸 英尺		SYNOPYS	公司名称

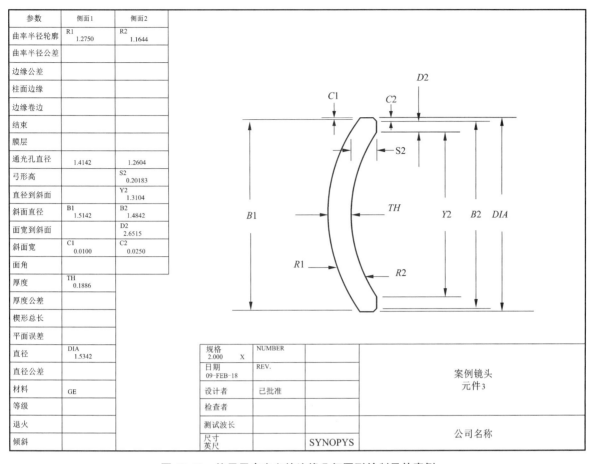

图 40.13 使用用户定义的边缘几何图形绘制元件案例

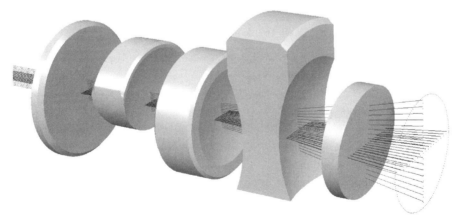

图 40.14 RSOLID 绘图显示各种边缘形状

```
RSOLID 22 -15 . 1 0 0
ACOLOR
PLOT
PUPIL 1
BLUE
TRACE P 0 0 20
END
```

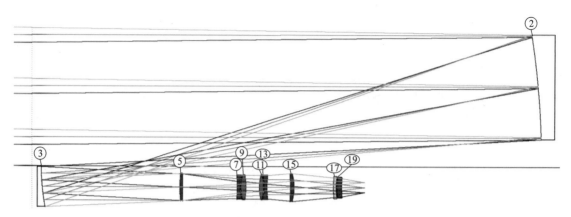

图 40.15　在离轴镜上具有偏心孔径的系统

注：图中数字为透镜的表面编号。

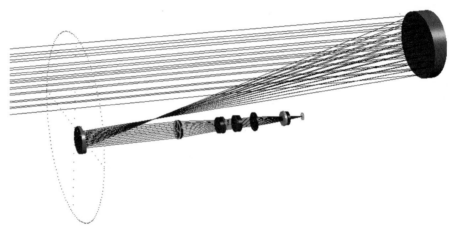

图 40.16　系统的 RSOLID 图

第 41 章

带有视场光阑校正的 90° 目镜

> *校正中间图像；控制出瞳像差*

在本章中，将使用 DSEARCH 导出初始结构，然后使用其他功能修改透镜结构，始终提高其性能。希望目镜达到衍射极限，并且必须确保视场光阑的图像对光瞳是清晰的。

广角目镜设计目标如下：

(1) 视场角：眼睛处共 90°。

(2) 镜目距：15 mm 或更大。

(3) 来自望远镜物镜的光束的 F 数：$F/7$。

(4) 可见光谱：C, d 和 F 夫琅禾费谱线。

(5) 在 0.58756 μm 的 d 光下校正至 1/4 wave 或更好。

(6) 在 C(0.6563 μm) 和 F(0.4876 μm) 光下校正至 1/2 wave 或更好。

(7) 在眼睛处的光瞳像差不大于 1/2 mm。

(8) 一个内部视场光阑，此处的子午方向图像误差不得大于在光束局部 F 数处艾里斑的 2 倍。

(9) 望远镜物镜应该在 2000 mm 之外。

(10) 目镜必须不超过 10 个透镜元件。

(11) 目镜的总长度不超过 200 mm。

首先要求计算机设计一个初始结构，就像前面的章节一样使用 DSEARCH，输入如下内容（大部分输入可以在对话框 MDS 中创建，它将创建一个 MACro(C41M1)），然后可以根据自己的想法编辑它：

```
TIME
CORE 64
OFF 1 99
DSEARCH 5 QUIET
SYSTEM
ID EYEPIECE EXAMPLE
OBD 1.0E9 45 1.27
UNI MM
WAVL CDF
WAP 1
END
```

```
GOALS
ELEMENTS 9
TOTL 200 .01
BACK 0 0
FNUM 7.0 10
ASTART 5
THSTART 5
RSTART 100
RT 0.25
NPASS 80
ANNEAL 100 10 Q 100
SNAP 10
TOPD
STOP FIRST                 ! keep the stop at the eye point
STOP FREE
QUICK 50 100
FOV 0 .3 .6 .75 .9 1.             ! correct over five field points
FWT 3 1 1 1 1 1
END

SPECIAL AANT
ACA 50 1 1
ADT 10 .1 10
M 15 1 A P YA 1 0 0 0 1    ! control eye relief
M -.008 10 A P HH 1        ! aim light at objective to right
M -.004 10 A P HH .5! and control pupil aberrations
M -.0064 10 A P HH .8
M 0 1 A P YA 1             ! and distortion too
S GIHT
END
GO
TIME
```

程序运行大约 5 min 后，会显示其找到的 10 个最佳结构。使用 DSEARCH 自动生成的优化宏(DSEARCH_OPD. MAC)对顶部透镜进行优化并退火(50, 2, 50)，将产生一个相当好的透镜，如图 41.1 所示。

OPD 误差都小于 1/4 wave，但还必须观察和纠正广角目镜中的光瞳像差。如果这些像差太大，目镜就会受到"kidney bean"效应的影响，当用户移动光瞳时，部分视场就会变暗。

创建一个新的 MACro，输入以下命令：

```
STO 9
CHG
NOP
18 TH 2000
19 YMT
20
END
STEPS = 100
PLOT YA ON 19 FOR HBAR = 0 TO 1
GET 9
```

运行此宏，程序将完成以下工作：

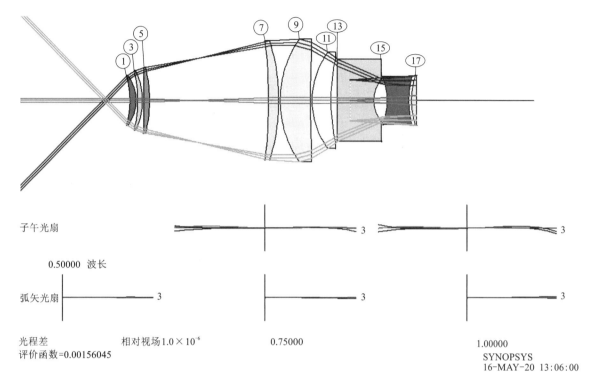

图 41.1　从 DSEARCH 返回的目镜设计，优化和退火

注：图中带圈数字为透镜的表面编号；图中数字为定义波长下光扇图曲线对应的波长编号。

（1）删除表面 18 上的 YMT 求解（通过 NOP，删除所有求解）。

（2）把表面 19 放在 2000 mm 的距离。这将模拟望远镜物镜，假设在该距离。

（3）为表面 19 指定 YMT 求解，然后聚焦到表面 20 上。

（4）声明表面 20，使其存在。

（5）绘制表面 19 上随视场变化的主光线高度图。如果光线全部到达表面 19 的中心附近，则像差会受到控制。

程序运行完毕后，得到物镜处的光瞳像差，如图 41.2 所示。在 F/7 处，在 2000 mm 的距离处，物镜的直径将为 285.7 mm。因此，4 mm 的主光线误差约为物镜尺寸的 2%，并且允许在 2.54 mm 的入瞳上有 1/2 mm 的误差，或约 20%，因此这种校正程度是令人满意的。当然，SPECIAL AANT 部分的 HH 目标也对任何表现出大的光瞳像差的解决方案进行了惩罚控制。用户可以随意调整这些目标的权重，以根据需要平衡误差。

目镜已经处于衍射极限但尚未完成，因为没有通过视场光阑控制像质。

如何添加视场光阑？在 WorkSheet 中，单击"添加表面"按钮，如图 41.3 所示，然后单击表面 6 和表面 7 之间的轴（或中间图像在透镜中的任何位置）。添加一个表面，如图 41.4 所示。

现在，在 WorkSheet 编辑窗格中键入：

```
7 FLAG
```

然后单击"更新"。之后，就可以在 AANT 文件中使用名称 FLAG 来引用表面 7。

现在，编辑 DSEARCH 自动生成的优化宏 DSEARCH_OPT, MAC。从中添加一些 GTR 光线集来控制 FLAG 表面处的子午方向模糊。这里不关心 X 方向的误差，因为它们不会影响光瞳看到的视场光阑的清晰度。此外，校正光阑处波长 1 和波长 3 中的全视场主光线之间的差异，使得光阑的图像不会显示横向色差：

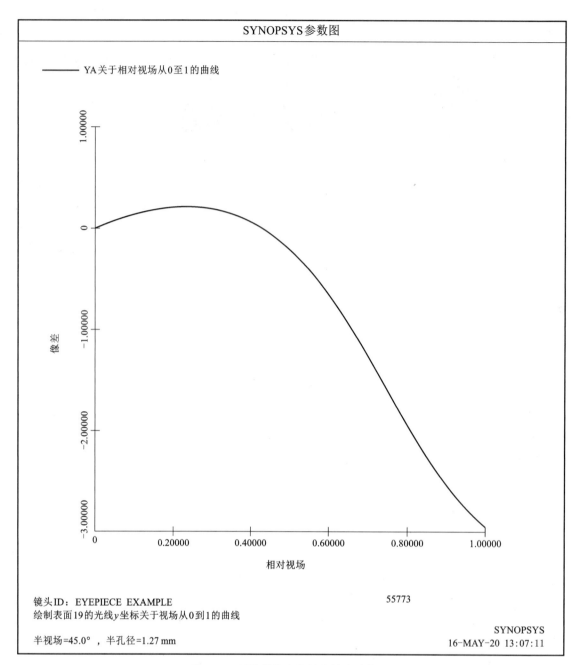

图 41.2　目镜计算在物镜上的光瞳像差

图 41.3　设置'Add Surface'按钮

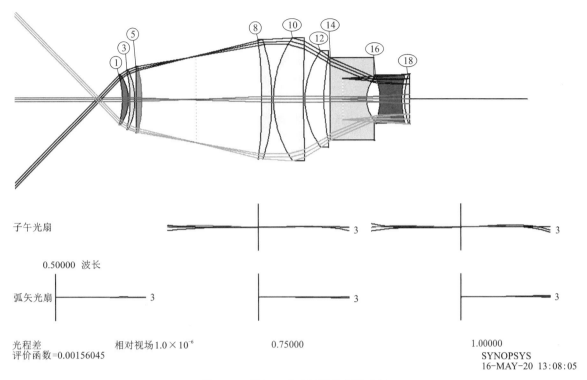

子午光扇

0.50000 波长

弧矢光扇

光程差
评价函数=0.00156045

相对视场1.0×10⁻⁶

0.75000

1.00000
SYNOPSYS
16-MAY-20 13:08:05

图 41.4 增加一个表面作为视场光阑

注: 图中带圈数字为透镜的表面编号; 图中数字为定义波长下光扇图曲线对应的波长编号。

```
PANT
VY 0 YP1
VLIST RD ALL
VLIST TH ALL
VLIST GLM ALL
END

AANT P
AEC 3 1 1
ACM 3 1 1
ACC
GTR 0 2 4 P 1 0 FLAG
GTR 0 2 4 1 1 0 FLAG
GTR 0 2 4 3 1 0 FLAG
M 0 10 A 1 YA 1 0 0 0 FLAG
S 3 YA 1 0 0 0 FLAG
```

```
M    0.142857E+00   0.100000E+02 A CONST 1.0 / DIV FNUM
GSR     0.500000      3.000000       4   M    0.000000
GNR     0.500000      1.000000       4   M    0.300000
GNR     0.500000      1.000000       4   M    0.600000
GNR     0.500000      1.000000       4   M    0.750000
GNR     0.500000      1.000000       4   M    0.900000
GNR     0.500000      1.000000       4   M    1.000000
GSO     0.500000      0.246460       4   M    0.000000
GNO     0.500000      0.082153       4   M    0.300000
GNO     0.500000      0.082153       4   M    0.600000
GNO     0.500000      0.082153       4   M    0.750000
GNO     0.500000      0.082153       4   M    0.900000
GNO     0.500000      0.082153       4   M    1.000000
M    0.200000E+03   0.100000E-01 A TOTL
```

```
ACA 50 1 1
ADT 10 .1 10
M 15 1 A P YA 1 0 0 0 1 ! control eye relief
M -.008 10 A P HH 1  ! aim light at objective to right
M -.004 10 A P HH .5 ! and control pupil aberrations
M -.0064 10 A P HH .8
M 0 1 A P YA 1  ! and distortion too
S GIHT
END
SNAP  10/DAMP    1.00000
SYNOPSYS    80
```

运行此 MACro 后,像质变得更糟。因为 DSEARCH 并不知道视场光阑,因此没有返回视场光阑起作用的透镜。返回的透镜如图 41.5 所示。

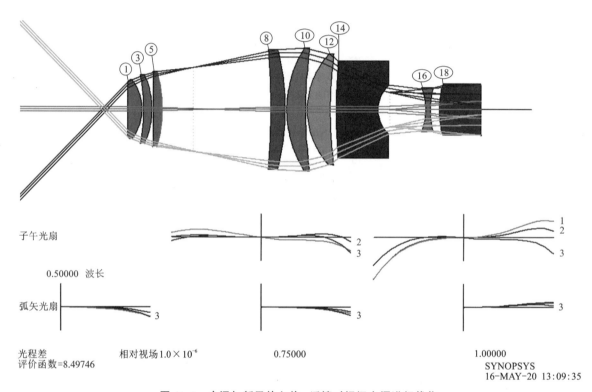

图 41.5 在添加新元件之前,透镜对视场光阑进行优化

注:图中带圈数字为透镜的表面编号;图中数字为定义波长下光扇图曲线对应的波长编号。

是否可以改进这个透镜?可尝试使用 Automatic Element Insertion 功能。观察到,如果透镜左侧没有火石元件,就无法校正视场光阑处的横向色差。看看 AEI 是否可以解决这个问题。在 PANT 命令之前添加行

AEI 6 1 123 0 0 0 10 2

再次运行 MACro。程序在表面 5 处添加一个火石元件后,透镜的像质得到改善。注释掉 AEI 命令行,再次优化,然后退火。评价函数下降,如图 41.6 所示。

另外,还必须监视广角设计中的中间视场点。运行 PAD 扫描 ↑ ,会看到 OPD 误差仍然低于 1/4 wave。

创建一个检查点并键入"MRG"以打开 Real Glass 菜单。选择 Ohara 目录,"Library 6""QUIET""SORT""PREFFERED",然后选择"OK"。透镜中所有元件均被分配有真实玻璃。

```
--- ARGLASS 6 QUIET
Lens number      6 ID EYEPIECE EXAMPLE
  GLASS S-FPL51        HAS BEEN ASSIGNED TO SURFACE    1; MERIT =   0.137816E-01
  GLASS S-FPL51        HAS BEEN ASSIGNED TO SURFACE    7; MERIT =   0.124168E-01
  GLASS S-FPM2         HAS BEEN ASSIGNED TO SURFACE   18; MERIT =   0.120108E-01
  GLASS S-PHM52        HAS BEEN ASSIGNED TO SURFACE   14; MERIT =   0.122779E-01
  GLASS S-BSM15        HAS BEEN ASSIGNED TO SURFACE    3; MERIT =   0.129175E-01
  GLASS S-LAH64        HAS BEEN ASSIGNED TO SURFACE   12; MERIT =   0.134646E-01
  GLASS S-LAH95        HAS BEEN ASSIGNED TO SURFACE   10; MERIT =   0.129732E-01
  GLASS S-NPH4         HAS BEEN ASSIGNED TO SURFACE    5; MERIT =   0.100322E-01
  GLASS S-NPH4         HAS BEEN ASSIGNED TO SURFACE   16; MERIT =   0.259975E-01
  GLASS S-TIH11        HAS BEEN ASSIGNED TO SURFACE   20; MERIT =   0.171688E-01
Type <ENTER> to return to dialog.
SYNOPSYS AI>
```

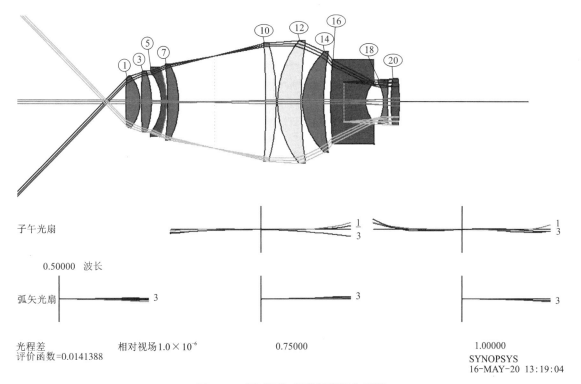

图 41.6　通过添加元件重新优化透镜

注：图中带圈数字为透镜的表面编号；图中数字为定义波长下光扇图曲线对应的波长编号。

透镜组现在几乎是完美的，检查一下畸变。输入"GDIS 21 G"。人眼不会发现其有任何形变，如图 41.7 所示。

现在必须检查视场光阑处像质的校正情况。制作一个检查点并输入：

```
CHG
9 MXSF
END
```

这会截断表面 9 处的透镜（这是暂时的，因此可以评估在视场光阑处的图像）。只有 TFAN 会影响人眼看到的视场光阑的锐度。那么校正效果如何？

使用"光谱向导"模拟 10 个波长，选择"视觉–明视觉"，点击"获得光谱"和"应用于镜头"按钮。

然后打开图像工具菜单（MIT），选择 0.2 mm 的参考尺寸，在"Effect"下选择"Coherent"，HBAR = 1 的点光源，"Multicolor"，然后单击"Process"，如图 41.8 所示。

实际上，视场光阑处的弥散斑接近于 y 方向上的衍射极限。恢复检查点，以便评估最终像质。

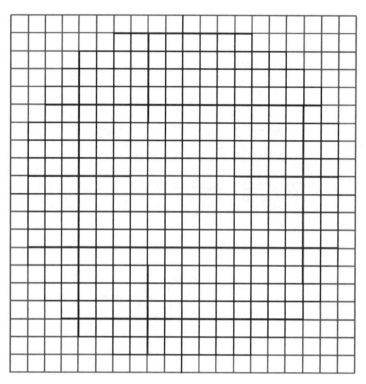

图 41.7　最终设计的畸变图

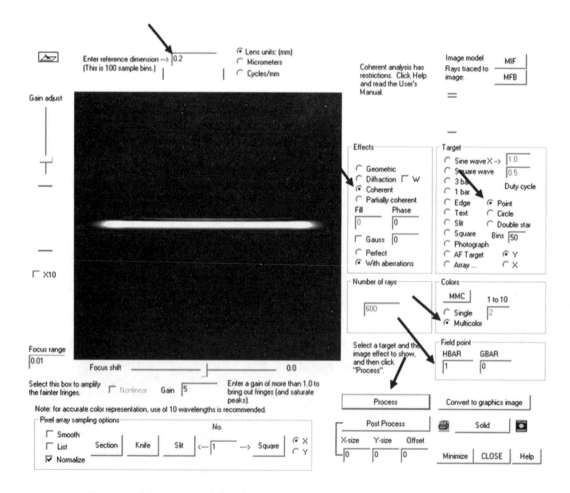

图 41.8　在视场光阑边缘带有点光源的 MIT 对话框。这在 y 方向上看起来很锐利

这组透镜似乎满足所有设计目标。若要进行验证，请再次运行 Spectrum Wizard(MSW)以定义在可见光谱中间隔的 10 个波长，然后运行 OFPSPRD 功能以显示视场上的衍射图案。(最好使用 MPF 对话框；选择"Show visual appearance""Magnify 4"。)结果如图 41.9 所示，是一个接近完美的目镜。

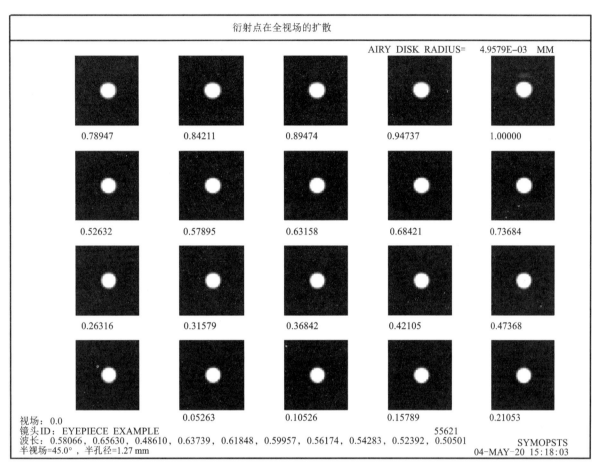

图 41.9　目镜中随视场变化的衍射图案

　　对人眼来说，这个目镜将产生一个基本上完美且不失真的图像。光瞳像差小于允许的 1/2 mm。校正得如此好的望远镜不太可能被实现，如果可以，那么这将是一个极佳组合。

　　一个真实的设计需要关注得更多，也许需要调整一些元件的厚度。最终透镜在 C41L1 中，如图 41.10 所示。可以通过打开对话框 MGS 显示系统视图小结，选择"绘制条纹"，在 X 楔形中输入"3"，并点击"确认"。结果如图 41.11 所示。

　　当打开 98 开关时会返回这个结果，但是正如前面提到的，对于真实的设计工作，希望关闭此开关。这样可能每次都获得不同的设计结果。

　　关闭开关尝试运行了几次。有时结果并不像这个这么好，其中一次得到了一个只有 9 个元件的透镜，它几乎和这个 10 个元件的透镜一样好。DSEARCH 可以在几秒钟内探索设计树的数百个分支，稍有不同的输入就会去探索其他分支。对于研究设计空间，这是一个可以使用的工具。

　　如果对这个透镜运行 AED 会发生什么？可以得到一个几乎相同性能的九个元件的透镜。考虑对视场光阑的校正，此需求是 DSEARCH 输入中没有的，并尝试程序返回的其他结构也是有意义的。

　　新用户可能想知道为什么本章要求对象类型 OBD 并且激活了 WAP 1 选项。这样的目镜，其实就是所谓的"F-theta"透镜。在普通的相机透镜中，人们希望图像高度与物体高度成正比，而且没有失真。但是这在目镜中是行不通的，因为目镜需要物体角度和图像成比例，而不是高度。物体 OBD 指定物体角度(此处为 45°)，然后视场参数 HBAR 也指角度，而不是高度。当校正畸变时，角度是成比例

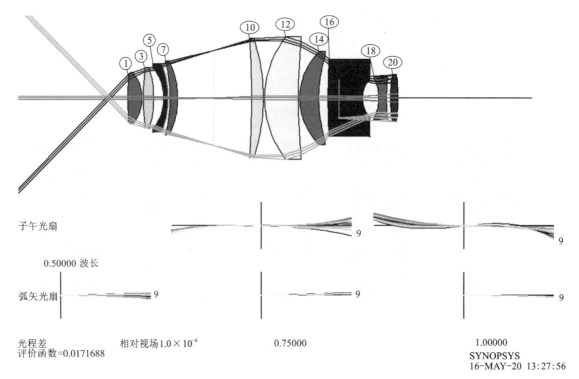

图 41.10　最终目镜设计

注：图中带圈数字为透镜的表面编号；图中数字为定义波长下光扇图曲线对应的波长编号。

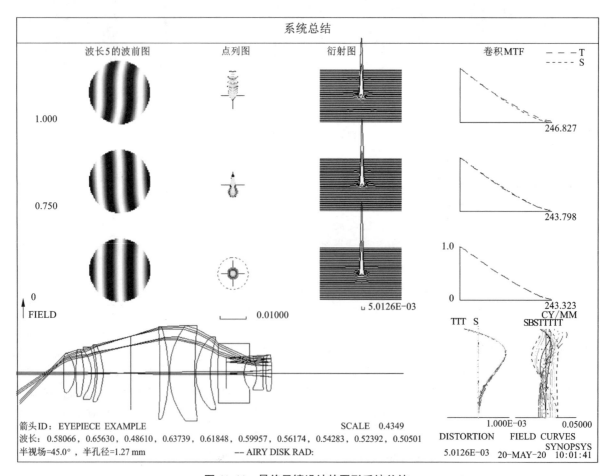

图 41.11　最终目镜设计的图形系统总结

的，并且一对双点之间的明显的角度间隔是恒定的，无论它们出现在视场中的哪个位置。由于角度放大率在视场上是恒定的，根据拉格朗日定律，入射光束(在眼睛处)的直径也应该是恒定的。WAP 1 选项就实现这一点。

　　此练习说明了什么？显然数值方法是有效的。传统的设计师将在这样的设计上工作很多天，并且如果他们成功的话，他们会为结果感到自豪，也将对哪个元件正在校正哪种像差等有一些个人见解。另外，本章中使用的数值工具将在很短的时间内产生出色的设计。如果用户的目标是以最低的成本将产品推出市场，不管它是如何工作的，那么数值方法显然是优越的。如果想知道它是如何工作的，请查看 THIRD CPLOT 功能。

第 42 章
从零开始设计变焦透镜

> 从零开始设计变焦透镜；改变变焦数

用户可以访问专利数据库并尝试找到类似于 8 倍变焦透镜的设计。这可能需要 2 天的时间,但也可以采取另一个更好的方法。

(1)启动 SYNOPSYS。

(2)在命令窗口中键入"HELP ZSEARCH",打开用户手册第 10.7.3 章。

(3)阅读整章内容。但是如果用户已经知道如何在 SYNOPSYS 上完成其他任务,那么就可以很快理解 ZSEARCH 的操作。

(4)设置 ZSEARCH 输入。透镜为 $F/3.5$,设置 $14°$ 的半视场角,GIHT 为 5 mm。这意味着焦距为 20.05 mm,因此半孔径为 2.85 mm。透镜必须能够在从 4 m 到无限远的物距范围内聚焦(这里强调了用户在手册中所学到的内容。SYNOPSYS 不使用多重结构来做变焦透镜。单个配置可以建模多达 20 个变焦位置)。

以下是 MACro(C42M1):

```
LOG                       ! to keep track of things later
OFF 1
ON 99
TIME                      ! to see how long this run took
CORE 64                   ! to run faster

ZSEARCH 3 QUIET           ! save results in library location 3

SYSTEM
ID ZSEARCH TEST
OBB 0 14 2.85             ! infinite object, 14 degrees semi field, 2.85 mm
                          ! semi aperture.
                          ! This defines the wide-field object

UNI MM
WAVL CDF
NOVIG
END

GOALS
ZOOMS 5
GROUPS 2 3 3             ! lens has four groups with 11 elements altogether
ZGROUP 0 Z Z 0          ! groups 2 and 3 will zoom

FINAL                    ! declare the desired object at the last zoom position
                         ! which is the narrow field zoom
OBB 0 1.7545 22.8        ! object is 1.7545 degrees semi field and 22.8 mm
```

```
                                ! semi aperture.
                                ! This implies an 8X zoom.

ZSPACE APERT                    ! other zoom apertures will be evenly spaced between
                                ! the first and last
ZFOCUS 4000 4 15                ! also correct for object at 4 meters
APS 17                          ! put the stop on the first side of the last group
RT 0.25
GIHT 5 5 10                     ! the image height is 5 mm for all zooms, with a
                                ! weight of 10.
BACK 5 .01          ! the back focus is 5 mm and will vary.  A target
                    ! will be added to the merit function with a low weight.
FOV 0 .4 .6 .85 1               ! correct five field points
FWT 5 4 3 3 3
COLOR M                         ! correct all defined colors
ANNEAL 50 10   Q 40             ! anneal the lens as it is optimized in quick and
                                ! real-ray modes
QUICK 50 100                    ! 50 passes in quick mode, 100 in real-ray mode
END

SPECIAL AANT
AAC 30 1 5        ! request a maximum semi aperture on all elements of 30 mm
ACA 50 1 1        ! monitor rays to keep away from the critical angle.
M 212 .01 A SECTION FOCL 1 4
END
GO                      ! start ZSEARCH
TIME
```

这个变焦透镜组将由四个组元构成，第一组有两个元件，其他组有三个元件。第一组将用于范围对焦，最后一组用于在变焦范围内提供恒定的 F 数。可能需要超过 11 个元件。如果用户愿意，可以向 ZSEARCH 要求更多。如果从这里开始并在以后需要时添加透镜，它将运行得更快。

运行此 MACro 并观察一组窗口的进度，这些窗口能监视已授权的每个核心，其中一部分如图 42.1 所示。

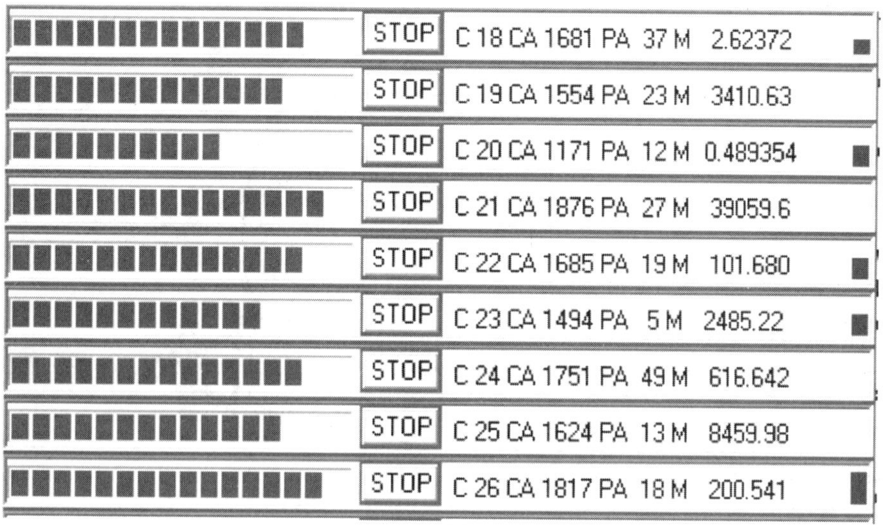

图 42.1　进度条显示多核操作。红色块表示退火阶段的进度

当 QUICK 模式结束时，程序会优化 10 个最佳结果中的每一个。大约 21 分钟后，会看到如图 42.2 所示的结果。

浏览评价函数值可以看出，其中大多数都是有潜力的结构。该程序会显示 PAD 中最好的一个。

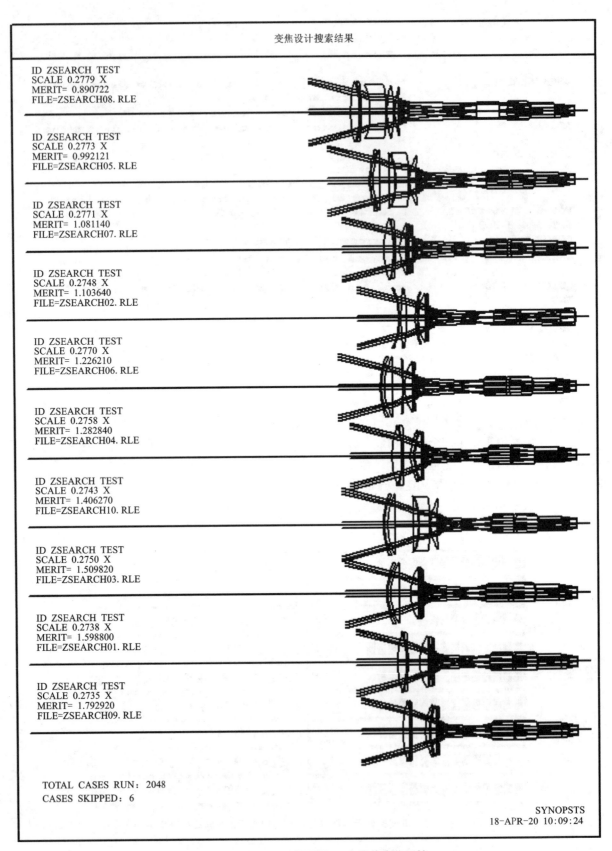

变焦设计搜索结果

| ID ZSEARCH TEST
SCALE 0.2779 X
MERIT= 0.890722
FILE=ZSEARCH08. RLE |
| ID ZSEARCH TEST
SCALE 0.2773 X
MERIT= 0.992121
FILE=ZSEARCH05. RLE |
| ID ZSEARCH TEST
SCALE 0.2771 X
MERIT= 1.081140
FILE=ZSEARCH07. RLE |
| ID ZSEARCH TEST
SCALE 0.2748 X
MERIT= 1.103640
FILE=ZSEARCH02. RLE |
| ID ZSEARCH TEST
SCALE 0.2770 X
MERIT= 1.226210
FILE=ZSEARCH06. RLE |
| ID ZSEARCH TEST
SCALE 0.2758 X
MERIT= 1.282840
FILE=ZSEARCH04. RLE |
| ID ZSEARCH TEST
SCALE 0.2743 X
MERIT= 1.406270
FILE=ZSEARCH10. RLE |
| ID ZSEARCH TEST
SCALE 0.2750 X
MERIT= 1.509820
FILE=ZSEARCH03. RLE |
| ID ZSEARCH TEST
SCALE 0.2738 X
MERIT= 1.598800
FILE=ZSEARCH01. RLE |
| ID ZSEARCH TEST
SCALE 0.2735 X
MERIT= 1.792920
FILE=ZSEARCH09. RLE |

TOTAL CASES RUN：2048

CASES SKIPPED：6

SYNOPSTS
18-APR-20 10:09:24

图 42.2　ZSEARCH 找到的 10 个最佳变焦透镜

　　运行 ZSEARCH 创建的宏 ZSS，查看所有 10 个结构。虽然还不完美，但考虑到由于只给出了一个目标和约束的列表，所以结果还不错。由此得到的透镜组起始结构，如图 42.3 所示。

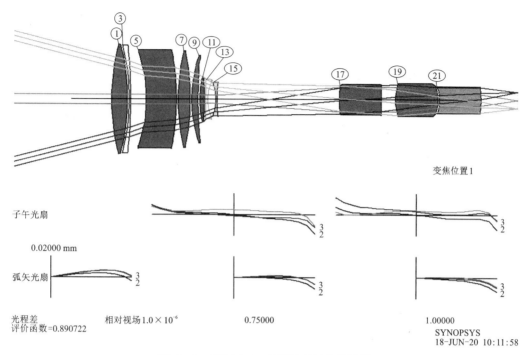

变焦位置1

子午光扇

0.02000 mm

弧矢光扇

光程差
评价函数=0.890722

相对视场1.0×10⁻⁶

0.75000

1.00000
SYNOPSYS
18-JUN-20 10:11:58

图 42.3 ZSEARCH 找到的起始变焦透镜

注：图中带圈数字为透镜的表面编号；图中数字为定义波长下光扇图曲线对应的波长编号。

该程序已经创建了一个优化 MACro（ ZSEARCH_OPT. MAC），其中定义了一个起始评价函数和一组变量。但用户必须进一步调整它。

由于许多元件太薄，所以添加以下控制：

```
AEC
ACC
AZA
ACA
ACM 3 1 1
ADT 7 . 1 10
```

ADT 监控将惩罚小于孔径直径 1/7 的任何可变厚度。表面 17 上的近轴光阑也需要更改为真实的光阑，在 WorkSheet 或 CHG 文件中输入"APS-17"。

然后运行 MACro 并退火（20，2，50）。MF 现在为 0.831，如图 42.4 所示。

但为什么 MF 不会降低？键入"FINAL 5"（或 AI 符号"FF"，将代替该字符串），以显示 MF 中的五个最大项目：

```
SYNOPSYS AI>FF

FINAL 5
ABERRATION LIST
     NAME            TARGET          WEIGHT         RAW VAL.   FINAL ERROR   R. EFFECT

   1 AEC           1.0000000       1.0000000        ------      0.886927E-01  0.009470

   3 AZA           1.0000000       1.0000000        ------      0.621713E-01  0.004653

   7                 5.0000000       0.0100000       21.4424     0.164424      0.032546
     A    BACK   ACON 2

   8 AAC          30.0000000       1.0000000        ------      0.261205      0.082135

2588              0.0000000       4.0721936 SR      -0.0151    -0.614933E-01  0.004552
     A   1   YC   0.40000  0.37500   0.87500   0.00000      ACON 2      ZOOM 5
*** ZFOCUS CHANGED TO     4000.00       4    15.0000      5.00000       ***
```

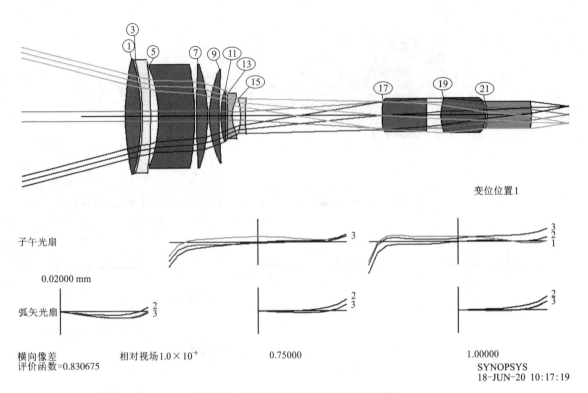

变位位置1

图 42.4　重新优化并退火后的变焦透镜

注:图中带圈数字为透镜的表面编号;图中数字为定义波长下光扇图曲线对应的波长编号。

在这里,AAC 监视器需要大于 30 mm 的孔径,这种像差比其他像差都大。

假设可以容忍更大的尺寸,在 AANT 文件中更改行:

AAC 30 1 1

为

AAC 35 1 1

这里有一个有用的技巧:如果用户对修改后的透镜效果不满意且想再次返回到修改之前的透镜,那么请点击顶部工具栏中的"ACON copy"按钮 ▉。如果当前透镜处于配置 1 中,默认情况下,这会将副本放置在备用配置 2 或 ACON 2 中,然后在该 ACON 中制作检查点并进一步开发设计。如果用户愿意,可以立即使用"1"按钮 [1][2][3][4][5][6] 返回 ACON 1。

制作一个新的检查点,然后运行 MACro 并再次退火。MF 下降到 0.624,如图 42.5 所示。

现在,单击每个变焦按钮,如图 42.6 所示,以查看在变焦范围内的校正效果。

校正后的图像还不错。在大孔径设置下没有那么锐利,目前来看还可以。但是还应该检查范围内焦点的工作情况。

打开第二个 EE 编辑器(输入"AEE")并输入以下内容:

```
CHG
VIG
END
ACON BUMP
ZFOCUS 4000 4 15 5
PAD/U
```

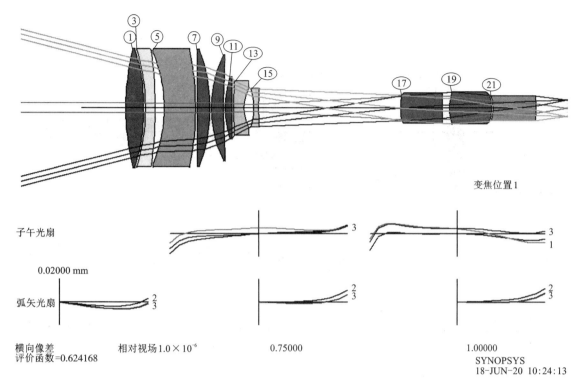

变焦位置1

子午光扇

0.02000 mm

弧矢光扇

横向像差
评价函数=0.624168

相对视场1.0×10⁻⁶

0.75000

1.00000
SYNOPSYS
18-JUN-20 10:24:13

图 42.5 使用更大目标的孔径监控(AAC)来重新优化变焦透镜

注：图中带圈数字为透镜的表面编号；图中数字为定义波长下光扇图曲线对应的波长编号。

图 42.6 ZoomBar 按钮

将其另存为名为 BUMP 的宏并运行它。这需要打开 VIG 模式(因此羽状边缘外的光线变为渐晕)，将透镜的副本放在下一个更高的 ACON 中，将物点从无限远移动到 4 m，然后将前两个元件向左移动 15 mm，将其指定为该范围内的焦点调整，并调整物体高度，使 GIHT 保持在 5 mm。

现在检查这个配置中所有的五个变焦结构。其都经过了很好的校正，在变焦范围的末端出现最大的残余像差，和以前一样。图 42.7 显示了在近共轭时变焦 5 中的透镜。

添加透镜是否可以改善透镜性能呢? 回到之前的 ACON(在无限共轭处)，做一个检查点，在 PANT 文件之前添加行

AEI 9 1 123 0 0 0 20 2

重复优化。该程序为第四组添加了一个元件，MF 降至 0.221。像差有所减少。图 42.8 显示了变焦 5 处近共轭处的透镜。可能用另一个元件能获得一个小的改进，但这已经是一个非常好的透镜。

透镜在五个变焦位置工作，但在这些变焦之间会发生什么? 也许透镜在某处会得到很差的校正，

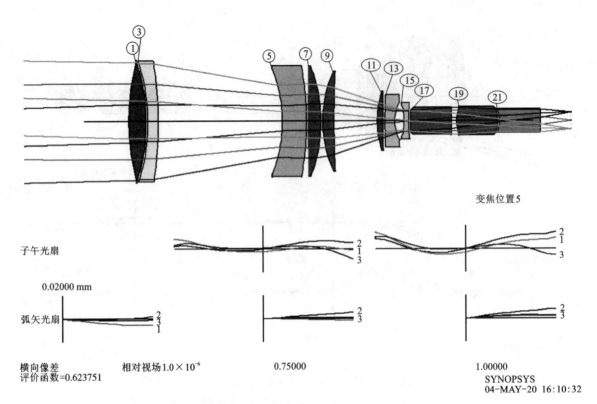

图 42.7   在 4000 mm 共轭处变焦位置 5 处的透镜

注：图中带圈数字为透镜的表面编号；图中数字为定义波长下光扇图曲线对应的波长编号。

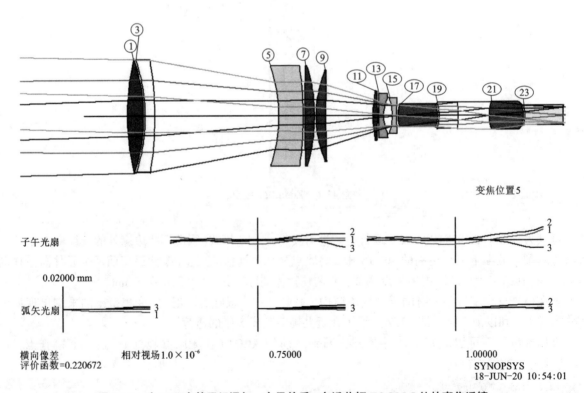

图 42.8   由 AEI 在第四组添加一个元件后，在近共轭 ZOOM 5 处的变焦透镜

注：图中带圈数字为透镜的表面编号；图中数字为定义波长下光扇图曲线对应的波长编号。

因此将不得不添加更多的变焦位置以对其进行改进。该程序使用凸轮曲线在点之间插值定义变焦，有两种类型：幂级数和分段立方。后者的效果通常更好，所以可打开 WorkSheet 并单击"ZFILE"按钮Z。这会将变焦定义加载到编辑窗格中。键入"CUBIC"，如图 42.9 所示，在第一分组表面 5 到表面 10 后添加单词 DFOCUS，然后单击"Update"按钮和"Close"。

```
CAM CURVE
ZOOM OFFSET, BY GROUP
INDEX      1            2            3            4            5

    1-6.661E-16    7.105E-15
    2   -9.6402       13.2954
*** OVERLAP DETECTED *** GROUP   1
    3   -4.2174       25.5732
    4    4.5386       36.9094
    5   14.1902       47.3805
    6   23.9432       57.0666
    7   33.4963       66.0391
    8   42.7349       74.3607
    9   51.6256       82.0979
   10   60.1797       89.3174
SYNOPSYS AI>
```

```
WS -- WorkSheet Lens-Edit Window
  CAM EXPONENT   0.800000
   5   10   DEFOCUS
  11   16
  RSOLVES
  CUBIC
  ZFOCUS   0.400000E+04    4    0.150000E+02    0.500000E+01
  ZOOM     2
  OBB  0.350825E-09      5.18054    7.83750    0.00000    0.00000    0.00000    7.83750
  ZDATA  -2.1944574E+00   2.8492506E+01
  ZOOM     3
  OBB  0.413335E-09      3.17130   12.82500    0.00000    0.00000    0.00000   12.82500
  ZDATA   1.9077426E+01   5.2315483E+01
  ZOOM     4
  OBB  0.350825E-09      2.28446   17.81250    0.00000    0.00000    0.00000   17.81250
  ZDATA   4.0467604E+01   7.2337683E+01
  ZOOM     5
  OBB  0.163293E-09      1.78510   22.80000    0.00000    0.00000    0.00000   22.80000
  ZDATA   6.0210323E+01   8.9317356E+01
```

图 42.9　用于改变变焦位置的 **WorkSheet** 编辑窗口。在这里，我们添加了一个 **CUBIC** 声明，并指定要调整组 1 以保持名义上的近轴离焦

这表示第一个变焦组用于在所有变焦位置聚焦。（这是变焦透镜制造商在实践中所要做的事情：移动一组，并用另一组重新聚焦，然后标记位置并相应地切割凸轮曲线。）要求第 1 组（从表面 5 到表面 10）在每个凸轮位置进行自动调整，以便图像相对于设计透镜中的近轴焦点保持在相同的焦点。

运行 ZoomSlider 并检查两个共轭中的图像。结果显示图像在任何地方都很棒。但是，透镜在变焦组 1 和变焦组 2 之间重叠，如图 42.10 所示。组 2 向左变焦并与组 1 重叠。

怎么会这样？ZSEARCH 难道不知道如何避免这种错误吗？ZSEARCH 只能避免它所知道的变焦处的顶点处的干扰，遵从 AZA 命令行，并且那些变焦应该清晰一点。但是，在这种情况下，变焦组 1 和变焦组 2 之间的设置存在问题。对此，可使用 CAM 10 SET 将变焦数增加到 10。

现在编辑优化宏。目前，它要求在两个共轭处的 5 个变焦中的每一处校正光线集。更改 AANT 文件，使用 ZGROUP ALL，以便校正所有已定义的变焦位置，而不是单独校正每个变焦。请注意，除 AANT 文件末尾的 END 之外，ZGROUP 部分也需要 END 行。

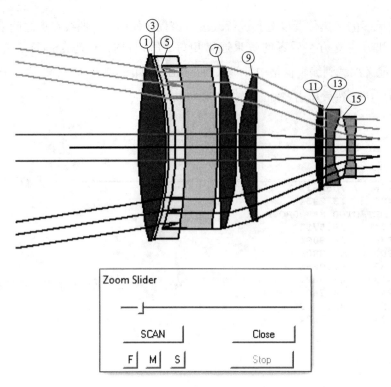

图 42.10   在定义的变焦位置之间设置时, 变焦组之间的干扰

注: 图中数字为透镜的表面编号。

```
PANT
VLIST RD ALL
VLIST TH ALL
VLIST GLM ALL
VLIST ZDATA ALL
END
AANT
AEC
ACC
AZA 3 10 5
ACA
ACM 3 1 1
ADT 7 .1 10
M    5.00000       0.100000E-01 A BACK
AAC 35 1 5              ! REQUEST A MAXIMUM SEMI APERTURE ON ALL ELEMENTS OF 30
ACA 50 1 1             ! MONITOR RAYS TO KEEP AW
ZGROUP ALL
M   0.500000E+01  0.100000E+02 A GIHT
GSR      0.500000      5.000000      4   M    0.000000
GNR      0.500000      4.000000      4   M    0.400000
GNR      0.500000      3.000000      4   M    0.600000
GNR      0.500000      3.000000      4   M    0.850000
GNR      0.500000      3.000000      4   M    1.000000
END
  ZFOCUS  0.400000E+04    4    0.150000E+02    5
ZGROUP ALL
GSR      0.500000      5.000000      4   M    0.000000
GNR      0.500000      4.000000      4   M    0.400000
GNR      0.500000      3.000000      4   M    0.600000
GNR      0.500000      3.000000      4   M    0.850000
GNR      0.500000      3.000000      4   M    1.000000
END
END
SNAP/DAMP 1
SYNOPSYS      50
```

这里，将 AZA 监视器更改为在所有定义的变焦位置中要求顶点处有 3mm 的间隔，并且权重更高：

AZA 3 10 5

现在删除 AEI 行，再次优化和退火。校正 10 个变焦位置处的透镜，并且不再重叠。该透镜如图 42.11(C42L1) 所示。

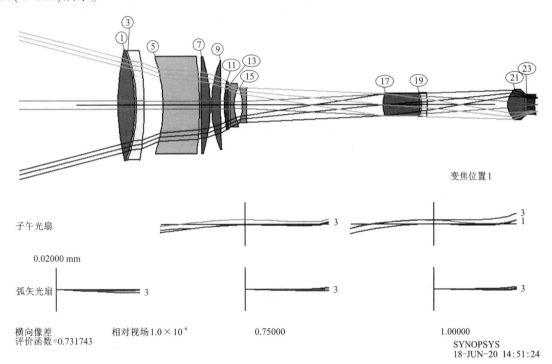

图 42.11　校正 10 个变焦位置处的透镜，没有受到干扰

注：图中带圈数字为透镜的表面编号；图中数字为定义波长下光扇图曲线对应的波长编号。

现在有一个相当不错的透镜，但是元件 4 和元件 5 看起来有点奇怪，可能是多余的，可以删除其中一个。但如果看起来很奇怪，搜索程序也并不在意，要在 PANT 文件之前添加一行：

AED 5 QUIET 1 123

重新优化。该程序报告说，移除元件的最佳位置是在表面 23，但是透镜的效果不如之前的好，所以我们拒绝应用这个解决方案，变焦位置 3 处的透镜如图 42.12 所示。

执行 BUMP 宏，会发现近共轭也得到了很好的纠正。

需保存这个透镜，以便可以在必要时轻松恢复。单击顶部工具栏中的按钮 **123**，将透镜保存为 RLE，其名称取自当前的日志编号。ZSEARCH 已经在 MACro 中添加了一个 LOG 命令，因此每次运行时都会增加这个数字。这样的话，每当用户获得可能想要返回的透镜时，只需单击该按钮即可实现保存。如果还需保存优化宏，以便记录创建透镜的文件，只需单击编辑器工具栏上的相同按钮。宏将以相同的数字保存其为 .MAC 文件。

必须使用 ARGLASS(Automatic Real GLASS) 以实现，用真实玻璃代替模型玻璃。在运行 ARGLASS 之前再次运行优化是一个好主意，因为它使用了相同的评价函数和变量列表，而且希望它们是最新的（如果更改了 ACON，则必须在当前的版本中再次运行优化，因为 ARGLASS 使用适用于该 ACON 的变量和评价函数）。

输入 MRG 并选择 Guangming 目录，"QUIET" 和 "SORT"。由于几何像差是这里的主要问题，而不是次级色差，期望使用更简单的 ARGLASS，不需要对这个透镜使用 GSEARCH 功能。MRG 对话框将为 ARGLASS 准备输入并运行。

单击 "OK"，即可获得图 42.13(C42L2) 所示的透镜。

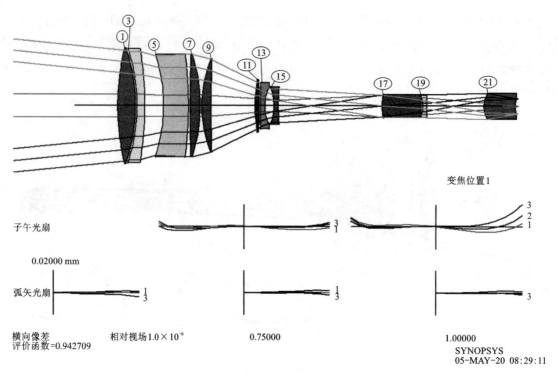

图 42.12　通过 AED 移除元件后, 在变焦位置 3 中的变焦透镜

注: 图中带圈数字为透镜的表面编号; 图中数字为定义波长下光扇图曲线对应的波长编号。

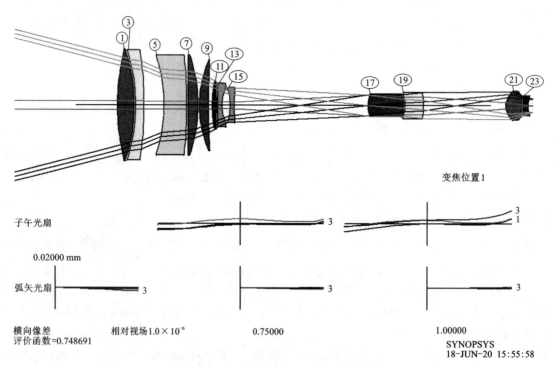

图 42.13　具有真实玻璃的变焦透镜

注: 图中带圈数字为透镜的表面编号; 图中数字为定义波长下光扇图曲线对应的波长编号。

实际上, 最后一组需要四个元件。再次运行 ZSEARCH, 请求组元件 2, 3, 3, 4, 并允许半径 35 mm 而不是 30 mm 的孔径, 而不是像上面那样逐步对镜头进行优化。

然后为表面 17 分配一个真实的光阑, 为透镜厚度增加监控, 再次优化和退火, 即可获得图 42.14 中的透镜。在这种情况下, 变焦组没有重叠, 并且光扇图在某种程度上更好。但 BUMP 宏显示, 近共轭点处的变焦位置 5 在右侧是渐晕的，如图 42.15 所示。元件 2 在变焦时有羽化，而且渐晕光线也没有得到很好的控制。因此选择在无限共轭设置下，在该元件上指定一个硬孔径，这样光线就不会通过。

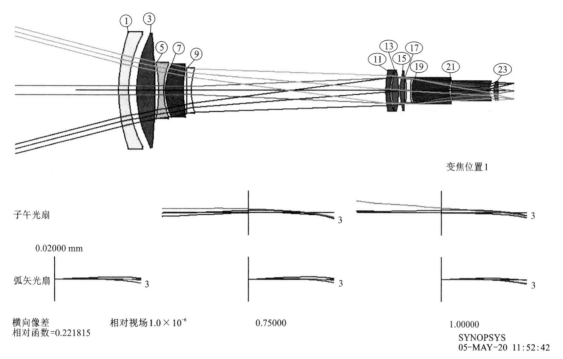

图 42.14　根据先前的结果更改 ZSEARCH 的输入参数时，找到的变焦透镜

注：图中带圈数字为透镜的表面编号；图中数字为定义波长下光扇图曲线对应的波长编号。

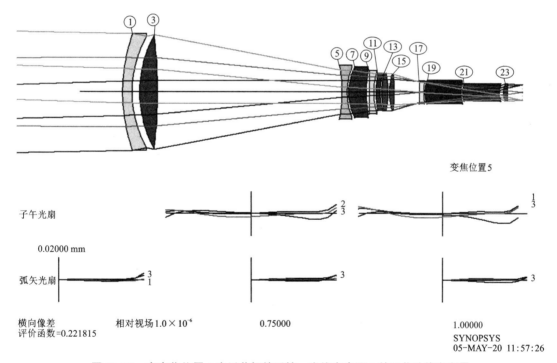

图 42.15　在变焦位置 5 中近共轭的透镜。光线在表面 3 的羽化边缘有渐晕

注：图中带圈数字为透镜的表面编号；图中数字为定义波长下光扇图曲线对应的波长编号。

当 ARGLASS 将真实玻璃与图 42.13 中的透镜相匹配时，它为某些元件选择了玻璃类型 S-LAH58，包括第二个元件。这是一种非常昂贵的玻璃，也是一个大的元件。所以这次在运行 MRG 时，指定不超过 BK7 的 12 倍的价格限制。

当它完成时,如上所述调整表面 11 上的孔径,可以获得图 42.16(C42L3)中的透镜。

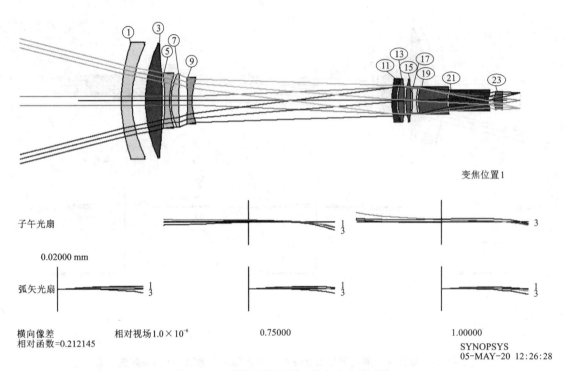

图 42.16　最终变焦透镜,具有真实的玻璃

注:图中带圈数字为透镜的表面编号;图中数字为定义波长下光扇图曲线对应的波长编号。

现在检查光斑尺寸,先输入:

```
OFF 27
SSS .003
```

以输入的大小显示点符号。然后键入"MSF"以打开如图 42.17 所示的对话框。

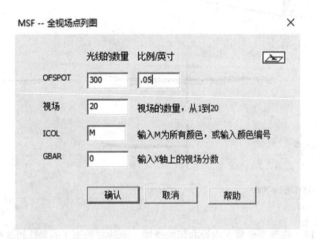

图 42.17　用于在视场上绘制点列图的 MSF 对话框

如图 42.17 所示,将比例更改为 50 μm,然后单击"OK"。对两个共轭处的所有变焦都执行此操作。在所有情况下,光斑尺寸都相当恒定。图 42.18 显示了变焦 5 中近共轭处的点,其给出了最大的点,图 42.19 显示了变焦 1 中无限共轭处的点,其更能代表其他情况。

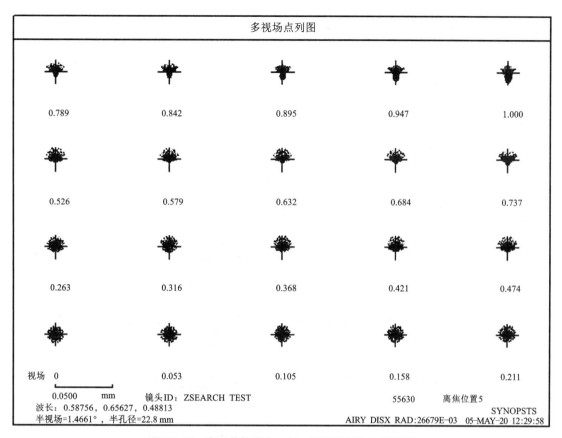

图 42.18　在近共轭变焦 5 处，随视场变化的点列图

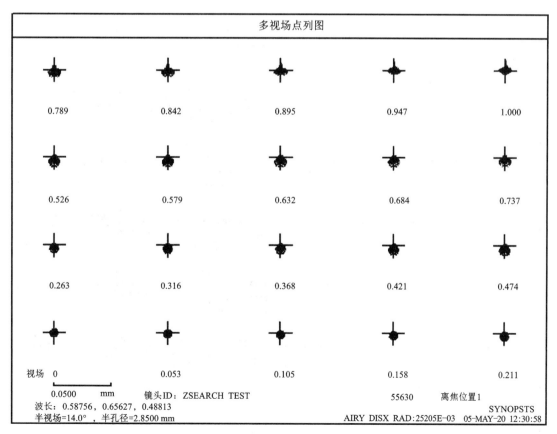

图 42.19　在无穷共轭变焦 1 处的点列图

可以发现，随着透镜数量的增加，添加另一个元件的好处也随之减少。这是因为向双胶合透镜添加一个元件会使变量数增加 50%，在 10 个元件的透镜中添加一个会使数目增加 10%，依此类推。

输入：

```
CAM 10 SET
OFF 65
ZDWG .25
```

以查看 10 个变焦位置处的变焦透镜，如图 42.20 所示。

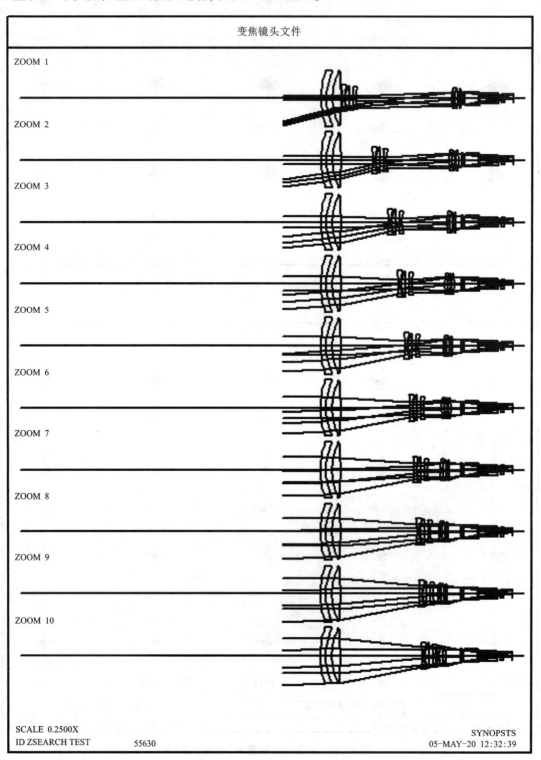

图 42.20　10 个变焦位置处的变焦透镜

还可以显示作为离焦函数绘制的点列图。在 CW 中键入：

SSS . 005
OFF 27

激活"ZOOM 5"，打开"MTS"对话框，输入 0.02 的比例，然后单击"Execute"，绘图如图 42.21 所示。开关 27 使得点列图以单个点被绘制出来；在这里，选择用指定波长的符号来表示它们，而不是用单个点，并且使用 SSS 命令设置符号的大小。围绕图表中心拖动一个框并点击图片中的 ⊕ 按钮。用户可以看到该部分的放大图像，如图 42.22 所示。

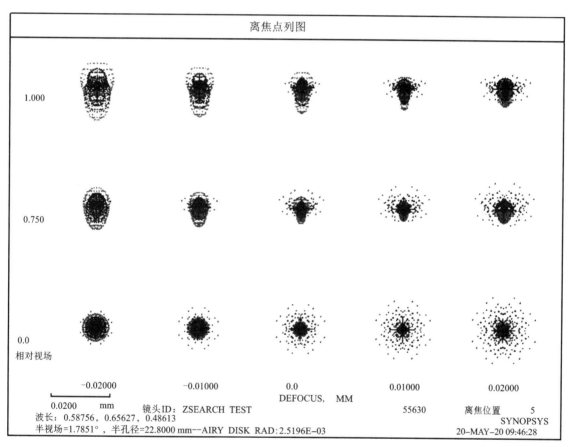

图 42.21 变焦位置 5 处的离焦的点列图

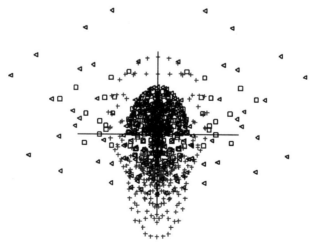

图 42.22 中心图像放大，显示指定波长的符号

到目前为止,还没有提到变焦设置在变焦范围内的间距。

在本例中,它们被均匀地分布在孔径上,如 ZSEARCH 文件所要求的,如图 42.23 所示。此图由命令 CAM 100 APERTURE 生成,横坐标上的标记是当前定义的变焦。

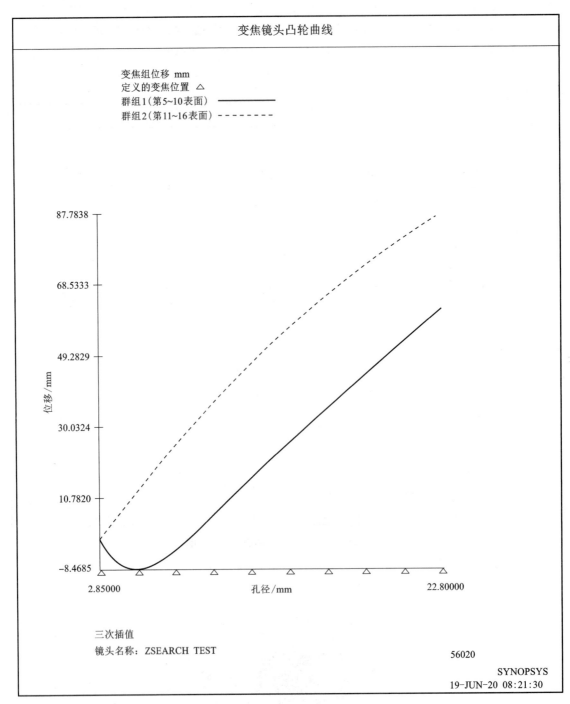

图 42.23　显示由 ZSPACE APERTURE 控制的变焦间隔的凸轮曲线,其与孔径相关

如果用 CAM 100 ANGLE 代替，则该图表明在广角末端变焦间距更远，在另一端相距更近，如图 42.24 所示。但这可能不是最有利的安排，因为注意到在广角末端像差变化得最快。似乎需要的是在这一端的变焦间距更近，而不需要它们在另一端如此近。

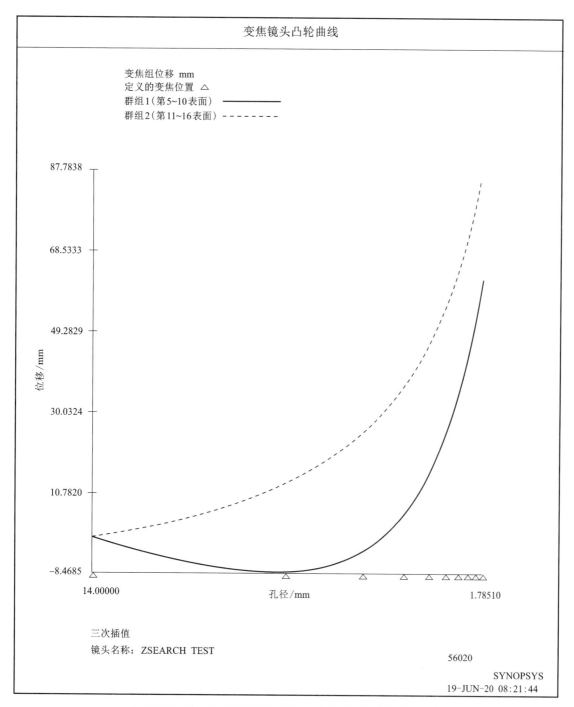

图 42.24　变焦间隔随角度的变化。广角末端的变焦位置太少

了解到这一点之后，再次运行这项工作，这次指定的是 ZSPACE ANGLE 而不是 ZSPACE APERTURE，得到了一个在宽端有更多变焦的设计，而且发现窄端没有以前校正的那么好。程序还有其他设置，在本例中，当请求 ZSPACE ENDS 时，它们的间距刚好合适，如图 42.25 所示。此版本如图 42.26 所示。该设置将使变焦范围两端的间距缩小，而不是靠近中心(C42L4)。

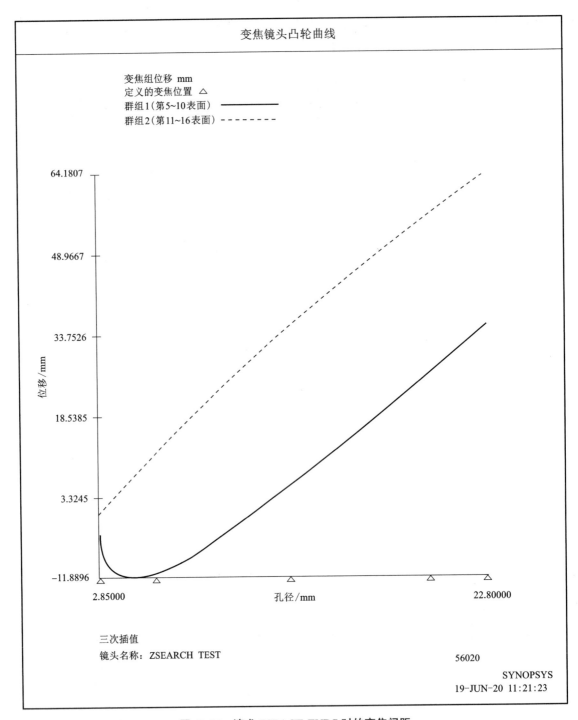

图 42.25　请求 ZSPACE ENDS 时的变焦间距

　　现在，即使只定义了 5 个变焦，透镜也不会显示有任何重叠。不过，还是会将变焦次数增加到 10 次，然后再进行优化，以达到最佳平衡。

　　综上所述，通过选择最佳的变焦间距，人们可以用很少的变焦位置获得令人惊讶的大范围的焦距。曾经有用户要求提供 45 个变焦位置，但他不知道 ZSEARCH 的灵活性。如果 ZSEARCH 使用恰当，用户不需要那么多。目前已经到达了 50∶1 的缩放比例，所以只定义了 15 个变焦位置。当计算有多少光线来校正所有的波长、视场和变焦位置时(和共轭，如果有需要的话)，一个大到 45 的数字是非常不切实际的。因此，理解如何使用这些选项并只要求最小数目的变焦就很有意义了。

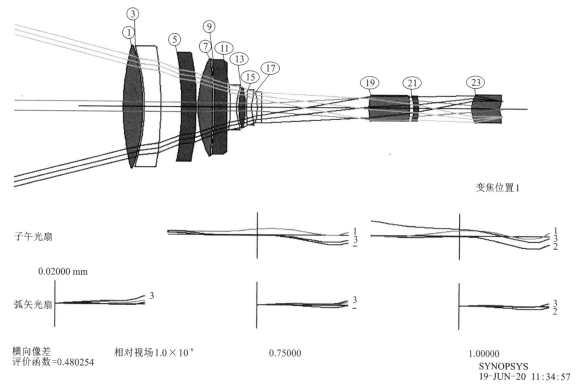

图 42. 26　要求 ZSPACE ENDS 时返回的透镜

注：图中带圈数字为透镜的表面编号；图中数字为定义波长下光扇图曲线对应的波长编号。

也可以在设计完成后，使用 CAM ZMAG 命令重新调整变焦，此时应该要阅读用户手册。这对于本章来说已经足够了。如果透镜仍然不够好，那么运行一次 AEI 应该会有所帮助。

第 43 章
设计自由曲面反射系统

像质校正；避免光束干涉

随着加工成形和测量光学表面的技术越来越精密，光学制造变得越来越复杂。其中一个结果就是"自由曲面"光学的出现，其由透镜或反射镜组成，形状不关于元件的中心轴向对称。一个简单的例子是离轴抛物面，其中母体被抛光到所需的非球面形状，然后从该母体切割出所需的部分。更复杂的形状可能涉及用幂级数、Zernike 或 Forbes 多项式描述的高阶非球面项。随着人们对这类系统的关注，设计它们就变得非常重要。

SYNOPSYS 提供了可以简化该过程的功能。

第一步是布局系统的粗略几何体。例如，三反系统如图 43.1 所示。

光线将从表面 1 的左侧进入，经过位于表面 2、表面 3 和表面 4 处的反射镜，然后进入表面 5 处的图像平面。以下是 FFBUILD(C43M1)的输入：

```
FFBUILD
SYSTEM
ID EXAMPLE FFBUILD
OBB 0 2 122
WAVL CDF
UNI MM
CFOV
END
GEOM
2 MIRROR 0 0 140
3 MIRROR 0 40 30
4 MIRROR 0 40 120
5 IMAGE 0 -30 60 -7 7
END
SHAPES
2 ZERN
3 ZERN
4 ZERN
END
```

在这个例子中，反射镜将被指定为 Zernike 多项式，它接受多达 36 个系数，这些系数是表面上极坐标的函数。由于 FFBUILD 仅支持具有双边对称性的设计，因此不会使用 X 方向中的非对称项。

上述输入包含部分要求：半场角为 2°，视场为圆形，半孔径为 25 mm；先运行上面的输入文件，它会产生两个结果:镜像系统(此时具有平面)和优化 MACro,包含了改善这个设计所需的大部分输入。该系统如图 43.2 所示。

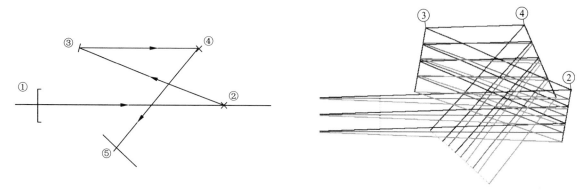

图 43.1　自由曲面反射镜的粗略位置

注:图中②~④为各反射镜的表面编号。

图 43.2　在优化之前,由 FFBUILD 返回的系统

注:图中数字为各反射镜的表面编号。

优化 MACro 非常长并且包含了镜子和像面在 Y 方向和 Z 方向上的角度和全局位置的变量,以及镜子上的 Zernike 系数变量。然而,大多数变量都被注释掉了,因为如果用户先粗略地设计出只有半径和角度变化的设计,然后在需要时逐渐添加其他变量,这个过程 R 效果最好。这是 MACro 的一部分,行表示被注释掉了。

```
PANT
  SKIP
VY    2 YG
VY    2 ZG
VY    3 YG
VY    3 ZG
VY    4 YG
VY    4 ZG
VY    5 YG
VY    5 ZG
  EOS
VY    2 RAD
! VY    2 CC 10 -10
! VY    2 G    3
! VY    2 G    4
! VY    2 G    7
! VY    2 G    8
! VY    2 G   10
! VY    2 G   11
! VY    2 G   14
! VY    2 G   15
! VY    2 G   16
! VY    2 G   19
! VY    2 G   20
! VY    2 G   23
! VY    2 G   24
! VY    2 G   26
! VY    2 G   27
! VY    2 G   30
! VY    2 G   31
! VY    2 G   34
! VY    2 G   35
! VY    2 G   36
...
```

大多数文件由操作数组成,操作数将控制光束在反射镜之间反射时的间距。以下是部分结果:

```
LLL 1.0000 1 1.0000
A P CCLEAR 1 0 1 0   1 3
S CAO   3
LLL 1.0000 1 1.0000
A P CCLEAR 1 0 -1 0   1 3
S CAO   3
LLL 1.0000 1 1.0000
A P CCLEAR -1 0 1 0   1 3
S CAO   3
LLL 1.0000 1 1.0000
A P CCLEAR -1 0 -1 0   1 3
S CAO   3
LLL 1.0000 1 1.0000
A P CCLEAR 0 0 1 0   1 3
S CAO   3
LLL 1.0000 1 1.0000
A P CCLEAR 0 0 -1 0   1 3
S CAO   3
LLL 1.0000 1 1.0000
A P CCLEAR 1 0 1 0   1 4
S CAO   4
LLL 1.0000 1 1.0000
A P CCLEAR 1 0 -1 0   1 4
S CAO   4
…
```

其中前三行告诉程序追踪全视场上边缘光线，然后查看表面 1 和表面 2 之间的光线路径的线段。计算该线段与表面 3 相交的位置，求出距顶点的绝对距离，并减去表面 3 的通光孔径和半径。如果差值大于 1 mm，则交点位于通光孔径之外且像差为零。但是，如果差值小于 1 mm，则评价函数将受到惩罚。程序还为反射镜分配了 DCCR 表面属性，因此，默认的通光孔径位于子午面中光线在所需的表面上产生的极值点之间的中心，而不是在默认的顶点。

剩余的 CCLEAR 输入是控制 0 视场和 1 视场下的上边缘光线和下边缘光线在每个反射镜对和其他反射镜之间的间距。这有许多组合，它们都必须受到控制。

评价函数包含对 Y-Z 平面上 7 个点和斜视场方向上 3 个点的 GNR 请求（由于在 SYSTEM 文件中的 CFOV 指令，声明了一个圆形视场），并使用 GDR 请求控制 X 和 Y 中的畸变（根据 GEOM 部分中 IMAGE 行的单词 6 和单词 7 中所需的图像大小）：

```
GDR 0 10 4 P 0.700000E+01 -0.700000E+01
```

第一次按原样运行这个 MACro，这将使粗糙设计得以逐步改进。运行后，系统看起来会更合理，如图 43.3 所示。

图像处在正确的位置，光束很好地经过了所有镜子。

在这个例子中，间接地指定了焦距。控制 FOCL 本身并不是一个好主意，因为这是一个近轴特性，对于像这样的折叠系统没有多大意义。想要的是在图像上的上下视场点之间的距离为 14 mm。如上所述，程序通过 GDR 请求来控制。

系统是粗略的设计，像质一点也不好；现在必须释放一些其他变量。慢慢增加变量优化改变系统是明智的。如果输入太多控制，系统

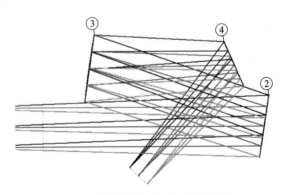

图 43.3　初始优化后的自由曲面系统

注：图中数字为各反射镜的表面编号。

有时会跳到一个奇怪的结构，这个结构将远离现在所有的可能优质结构。使用低阶项控制低阶像差，并在需要时保存更高的阶数。通过删除这些行上的字符"！"，移除每个表面上 G 3 到 G 10 的变量之前的注释字符（"！"）：

```
VY 2 RAD
! VY 2 CC 10 -10
VY 2 G 3
VY 2 G 4
VY 2 G 7
VY 2 G 8
VY 2 G 10
! VY 2 G 11
! VY 2 G 14
```

对表面 3 和表面 4 执行相同的操作。

另外，注释掉绕过全局 Y 和 Z 位置变量的 SKIP 指令，这样它们就会变为活跃状态：

```
PANT
! SKIP
VY    2 YG
VY    2 ZG
VY    3 YG
VY    3 ZG
VY    4 YG
VY    4 ZG
VY    5 YG
VY    5 ZG
```

然后运行 MACro 并退火（50，2，50）。MF 下降了，现在释放剩余的 G 变量并再次优化。MF 下降到 0.00016。退火，MF 下降到 0.00012——这已经相当不错。

为何不改变 CC？由于现有的 Zernike 项可以生成与圆锥常数大致相同的形状，所以避免使用重复变量。

现在，对系统进行评估。转到 MAP 对话框（MMA），在"Select MAP type"中选择"Map over a grid of OBJECT points"，在"Multiple-Ray Items"中选择"Wavefront variance"，在"Select Object Points"中选择"CREC"，在"Select Ray Pattern"中选择"CREC"并设置 Grid Number 为 9，选择"Show cirles"，设置 EANALOG 比例为 0.001，点击"Execute"。结果如图 43.4 所示。

如 MAP 分析所示，最差的视场点现在是 HBAR-1。这是由 MDI 对话框创建的图像，如图 43.5 所示。

其他各点都好，这是一个极好的设计。假设在这个应用中，将使用一侧具有 10μm 像素的 CCD 阵列传感器，这样看起来也不错。

可以使用 RSOLID 来获得更好的视图，该视图仅显示具有偏心 CAO 的部分表面。但首先，应该转到 Edge Wizard（MEW），选择"Create All"，然后根据需要调整反射镜厚度，就像在第 40 章中所做的那样。现在为镜子分配了真实的边缘和厚度，然后创建一个 RSOLID 图片，如图 43.6 所示（键入"MPE"并选择该选项或单击按钮）。

自由曲面系统的设计（C43L1）。

现在，可以使用 FreeForm 分析工具（FFA）查看产生的形状。命令：

```
FFA 2 0 RSAG SURF
```

然后生成图 43.7 中的图片，其中显示了排除所有旋转对称项时的形状。这将告诉用户表面与对称曲线的差异程度。

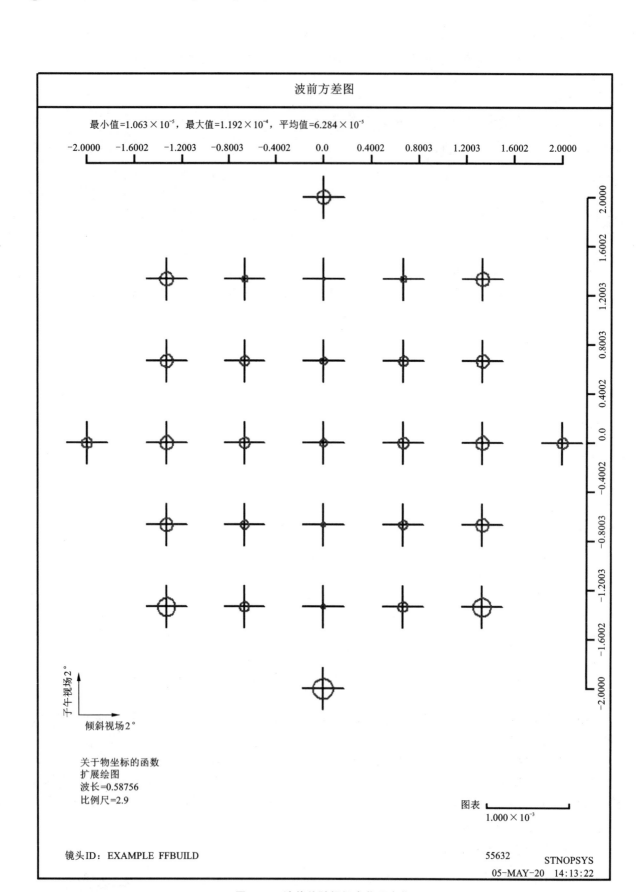

图 43.4 波前差随视场变化而变化

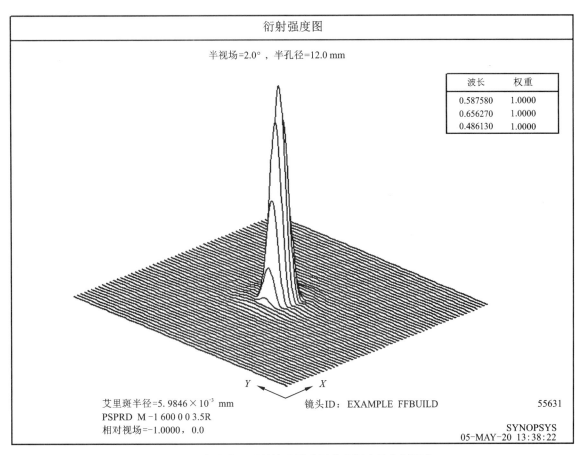

图 **43.5**　自由曲面反射镜设计中最差视场点的衍射图案

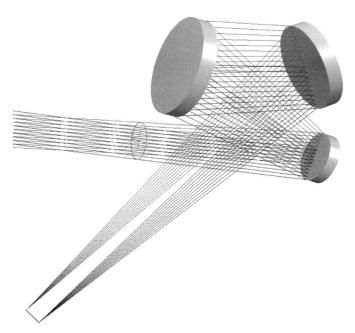

图 **43.6**　最终设计的 **RSOLID** 视图

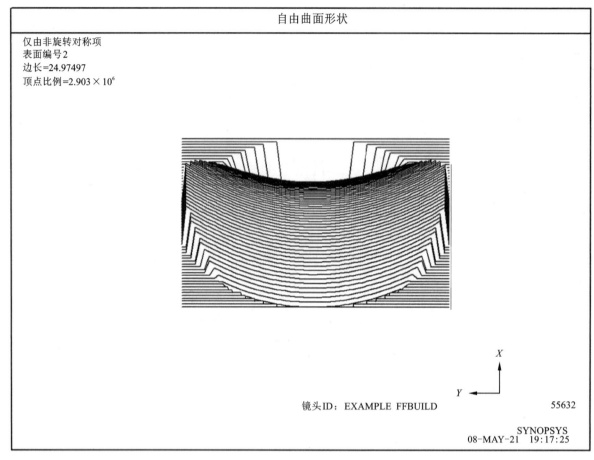

图 43.7　表面 2 上的自由反射镜的形状，去除对称项

要查看轮廓，请键入"FFA 2 0 RSAG CONTOUR"，然后获得图 43.8 中的图片。

实际表面的形状由 FFA 2 0 SAG CONTOUR 给出，如图 43.9 所示，它非常接近球面。以这种方式进行，可以查看所有镜子的形状。

畸变怎么样？用 GDR 请求也处理得很好。GDIS 31 命令产生的图片，如图 43.10 所示，一点也不差。

还有一个问题是：如何测试这些镜子？最简单的方法是在干涉仪中对已知半径的基准面进行双通道测试时观察条纹。FFA 也可以证明这一点。命令 FFA 2 0 RFRINGES 的输出，如图 43.11 所示。

如果看到这种条纹图案，可以证明镜子是完美的。

还有一项任务：机械工程师需要对系统进行建模，并且要知道全局坐标中每个反射镜上许多点的位置。以下输入将生成一张在表面 4 的坐标表：

```
MAP GSAG OVER SURFACE ON SURFACE 4
FGRID POINT 0 0
RGRID CREC 7 7
SCALE AUTO
DIGITAL
ACTUAL
PRINT FULL
```

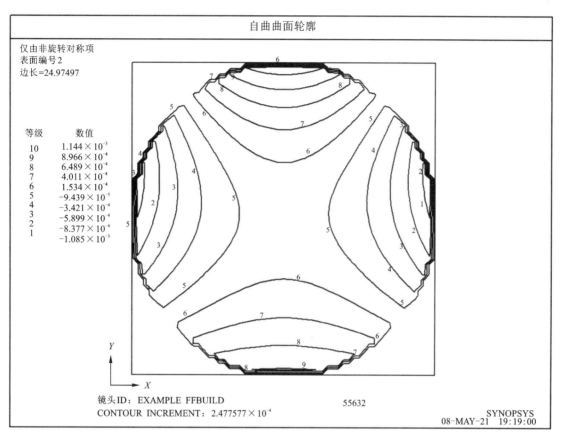

图 43.8 表面 2 上非对称项的等高线图

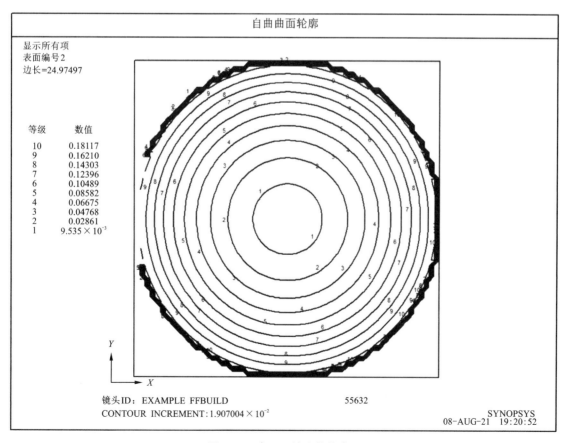

图 43.9 表面 2 的完整轮廓图

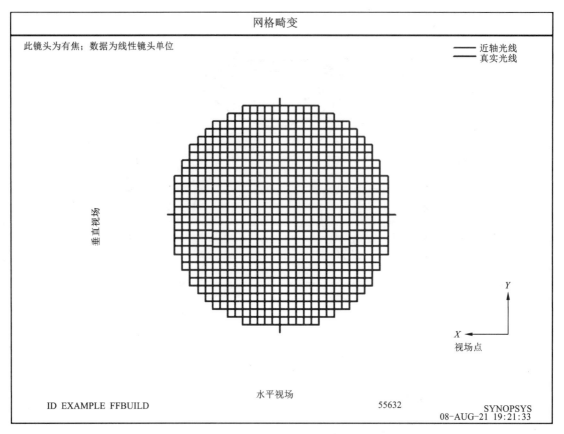

图 43.10　自由曲面反射镜设计的网格畸变

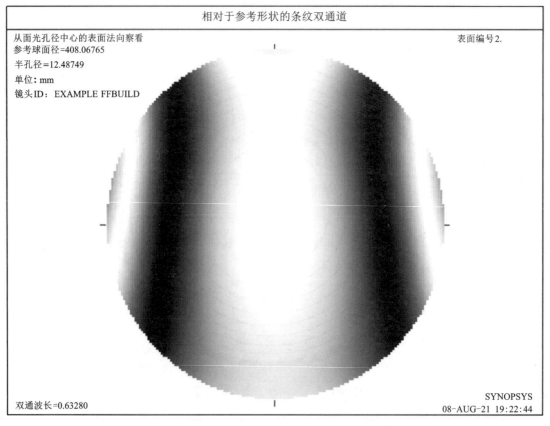

图 43.11　表面 2 上的自由曲面反射镜相对于参考球体的条纹图案

这里是输出：

```
MAPPING PROGRAM OUTPUT
    X-COORD.         Y-COORD.          DATA

-0.34058263E-06    0.38421795E+02    0.13948926E+03
-0.22938423E+02    0.48608292E+02    0.13420893E+03
-0.11469212E+02    0.48697403E+02    0.13439333E+03
-0.34058263E-06    0.48727192E+02    0.13445498E+03
 0.11469211E+02    0.48697403E+02    0.13439333E+03
 0.22938421E+02    0.48608292E+02    0.13420893E+03
-0.22938423E+02    0.58865784E+02    0.12907551E+03
-0.11469212E+02    0.58954010E+02    0.12925809E+03
-0.34058263E-06    0.58983521E+02    0.12931915E+03
 0.11469211E+02    0.58954010E+02    0.12925809E+03
 0.22938421E+02    0.58865784E+02    0.12907551E+03
-0.34407635E+02    0.68933044E+02    0.12354843E+03
-0.22938423E+02    0.69077507E+02    0.12384738E+03
-0.11469212E+02    0.69164543E+02    0.12402750E+03
-0.34058263E-06    0.69193657E+02    0.12408774E+03
 0.11469211E+02    0.69164543E+02    0.12402750E+03
 0.22938421E+02    0.69077507E+02    0.12384738E+03
 0.34407635E+02    0.68933044E+02    0.12354843E+03
-0.22938423E+02    0.79247337E+02    0.11853256E+03
-0.11469212E+02    0.79332809E+02    0.11870944E+03
-0.34058263E-06    0.79361397E+02    0.11876859E+03
 0.11469211E+02    0.79332809E+02    0.11870944E+03
 0.22938421E+02    0.79247337E+02    0.11853256E+03
-0.22938423E+02    0.89380249E+02    0.11314134E+03
-0.11469212E+02    0.89463928E+02    0.11331450E+03
-0.34058263E-06    0.89491844E+02    0.11337227E+03
 0.11469211E+02    0.89463928E+02    0.11331450E+03
 0.22938421E+02    0.89380249E+02    0.11314134E+03
-0.34058263E-06    0.99591652E+02    0.10791255E+03
```

这就是如何使用这些高级工具设计自由曲面反射镜系统的过程。计算机为用户完成大部分工作。以下是一些需要注意的地方：

（1）在这个例子中，表面由 Zernike 项定义。变量 G 39 可以改变扩展的中心点，但在这里没有使用该变量。虽然它有时是有用的，但扩展的中心不会在顶点，这是想要避免的复杂情况。表面的顶点也不在通光孔径的中心，这是无法避免的，所以在这里要小心。有两个中心点需要考虑。此外，变量 G 51 可以改变扩展的 y 尺度，这会扭曲 Zernike 区域并且有时可能有用。但是，除非确实有所作为，否则也应该避免这种情况。

（2）将这些数据提供给加工厂时，请确保他们了解相关参数的坐标系和位置。

查看 FFA 程序的其他功能。用户可以创建一个平行于 CAO 中心的表面法线的表面上的 sag 表，这对于运行精密铣削设备的技术人员来说非常重要。

第 44 章
从零开始设计非球面相机透镜

> 针孔相机；非球面塑料透镜；限制玻璃模型

在开发现代手机相机透镜或针孔相机时，设计师会越来越多地使用非球面。制作这些塑料非球面透镜时，虽然模具制造昂贵，但可以通过量产透镜来降低成本，甚至可以直接将法兰模型安装到元件上，简化了装配并使某些尺寸能够保持严格的公差。

为了帮助设计此类系统，DSEARCH 可以对具有非球面的系统进行全局搜索。一个具有塑料元件且在像面前有保护玻璃的五片式元件的例子如下。

这是 DSEARCH(C44M1)的输入：

```
TIME
CCW                    ! clear command window
CORE 32                ! use 32 cores for speed
OFF 1
ON 99

DSEARCH 1 QUIET        ! start DSEARCH; put best lens in library location 1
SYSTEM                 ! define the system specs
ID DSEARCH ASPHERIC CAMERA LENS        ! identification
OBB 0 41.3 .285        ! infinite object, semi field 41.3 degrees, semi ap. 0.285
UNI MM                 ! lens will be in millimeters
WAVL CDF               ! use visual wavelengths at C, d, and F lines
END                    ! end of system section

GOALS                  ! define the goals here
ELEMENTS 5             ! we want a four-element lens with a cover glass
BACK 0.4 SET           ! ask for 0.4 mm back focus distance
FNUM 2.7 10            ! ask for F/2.7, weight of 10
THSTART .5             ! global search use thicknesses .5 mm
ASTART .1
RSTART 30              ! and starting radius of 30 mm


ASPH R          ! use all terms in real mode; quick mode spherical
ASPH Q          ! vary CC in quick mode too
ASPH 3          ! allow three aspheric terms: CC, 4th, 6th power of aperture

ANNEAL 40 2 Q 10       ! anneal each case, temp 40 degrees, cool 2, including
quick
SNAP 1                 ! redraw PAD screen every pass
STOP FIRST             ! put the stop in front
STOP FIXED             ! and keep it there

RT 0.5                 ! ray weight higher near center of aperture
```

```
QUICK 100 20              ! run quick mode 100 passes, then real mode 20
NGRID 6                   ! 6x6 grid of rays in pupil
NPASS 50                  ! 50 passes in the MACro when finished
TOPD                      ! correct both transverse aberrations and OPDs
FOV 0 .2 .45 .7 .85 1 ! correct six field points
FWT 5 4 3 3 3 3              ! with these weights
COVER .3 1.51872 64      ! the cover glass will be 0.3 mm thick with this GLM


PLASTIC 1 3 5 7                     ! the four elements will be plastic
END                      ! end of goals section

SPECIAL PANT             ! special PANT section starts here
RDR .001                 ! these are tiny lenses; reduce derivative increments
TLIMIT 3 .05             ! limits on thicknesses and spaces
SLIMIT 5 .05
END                      ! end of PANT section

SPECIAL AANT    ! start of special AANT section; these go into the merit fn.
ACC 1 1 1                ! center thickness no more than 1.0 mm
ACM .2 .1 .2             ! and no thinner than 0.2 mm
ACA 55 1 1               ! avoid critical angle; 55 degrees from surface normal
AEC .1 .1 .1             ! keep edges over 0.1 mm
ARC 0.2
GTR 0 1 3 P 1
M 1.35 10 A P YA 1       ! target the chief ray at three field points
M .945 10 A P YA .7      ! to control distortion
M .54 10 A P YA .4
END                      ! end of AANT section
GO                       ! DSEARCH runs
TIME                     ! when it is finished, see how long the run took.
```

这里有一些注意事项：首先，此类透镜非常小，而 DSEARCH 在优化 MACro 中的默认边缘控制目标(1 mm)太大，需用 AEC 监视其变化。其次，默认的最小空气间隔和厚度控制为 1 mm(也太厚)被替换为 0.2 mm 的 ACM。添加的 ACC 监视不会让厚度增加到超过 1.0 mm，它将覆盖默认值 25.4 mm。如果光线在任何地方的角度过于陡峭，ACA 监视器将通过惩罚来解决这个问题。

这些输入的监视控制非常弱：如果严格控制这些内容，DSEARCH 倾向于找到那些不违反设置的设计，但希望程序支持具有小像差的设计，而不是一开始就非常关心机械性能。当用户获得良好的设计时，可以在以后轻松修改这些控制条件，增加权重以使设计实用。

DSEARCH 允许以两种方式控制系统后焦距：如果只是给出一个距离(例如 BACK 0.4)，程序会在末尾添加 YMT 求解，并在 AANT 文件中包含一个目标来控制结果值。如果添加权重因子(例如 BACK 0.4 100)，则将该权重应用于目标。另一种方法是请求精确值，在这种情况下可使用 BACK 0.4 SET。现在，程序简单地将后焦距设置为输入值，即 0.4，并且不会添加 YMT 求解。对于存在困难的设计，这通常是一个很好的选择，特别是当其他选项返回带有虚像的系统时。

由于允许使用非球面，必须提供一个高于默认 NGRID 4 的网格，并在六个视场点而不是默认三个视场点进行校正，否则可能会有中间光瞳和视场区域失控。

同时，也增加了一个新的监视器。ARC 意味着自动光线集中，这将使主光线在全视场下位于上下边缘光线之间。虽然可能认为这种情况应该是不受约束的，但它可能在广角镜头中被破坏，如果在透镜的某个地方出现了严重的彗差，几乎不可能从那一点起校正其他像差。这个低权重的监视器是方便的、安全的，应该记住这一点，并且当主光线在光束中没有很好的集中时使用它。

另外，请注意，已在 SPECIAL AANT 部分中添加了 GTR 指令。如果没有这个附加，得到的解决方案在其他地方都很好用，但是 TFAN 在光束的上边缘会显示出有很大的像差。通常，光线网格目标会以合理的方式覆盖光瞳，但不会精确到边缘。GTR 目标确实控制了边缘，有助于避免应用这种解决方案。

玻璃变量的界限也需要引起注意。当设计看起来很好时，那些将被 U(Unusual materials)目录中的塑料所取代，希望模型玻璃能落在要找到的塑料材料区域。这是输入文件中 PLASTIC 声明的目的。因此，指定的任何表面仅限于图 44.1 所示的玻璃图上的区域。

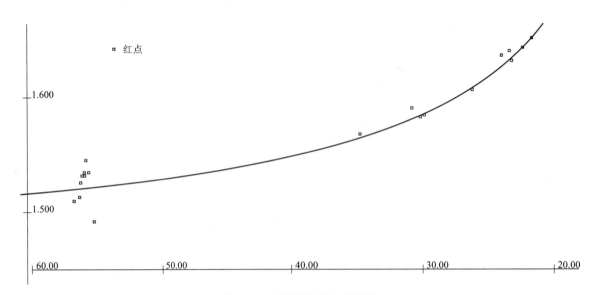

图 44.1 玻璃图上线条的区域

红点是 U 目录中的塑料。这些模型之后被插入时，得到的玻璃模型应该表现得很像真实塑料。

运行上面列出的 DSEARCH MACro，运行 6 min 后，会显示出程序找到的最佳设计，如图 44.2 所示。

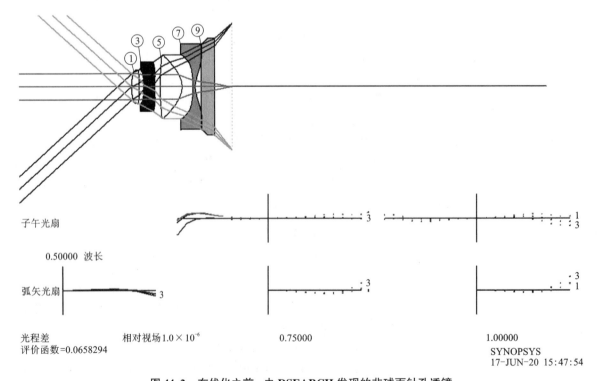

图 44.2 在优化之前，由 DSEARCH 发现的非球面针孔透镜

注：图中带圈数字为透镜的表面编号；图中数字为定义波长下光扇图曲线对应的波长编号。

DSEARCH 搜索的透镜已经达到衍射极限。OPD 误差都小于 1/4 波长，但最后一个透镜太靠近玻璃板了。AEC 监视器对透镜边缘校正良好(可以只移动玻璃板，因为平面的像差与位置无关，但让我们假设图像距离是固定的)。

为了解决这个问题。添加如下命令行到文件 DSEARCH_OPT 中的 AANT 部分，该文件位于新的编辑器窗口中：

```
LLL . 1 5 . 05
A P ZG . 8 0 0 0 9
S P ZG . 8 0 0 0 8
```

该命令对表面 8 和表面 9 上主光线在 0.8 视场的全局 Z 坐标差设置了 0.1 的下限。

现在运行此文件并退火(20，2，50)。该透镜的质量仍然很好，如图 44.3 所示，校正了间隙问题。

此时，非球面仅使用 G 3 项和 G 6 项，这改变了多项式展开中的第四和第六幂项。将以下变量添加到 PANT 文件中也可以改变八次幂项，并重新优化和模拟退火。MF 下降到 0.0171，如图 44.4 所示。

```
VY 1 G 10
VY 2 G 10
VY 3 G 10
VY 4 G 10
VY 5 G 10
VY 6 G 10
VY 7 G 10
VY 8 G 10
```

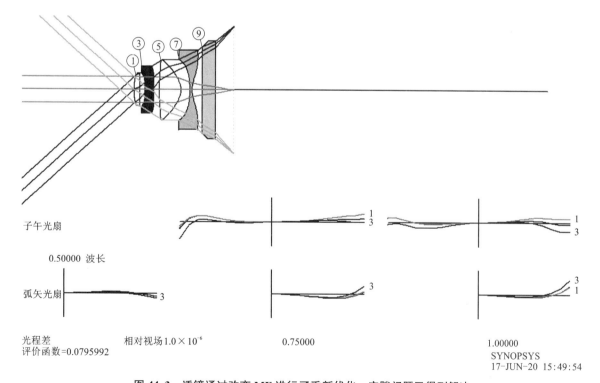

子午光扇

0.50000 波长

弧矢光扇

光程差
评价函数=0.0795992

相对视场1.0×10⁻⁶

0.75000

1.00000
SYNOPSYS
17-JUN-20 15:49:54

图 44.3 透镜通过改变 MF 进行了重新优化。空隙问题已得到解决

注：图中带圈数字为透镜的表面编号；图中数字为定义波长下光扇图曲线对应的波长编号。

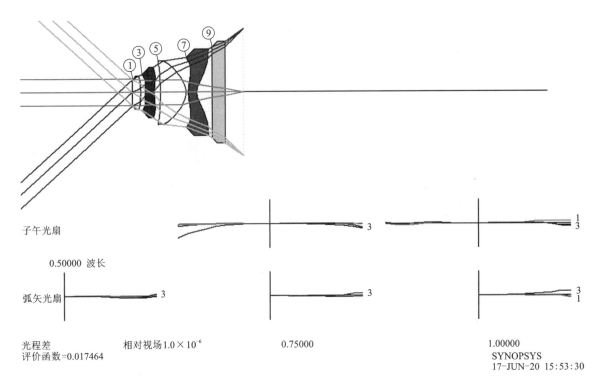

子午光扇

0.50000 波长

弧矢光扇

光程差
评价函数=0.017464

相对视场1.0×10⁻⁶

0.75000

1.00000
SYNOPSYS
17-JUN-20 15:53:30

图 44.4　增加第八次幂项，经过优化和模拟退火得到的透镜

注：图中带圈数字为透镜的表面编号；图中数字为定义波长下光扇图曲线对应的波长编号。

进一步插入真实塑料材料，但首先需将表面 9(玻璃板)上的材料更换为想要使用的真实玻璃：Hoya 型 BSC7。为此，请打开 WorkSheet 并在编辑窗格中键入：

```
9 GTB H
BSC7
```

单击"Update"并设置检查点。更换玻璃平板上的模型玻璃。再次优化并设置一个检查点。

现在打开 Real-Glass 菜单(MRG)并选择 U 目录。该目录没有普通的光学玻璃，但它确实有塑料材料。当指定该目录时，ARGLASS 程序(从 MRG 对话框运行)会自动仅选择塑料材料，并仅替换 RLE 文件中指定为 PLASTIC 的 GLMs。它有三种模式：可以按表面编号顺序，或相反的顺序替换透镜，或者对透镜进行排序，以便它先替换离真实材料最远的。后一种选择通常更好，因此请检验"SORT"选项。当它运行完成后，从优化文件中删除 GLM 变量，再次优化和退火。

有时换成真实的玻璃会导致光线故障。用程序调整曲率以保证透镜的光焦度，但如果存在非球面项，则某些光线仍然会失败。如果发生这种情况，请在更改其他材料后再次运行 ARGLASS。这通常有效；如果没有，则返回检查点，打开玻璃地图(MGT)，单击最接近生成错误消息的表面的材质，然后选择"Apply+Adjust"。它使用了一种不同的算法来改变透镜表面，然后透镜就可以与这种材料一起正常工作。

现在的透镜具有真实材料了，如图 44.5 所示。

该设计的 MTF 曲线(C44L1)接近完美，如图 44.6 所示(要获得这些 MTF 曲线，请转到 MMF 对话框，选择"多波长"选项，然后单击"执行")。

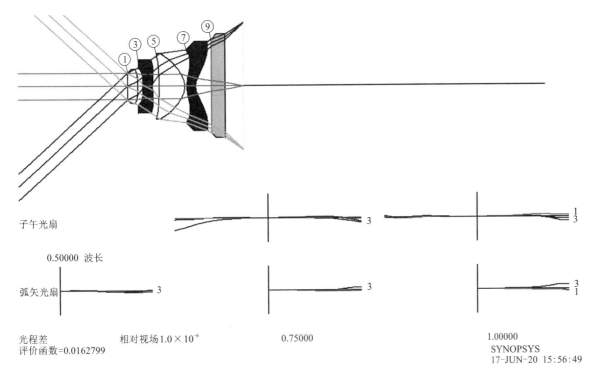

图 44.5 具有真实材料的优化透镜

注：图中带圈数字为透镜的表面编号；图中数字为定义波长下光扇图曲线对应的波长编号。

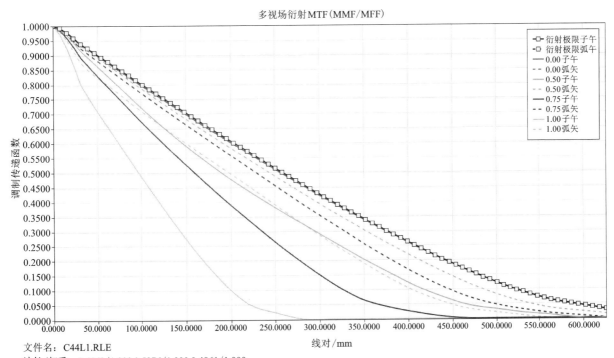

图 44.6 相机透镜的四个视场的 MTF 曲线

▶ 44.1 继续操作

现在了解了如何使用该程序,但可以采取哪些不同的方式?这种设计处于衍射极限,但全视场的MTF远低于轴上,这是为什么?

由于透镜前面有一个光阑,由于正在校正畸变,图像必然会显示 $\cos^4$ 变暗。事实上,在41.3°的视场,边缘亮度仅为中心亮度的32%。通过改变有效 F/number! 输入命令

```
FN 0
FN 1
```

并且可以看到,虽然轴上 F/number 确实是大约2.72,但在边缘处,它在子午方向上为5.99,在弧矢方向上为3.55。较高的 F/number 会增加艾里衍射斑的尺寸,从而降低 Y 方向的截止频率。这就是MTF曲线反映出的信息。

如果这种情况令人满意,那就完成了透镜设计。但是,假设希望其在全视场上均匀照明,除非让畸变变大,否则无法实现这一点,如果打算以其他方式进行补偿,这可能不会成为问题。以下是需要做的:

(1)删除(或注释掉)DSEARCH 输入的 SPECIAL AANT 部分命令行,这些命令行在三个视场为主光线 YA 提供目标。用于控制畸变:

```
SKIP
M 1.35 10 A P YA 1
M .945 10 A P YA .7
M .54 10 A P YA .4
EOS
```

(2)在相同部分添加一些新要求。这些将控制五个视场的相对照度,畸变将自由增长以满足它们:

```
M 1 1 A P ILLUM .2
M 1 1 A P ILLUM .4
M 1 1 A P ILLUM .6
M 1 1 A P ILLUM .8
M 1 1 A P ILLUM 1
```

(3)由于视场的边缘处的 F/number 将小于之前(这更难以校正),需将边缘两个视场的权重从3.0增加到4.0(在 FWT 行上)。

(4)将 AEC 更改为 AEC .1 1 .1,以避免透镜边缘重叠。请注意,DSEARCH 总是使用默认的AEC,但希望用此监视器覆盖它。

(5)注释掉 QUICK 指令。有些设计以这种方式运行会更好。但是,由于快速模式将最大限度地减小三阶像差,包括畸变,这是现在不想做的,因此去掉这个选项。

在 DSEARCH 上运行此输入,并添加第十次幂项变量,然后优化和退火。结果与之前不同,MF 降至0.068,如图44.7所示。该透镜非常好,但最后两个元件靠得太近了。

因此,添加新的需求来控制表面7和表面6在0.8视场下 ZG 坐标的差异:

```
LLL .1 5 .05
A P ZG .8 0 0 0 7
S P ZG .8 0 0 0 6
```

再次优化和退火。透镜被改善了,如图44.8所示。

然后再将真实玻璃分配到玻璃板并使用 MRG 对话框插入真实的塑料,优化和退火,将得到如图44.9所示的透镜(C44L2)。

此时镜头非常好,但有时匹配真实塑料会呈现出一个新问题。

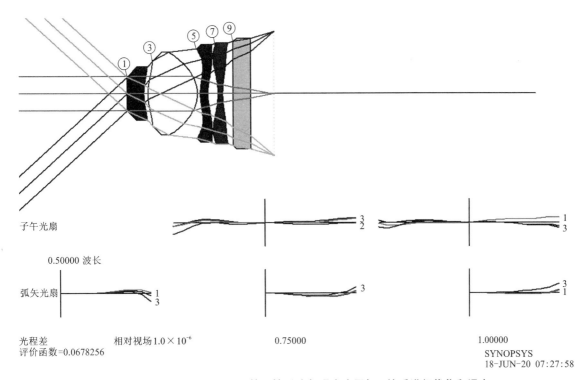

图 44.7　由 DSEARCH 返回的透镜以均匀照度为目标，然后进行优化和退火

注：图中带圈数字为透镜的表面编号；图中数字为定义波长下光扇图曲线对应的波长编号。

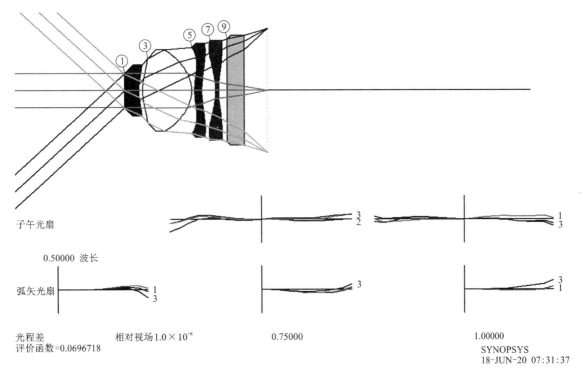

图 44.8　重新优化透镜以控制间隙问题

注：图中带圈数字为透镜的表面编号；图中数字为定义波长下光扇图曲线对应的波长编号。

查看图 44.1 中显示的 U 目录下塑料的玻璃表，会发现左侧的一组塑料和右侧的另一组塑料之间有很大的间隙。如果一个塑料模型碰巧落入该间隙内，或者如果优化程序在其他模型匹配时将其移动到那里，然后将其转换为真实材料时，程序必须减小重大改变。有时它选择的方向效果会很好，有时则不然。这就是为什么在 MRG 中提供三个选项：SEQUENTIAL, SORT 和 REVERSE ORDER。

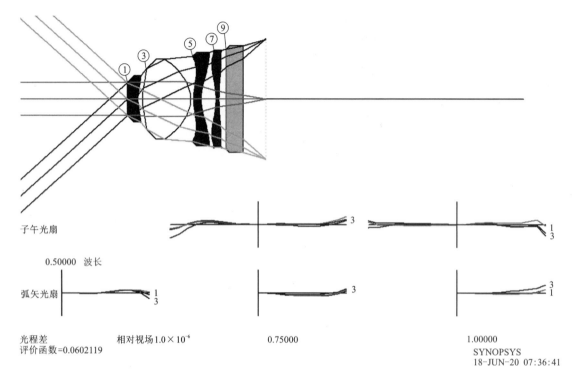

图 44.9　优化透镜以实现均匀照度,且与真实塑料相匹配

注:图中带圈数字为透镜的表面编号;图中数字为定义波长下光扇图曲线对应的波长编号。

由此得到的 MTF 曲线非常棒,如图 44.10 所示。

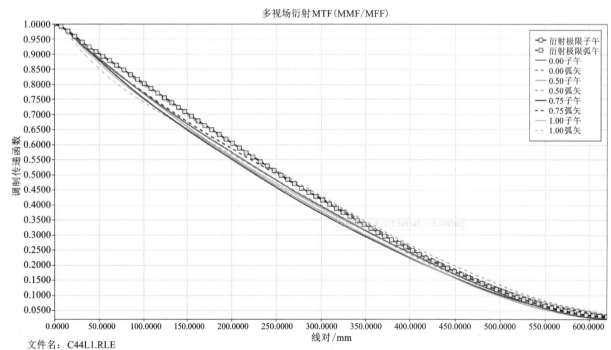

图 44.10　均匀照度的透镜的 MTF 曲线

而且照度非常均匀，用命令绘制如图44.11所示的曲线：

ILLUM 500 P

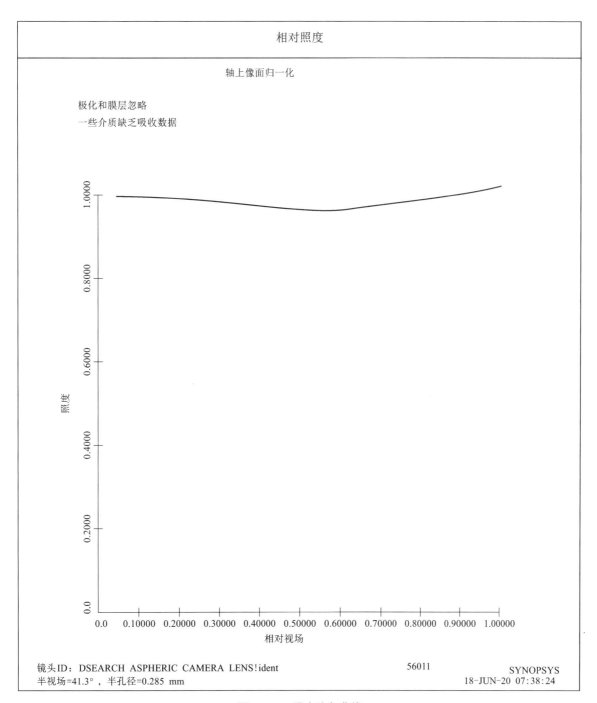

图 44.11　照度均匀曲线

然而，该程序确实引入了很大的畸变，如图44.12所示，在该命令产生的图中输入：

GDIS 21 G

通过这个透镜，观察世界，会是什么样？视场模糊菜单可以显示该成像。首先在图形程序中打开一张照片，然后将其裁剪成正方形并将其重采样为 400×400 像素，复制到剪贴板。打开光谱向导（MSW），选择 10 个波长，点击"获得光谱"按钮和"应用于镜头"按钮。

打开 MFB，单击"Load from Clipboard"，然后单击"Process"。如图 44.13 所示，如果通过透镜成像，照片会失真。

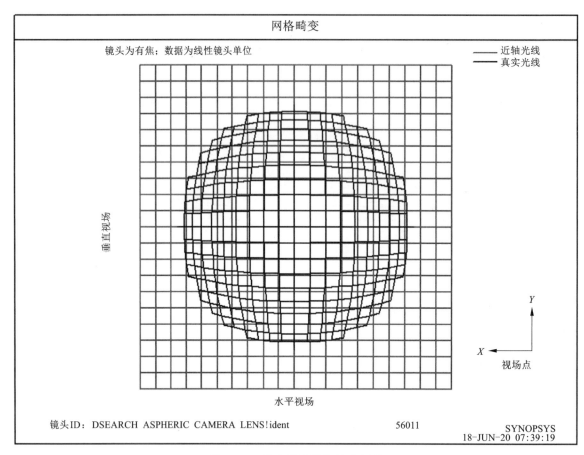

图 44.12 均匀照度透镜的畸变图

图 44.13 运载火箭图片通过非球面透镜会失真

▶ 44.2　结尾

如果按照上面的步骤操作，设计起来会很简单。但是，透镜设计也存在陷阱，而且第一次做事情的结果并不总是完美无缺。以下是可能遇到的一些问题以及也存在处理它们的解决方案：

（1）在本例中，我们指定了非球面项数 3，它将 R^6 项指定给表面。如果使用的高阶项数少于或多于此，会发生什么？一般来说，最好从较小的数字开始，然后在尽可能优化结果后添加更多项，如上所述。一开始就有太多的项可以将设计发送到一个区域，这些区域的项会相互冲突并变得太大。此外，光线追迹可能会成为许多高阶项的问题，因为光束可能会出现焦散或光线角度陡峭而不需要它们。有时，只需从两项开始，然后再添加更多高阶项，即可获得出色的结果。DSEARCH 输入文件中的 ASPH 指令会告诉程序如何使用圆锥常数和高阶非球面项：（ASPH Q）即使在快速模式下也使用圆锥常数，（ASPH R）将在真实模式中使用所有请求的 G 系数（而不仅仅是圆锥常数），并且（ASPH Q R）将同时执行两者。更改其中任何一个都会将程序发送到设计树的不同分支。

（2）注意 DSEARCH 输入文件中的 FNUM 请求指定权重为 10。第 35 章解释了如果舍弃权重因子，程序将如何通过近轴求解完全控制 F/number。如果得到的半径太陡，可能导致光线失败。因此，对于像这样的透镜，可以增加一个权重，不会有 UMC 求解。然后程序向评价函数添加一个控制 F/number 的要求，该表面上的起始半径由 RSTART 值给出。在第二个例子中，没有以图像高度作为目标，如果分配了较低的权重，则 F/number 可能会比目标值大。这个程序会做任何事情来降低这个值函数，在这个值上放弃一点可能会显著降低其他像差，从而在更高的 F/数下产生出色的图像。为了防止这种情况，指定了 10 的权重，但这样解决方案看起来就不那么吸引人了。

（3）在本例中，选择将后焦设为固定值。如果在 BACK 行上输入权重因子，程序会将 YMT 求解分配给最后一个表面，因此图像将始终处于近轴焦点，然后将目标添加到 AANT 文件以将其优化到所请求的值。这两种方法都有效，但是当指定所选光线的 YA 以控制图像高度时，最好自己设置值，否则程序可能无法校正虚像。

（4）请记住 DSEARCH 后使用退火功能，并且该功能会一次又一次地对透镜进行小的随机更改。这个练习是在开关 98 打开的情况下准备的，因此用户可以通过使用相同的随机数来获得类似的结果。但是，如果在关闭该开关的情况下运行它，结果会有所不同，甚至有时会更好。通常需不止一次运行 DSEARCH（使用随机的随机数）并查看每次返回的其他配置。

（5）这些设计很好地实现了我们的目标，但是假设不想要四片式透镜，您能用三片透镜做出来吗？试一试，找出答案。它可能不会那么好，但是也许传感器不需要那么高的分辨率。

（6）记住 DSEARCH 正在搜索一个非常浓密的设计树，并且每次都不可能检查每个分支。如果更改 DSEARCH 输入中的一些内容，如 RT 参数、视场权重、监视目标、迭代次数等，程序将搜索不同的分支集并返回不同的结果。这种方法的强大之处在于它可以同时搜索大量的分支，并且大多数运行返回至少一个符合或接近要求的透镜。通过各种方式尝试输入并在库中保持更好的结果，以便可以在闲暇时检查它们。

本章使用塑料制作除玻璃板以外的所有透镜。如果想要某些透镜由玻璃制成，而其他透镜由塑料制成，该怎么办？只需在 DSEARCH 输入文件中声明哪些透镜是塑料的，程序会将它们限制在可以找到塑料的较小范围内。另外，玻璃元件仍然可以在玻璃库的通常范围内自由移动。当设计令人满意并且运行 ARG 时，如果选择了"U"目录，程序将仅匹配塑料材料，并且仅将玻璃元件与任何其他目录匹配。第 45 章给出了相关例子。

同时观察到上面显示的透镜非常小，从第一片到最后一片透镜的距离仅为 2mm。图 44.14 显示了俄罗斯圣彼得堡 ITMO 大学 Irina Livshits 的设计。这种透镜使用的是玻璃元件，没有非球面，并且表明制作显微镜物镜的技术，物镜也非常小，也可以被应用在本例中。

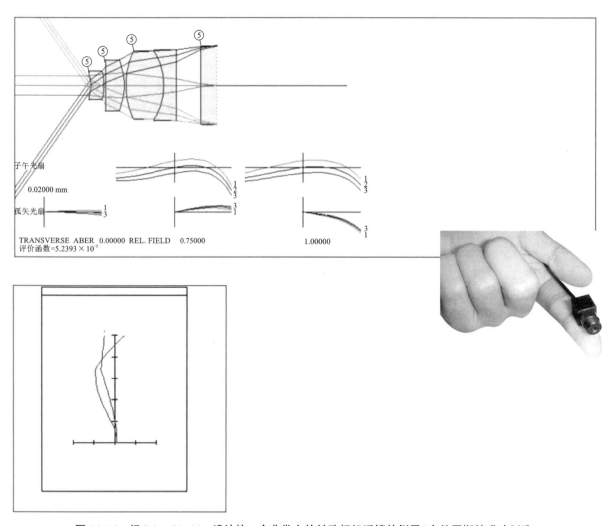

图 44.14　经 Irina Livshits 设计的一个非常小的针孔相机透镜的例子(在俄罗斯被成功制造)

　　另外,如果不是很明显,玻璃板的存在也很重要。即使所有的表面都是平的,像这样的窗口也有自己的像差,在这方面就像一个负透镜,效果取决于光束的厚度和会聚角度。因此,如果应用程序涉及一个保护玻璃或分束棱镜,明智的做法是在 DSEARCH 输入中包含一个该厚度的保护玻璃,以便校正保护玻璃带来的影响。

▶ 44.3　非球面透镜公差

　　对设计的透镜(C44L2)进行公差分析是有必要的。为此,必须了解非球面的测试方法。这些透镜被赋予了一般的非球面项 G 3,6 和 10,它们将修改由半径和圆锥常数给出的形状。但是计算单个系数的公差没有意义,因为这不是技术人员在加工厂内可以测量的。

　　测试非球面有两种常用的技术:一种是设计零系统,或者简单地测量一系列点处的表面 sag 并计算一些统计数据,这些统计数据会表明实际表面离标准形状有多远。能实现零检测,但设置起来既困难又昂贵。另一种是设计第二个系统,可以精确地产生与被测表面相反的像差。然后用一束反射光离开表面,用干涉仪检测条纹。如果操作正确,该测试技术非常灵敏,可以显示一个波长的一小部分的图形误差。但是,必须先设计零测试,然后根据其自身的公差分析进行制造。在这个非球面曲线陡峭的例子中,唯一的实际零测试将是设计本身的其他元件。这并不比想要测试的表面更容易制作。

因此,这里是一个很好的透镜实例,人们更喜欢使用轮廓仪。然后,可以测量多个点处的实际表面sag,并将结果与理想形状进行比较。以下是BTOL MACro(C44M2),PFTEST指令告诉程序将此属性分配给透镜中的所有非球面:

```
BTOL 2
EXACT INDEX 1 3 5 7 9
EXACT VNUM 1 3 5 7 9
ADJ 10 TH 100
PFTEST ALL
TOL WAVE 0.05
GO
```

该MACro生成预算的其中一部分如下所示:

EL.	SURF	RADIUS	RADIUS TOLERANCE (RADIUS)	TOLERANCE (FRINGES)	THICKNESS	-----B----- THICKNESS TOL
BUDGET TOLERANCE ANALYSIS

EL.	SURF	RADIUS	RADIUS TOLERANCE (RADIUS)	TOLERANCE (FRINGES)	THICKNESS	THICKNESS TOL
1	1	2.75796	0.00000	0.00000	0.19587	0.00281
1	2	0.84449	0.00000	0.00000	0.07752	0.00162
2	3	0.89769	0.00000	0.00000	0.88341	0.00183
2	4	-0.51009	0.00000	0.00000	0.05000	0.00188
3	5	0.95600	0.00000	0.00000	0.13302	0.00169
3	6	0.71159	0.00000	0.00000	0.26848	0.00109
4	7	-1.00418	0.00000	0.00000	0.05516	0.00227
4	8	3.59226	0.00000	0.00000	0.13091	0.02157
5	9	INFINITE	0.00000	2.05505	0.30000	0.01174
5	10	INFINITE	0.00000	2.28023	0.40000	0.00000
	11	INFINITE	0.00000	0.00000	0.00000	0.00000

在这种情况下,非球表面没有指定半径公差(或不规则性,圆锥常数或轧制边公差),因为这些是所有图形误差,被包括在后续部分,适用于非球面,如下所示:

SURFACE TESTED WITH PROFILOMETER: TOLERANCE IS STANDARD DEVIATION OF SAG ERROR OVER SURFACE

ELE	SURF	ST. DEV. TOL	G 15 CHANGE
1	1	0.00012	0.00682
1	2	0.00017	0.00505
2	3	0.00023	0.00394
2	4	0.00069	0.00675
3	5	0.00112	0.00981
3	6	0.00112	0.00813
4	7	0.00107	0.00729
4	8	0.00203	0.01359

在这里,可以看到BTOL分配给每个元件的非球面图形的公差。例如,在表面1上,程序发现项G 15的值为0.00682,将是合理预算的一部分。该项在形状中产生像散误差,这是一个不影响焦距或放大率但会增加波前差的误差。表面误差的标准偏差(SD)为0.00012 mm。一旦表面轮廓仪在手,技术人员就可以推断出这一点。他能通过从理想形状的计算中减去每个测量的表面sag来计算测量的SD,然后找出这些数据的方差(平方的平均值减去平均值的平方)。SD只是方差的平方根。

但是,如果图形误差不是简单的像散该怎么办?如前文所述,如果像差很小,则对系统MTF产生影响的是波前差的函数,并且对可能存在的像差不是非常敏感。所以使用G 15项来代替任何一种小的图形误差。

当运行这个 BTOL 分析时,可以看到许多行在 Command Window 中滚动:

```
***** WARNING: ZERNIKE FIT ERROR  0.179243     IS LARGE. *****
***** WARNING: ZERNIKE FIT ERROR  0.154225     IS LARGE. *****
***** WARNING: ZERNIKE FIT ERROR  0.238314     IS LARGE. *****
 Reduced deriv. increment for PFTEST RMS   of surf. no.   3 to 2.360486E-01
 Reduced deriv. increment for PFTEST RMS   of surf. no.   3 to 4.720972E-02
 Reduced deriv. increment for PFTEST RMS   of surf. no.   3 to 9.441945E-03
 Reduced deriv. increment for Thickness    of surf. no.   4 to 2.540005E-02
 Reduced deriv. increment for Thickness    of surf. no.   4 to 5.080010E-03
```

这些行是程序如何调整公差预算中每个参数的导数增量的运行记录。如果试验增量导致较大的波前误差,或者如果拟合到波前的曲线的精度不够接近,程序会自动逐步减小增量,直到影响小到足以给出精确的导数。因此,这些行显示了程序在正常工作,不会引起警报。

第 45 章
设计一个超广角透镜

创建一个广角前端，使 DSEARCH 可以在很大的视场内工作

使用 DSEARCH 设计超广角透镜会带来一个新的复杂问题：如果在 DSEARCH 文件中的 SYSTEM 部分输入超过 90°的广角物面规格，很可能找不到候选方案，因为没有光线可以通过如此大的视场角。DSEARCH 可以纠正某些光线失败，但通常无法优化此类系统。所以该怎么做？

在这种情况下有一个极其简单的技巧：粗略地画出一个简单的前端部分，将光束转换成一个较小的角度，然后从那里开始用 USE CURRENT 声明该部分。

需要一个半视场角为 92.4°的透镜，工作在 F/2.0，添加的元件由塑料制成，并且是非球面。先创建一个可追迹的前端部分。

输入一个带有两片透镜的简单 RLE 文件，并指定物面类型 OBD（用于广角），在表面 5 上声明一个近轴光阑。以一个中等角度为例，比如说 50°，然后使用 WorkSheet 滑块，给元件一些负光焦度并将它们向右弯曲。当它们看起来不错时，增加 OBD 视场角，以这种方式继续，直到达到所需的 92.4°角。一个合适的前端部分，如图 45.1 所示。

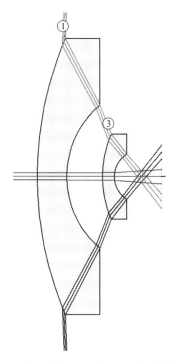

图 45.1　前端设置后，光线可以以较浅的角度通过

注：图中数字为透镜的表面编号。

```
RLE
ID WIDE-ANGLE DESEARCH
WAVL .6562700 .5875600 .4861300
 APS              5
 UNITS MM
 OBD  1.00000E+09   92.4 0.2887  -11.0345861 0 0 0.2887

   0 AIR
   0 CV  1.0000000000000E-09 AIR
   1 CV        0.0356159993000  TH       2.50000000
   1 GLM      1.50000000             55.00000000
   2 CV        0.2018873610000  TH       2.99808431 AIR
   3 CV        0.1145140002814  TH       1.00000000
   3 GLM      1.50000000             55.00000000
   4 CV        0.4600712360000  TH       4.00383115 AIR
   5 CV        0.0000000000000  TH       0.00000000 AIR
 END
```

92.4°入射光束以合理的角度射出。现在创建一个 DSEARCH 输入 MACro(C45M1)：

```
CORE 32
OFF 1
ON 99
TIME
DSEARCH 2 QUIET
USE CURRENT 5 ALL

GOALS
ELEMENTS 5
FNUM 2 1
BACK 5 SET
STOP MIDDLE
STOP FREE
ASPHERIC 3 5 6 7 8 9 10 11 12 13 14
FOV 0 .2 .4 .6 .8 1
NGRID 6
SNAP 1
RT 0.5
RSTART 100
TSTART 3
ASTART 2

PLASTIC 5 7 9 11 13
! QUICK 30 40
ANNEAL 20 1
NPASS 50
END
```

```
SPECIAL  AANT
ACC 10 1 1
ACA 55 1 10
ASC 75 1 1
LUL 90 . 1 1 A TOTL
END

GO
TIME
```

该文件说明开始使用当前系统(上面调整过的两片透镜)并在表面 5 处添加元件。所有表面都是变量,包括当前表面。它指定 5 mm 的后焦距,使用 SET 指令固定。如果它不一定是那个值,可以在之后释放厚度。

该输入要求最大元件厚度为 10 mm,总长上限为 90 mm,以保持合理。此外,它将光线截距角度限制在不超过 55°。否则,对于这样陡的视场角,可以获得掠入射光线。这是不切实际的,可能会因为膜层问题在优化时导致光线追迹失败。

请注意,在这种情况下没有使用 QUICK 选项。对于更简单的工作来说,这是一个强大的工具,但本例并不简单。对于如此广角,三阶像差几乎没有意义,需要在每个候选的初始结构上进行充分优化。为了强调这一点,这一行在上面被注释掉了。

输入完成后,运行此 DSEARCH 文件,得到如图 45.2 所示的结果。

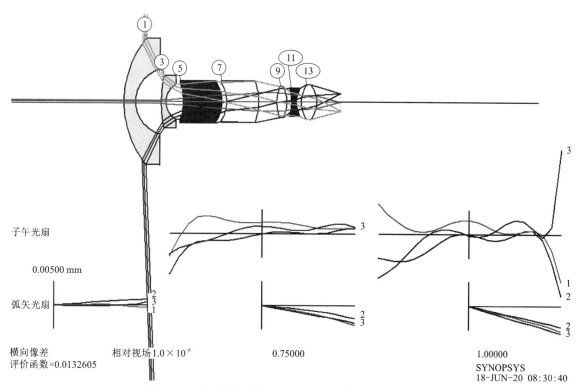

图 45.2　对于广角透镜,DSEARCH 搜索出的第一个结果

注:图中带圈数字为透镜的表面编号;图中数字为定义波长下光扇图曲线对应的波长编号。

在此阶段,透镜仅赋予表面圆锥常数,因为这是默认值,除非在 DSEARCH 文件中输入 ASPH R,在此处没有这样做。因为在粗略地设计透镜时,最好不要使用高阶项。当只需要球面或圆锥面就可以得到很好的透镜时,可保存它们。即便如此,这也是一个极好的开端。

但是,它需要改进。运行 DSEARCH 创建的优化 MACro,透镜性能更好,表面也具有更高阶的非球面项。

然后将厚度变量声明更改为 VLIST TH ALL。这将使后面的焦点发生变化,因为已经接近解决方案了。

优化和模拟退火(20,2,50)后的结果如图 45.3 所示。全视场 TFAN 的末端看起来很糟糕,但是透镜图显示出使用近轴光瞳定义时,全视场点在光阑处的孔径大于光轴上的孔径。因此下一步是要解决这个问题。

现在设计已经成形了,能看到光阑靠近最后的元件。使用 WorkSheet 为表面 9 分配一个真实的光阑,同时调整光瞳:

```
APS -9
CSTOP
WAP 2
```

现在删除 YP1 变量,重新优化并退火。MF 值现在为 0.00175,光扇图看起来很好。

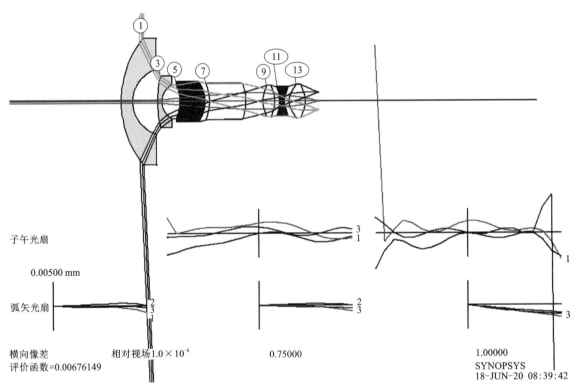

图 45.3　重新优化后的广角透镜

注:图中带圈数字为透镜的表面编号;图中数字为定义波长下光扇图曲线对应的波长编号。

接下来,插入真实材料,制作检查点,打开 MRG 对话框,选择"U"目录(仅匹配塑料元件),选择"QUIET""SORT",然后单击"OK"。透镜现在具有真实塑料,如图 45.4 所示。在这里,选择 PAD 中的选项▮▮,用纯色填充与真实材料匹配的元件,并用带有十字线图案(点击按钮▦)分配给玻璃模型。该选项使得很容易区别哪个元件是真实玻璃,哪个元件是玻璃模型。

现在用玻璃替换前两片透镜的材料。再次运行 MRG,这次选择 Ohara 目录。该程序仅为前两片透镜匹配玻璃材料,而不是塑料材料,设计恢复得与之前一样好,如图 45.5 所示(C45L1)。

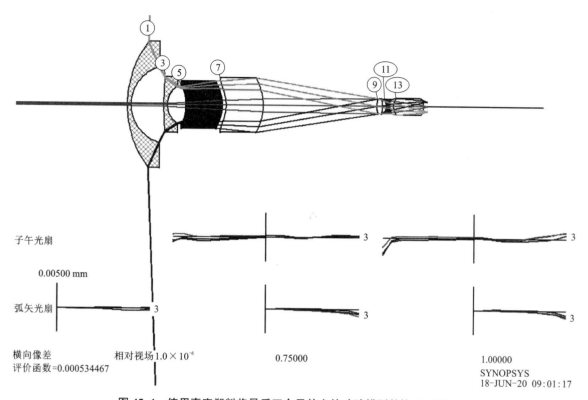

图 45.4 使用真实塑料将最后五个元件上的玻璃模型替换之后的透镜

注：图中带圈数字为透镜的表面编号；图中数字为定义波长下光扇图曲线对应的波长编号。

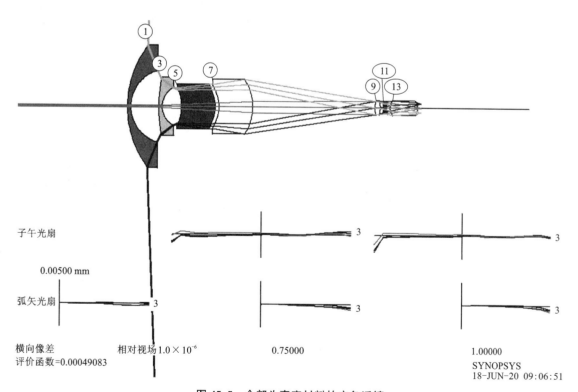

图 45.5 全部为真实材料的广角透镜

注：图中带圈数字为透镜的表面编号；图中数字为定义波长下光扇图曲线对应的波长编号。

查看视场上的衍射图案。转到 MPF 对话框，选择"Show visual appearance""Magnify 5"，然后单击"Execute"。结果如图 45.6 所示，其在整个视场都是完美的。

在这里补充一些有用的技巧。请注意,在本练习中没有使用曲率或厚度求解,因为超广角透镜的常见问题是试图避免光线追迹失败。虽然使用求解在数学上具有很好的意义,但它们可能会导致这种透镜出现问题。此外,没有切换成真实的光瞳,直到透镜有最终的结构。真实光瞳搜索是强大的但不是绝对正确的,并且利用这种大的光线角度和幂级数非球面时,不能通过搜索获得有解决方案的结构。更糟糕的是,有时会有两种解决方案,程序可能会选择错误的解决方案。所有这些都可以通过使用隐含的光瞳来避免,直到设计形状良好。

在本例中,还使用了 ASC 监视器,以避免陡峭的表面。当在没有它的情况下运行时,第二个表面想要变成超半球,这意味着它越过了半球点。虽然这种透镜在其他方面很出色,但这种表面很难制造和镀膜,最好避免使用,而监视器能够避免这种情况。如果 ASC 监视器不够,请在帮助文件中查找 RSLOPE 操作数。它专门用于超半球表面的控制。

这个透镜显然非常好,但真的需要七个元件吗?另外,可以获得更短的透镜吗?较小的第一个元件怎么样?所有这些问题通常都是在设计透镜时会遇到的,也都可以快速得到答案,只需将新要求添加到 DSEARCH 输入文件中并寻找答案。

以免这看起来太简单,必须重复一下,经过尝试几种组合 RSTART、ANNEAL 等,大多数运行都产生了一个相当好的镜头,但最好的一个结果来自上面引用的输入。因此,如果第一个结果不令人满意,请务必尝试输入参数。

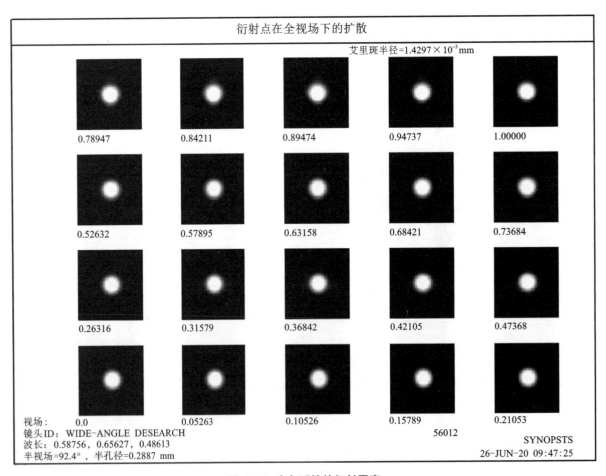

图 45.6 广角透镜的衍射图案

最后,毫不犹豫地查看除 DSEARCH 返回的顶部透镜之外的透镜。在本例中,使用了最上面的一个,但当进入最终设计时,它并不总是最好的。这就是为什么 DSEARCH 返回的不仅仅是一个解决方案。

在本章节的第一部分中，观察到超过 90° 的输入角度需要自定义设计的前端，其目的是将主光线角度降低到一个更易于管控的值，以便光线能够顺利通过。但如果视场角小于 90°，工作就简单多了。

为了说明这一点，将设计一个最大视场角为 86° 而不是 92.4° 的透镜。仍然要小心光线失败，但现在有了一个不同的解决方案。在宏 C45M2 中，单独使用 DSEARCH，不添加前端，并指定一个 50° 的广角校正参数（WAC）。要求 7 个元件与前一个透镜相同，将两个前端的元件添加到 DSEARCH 构建的五个元件中。激活此参数后，由于每个情况都是由 DSEARCH 构造的，它将在第一个元件的表面 2 上应用近轴 UPC 求解，在这种情况下，给出 50° 的目标值。这样，近轴主光线的角度将比原来的 86° 小，所有真实光线通过透镜的概率将大大提高（一旦计算出表面 2 上恰当的曲率，程序将删除新的求解，所以半径也是一个变量）。

当运行这个宏时，程序产生如图 45.7 所示的透镜（C47L2）。

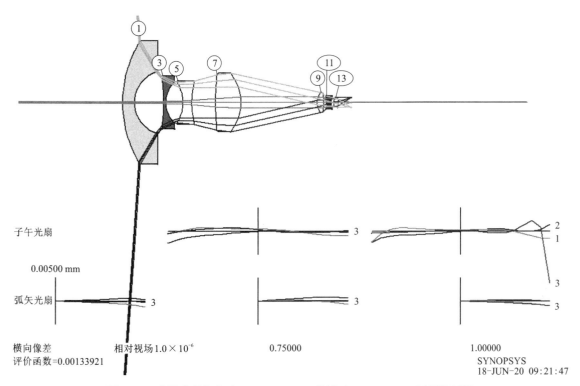

图 45.7　当最大视场角为 86° 且 WAC 已激活时，DSEARCH 返回的透镜

注：图中带圈数字为透镜的表面编号；图中数字为定义波长下光扇图曲线对应的波长编号。

在本例中，搜索统计报告指出，在要分析的 128 个案例中，由于光线故障，总共跳过了 59 个。如果在不使用 WAC 参数的情况下运行此宏，程序将跳过 128 个案例中的 125 个案例。记得不要跳过案例，因为这样可能会错过一个有前途的结构。WAC 参数是另一个可以尝试的参数，尤其是当用 DSEARCH 搜索最佳的透镜设计时。

透镜仍然需要额外的工作，如前面所做的，但关键是使用稍微减小的视场角会使得工作更简单，并且不需要像上面所做的那样，对前端元件进行初步计算。

```
CORE 128
OFF 1
ON 99
TIME
DSEARCH 3 QUIET
```

```
SYSTEM
APS                   5
UNITS MM
ID MEDIUM-ANGLE DESEARCH
OBD 1.0E9 86. .3
END

GOALS
ELEMENTS 7
FNUM 2 1
BACK 5 SET
STOP MIDDLE
STOP FREE
ASPHERIC 3 5 6 7 8 9 10 11 12 13 14
FOV 0 .2 .4 .6 .8 1
NGRID 6
SNAP 1
RT 0.5
RSTART 50
TSTART 3
ASTART 2

PLASTIC 5 7 9 11 13
! QUICK 30 40
ANNEAL 20 1
NPASS 50
WAC 50 ! wide-angle correction to 50 degrees

END

SPECIAL AANT
ACC 10 1 1
ACA 55 1 10
ASC 75 1 1
LUL 90 .1 1 A TOTL
END

GO
TIME
```

第 46 章

复杂的干涉仪

设置干涉仪

干涉仪有两个通道，光束在分束器处汇聚。人们经常希望看到两个波前形状的差异，就像测试非球面镜时一样。为了保证正常工作，其形状就应该非常相似。

在本例中，当其中一个反射镜的位置前后移动时，两个通道之间的条纹可提供光谱信息。在这种配置中，仪器被称为傅里叶变换光谱仪。在这里，不关心波前的形状，关心的是绝对相位，只要两个通道匹配。

首先设置一个通道，输入那些易于弄清楚的数据，然后让程序计算剩下的数据。这是第一步的输入（C46M1）：

```
RLE
ID INTERFEROMETER EXAMPLE
WAVL 4.6 4.25 3.9
OBB 0 1 30 0 0 0 30
1 TH 100              ! DUMMY SURFACE FOR REFERENCE
2 AT -45 0 100        ! SCAN MIRROR
2 REFL
2 TH 0
3 AT -45 0 100        ! FOLD AXIS
3 TH -200             ! TO BEAMSPLITTER
4 TH -3 GTB U         ! THROUGH 3 MM THICK GERMANIUM
GE
5 REFL                ! REFLECT AT BEAMSPLITTER
5 PTH -4 PIN 4        ! COMING BACK AGAIN
4 AT 30 0 100         ! TILT OF BEAMSPLITTER
7 AT 30 0 100         ! TILT AXIS
7 TH 70               ! TO REFERENCE MIRROR
8 REFL                ! HERE
8 PTH -7              ! BACK TO BEAMSPLITTER

9 AT -30 0 100        ! ENTER IT AGAIN
9 PTH 4 PIN 4         ! SAME SIZE AS BEFORE
10 TH -.1             ! SMALL AIRSPACE
11 PTH 4 PIN 4        ! COMPENSATOR DUPLICATES GEOMETRY
12
13 AT 30 0 100        ! DUMMY TO FOLLOW BEAM
13 TH -200            ! DISTANCE TO FOLD MIRROR 1
14 AT -30 0 100       ! RIGHT HERE
14 GID
```

```
FOLD 1                    ! IDENTIFY IT
14 REFL                   ! REFLECT THERE
15 AT -30 0 100           ! DUMMY TO FOLLOW BEAM
15 TH 250                 ! DISTANCE TO PRIMARY MIRROR
16 RD -180 CC -1 TH -90   ! PARABOLOID HERE
16 REFL                   ! REFLECT THERE
16 GID
PRIMARY M                 ! IDENTIFY IT
17 AT 45 0 100            ! SMALL FOLD MIRROR
17 REFL                   ! REFLECT HERE

17 GID
SECONDARY M               ! IDENTIFY IT
18 AT 45 0 100            ! DUMMY TO FOLLOW BEAM
18 TH 90                  ! DISTANCE TO TERTIARY
19 RD -180 TH -350        ! DISTANCE TO FINAL IMAGE
19 REFL                   ! REFLECT AT TERTIARY
APS 19                    ! THE STOP IS HERE
19 GID
TERTIARY M
20
END
```

运行上面的 MACro, 将获得图 46.1 中的 PAD 图片。

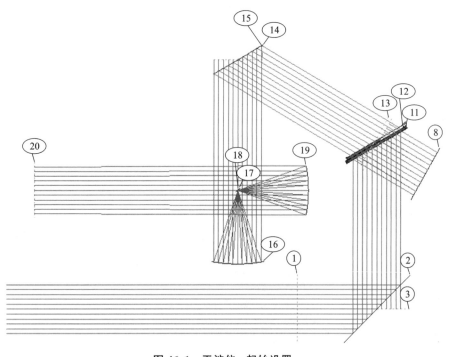

图 46.1　干涉仪, 起始设置

注: 图中数字为透镜的表面编号。

要获得此显示, 请单击"PAD Top"按钮 ⌗, 选择"因定义光线集", 使 HBAR=0.0 和光线数=
11。同时选择"单独显示"选项并打开开关 38, 它会显示所有表面的数字, 包括虚拟表面。

到目前为止, 已经准备好了基本元件, 但还不知道表面 19 处反射镜的细节。为了在表面 20 上有
清晰的图像, 当到达这一步时, 可将插入额外的折叠镜分离三个波长区域到不同的探测器上。但是需
要知道表面 19 上的半径和圆锥常数。在新编辑器中键入以下内容:

```
PANT
VY 19 ASPH
END
AANT
GSR 0 1 4 P
END
SYNO 10
```

运行此文件后，系统看起来应该如图 46.2 所示。

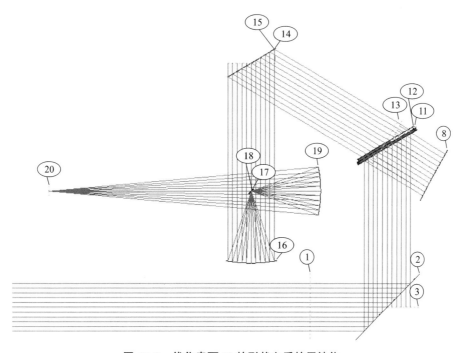

图 46.2　优化表面 19 的形状之后的干涉仪

注：图中数字为透镜的表面编号。

命令 ASY 现在显示表面 19 的形状：

```
SYNOPSYS AI>ASY

SPECIAL SURFACE DATA

SURFACE NO.  16 -- CONIC SURFACE
CONIC CONSTANT (CC)    -1.000000
SEMI-MAJOR AXIS (b) INFINITE        SEMI-MINOR AXIS (a) INFINITE


SURFACE NO.  19 -- CONIC SURFACE
CONIC CONSTANT (CC)    -0.349174
SEMI-MAJOR AXIS (b)   -219.999999  SEMI-MINOR AXIS (a)    177.482393


TILT AND DECENTER DATA
LEFT-HANDED COORDINATES
```

SURF TYPE	X	Y	Z	ALPHA	BETA	GAMMA
2 REL	0.00000	0.00000	0.00000	−45.0000	0.0000	0.0000
3 REL	0.00000	0.00000	0.00000	−45.0000	0.0000	0.0000
4 REL	0.00000	0.00000	0.00000	30.0000	0.0000	0.0000
7 REL	0.00000	0.00000	0.00000	30.0000	0.0000	0.0000
9 REL	0.00000	0.00000	0.00000	−30.0000	0.0000	0.0000
13 REL	0.00000	0.00000	0.00000	30.0000	0.0000	0.0000
14 REL	0.00000	0.00000	0.00000	−30.0000	0.0000	0.0000
15 REL	0.00000	0.00000	0.00000	−30.0000	0.0000	0.0000
17 REL	0.00000	0.00000	0.00000	45.0000	0.0000	0.0000
18 REL	0.00000	0.00000	0.00000	45.0000	0.0000	0.0000

```
KEY TO SURFACE TYPES


GLB   GLOBAL COORDINATES            LOC   LOCAL COORDINATES
REL   RELATIVE COORDINATES          REM   REMOTE TILTS IN RELATIVE COORD.
SYNOPSYS AI>
```

其中有一个通道看起来不错;现在设置第二个。可以从上面的设置开始,根据需要进行修改即可。首先使用 ACON 复制按钮 将此设置复制到 ACON 2,然后在分束器处修改几何体。制作 CHG 文件(C46M2):

```
CHG
13 SIN                ! NEED TWO ADDITIONAL SURFACES
13 SIN
4 NAS                 ! REMOVE TILTS THERE NOW
7 NAS
9 NAS
13 NAS
4 TH −3 GTB U
GE
4 AT 30 0 100            ! TILT OF BEAMSPLITTER
5 TH −.1 TRANS
6 PTH 4 PIN 4
7 TH 0
8 AT −30 0 100
8 TRANS                 ! NOT REFLECTIVE ANYMORE
8 TH −70
9 REFL
9 PTH −8 AIR
10 AT 30 0 100
10 PTH −4 PIN 4
11 PTH −5
12 REFL
12 PTH 5
13 PTH 4 PIN 4
14 TH 0
15 AT 30 0 100
15 TH −200
END
```

此文件将先删除分配给通道 1 中分束器的大多数声明,因为反射和倾斜发生在不同的表面上,然后用另一个通道的数据替换它们。新系统如图 46.3 所示(这里关闭了开关 38 以使图像更清晰)。

在 ACONS 1 和 ACONS 2 中定义了两个通道,它们都是当前通道。现在制作一个同时显示两个通道的透视图。创建一个 MACro:

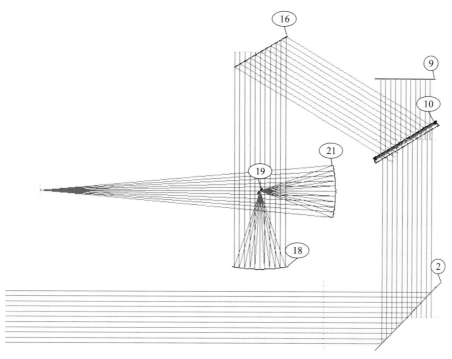

图 46.3　干涉仪的第二通道

注：图中数字为透镜的表面编号。

```
ACON 1
HPLOT 1
PER 0 0 .015 1 123
PUP 2 1 10
PLOT
RED
TRACE P 0 0 10
END

ACON 2
APLOT 1
PER 0 0 .015 1 123
PUP 2 1 10
PLOT
BLUE
TRACE P 0 0 10
END
```

由此得到图 46.4 中的图片。

进一步改进它，打开 Edge Wizard（MEW）并选择"Create All"。需为两个 ACON 执行此操作，这将在所有元件上创建边缘数据。现在运行上面的 MACro，打开开关 20，为 HBAR = 1 和 -1 添加 TRA 请求，并将 PER 请求更改为"RSOLID"。得到的结果如图 46.5 所示，即将拥有一个非常好的开始（C46L1）（开关 20 控制绘出虚拟表面）。

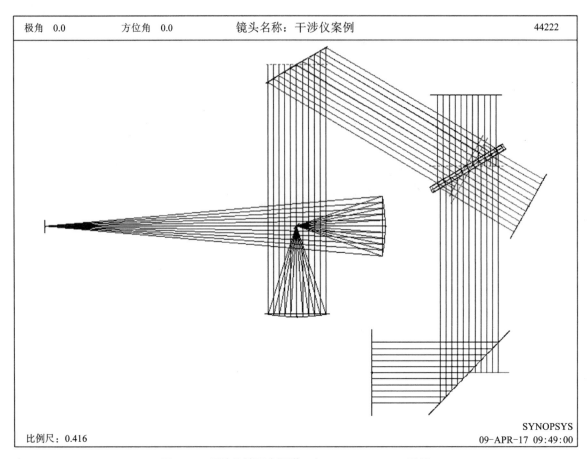

图 46.4　干涉仪的两个通道，由 PERSPECTIVE 显示

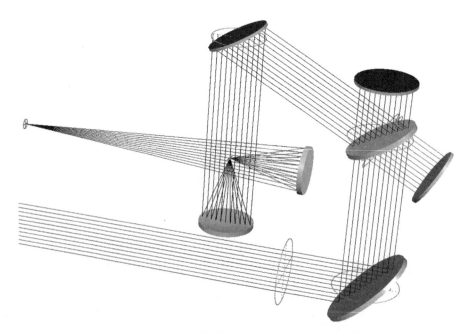

图 46.5　RSOLID 显示了带有镜面厚度增加的干涉仪的两个通道

这是关于如何设置这样的系统的简短示例。SYNOPSYS 可以很好地显示系统和像质，但不能模拟两个通道之间的干涉。该程序还可以模拟波前和参考光束之间的形状差异（参见 HELP IFR），但傅里叶变换干涉仪中的信息来自波前的相对相位，而 SYNOPSYS 不计算相对相位。当然，这无关紧要，因为其理论已经很成熟了，关心的只是这些系统中的波前质量。

下一步将是在最终图像之前的空间中添加额外的折叠镜和探测器光学元件。如果要使用分束立方体来分离不同波长，则系统应该在成像前设计成具有同等厚度的玻璃块。

如果特别敏锐的话，会注意到当光束通过分束器时，光束中有一个小的偏心，暂时忽略了它。但这也不难建模；如果真的想要那么精确，只需调整主镜上的偏心来补偿。

最后，要注意的是，在 SYNOPSYS 中，最多可以同时设计 6 种配置，除非另有声明，否则它们是完全独立的系统。这与其他一些光学程序的做法不同，其他程序实际上只有一个配置，当要求一个不同的配置时，除非说明差异，否则将获得相同的系统。结果可能大致相同，但思想却是相反的。

第 47 章
四片式天文望远镜

全局搜索没有二次色差的望远镜设计

本章的目标是设计一个非常好的天文望远镜。DSEARCH 的输入文件如下(C47M1)：

```
CORE 16
ON 1
ON 99
TIME
DSEARCH 1 QUIET
SYSTEM
ID DSEARCH TELESCOPE
OBB 0 0.7 75
WAVL 0.6563 0.5876 0.4861

UNITS MM
END
GOALS
ELEMENTS 4
FNUM 8
TOTL 0 0
STOP FIRST
STOP FIX
RSTART 200
TSTART 10
ASTART 10
RT 0
OPD
FOV 0.0 0.75 1.0
FWT 5.0 3.0 1.0
NPASS 40
ANNEAL 50 10 Q
COLORS 3
SNAPSHOT 10
QUICK 50 50
END
SPECIAL PANT

END
SPECIAL AANT
ADT 7 .1 10
LUL 300 .1 1 A TOTL
END
GO
TIME
```

想要设计一台 F/8 具有极佳像质的望远镜。此 DSEARCH 输入仅针对实际评价函数中的 OPD 误差。运行此 MACro，DSEARCH 将在大约 9 s 内返回图 47.1 中的透镜。

这基本上已经很完美了，但它有模型玻璃，需要用真实的玻璃替换它们。运行 DSEARCH 准备的优化 MACro，并制作检查点，然后使用 MRG 将其替换为 Guangming 目录中的玻璃。

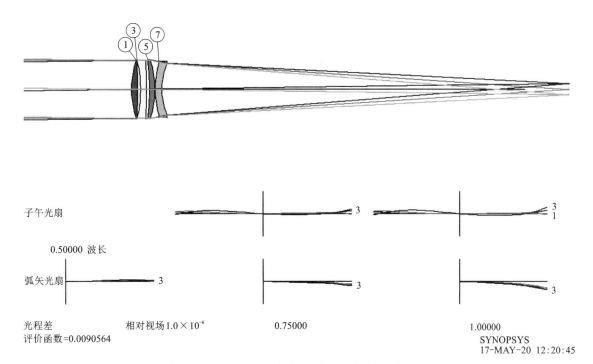

图 47.1 DSEARCH 返回的透镜，用于望远镜示例

注：图中带圈数字为透镜的表面编号；图中数字为定义波长下光扇图曲线对应的波长编号。

但是否可以获得更好的透镜呢？这里使用另一种工具。首先恢复检查点，并用名称 GSOPT. MAC 保存优化 MACro。

再制作一个新的 MACro 来运行 GSEARCH，包含以下内容：

```
GSEARCH 3 QUIET
SURF
1 3 5 7
END
NEAREST 5 P 10
G
END
GO
```

该程序将搜索 81 种玻璃组合(3^4)，仅考虑玻璃类型不超过 BK7 价格的十倍。经过更多的优化和模拟退火后，结果(C47L1)非常出色，如图 47.2 所示。

如果仔细阅读过，会注意到在这里违反了前面章节中提到的一些规则。使用 OPD 误差优化了这个透镜但不是 TAP。是的，有时候会出现一个输出被准直而不是聚焦光斑，但不是很常见，需要多尝试。

另外，在 DSEARCH 文件中放置了一个 ADT 命令行，并获得了很好的结果。运行 SYNOPSYS 就像开 Maserati：如果知道如何驾驭它，它会变得更好。为了这一章的内容，我们尝试了各种输入变量，其中有许多产生了二次色差的透镜。这里的诀窍是正的火石元件，但并非所有的 DSEARCH 运行都能找到解决方案。最好多次运行程序，并选择最好的透镜(我们也在关闭开关 98 的情况下完成了本章的内容，每次都会产生不同的结果，并且不同的透镜也没有二次色差)。

以 $F/7$ 代替 $F/8$ 运行此练习，最后获得非常相似的结果。结果如何？试试 $F/6$。然后使用 AEI 尝试改进该设计。这就是透镜设计的全部意义：看看哪些有效，找到改进它的方法，然后成功设计出所需的透镜。

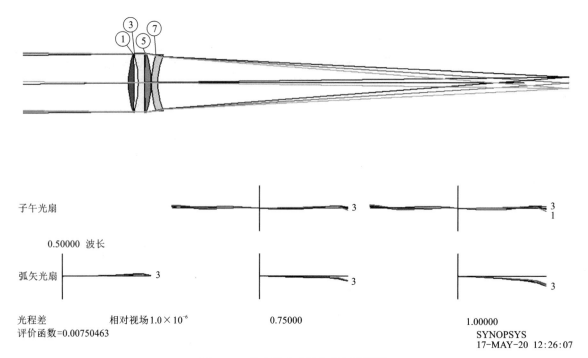

图 47.2　具有真实玻璃的望远镜设计

注：图中带圈数字为透镜的表面编号；图中数字为定义波长下光扇图曲线对应的波长编号。

第 48 章

复杂评价函数

前面的章节描述了如何能(应该)将所有透镜应满足的目标合并到评价函数中去,包括光学目标和机械目标。本章将会给出一个不同的设计例子,它需要对这两种特性进行广泛的控制。这个系统(C48L1)展示在图 48.1 中。

这片透镜在热红外区域中工作,从 8 μm 到 12 μm,而且必须修正到 1/4 波长或者更好。用于优化的评价函数相当复杂,其中包括将绝大多数的遮挡限制在最小。在第 8.1 章节中已经看到,将遮挡引到入瞳是如何影响 MTF 曲线的,除非需要,否则不会有人希望遮挡变大。本章中的透镜是一个折返式的设计,这说明它具有透镜和反射镜,而且遮挡的效果在这里显得同等重要。

这类系统可以通过两种方式来布局:轴对称(易于设计和制造,但是存在遮挡)或者带有离轴的透镜,这种布局更加复杂但是可以避免遮挡。一个对称的设计中遮挡的成因是,人们不得不从第一个反射镜处收集光线,然后通过小孔将光线送到反射镜的后面。在这个例子中,希望保持遮挡不超过 45%。以下是 MACro(C48M1):

```
LOG
STO 2
AWT: 0
BB: 0.45

PANT
VLIST RAD  2  4 5 6 7 8 9 10
VY 2 CC 100 -100
VY 4 CC 100 -100
VY 1 TH
VY 2 TH 399 -300
VLIST TH 6 8 10
END
AANT
OBS .1 BB
AEC 1 .2
!M 95 .1 A TOTL
M 10.16 1 A GIHT

NAME BULGE
M 0 .1 A P YA 1 0 1 0 6
S P YA 1 0 1 0 7

NAME BULGE2
M 0 .01 A P YA 1 0 1 0 6
S P YA 1 0 1 0 9

NAME OBSC
M BB 50 A P YA 1 0 1 0 4
DIV YMP1

NAME SETBACK
M 19 .1 A ZG 14
S ZG 2

NAME FOCUSAIR
M 21 A TH 10
S P ZA 1 0 1 0 10
```

```
NAME CLEARCONE
LL 0 1 1 .01
A P YA 0 0 BB 0 3
S P YA 1 0 1 0 5

M 1.5 1 A BACK

GSR AWT 10 6 P
GSR AWT 10 6 1
GSR AWT 10 6 3
GNR AWT 6 6 P .7
GNR AWT 6 6 P 1
GNR AWT 6 6 1 1
GNR AWT 6 6 3 1
M 0 50 A 1 YA 1
S 3 YA 1
END

SNAP
SYNO 20
```

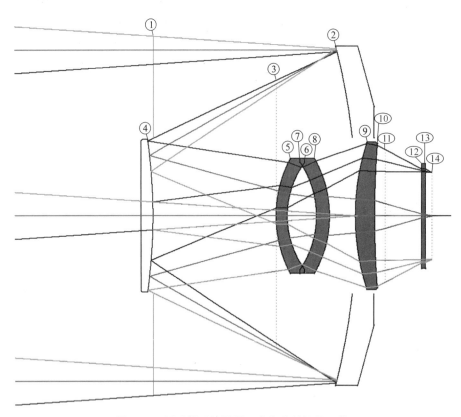

图 48.1   折反射系统需要一个复杂的评价函数

下面解释一下这个系统是如何建立的:

(1)表面 1 是一个虚拟表面,用于控制几何形状。

(2)表面 2 是反射镜主镜,为圆锥面。

(3)表面 3 是另一个虚拟表面,它的位置可以变化,被用来定位表面 5。

(4)表面 4 定义与表面 1 相关联,厚度可变。

既是反射镜次镜,也是圆锥面。

(5)表面 5 定义与表面 3 相关联。如果表面 3 移动了,那么表面 5 将会跟随它一起移动。

（6）表面5到表面10是一组锗校正元件。

（7）表面11代表了快门的位置。

（8）表面12和表面13是表面14探测器前的锗窗口。

上述MACro里的内容：

（1）符号AWT分配的值为0。这个是孔径的权重，如果想要进行比较研究的话，它是可调整的。

（2）符号BB被分配的值为0.45。这是在允许范围内的遮挡，同样在比较研究的时候是可调的。

（3）AANT文件定义了OBS .1 BB，它使得由GSR和GNR生成的光线网格在全视场中落在半径为BB（这个例子中为0.45）和y方向上偏心0.1的光线被删除。这一部分无论如何都会被遮挡，而且校正那些没有通过的光线也没有意义。

（4）AEC保持边缘不小于1 mm。

（5）GIHT上的目标控制着焦距。

（6）接下来的像差被分配为BULGE。这个名字会在像差列表上出现，使得接下来确认它的值会很容易。

（7）BULGE像差被定义为全视场表面6上边缘光线（URR）的Y坐标与表面7上的差距。这使得前两个透镜的大小保持一致，不希望一个比另一个大得多。

（8）命名为BULGE2的像差被分配了一个较低的权重（并不完全满足要求），这么做的目的是确保表面9处的透镜不会比表面6处的透镜大太多，权重调整到最佳平衡。不希望主镜上的孔比次镜大，这也是控制方法之一。

（9）OBSC像差是表面4上的URR（上边缘光线），除以近轴YMP1，并指定目标值BB（值为0.45）和高权重50。现在，如果表面4上的极端光线想要有比BB更大的孔径，MF将受到惩罚。这样可以控制次镜造成的遮挡。

（10）SETBAK像差使表面14和表面2的全局Z坐标之间的差值达到目标值19 mm。这将控制主镜到像平面的距离。

（11）FOCUSAIR像差使表面10的厚度和该表面上URR（upper rim ray）的Z坐标之间的差值达到目标值2 mm。如果透镜向图像强烈弯曲，就会扰乱表面10和表面11之间的空气间隔。然后不得不为快门留出空间。这个像差会控制这种情况。

（12）CLEARCONE像差是对轴上视场表面3的BB处光线的Y坐标与全视场表面5的URR（Upper Rim Ray）的Y坐标之间的差值，给出了一个很低的下限。这些光线中的第一条出现在了遮挡的边缘，不希望它在表面5上第一次被透镜反射之后被遮挡，透镜孔径由第二条光线给出。

（13）希望在保护板和传感器之间保留1.5 mm的间隙。表面13的厚度由YMT求解控制，并且可以改变。

（14）剩余的MF由将要被追迹和校正的光线所组成。横向色差是通过采用波长1和波长3的主光线之间的差值来校正的，目标值是0。

通过评价函数，可以优化整个系统并观察在给定的遮挡下它的效果如何。然后就可以减少遮挡，按照步骤重新定义符号BB，然后优化各种情况。当结果开始降低时，就可以知道对那个参数还有多大的改动空间。

有时有必要控制各个表面上的各个光线以及选定表面的全局位置。如果项目有这样复杂的需求，不要害怕创建一个复杂的评价函数来设计它。

细心的读者会注意到图48.1中表面6和表面7的重叠。这些边缘是默认的计算结果，当然，必须在加工透镜之前对其进行调整。按照第40章中概述的步骤很容易做到这一点。在这里提示一下，输入

FEATHER 6

然后程序会报告表面6和表面7羽化点的Y坐标以及这些表面的矢高情况。将该坐标指定给表面6上的点E和表面7上的点A。这些表面的矢高公差也决定了空气间隔公差。

第 49 章

自动设计方式不适用时的情况

本书前面的章节介绍了自动化方法如何比传统技术更快、更简单地找到完美设计的内容,设计时间从几个星期缩短到几分钟,并且用户可能认为不需要拥有像上一代人那样的专业知识。但新方法也涵盖了广泛的设计问题,在一些情况下,它们是不适用的。这里有一个例子。

要求如下:

(1)图像必须落在分光仪的狭缝上。它们必须一个方向窄,另一个方向长。

(2)两个图像的方向必须在90°,就像图49.2中所示。

这里还有其他要求:

(1)图像必须狭窄。必须有90%的能量穿过 13 μm 宽的狭缝。

(2)图像长度必须在 0.1~0.2 mm。

(3)色差必须被校正,分析将在 C,d 和 F Fraunhofer 线上进行。

(4)星星在视场角为20°的视场的顶部和底部。光瞳直径是 20 mm。

(5)所有表面必须是球面(没有柱状透镜)。

(6)使用最简单的透镜系统达成目标的人就是胜利者。如果复杂度相同,那么能量最高的人胜出。

(7)提交的两个版本,在 $F/10$ 和 $F/5$。

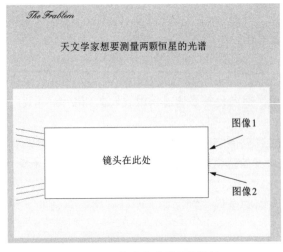

图 49.1 期末考试题目的提纲

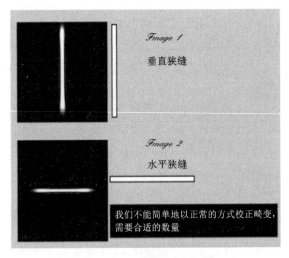

图 49.2 两个狭缝的方向

以上就是该问题的内容，可以解决吗？需要多少透镜？

解决方案：

了解像差的来源以及它们如何受到设计变量的影响是关键。需要的是控制像散量。像差看起来是什么样？图49.3展示了一个例子。

应该知道像散的哪些特性？

（1）当透镜是球形的而且居中时，在视场的中心它总是为0。

（2）它关于视场角对称。

（3）需要视场的顶部和底部有所不同。

（4）系统不可能是中心对齐的。

在图49.4中可以看到，透镜的子午光线离焦了，而弧矢光线几乎聚焦。角度上的不同就是像散。在图49.5中可以看到，如果只取球差曲线的一个短的偏离中心的部分，得到的结果看起来会非常像像散。这是个线索。

图49.3 像散特性图解

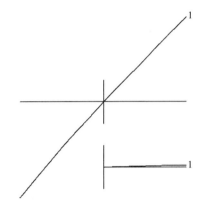

图49.4 TFAN和SFAN图显示严重的像散

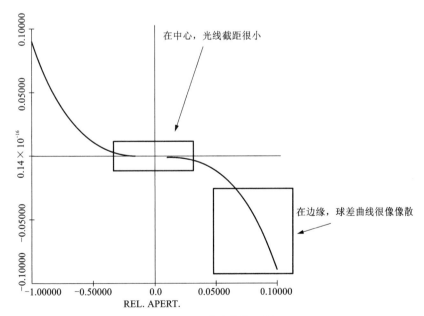

图49.5 球差的偏心图

如果使光瞳偏心，那么球差看起来会像像散。因此，在某个地方可能使用了偏心元件。

中心对齐的透镜的像散呢？图49.6中展示了在远离光轴处的弧矢焦面和子午焦面是分开的。但

镜头自动优化原理与技术(第二版)

是，视场的顶部和底部会产生相同的像散。这是不对的，它们必须是不同的。

然而，如果将焦表面倾斜，可以看到，在视场的一侧存在子午图像，在另一侧将看到弧矢图像，所以倾斜某些东西可能是有用的(见图49.7)。

这是另一种可能性：移动光阑使光瞳中的离轴光束偏心，如图49.8所示。观察全视场的主光线的路径可知，它在左边的方框中偏离了中心。如果光阑放在那里，将会得到不同的主光线。这是另一个线索。

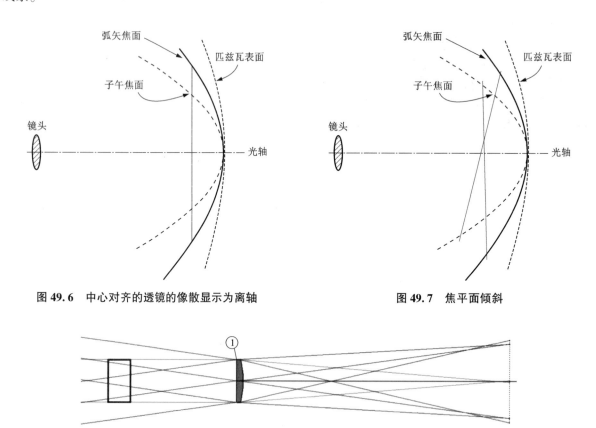

图49.6 中心对齐的透镜的像散显示为离轴　　图49.7 焦平面倾斜

图49.8 移动光阑会导致光束在光瞳中偏心
注：图中数字为透镜的表面编号。

所以找到了三种可能的方法来使得弧矢像散和子午像散在想要的焦表面上出现：

(1)使元件偏心。

(2)倾斜某些元件。

(3)移动光阑表面。

到目前为止，猜测可能需要一个四片式透镜来达到目的。运行 DSEARCH，按照以下内容输入文件(C49M1)：

```
CORE 16
OFF 1 99
DSEARCH 3 QUIET
SYSTEM
ID FINAL EXAM PROBLEM
OBB 0 10 10
WAVL 0.6563 0.5876 0.4861
UNITS MM
END
```

```
GOALS
ELEMENTS 4
FNUM 10
BACK 0 0
TOTL 100 . 1
STOP MIDDLE
STOP FREE
RT 0.5
FOV 0.0 0.75 1.0 0.0 0.0 0.0
FWT 5.0 3.0 1.0 1.0 1.0
NPASS 44
ANNEAL 200 20 Q
COLORS 3
SNAPSHOT 10
QUICK 44 44
END
SPECIAL PANT

END
SPECIAL AANT

END
GO
```

　　然后它会返回10个设计好的透镜，都得到了很好的校正，但此时都是旋转对称的状态。最顶部的透镜如图49.9所示。

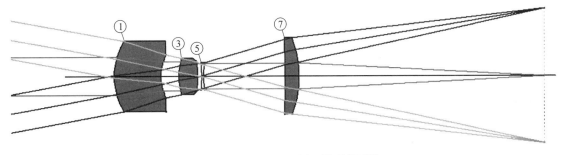

图 49.9　DSEARCH 返回的顶部透镜

注：图中数字为透镜的表面编号。

现在必须一步步地修改这个透镜，让它能够满足设定的标准。以下是变量：

```
PANT
VY 0 YP1
VLIST RAD ALL
VLIST TH ALL
SKIP
VY 3 AT 2
VY 5 YDC 2
VY 9 AT 1
EOS
VLIST GLM ALL
END
```

光阑的位置、半径、厚度和空气间隔还有玻璃模型都会被改变，稍后将会改变倾斜和偏心变量。

现在要先创建一个评价函数,如下(C49M2):

```
AANT
AEC 3 1 1
ACM 3 1 1
LLL 1 1 1 A ETH 8
M 0 1 A 1 YA 1
S 3 YA 1
SKIP
LLL .11 1 .1
A P YA 1 0 1
S P YA 1 0 -1

LLL .11 1 .1
A P XA -1 -1
S P XA -1 1

LUL .19 1 .1
A P YA 1 0 1
S P YA 1 0 -1

LUL .19 1 .1
A P XA -1 -1
S P XA -1 1

(*** magic ***)
EOS
GXR 0 2 4 P 1
GXR 0 2 4 1 1
GXR 0 2 4 3 1
GYR 0 1 4 P -1
GYR 0 1 4 1 -1
GYR 0 1 4 3 -1
END
SNAP
SYNO 30
```

忽略(＊＊＊ magic ＊＊＊)部分,尝试运行此宏并退火,然后评估 MF,但是发现它并没有起作用。需要是让 90% 的能量通过 13 μm 的狭缝,但是现在这个设计只能通过 89% 的能量。

可以很容易发现,在 $F/10$,波长范围内完美的图像只有 89% 的能量能够穿过。所以,该问题是不可能解决的。

但事实并非如此。软件已经将像差校正到了指定的目标程度,图像在交叉狭缝方向受到了衍射极限,但是仍未达到标准。

接下来必须灵活思考以下问题:

(1)规格是 $F/10$。

(2)衍射图案已经变得太大而无法通过狭缝。

(3)规格没有提到畸变。

(4)畸变与衍射图案的大小有什么关系?

图 49.10 提供了一个线索。

在第 2 章中学到了关于拉格朗日不变量的内容。如果改变 Y_B 的值,那么 U_A 的值也会被改变。

如图 49.11 所示,一个更陡峭的角度会产生一个更小的艾里斑,而且更小的衍射斑可以让更多的能量穿过狭缝。

所以关键是要得到适当的畸变:

(1)光线锥角会在视场边缘发生变化。

(2)艾里衍射斑的半径会发生变化。

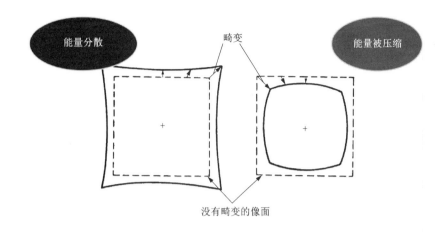

能量分散

畸变

能量被压缩

没有畸变的像面

如果压缩了能量，圆锥角会发生什么变化？它会变得更陡峭

图 49.10　畸变改变了图像的能量密度

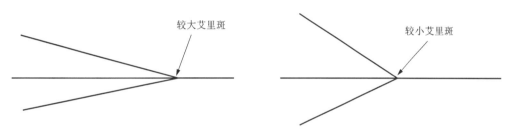

较大艾里斑

较小艾里斑

图 49.11　锥角与艾里衍射斑的关系

（3）可以让衍射斑变得更小。

（4）可以在狭缝中获得更多的能量。

这就是 AANT 文件中的（＊＊＊ magic ＊＊＊）：要求一些桶形畸变。所以在 AANT 文件中添加这样几行：

```
M .90 1 A P YA 1
S P YA -1
DIV CONST 2
DIV GIHT
```

这几行描述了实际图像尺寸应该是近轴尺寸的 90%。释放倾斜和偏心变量和狭缝长度像差并再次优化，然后退火（55，2，50）。

F/10 情况下的结果如图 49.12 所示（C49L1）。透镜让 90.7% 的光穿过了 Y 方向的狭缝，92.7% 的光穿过了 X 方向的狭缝。

透镜的畸变大概是-0.337 mm，就如图 49.13 所示。

利用这个办法，所有的目标都已经实现。图 49.14 展示了视场顶部和底部的图像，就像图像工具菜单 MIT 所展示的那样。

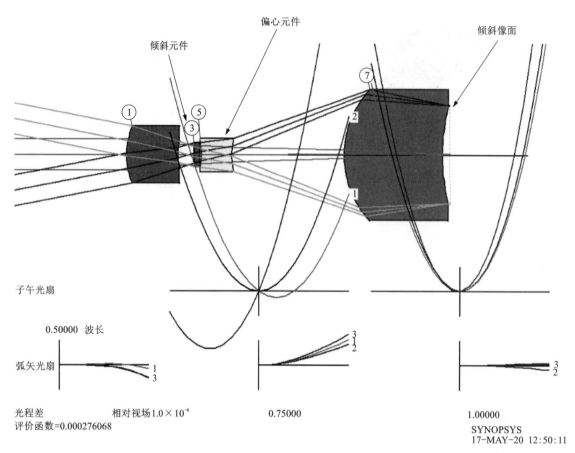

图 49.12 "期末考试"的最终结果

注：图中带圈数字为透镜的表面编号；图中数字为定义波长下光扇图曲线对应的波长编号。

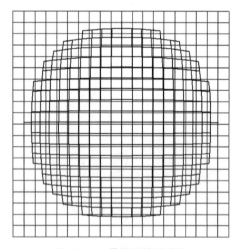

图 49.13 最终透镜的畸变

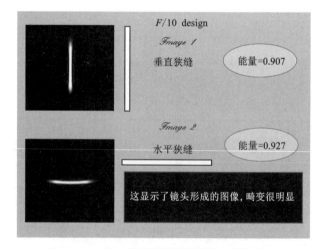

图 49.14 最终设计的视场顶部和底部的图像

　　针对另外一半的问题，在 $F/5$ 中实现相同的目标实际上更加简单，因为艾里斑已经变得很小了。图 49.15 展示了两个设计中的波阵面边缘——一个像散的经典例子。

　　解决这个问题的一部分重点是要计算光通过狭缝的能量占比。这里有一个简单的办法来计算：

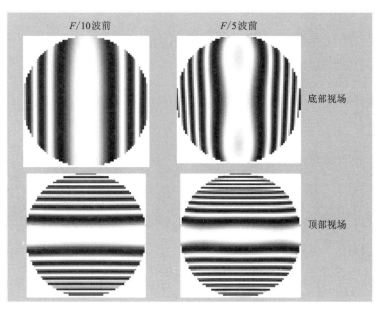

图 **49.15**　两个结果的波前条纹

```
WMODEL M 1 9999
FOR SLIT
SIZE .3 .013
VARY X POS FROM -.05 TO .05
PLOT
```

当狭缝经过图像时，会产生一个能量表和一个能量图。类似的计算，用 *Y* 代替 *X*，计算−1 视场的模型，得到视场另一侧的狭缝轨迹。

所以这就是如何解决那些不适合用在之前的章节中使用的强大寻找工具来处理问题的方法。总而言之，经常寻找不重要的项，然后将它们释放；了解为什么透镜无法工作；看看是否可以为了实现一些重要的技术指标而放弃一些不太重要的指标；并与客户核实是否已经将所有指标告知。

第 50 章

测试板匹配

在第 34 章中，设计了一个非常好的宽波段的物镜。在要求公差预算和绘制元件图纸之前，下一步是将设计与选定的供应商的测试板相匹配。第 4 章解释了这一步骤很重要的原因。

按照如下步骤进行：

打开透镜(C34L2)，然后再次运行优化 MACro(C50M1)。由于测试板匹配程序将重新使用最新的参数和评价函数，所以这些必须是最新的。在 AANT 文件中添加一个需求：

M 8 1 A FNUM

因为要删除表面 6 上的曲率求解，所以 F 数将不再固定在那个值。这个新操作数将约束它。

现在删除表面 6 上的曲率求解。希望匹配所有表面，但不能匹配半径不断变化的表面。然后打开 MMT 对话框，输入图 50.1 中的数据。对于这个透镜，将使用 JML 公司的测试板。点击"OK"按钮。

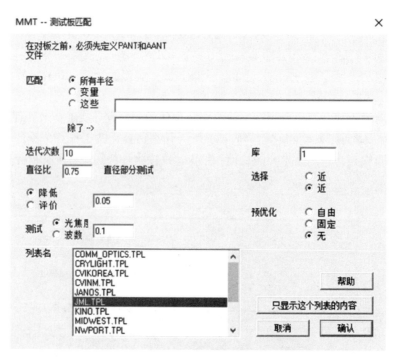

图 50.1　匹配测试板的 MMT 对话框

程序运行 TPMATCH，匹配所有的表面，并列出它找到的半径。这些测试板的测量单位是毫米，透镜的单位则是英寸(1 in＝2.54 cm)，所以半径首先按照比例 0.03937：

```
RESULTS OF TEST-PLATE FIT
SURF. NO. FINAL RADIUS ACTION
1 0.242840E+02 SUCCESSFUL MATCH FOUND
2 0.756337E+01 SUCCESSFUL MATCH FOUND
3 0.834198E+01 SUCCESSFUL MATCH FOUND
4 0.959876E+01 SUCCESSFUL MATCH FOUND
5 0.818951E+01 SUCCESSFUL MATCH FOUND
6 -0.398767E+02 SUCCESSFUL MATCH FOUND
7 BYPASSED
```

　　现在，当运行 BTOL 时，须确保使用 TPR 声明那些已匹配的表面，BTOL 将会给它们分配更紧的半径公差，其他公差则会变松。

第 51 章
自动薄膜设计

薄膜在光学领域有着广泛的应用，被用于透镜上的增透膜和反射镜上的高反膜。它们也被用于二色镜上，将光谱带分开，也可用于其他用途。在真空室中将材料加热、蒸发或溅射到基底上，薄膜就被沉积到光学表面上了。

这里创建了一个定制的 30 层薄膜设计，当滤波器在 45°使用时可以反射红光和透射蓝光。输入文件如下(C51M1)：

```
FILM
DESIGN
BUILD 30 1 1.62
ID TEST CUTOFF FILTER
AANT
GRW 0 45 25 .4 .6
GRW 1 45 25 .62 .8
END
FIX
SYNO 10
ANALY
LAM .4 .8 100 45
PLOT
RETURN
```

此文件要求在 45°下，0.4~0.6 μm 波长范围内的平均反射率为 0，并且 0.62~0.8 μm 波长范围内的平均反射率为 1.0。

在运行这个文件之后，程序绘制出它设计的膜层的相关特性，如图 51.1 所示。FIX 指令是程序将设计与常用材料的数据库进行匹配，并随输出一起显示。注意，薄膜堆栈的性能随光的偏振态而有所不同。

薄膜设计与制造是一门成熟的学科和技术，并且许多供应商开发了相关的专业知识。特别值得注意的是，当沉积为薄膜时，材料的有效折射率与材料的折射率不完全相同，因此这些结果虽然足以使用计算机模拟，但应在制造前由供应商根据其专有的材料特性数据库进行调整，并调整设计。如果已经为要用的折射率测量了数据，可以创建自定义材料的数据库，然后将这些应用到薄膜堆栈。用户手册中的第 16.5 节描述了此功能，第 56 章也给出了相关示例。

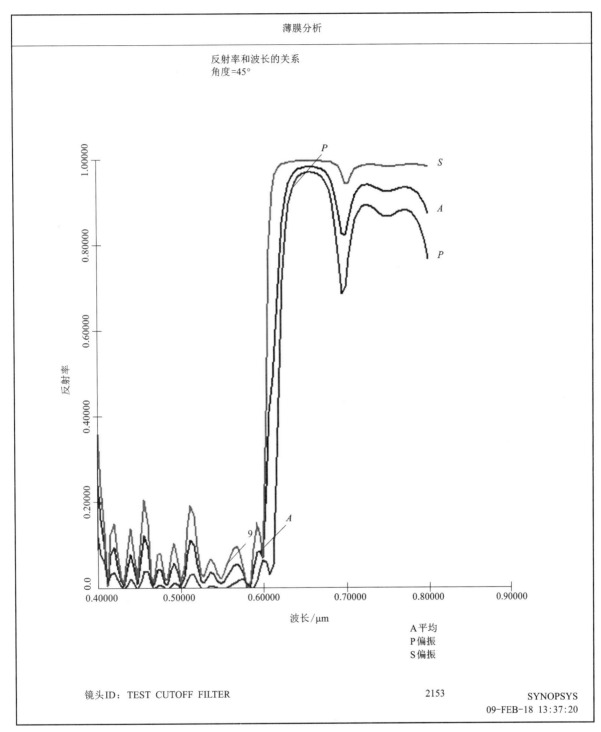

图 51.1 自动设计的自定义薄膜堆栈的实例分析

```
ID TEST CUTOFF FILTER                          2153
        STACK DATA
        CONTROL WAVELENGTH =    0.5876 MICRONS
        CONTROL ANGLE =     0.000 DEG.
                        OPTICAL     PHYSICAL
        SURF NO.       THICKNESS   THICKNESS     INDEX     IMAG. INDEX
                        (WAVES)    (MICRONS)
        INCIDENT MEDIUM                          1.0000
              2          0.4096     0.120339     1.9729              HFO2
              3          0.2863     0.121923     1.3655              MGF2
              4          0.3838     0.104692     2.1535              TAO5
              5          0.3005     0.127965     1.3655              MGF2
              6          0.3720     0.101486     2.1535              TAO5
              7          0.3028     0.128944     1.3655              MGF2
              8          0.3525     0.096174     2.1535              TAO5
              9          0.3220     0.128695     1.4585              SIO2
             10          0.3282     0.089524     2.1535              TAO5
             11          0.3990     0.169883     1.3655              MGF2
             12          0.8142     0.222101     2.1535              TAO5
             13          0.2027     0.068438     1.7479              CEO2
             14          0.4088     0.120109     1.9729              HFO2
             15          0.1895     0.063979     1.7479              CEO2
             16          0.3956     0.116242     1.9729              HFO2
             17          0.1973     0.066629     1.7479              CEO2
             18          0.3956     0.107916     2.1535              TAO5
             19          0.1999     0.067490     1.7479              CEO2
             20          0.3976     0.108471     2.1535              TAO5
             21          0.1994     0.067346     1.7479              CEO2
             22          0.4097     0.114626     2.0980              ZRO2
             23          0.2042     0.073164     1.6210              CEF3
             24          0.4209     0.123648     1.9729              HFO2
             25          0.1743     0.062443     1.6210              CEF3
             26          0.3726     0.125824     1.7479              CEO2
             27          0.1865     0.066831     1.6210              CEF3
             28          0.4156     0.122097     1.9729              HFO2
             29          0.2285     0.077178     1.7479              CEO2
             30          0.4248     0.118851     2.0980              ZRO2
             31          0.0000     0.000000     1.6200
        SUBSTRATE                                1.6200    0.0000
```

第 52 章
自动计算时钟楔形误差

自动功能在制造和测量透镜的元件时很方便，而且每个元件都有一个小的楔形误差。良好的车间操作可以最大限度地减小此类误差，但误差不会为零。正如人们所说的，越准确的"dewedging"是越贵的，所以要看是否能在装配时补偿这些误差。Monte-Carlo 评估程序 MC 可以模拟以交替楔形的透镜装配以及向上、向下元件之间的透镜装配，并且这通常对设计师很有帮助。UCLOCK 程序也可以做得更好。

例如，调出保存的文件名为 1. RLE 的透镜，运行 UCLOCK，然后在四个元件上面各添加一个小的楔形误差（C52M1）：

```
FET 1
UCLOCK
WEIGHT 1 1 1
2 1
4 2
6 3
8 4
GO
UCLOCK LIST
UCLOCK PLOT
```

元件 1 在表面 2 上指定了 1 弧分的楔形，元件 2 在表面 4 上指定了 2 弧分的楔形，以此类推。车间必须精确测量这些楔形，并在最后的边缘做标记，以便车间工人知道装配透镜时楔形的方向。

运行这个工作后，程序找到了最佳的时钟角，如图 52.1 所示。现在程序已经在每个元件的第二面上添加了一个 alpha 倾斜来模拟楔形，并且向两个表面中的第一个面添加 gamma 倾斜来模拟系统中元件的时钟角。元件 1 没有计算时钟角，它为其他元件给出了一个参考方向。程序列出了结果：

```
--- UCLOCK LIST

OPTIMUM CLOCKING OF WEDGED ELEMENTS IS AS FOLLOWS:
BORESIGHT WEIGHT  =    1.0000
DISPERSION WEIGHT =    1.0000
AXIAL COMA WEIGHT =    1.0000

 No.  SURF  WEDGE, MIN    RADIANS       DEGREES
  1     2    1.00000      0.00029       0.01667
  2     4    2.00000      0.00058       0.03333
  3     6    3.00000      0.00087       0.05000
  4     8    4.00000      0.00116       0.06667

RESIDUAL BORESIGHT ERROR, IN LENS UNITS:   0.04879882
RESIDUAL DISPERSION ERROR, IN LENS UNITS:    0.00111729
RESIDUAL AXIAL COMA, IN WAVES:   0.02229963

UNCLOCKED BORESIGHT ERROR, IN LENS UNITS:    0.10480944
UNCLOCKED DISPERSION ERROR, IN LENS UNITS:    0.00174071
UNCLOCKED AXIAL COMA, IN WAVES:    1.13678441
```

```
TILT AND DECENTER DATA
LEFT-HANDED COORDINATES
```

SURF TYPE	X	Y	Z	ALPHA	BETA	GAMMA
2 REL	0.00000	0.00000	0.00000	0.0167	0.0000	0.0000
3 REL	0.00000	0.00000	0.00000	0.0000	0.0000	-132.4438
4 REL	0.00000	0.00000	0.00000	0.0333	0.0000	0.0000
5 REL	0.00000	0.00000	0.00000	0.0000	0.0000	53.4173
6 REL	0.00000	0.00000	0.00000	0.0500	0.0000	0.0000
7 REL	0.00000	0.00000	0.00000	0.0000	0.0000	48.4099
8 REL	0.00000	0.00000	0.00000	0.0667	0.0000	0.0000

```
KEY TO SURFACE TYPES
```

GLB	GLOBAL COORDINATES	LOC	LOCAL COORDINATES
REL	RELATIVE COORDINATES	REM	REMOTE TILTS IN RELATIVE COORD.

```
SURF MESSAGES

  3   UNDO TILTS/DECENTERS OF SURFACE NO.      2
  5   UNDO TILTS/DECENTERS OF SURFACE NO.      4
  5   UNDO TILTS/DECENTERS OF SURFACE NO.      3
  7   UNDO TILTS/DECENTERS OF SURFACE NO.      6
  7   UNDO TILTS/DECENTERS OF SURFACE NO.      5
  9   UNDO TILTS/DECENTERS OF SURFACE NO.      8
  9   UNDO TILTS/DECENTERS OF SURFACE NO.      7
--- UCLOCK PLOT
```

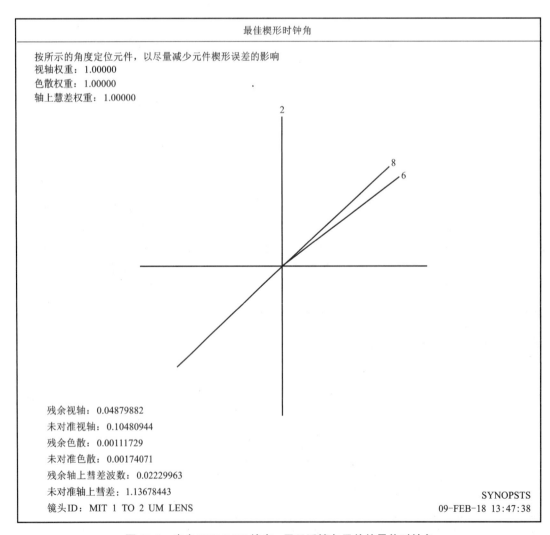

图 52.1 来自 UCLOCK 输出, 显示透镜各元件的最佳时钟角

现在元件 2 的方向应该能使最厚的边缘相对于元件 1 旋转−132.4438°，以此类推。

程序也发现，如果不以这种方式给元件时钟角，将得到 1.14 波长的轴向彗差，这是相当糟糕的结果，但如果按上面的指示给元件时钟角，这将下降到 0.22 waves。新的几何图如图 52.2 中所示的透视图。请注意，在每个表面上沿局部 Y 方向排列的表面弯曲是如何相对于彼此旋转的。这是一个关于自动透镜设计的能力如何提高产量的例子。

另外，去楔是将透镜安装在精密的主轴上，在两侧运行千分表并调整中心位置，直到两者都运行正确。然后打磨边缘，直到达到所需的元件直径。在这一点上，楔形误差应该很小，但仍然不是零。

然而，这种方法并不能对有些半月板形的元件起作用，因为这些元件两侧的曲率中心在光轴上紧紧地挨在一起。这种元件必须在一开始就对楔形误差进行仔细地打磨和抛光，这既困难又昂贵。记住，应尽量避免使用这些元件。AMS 监控可以控制中心分离。

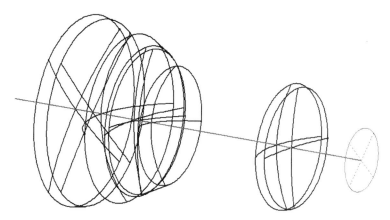

图 52.2　使用 UCLOCK 计算后，在透视图中显示元件的旋转

在图 52.3 中，透镜有两个半径，这两个半径的中心位置几乎相同，中心之间有一个小距离 d，楔形误差为 W。为了去除楔形，透镜的边缘量必须为 H，由下面这个公式给出：

$$H = W \times R^2 / d$$

如果 d 趋向于 0，H 就变得无穷大。由于人们通常只有少量的额外玻璃可以被删除边缘，d 必须大于一些数量。这个数量就是 AMS 的目标。

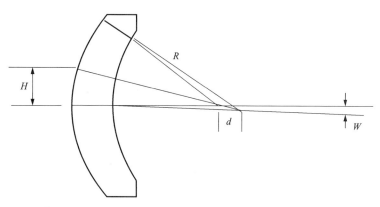

图 52.3　随着弯月形透镜中心的距离越来越近，去除弯月形透镜的楔形变得越来越困难

第 53 章

透镜设计方法——XSYS 专家系统

前面的章节已经展示了许多如何使用全局搜索例程：DSEARCH，ZSEARCH，GSEARCH。本章将介绍另一种方法，利用专业知识构造透镜形式。

通常，在人工智能领域，"专家系统"是一种在特定领域内具有专家水平解决问题能力的程序，它采用的是树状结构逻辑。它在某些领域已经取得了显著的成绩，甚至可以与人类专家相媲美。

SYNOPSYS 程序采用了不同的方法：程序中需导入大量的成品镜头设计，这些是专家设计师的产品，代表了最先进的技术水平。利用这些透镜作为模型，程序详细分析了其光学特性，确定每个透镜的一阶和高阶特性，以及在每个元件前后存在的光束像差。在这样的过程中，程序将"学习"如何解决一个特定的光学问题。提供的例子越多，它学到的就越多。

然后，当面对一个新问题或一个没有很好地校正的镜头时，它可以确定当前的问题是否类似于它已经学过的，知道解决方案的重点之处。

在 SYNOPSYS 的所有程序中，这个特性是独一无二的，因为它的性能是不能内置的。第一次安装该程序时，如果没有示例文件，XSYS 是无知的。大多数工程程序会对特定的输入给出特定的输出，但 XSYS 在工作之前必须接受教育。例如，如果示例文件只包含显微镜物镜，那么它可能不会用于设计红外望远镜：示例应该或多或少地代表该程序将使用的系统的类型。这里将使用 XSYS 设计一个前视红外辐射镜头，其通常被称为 FLIR。

XSYS 的三个用途如下：

(1)任何一个示例镜头都可以被完整地取回，作为起点使用(例：USE.4)。

(2)只要输入一套通用的要求，XSYS 就会根据用户输入的不同的权重找到最匹配它们的镜头(或镜头的一部分)，并尽可能地调整刻度和光圈。这个镜头可以作为一个起点。(START)

(3)如果用户提供了一个初始透镜，XSYS 可以分析透镜中存在的光束，并确定其他任何一个例子中是否存在类似的像差或一阶特性，如果存在，是如何校正像差或如何实现一阶特性的。然后，它将根据这些信息建议候选出发点。这个特性可能是 XSYS 最强大的功能(ALTER)。

程序通过命令 XSYS 启动，显示如下选项：

Welcome to the SYNOPSYS expert systems program.
Select one of the following input commands:

M	(这个菜单)
START	(从头开始制作新的镜头)
ALTER	(找到另一个起点)
REENTER	(重新使用最后的匹配列表)
LIST	(在文件中列出示例镜头)
USE	(以其中一个镜头为例)
INITIALIZE	(生成示例文件)

M	（这个菜单）
ADD	（将镜头添加到示例文件中）
END	

为了说明此功能的使用，必须先创建数据库。在安装目录 SYNOPSYS/USER 中找到所需的文件。假设在 DBOOK-ii 目录中，输入：

CHD

单击"浏览"（Browse），选择"用户"（User），单击"确定"（OK）。

现在加载一个宏，它将创建一个热红外设计的数据库，该数据库在该目录中提供：

LM XSYSINIT

打开一个文件，可以看到它要研究的 33 个文件名称。

```
; XSYSINIT.MAC
; THIS FILE CREATES THE DATABASE THAT WILL BE
; USED BY XSYS.  LIST HERE ALL LENS FILES THAT
; YOU THINK MAY CONTAIN USEFUL INFORMATION


XSYS
INIT
X1
X2
X3
X4
X5
X6
X7
X8
X9
X10
X11
X12
X13
X14
X15
X16
X17
X18
X19
X20
X21
X22
X23
X24
X25
X26
X27
X28
X29
X30
X31
X32
X33


END
```

运行这个宏，然后用以下命令显示所有数据库透镜的 ID 行。

```
XSYS
LIST
```

```
---- LISTING OF LENSES IN EXAMPLE FILE ----

LENS NUMBER    1 ID 3 X WITH SILICON                    28304
LENS NUMBER    2 ID F/3.111 TRIPLET                       124
LENS NUMBER    3 ID 8X GERMANIUM AFOCAL                   124
LENS NUMBER    4 ID WIDEBAND IR 4X AFOCAL                 124
LENS NUMBER    5 ID 15X IR AFOCAL                         124
LENS NUMBER    6 ID DETECTOR LENS                         124
LENS NUMBER    7 ID IR 1X AFOCAL                          124
LENS NUMBER    8 ID FOLDED IR 4X AFOCAL                   124
LENS NUMBER    9 ID COMPACT IR 7X AFOCAL                  124
LENS NUMBER   10 ID EYEPIECE FOR NON-GALIEAN 1 OF P0265   124
LENS NUMBER   11 ID FOUR ELEMENT INFRARED OBJECTIVES 1 O  124
LENS NUMBER   12 ID AFOCAL ZOOM REFR TELESC 3 OF P1488  32816
LENS NUMBER   13 ID SELETABLE FOV INFRARED LENS 1 OF P38  124
LENS NUMBER   14 ID ACHROMATIC DOUBLET FOR IR 3 OF P4330  124
LENS NUMBER   15 ID AFOCAL ZOOM TELESCOPE    3 OF P7084   124
LENS NUMBER   16 ID INFRARED OPTICAL SYSTEM 1 OF P2596    124
LENS NUMBER   17 ID INFRARED OPTICAL SYSTEM 5 OF P2596    124
LENS NUMBER   18 ID ZOOM SYSTEM FOR INFRARED 1 OF P5315   311
LENS NUMBER   19 ID AFOCAL TELESCOPE WITH 2-M 8 OF P6069  124
LENS NUMBER   20 ID AFOCAL REFRACTOR TELESC 1 OF P7520    124
LENS NUMBER   21 ID AFOCAL TELESCOPE WITH 2 M 3 OF P6069  124
LENS NUMBER   22 ID INFRA-RED OPTICAL SYS    2 OF P9217   124
LENS NUMBER   23 ID ATHERMALIZED IR ZOOM LENS 7 OF 10 P9  124
LENS NUMBER   24 ID TRIPLET                                 7
LENS NUMBER   25 ID FIVE-ELEMENT LENS                     124
LENS NUMBER   26 ID SIX-ELEMENT LENS                     8908
LENS NUMBER   27 ID INFRARED OPTICAL SYSTEM 5 OF P2596    124
LENS NUMBER   28 ID SEVEN-ELEMENT LENS                    124
LENS NUMBER   29 ID 7-ELEMENT LENS                        124
LENS NUMBER   30 ID FOUR-ELEMENT LENS                     124
LENS NUMBER   31 ID FOUR-ELEMENT LENS                     124
LENS NUMBER   32 ID 8-ELEMENT LENS                        124
LENS NUMBER   33 ID 8-ELEMENT TELEPHOTO                   124
```

```
XSYS>
```

假设已经有了一个想要改进的透镜。将从 9 号透镜开始演示，然后改变设计。新建一个宏(XSYS.MAC)：

```
; XSYS.MAC
; HERE IS A SIMPLE EXAMPLE OF HOW THE EXPERT-SYSTEMS PROGRAM
; XSYS CAN HELP YOU FIND STARTING POINTS.  WE OPEN A PRELIMINARY
; LENS (USE 9) FROM THE XSYS DATABASE, AND THEN ASK IT
; TO FIND COMBINATIONS WHERE THE AFOCAL MAGNIFICATION IS 0.2
; WITH A WEIGHT OF 10

XSYS
USE 9
XSYS
ALTER
AFMAG .2 10
TOTL 300 .01
CWT 0
PASSES 5
PLOT AUTO
snap
GO
```

　　该程序根据自己的逻辑检查所有组合，并显示它发现的 10 种最佳配置的图，如图 53.1 所示。注意 8 号是反射的，而其他都是透射的。这是可以用 XSYS 做到的(假设数据库中至少有一个反射的例子)，而其他搜索程序不能(除非给 DSEARCH 一个反射的前端，参见第 45 章的广角前端示例)。

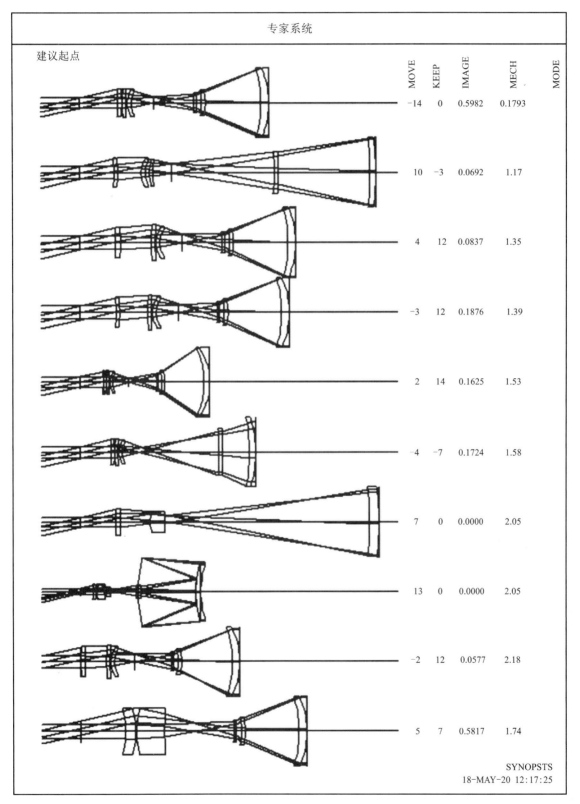

图 53.1　XSYS 返回的透镜格式建议

现在程序要求用户输入相关内容。如果输入一个数字,例如"2",然后按 Enter 键,程序将加载第二个示例,并在 PAD 中显示,如图 53.2 所示。根据 XSYS 图纸上的结果,该透镜是通过对其中一个示例进行修改来创建的,具体包括采用原来的三个表面;旋转;移动表面 10。

现在可输入以下选项:

This is match number 2
Enter "Y" optimize, <CR> to skip, <ESC> TO END "L" for list, or number.

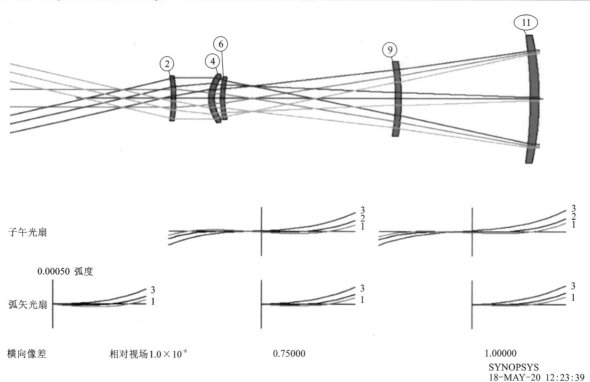

图 53.2　XSYS 返回的第二个示例

注:图中带圈数字为透镜的表面编号;图中数字为定义波长下光扇图曲线对应的波长编号。

假设需要这个起始透镜,输入"Y"并按"Enter"键。透镜则会根据放在 ALTER 文件部分的原始要求进行优化。然后再次输入以下选项:

Enter "K" to keep this lens, <CR> for next, "L" list, number,
STORE
XSYS>

按"K"键,发现这个透镜还不错,如图 53.3 所示。但是程序已经删除了所有的傍轴拾取和解算,必须将它们分配到想要的位置。

在 SYNOPSYS AI>提示符下输入以下内容:

YPP1=0
CHG
7 YMT 0
END

该透镜将与位于表面 1 的扫描棱镜一起使用,并且光阑必须保持在表面 1,因此 YPP1 的近轴值应为 0;想让表面 8 保持在中间图像上。同时保存一个检查点。

现在打开宏 XSYSFILE. MAC,它是由程序创建的。这将是初始优化文件,但必须编辑它。在 PANT 文件中,删除 YP1 的变量,因此光阑位置将保持不变。另外,在表面 12 上添加一个变量来表示圆锥常数,这个表面在示例透镜中是非球面的。

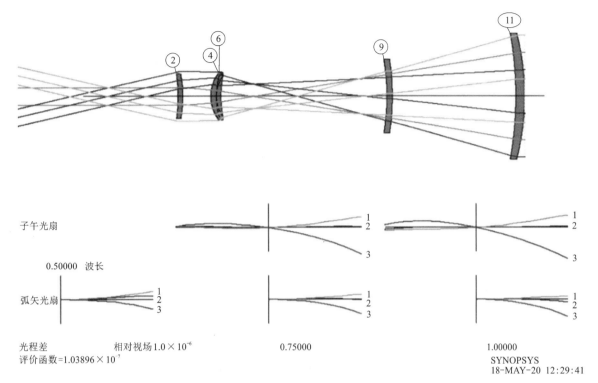

图 53.3　经 XSYS 优化后的透镜，后续需要根据目标对其进行特定优化

注：图中带圈数字为透镜的表面编号；图中数字为定义波长下光扇图曲线对应的波长编号。

```
PANT P
 !VY     0 YP1
 VY      2 RAD
 VY      3 RAD
 VY      4 RAD
 VY      5 RAD
 VY      6 RAD
 VY      7 RAD
 VY      9 RAD
 VY     10 RAD
 VY     11 RAD
 VY     12 ASP
 VY      3 TH
 VY      5 TH
 VY      7 TH
 VY     10 TH
VY 12 CC
END
```

必须修改 AANT 文件，以便更好地纠正重要的技术参数。

```
AANT P
AEC
GNO 0 1 4 M 0
GNO 0 1 4 M 1
M 0 1 A P YA 1 0 0 0 12
 M   0.151948E-01    658.120      A FNUM
 M   300.000        0.333333E-04 A TOTL
```

添加地像差控制将减少轴上和全场的 OPD 误差，并尝试将全视场主光线瞄准表面 12 的中心。这些是锗透镜，想要把这些昂贵元件的尺寸减到最小。

运行此宏，透镜看起来很好，如图 53.4 所示。

该透镜来源于已经分配了 EFILE 边缘的示例文件，但由于放大率改变了，边缘也应该随之修改。

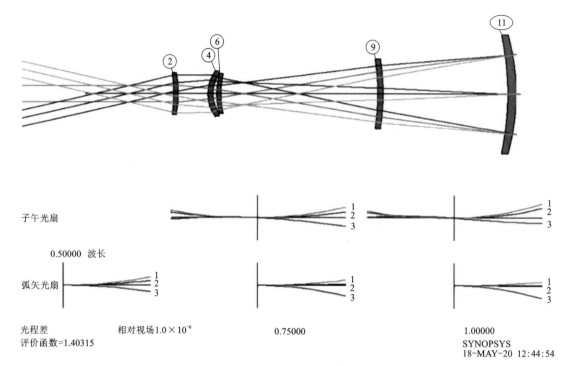

图 53.4 使用自定义目标优化后的红外透镜

注：图中带圈数字为透镜的表面编号；图中数字为定义波长下光扇图曲线对应的波长编号。

单击 PAD 工具栏上的"边缘向导"按钮 🔣，单击清除所有，然后创建所有，即创建了一组新的边。也可以对这些进行修改，但是透镜基本上已经准备好了公差和图纸，正如在前面章节中介绍到的。最终的设计，如图 53.5 所示。

本章简要介绍了 XSYS 是什么以及它能做什么。如果恰好有一组透镜用来创建数据库，则会发现这是一种快速且简单地用来创建新的透镜形式的方法。

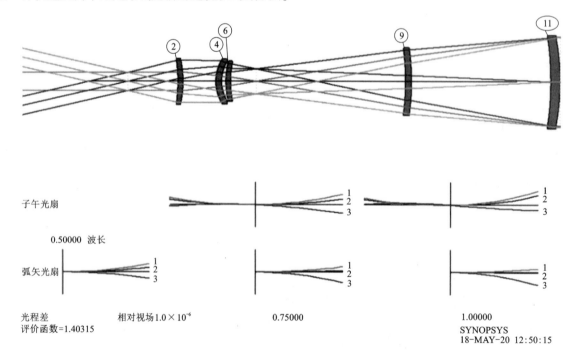

图 53.5 最终的红外透镜设计

注：图中带圈数字为透镜的表面编号；图中数字为定义波长下光扇图曲线对应的波长编号。

第54章
带有1/4波片的 DUV 系统

图 54.1 显示了在深紫外光下校正的单波长透镜,波长为 0.26612 μm。(C54L1) 大多数光学材料在此波长处的透光性较差,所以所有的元件都是由熔融硅制成的,这是在此波长处能够工作良好的少数材料之一。

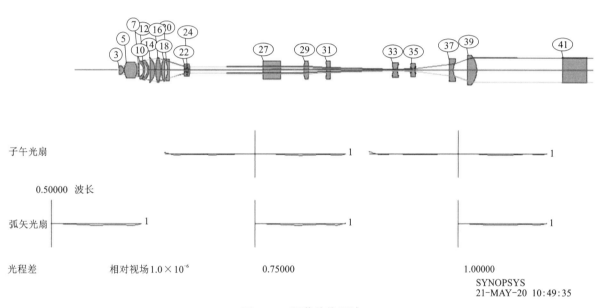

图 54.1 深紫外线设计

注:图中带圈数字为透镜的表面编号;图中数字为定义波长下光扇图曲线对应的波长编号。

此设计是一个检查系统,用于检查计算机芯片的晶圆的缺陷。分辨率必须接近完美,设计须没有鬼像。刻蚀在晶圆上的细节小于 1 μm,这要求波长较短。

在这种情况下,满足鬼像的要求实际上是比较困难的,所以这里采取了夸张的措施。在图中,晶圆片在左端,成像光学器件在右端。激光从底部(图中未显示)进入表面 27 的立方体,该立方体以 45 度角进行偏振反射。它在 y 方向上是偏振的,并在立方体中强烈反射。然后它继续向左移动,直到到达表面 7 的元件,如图 54.2 所示。

该元件由两块石英组成,形成了一个 1/4 波片(QWP),石英具有强双折射的,这意味着其在两种偏振情况下的折射率是不同的。波前应该在一个偏振上被延迟 1/4 波长。

但能产生 1/4 波长延迟的石英晶体的厚度却非常薄,对制造业来说太薄了,所以元件必须由两部分组成,晶体轴相互旋转 90°,两者的实际厚度像差非常小。因此,净延迟就是所期望的,即使元件本身并不是很薄。

输入命令"LE",在编辑器中打开透镜文件,注意表面 7 及其后面的三个表面:

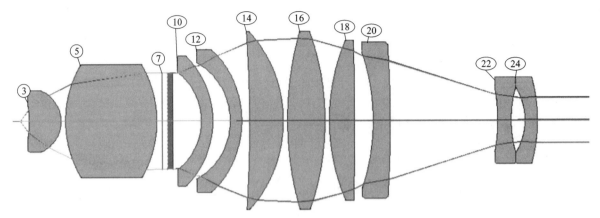

图 54.2　放大的物镜部分(表面 7 是 1/4 波片的位置)

注: 图中数字为透镜的表面编号。

```
 7 CV        0.0000000000000    TH      1.24974585
 7 N1 1.59131727
 7 WPLATE       2.50550000    0.25000000    0.0
CRQUARTZ
 8 CV        0.0000000000000    TH      1.25575415
 8 N1 1.59131727
 9 CV        0.0000000000000    TH      7.04884779 AIR
```

　　这些数据说明波片的厚度应为 2.5055 mm,以使光束延迟 0.25 波长。表面 8 为后半部分的第一个面。这个程序调整着两种厚度,使厚度之和达到指定的值,但因延迟所需的数量不同而有所不同。

　　为什么要让光束在 X 和 Y 偏振上的相位差正好是 1/4 波长呢? 原因是这种延迟将向左的偏振光转换为圆偏振,光束从镜片反射后仍然是圆的,但方向相反。当光线再次通过 QWP 时,它又变成了线性偏振,但现在是 X 方向偏振。因此,它再次遇到分束器立方体时,能以非常低的折射率穿过并向右移动。

　　为什么这么复杂? 结果表明,所有从 QWP 和 27 之间的表面反射的鬼像光都保持 Y 偏振,并被立方体向下反射,永远不能实现对光学成像的分析。所以这个简单的技巧消除了大部分的鬼影。然而,晶圆片和 QWP 之间的鬼影并没有通过这种方式被消除,所以它们的贡献必须以第 36 章讨论的方式最小化。同样的,QWP 的位置应尽可能靠近晶片,而且为了实用,中间的镜片会更少。

　　有多近? 由于 QWP 的偏振特性在准直光下工作最好,这在本设计中几乎是正确的,它不能被放在更靠近晶片的地方,因为那里的光束是强汇聚的。这是一个重要的约束条件。目标声明为 OBF 类型,用于快速进入光束,这里表面 1 的边缘光线高度为 2.7316 mm,这意味着正切角为 1.33333,相当于一个 53.129° 的半角。这个角度太大了。

　　在编辑器中,可以看到物面的声明:

```
POLARIZATION CIRCULAR RIGHT
UNITS MM
OBF    2.0487    -3.62100E-02    2.7316    -0.0362    0.0000    0.0000    2.7316
```

　　当物面被声明为 OBF,需要一个光线的分数孔径,得到的是分数角度而不是分数高度。这会影响到光线网格中的光线分布,如果根据阿贝正弦条件修正透镜,会得到的模型之前在第 3 章提到过。但不能用少于两个的元件将光束从准直转换为 $F/0.623$,这是设计可以增加的范围。

　　这时设计师是从晶片开始的,所以它模拟了从晶片反射过来的光线并向右移动。可以检查光束从那一点开始传播时的偏振态。

使用 PSURF 命令可以查看光束的偏振态。但要先选择顶部工具栏上的新窗口按钮 ，PSURF
在一张图上可以显示多达 40 个表面，但这个透镜有 43 个，所以它将显示两张图片。现在程序将为每
个图创建一个新窗口，而不是重复使用之前的窗口。输入该命令并查看 PSURF 命令创建的两个新窗
口中的第一个窗口，如图 54.3 所示。光从圆偏振开始，在表面 9 处沿 X 方向变为直线。在这个例子
中，表面还没有被分配抗反射膜层，所以当光线通过系统时，由于反射损耗，光线强度会变小。这一
点从图 54.3 上偏振矢量的长度从一个表面到另一个表面的变化中就可以看出来。

也可以在编辑器中观察到透镜是如何声明外部坐标：

```
EXTERNAL POSITION          0.00000000       0.00000000     2.04870000
EXTERNAL ANG      0.00000000        0.00000000       0.00000000
```

换言之，表面 1 相对于外部的某个测量点的 Z 坐标是 2.0487 mm。现在可以检查光线在这个系统
中的位置，而不是每个表面本身的系统。

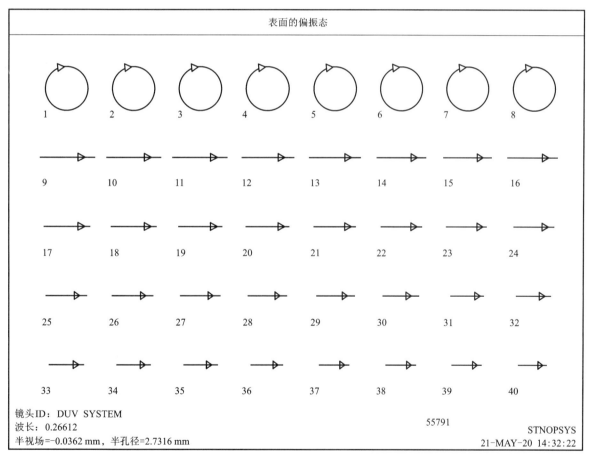

图 54.3　光通过系统时的偏振状态（在表面 9，偏振从圆形变为线性，从图的大小可以看出光线通过透镜时强度减小）

输入命令：

`ERAY P 0 0 0 SURF`

可以看到主光线的路径。例如，当想要在望远镜的坐标系中显示光线的路径时，这就很有用。

```
SYNOPSYS AI>ERAY P 0 0 0 SURF

ID DUV SYSTEM                              55791            21-MAY-20    14:22:13

GLOBAL RAYTRACE ANALYSIS

RAY DATA IN EXTERNAL COORDINATE SYSTEM

FRACT. OBJECT HEIGHT         HBAR     0.000000   GBAR      0.000000
FRACT. ENTRANCE PUPIL COORD. YEN      0.000000   XEN       0.000000
COLOR NUMBER                  1

                       RAY VECTORS              (X DIR TAN)   (Y DIR TAN)
   SURF        X           Y           Z            ZZ            HH
```

SURF	X	Y	Z	(X DIR TAN) ZZ	(Y DIR TAN) HH
1	0.000000	0.000000	2.048700	0.000000	0.000000
2	0.000000	0.000000	2.048700	0.000000	0.000000
3	0.000000	0.000000	2.047561	0.000000	0.000000
4	0.000000	0.000000	9.768947	0.000000	0.000000
5	0.000000	0.000000	10.768947	0.000000	0.000000
6	0.000000	0.000000	32.528528	0.000000	0.000000
7	0.000000	0.000000	33.771598	0.000000	0.000000
8	0.000000	0.000000	35.021344	0.000000	0.000000
9	0.000000	0.000000	36.277098	0.000000	0.000000
10	0.000000	0.000000	43.325946	0.000000	0.000000
11	0.000000	0.000000	46.072626	0.000000	0.000000
12	0.000000	0.000000	50.203414	0.000000	0.000000
13	0.000000	0.000000	53.109393	0.000000	0.000000
14	0.000000	0.000000	54.950645	0.000000	0.000000
15	0.000000	0.000000	63.126439	0.000000	0.000000
16	0.000000	0.000000	64.126439	0.000000	0.000000
17	0.000000	0.000000	72.962786	0.000000	0.000000
18	0.000000	0.000000	73.962786	0.000000	0.000000
19	0.000000	0.000000	79.928891	0.000000	0.000000
20	0.000000	0.000000	84.324157	0.000000	0.000000
21	0.000000	0.000000	88.382043	0.000000	0.000000
22	0.000000	0.000000	113.971387	0.000000	0.000000
23	0.000000	0.000000	117.189760	0.000000	0.000000
24	0.000000	0.000000	120.425477	0.000000	0.000000
25	0.000000	0.000000	123.425477	0.000000	0.000000
26	0.000000	0.000000	566.297086	0.000000	0.000000
27	0.000000	0.000000	250.000000	0.000000	0.000000
28	0.000000	0.000000	280.000000	0.000000	0.000000
29	0.000000	0.000000	320.000000	0.000000	0.000000
30	0.000000	0.000000	328.000000	0.000000	0.000000
31	0.000000	0.000000	359.097337	0.000000	0.000000
32	0.000000	0.000000	365.097337	0.000000	0.000000
33	0.000000	0.000000	472.933411	0.000000	0.000000
34	0.000000	0.000000	481.163590	0.000000	0.000000
35	0.000000	0.000000	504.974983	0.000000	0.000000
36	0.000000	0.000000	512.187993	0.000000	0.000000
37	0.000000	0.000000	572.680553	0.000000	0.000000
38	0.000000	0.000000	579.510663	0.000000	0.000000
39	0.000000	0.000000	603.355740	0.000000	0.000000
40	0.000000	0.000000	620.049040	0.000000	0.000000
41	0.000000	0.000000	769.000000	0.000000	0.000000
42	0.000000	0.000000	811.000000	0.000000	0.000000
43	0.000000	0.000000	910.000000		

```
SYNOPSYS AI>
```

第 55 章

透镜的膜层，偏振

使用在第 38 章中设计的六元件透镜，替换之前的 Petzval 设计，如图 55.1 所示（C38L2）。
目前，这个透镜完全没有膜层，偏振模式也没有打开。输入 AI 语法检查透过率：

TRANS?

```
SYNOPSYS AI>TRANS?

POLARIZATION MODE IS TURNED OFF; COATINGS IGNORED
(APODIZATION 1.00000 POLARIZATION 1.00000 ABSORPTION 0.97726)

 The transmission of the ray from
 Relative field (HBAR, GBAR) =          0.00000000          0.00000000
 Relative pupil coordinate (XEN, YEN) =         0.00000000          0.00000000
 in color number  2
 on surface number  13
 is equal to       0.97726440
 SYNOPSYS AI>
```

透过率非常高，但是程序警告忽略了膜层（和反射损耗）。
因为膜层的效果取决于光的偏振，所以必须将透镜置于偏振模式下才能找到透过率。

```
        CHG
        POL LIN Y
        END
        TRANS?

SYNOPSYS AI>TRANS?

(APODIZATION 1.00000 POLARIZATION 0.43575 ABSORPTION 0.97726)

 The transmission of the ray from
 Relative field (HBAR, GBAR) =         0.00000000          0.00000000
 Relative pupil coordinate (XEN, YEN) =         0.00000000          0.00000000
 in color number  2
 on surface number  13
 is equal to       0.42584288
 SYNOPSYS AI>
```

当考虑到反射损耗时，透过率减少为 42.6%。接下来，在透镜表面涂上一层抗反射膜层，输入以
下命令：

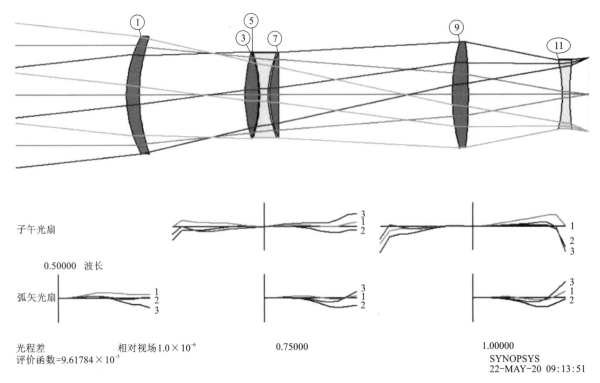

图 55.1　六元件透镜

注:图中带圈数字为透镜的表面编号;图中数字为定义波长下光扇图曲线对应的波长编号。

```
CHG
COAT QMD ALL
END
TRANS?
PCOAT


SYNOPSYS AI>TRANS?

(APODIZATION 1.00000 POLARIZATION 0.95749 ABSORPTION 0.97726)

The transmission of the ray from
Relative field (HBAR, GBAR) =        0.00000000        0.00000000
Relative pupil coordinate (XEN, YEN) =        0.00000000        0.00000000
in color number  2
on surface number  13
is equal to      0.93571967
SYNOPSYS AI>PCOAT

SURF. NO.   COATING
--------------------
  1 COATING QMD
  2 COATING QMD
  3 COATING QMD
  4 COATING QMD
  5 COATING QMD
  6 COATING QMD
  7 COATING QMD
  8 COATING QMD
  9 COATING QMD
 10 COATING QMD
 11 COATING QMD
 12 COATING QMD
SYNOPSYS AI>
```

能量传输有了很大的改进，现在有 93.57% 的光穿过了坐标轴。PCOAT 检查所有表面是否具有涂覆。

什么是膜层"QMD"？观察程序在表面 1 的膜层。

```
SYNOPSYS AI>PCOAT 1

  COATING STACK, SURFACE No.                1
  STD. COAT.                                            2
          STACK DATA
          CONTROL WAVELENGTH =    0.5876 MICRONS
          CONTROL ANGLE =      0.000 DEG.
                        OPTICAL   PHYSICAL
              SURF NO.  THICKNESS THICKNESS  INDEX    IMAG. INDEX
                        (WAVES)   (MICRONS)
          INCIDENT MEDIUM                    1.0000
                  2     0.2500    0.107580   1.3655                MGF2
                  3     0.0000    0.000000   1.6714
          SUBSTRATE                          1.6714   0.0000

SYNOPSYS AI>
```

这里，QMD 膜层是 MgF_2 的 1/4 膜层。理想情况下，如果 1/4 波长层的折射率相当于玻璃的平方根，反射损耗将为 0。但没有任何材料有如此低的折射率，这是能得到的最好的结果。它是一种标准的膜层，通常用于可见光谱的透镜上。

在增透膜（通过蒸发或溅射所需的材料在真空室中应用）发展之前，设计者可能会重新设计这种透镜，使表面 3、表面 5 和表面 7 的元件可以黏合在一起，以减少四个表面的反射损耗。

通过追迹偏振光并检查每个表面发生的情况，可以了解更多关于这种损失的信息。

```
SYNOPSYS AI>PRAY P 0 1 0 SURF


     SURF. NO.   MAGN.          X              Y              Z            PHASE
     -------------------------------------------------------------------------------
Incid. S  1 0.100000E+01  0.000000E+00  0.100000E+01  0.000000E+00   0.000000E+00
Incid. P  1 0.000000E+00  0.000000E+00  0.000000E+00  0.000000E+00   0.000000E+00
Refr.  S  1 0.997210E+00  0.000000E+00  0.997210E+00  0.000000E+00  -0.837452E+02
Refr.  P  1 0.000000E+00  0.000000E+00  0.000000E+00  0.000000E+00  -0.838313E+02
Incid. S  2 0.997210E+00  0.000000E+00  0.997210E+00  0.000000E+00  -0.837452E+02
Incid. P  2 0.000000E+00  0.000000E+00  0.000000E+00  0.000000E+00   0.000000E+00
Refr.  S  2 0.995497E+00  0.000000E+00  0.995497E+00  0.000000E+00  -0.170790E+03
Refr.  P  2 0.000000E+00  0.000000E+00  0.000000E+00  0.000000E+00  -0.870540E+02
Incid. S  3 0.995497E+00  0.000000E+00  0.995497E+00  0.000000E+00  -0.170790E+03
Incid. P  3 0.000000E+00  0.000000E+00  0.000000E+00  0.000000E+00   0.000000E+00
Refr.  S  3 0.992247E+00  0.000000E+00  0.992247E+00  0.000000E+00  -0.258086E+03
Refr.  P  3 0.000000E+00  0.000000E+00  0.000000E+00  0.000000E+00  -0.873006E+02
Incid. S  4 0.992247E+00  0.000000E+00 -0.992247E+00  0.000000E+00  -0.780860E+02
Incid. P  4 0.000000E+00  0.000000E+00  0.000000E+00  0.000000E+00   0.000000E+00
Refr.  S  4 0.979970E+00  0.000000E+00 -0.979970E+00  0.000000E+00  -0.153885E+03
Refr.  P  4 0.000000E+00  0.000000E+00  0.000000E+00  0.000000E+00  -0.763096E+02
    .
    .
    .
```

这里可以看到偏振光线追迹的部分输出。入射光线在 y 方向上发生偏振，所以入射的 S 偏振的幅度是 1.0，P 偏振的幅度是 0.0。在列表的下方，可以在透镜的末端看到细节。

```
Incid. S 11 0.957981E+00   0.000000E+00  -0.957981E+00   0.000000E+00   0.632493E+02
Incid. P 11 0.000000E+00   0.000000E+00   0.000000E+00   0.000000E+00   0.000000E+00
Refr.  S 11 0.957817E+00   0.000000E+00  -0.957817E+00   0.000000E+00  -0.238204E+02
Refr.  P 11 0.000000E+00   0.000000E+00   0.000000E+00   0.000000E+00  -0.870813E+02
Incid. S 12 0.957817E+00   0.000000E+00  -0.957817E+00   0.000000E+00  -0.238204E+02
Incid. P 12 0.000000E+00   0.000000E+00   0.000000E+00   0.000000E+00   0.000000E+00
Refr.  S 12 0.957700E+00   0.000000E+00  -0.957700E+00   0.000000E+00  -0.111379E+03
Refr.  P 12 0.000000E+00   0.000000E+00   0.000000E+00   0.000000E+00  -0.875631E+02
V1: (X,Y,Z),Phase  0.000000E+00  -0.957700E+00   0.000000E+00  -0.111379E+03
V2: (X,Y,Z),Phase  0.000000E+00   0.000000E+00   0.000000E+00  -0.875631E+02
INTENSITY: Apod., Polar., Prod.   0.100000E+01   0.917189E+00   0.917189E+00
   THIS ANALYSIS CONSIDERS REFLECTION LOSSES ONLY, NOT ABSORPTION
SYNOPSYS AI>
```

对于轴上边缘光线,其幅度为 0.9577,光线的强度是振幅的平方,也就是 0.9172。由于每个表面的入射角更陡,增加了反射损耗,其比轴向光线的透射要低一些。

上面的光线都是用主波长的光线追迹的。能量传输是如何随波长变化的?可以使用 XCOLOR 分析。对 21 个波长中的每一个进行透过率分析,绘制结果如图 55.2 所示。

```
SYNOPSYS AI>XCOLOR

   (APODIZATION 1.00000 POLARIZATION 0.79043 ABSORPTION 0.89779)
   (APODIZATION 1.00000 POLARIZATION 0.82237 ABSORPTION 0.91384)
   (APODIZATION 1.00000 POLARIZATION 0.85076 ABSORPTION 0.92768)
   (APODIZATION 1.00000 POLARIZATION 0.87551 ABSORPTION 0.94079)
   (APODIZATION 1.00000 POLARIZATION 0.89664 ABSORPTION 0.95128)
   (APODIZATION 1.00000 POLARIZATION 0.91425 ABSORPTION 0.96043)
   (APODIZATION 1.00000 POLARIZATION 0.92852 ABSORPTION 0.96780)
   (APODIZATION 1.00000 POLARIZATION 0.93967 ABSORPTION 0.97348)
   (APODIZATION 1.00000 POLARIZATION 0.94793 ABSORPTION 0.97754)
   (APODIZATION 1.00000 POLARIZATION 0.95358 ABSORPTION 0.97869)
   (APODIZATION 1.00000 POLARIZATION 0.95688 ABSORPTION 0.97869)
   (APODIZATION 1.00000 POLARIZATION 0.95810 ABSORPTION 0.97804)
   (APODIZATION 1.00000 POLARIZATION 0.95749 ABSORPTION 0.97726)
   (APODIZATION 1.00000 POLARIZATION 0.95528 ABSORPTION 0.97577)
   (APODIZATION 1.00000 POLARIZATION 0.95171 ABSORPTION 0.97425)
   (APODIZATION 1.00000 POLARIZATION 0.94697 ABSORPTION 0.97299)
   (APODIZATION 1.00000 POLARIZATION 0.94124 ABSORPTION 0.97225)
   (APODIZATION 1.00000 POLARIZATION 0.93470 ABSORPTION 0.97238)
   (APODIZATION 1.00000 POLARIZATION 0.92749 ABSORPTION 0.97283)
   (APODIZATION 1.00000 POLARIZATION 0.91975 ABSORPTION 0.97348)
   (APODIZATION 1.00000 POLARIZATION 0.91158 ABSORPTION 0.97421)
   SYNOPSYS AI>
```

蓝光和红光的透过率减弱了,所以图像会出现轻微的黄色,这对这些航空相机来说不是问题。

如果分配一个高效率的膜层而不是 1/4 波长 MgF_2,会发生什么?膜层 HEA 由三层组成,经过修正后的光谱更宽。所有的表面都涂上了这种膜层,XCOLOR 图则不同,如图 55.3 所示。红色和蓝色的比较好,但绿色的比较低。

通过使用第 51 章中描述的工具,设计了一种定制膜层,以优化该透镜的实际范围,当它被应用到透镜表面时,透射率更高。第 56 章对此作了解释。

分析吸收、膜层、渐晕和切趾的影响可以在对话框 MTR(菜单,传输)中显示,如图 55.4 所示。

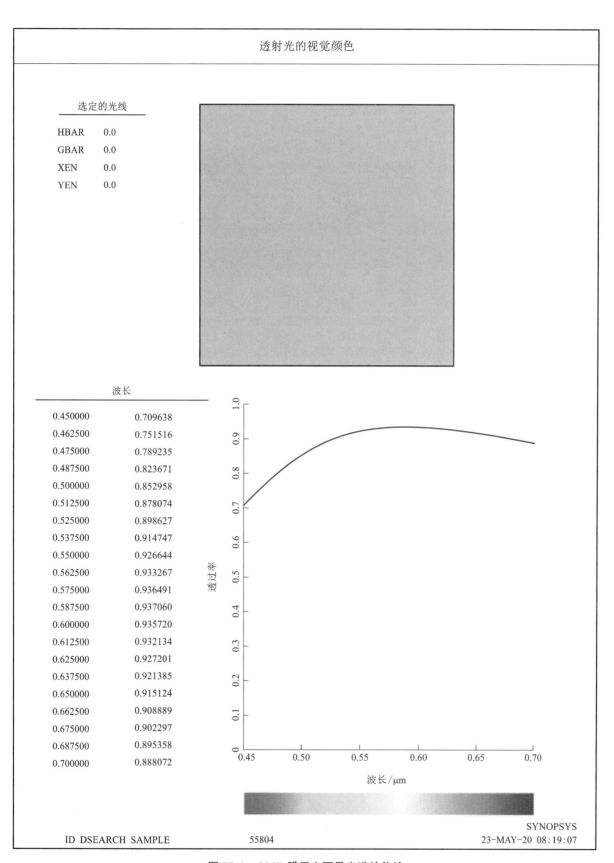

图 55.2　QMD 膜层上可见光谱的传输

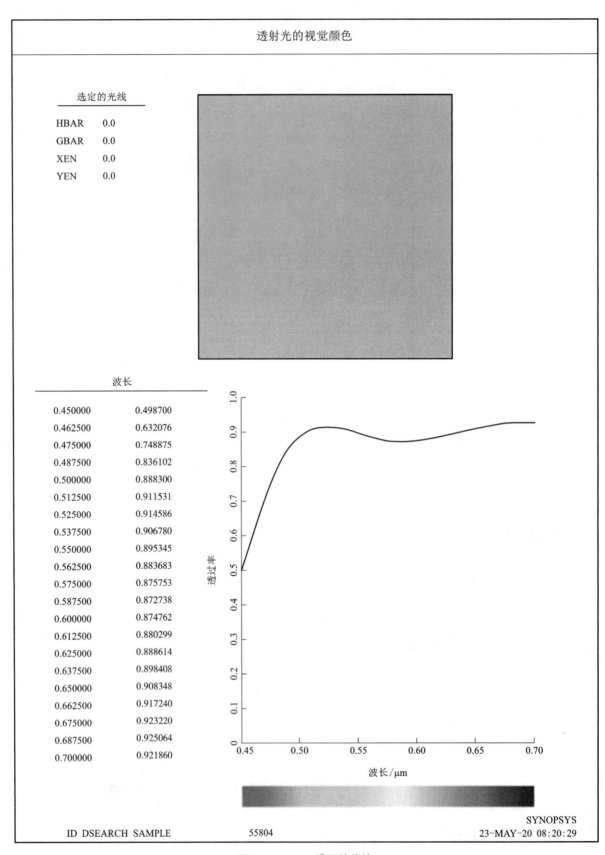

图 55.3　HEA 膜层的传输

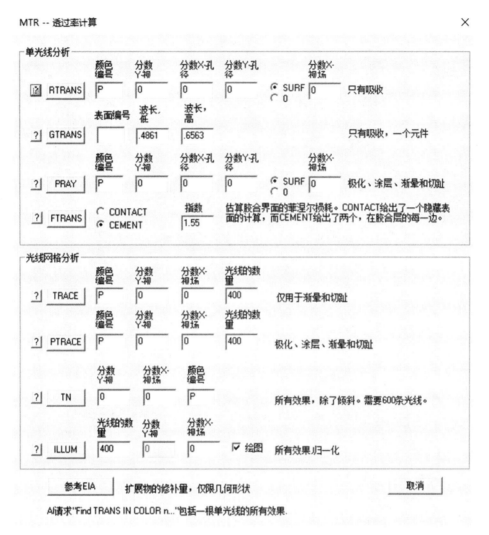

图 55.4　分析透镜透过率的选项

　　为什么必须激活偏振模式来分析透镜的透过率？由于光线以一定角度入射到 X 坐标和 Y 坐标都不为零的透镜上，偏振光相对于轴线会发生旋转，深入分析时必须考虑到这一点。这里有一个很好的例子。在两个偏振器之间创建一个单透镜，如图 55.5 所示（C55L1）。

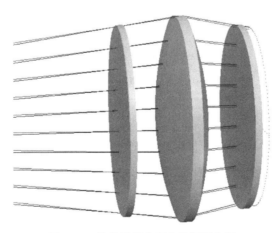

图 55.5　简单透镜在正交偏振器之间

```
RLE
ID CROSSED POLARIZERS
WA1 .6328
OBA 100 1 15
POL LIN Y
UNI MM
1 TH 1 GTB S
N-BK7
1 POLARIZER
2 TH 5
3 RD 50 TH 7 PIN 1
4 PCV -3 TH 5
5 TH 1 PIN 1
5 POLARIZER
6 TH 1
5 GT 90 0 2
8
END
```

　　表面 1 和表面 5 是偏振器。表面 5 处的元件以 gamma 方向旋转 90°，这是围绕局部 Z 轴的旋转。所以人们因为两个偏振器正交可能认为所有的光都将被阻挡。

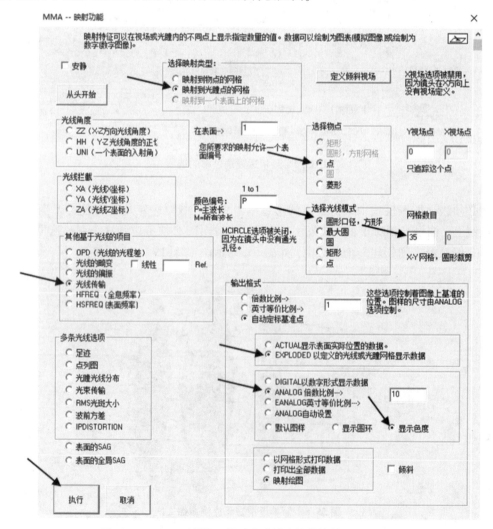

图 55.6　MMA 对话框，通过光瞳的光线传输的 MAP 设置

打开 MMA 对话框，选择如图 55.6 所示的选项。这将绘制出光阑上的光线透射图，并以彩色刻度显示结果，如图 55.7 所示。子午面（$X=0$）和倾斜面（$Y=0$）完全被偏振器阻挡了，但是多个入射角的光线在光瞳的象限内并没有被阻挡。

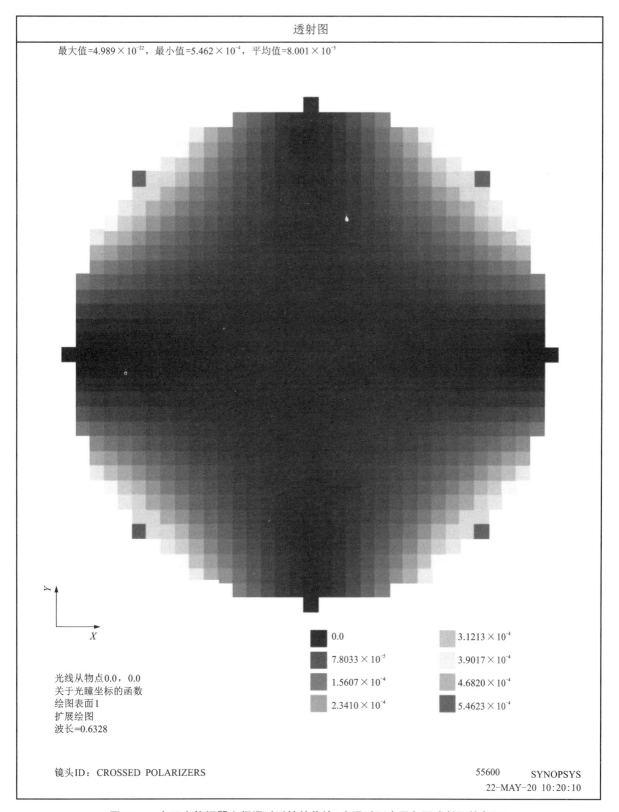

透射图

最大值=4.989×10^{-22}，最小值=5.462×10^{-4}，平均值=8.001×10^{-5}

Y

X

■ 0.0		▨ 3.1213×10^{-4}
▨ 7.8033×10^{-5}		□ 3.9017×10^{-4}
▨ 1.5607×10^{-4}		▨ 4.6820×10^{-4}
▨ 2.3410×10^{-4}		▨ 5.4623×10^{-4}

光线从物点0.0，0.0
关于光瞳坐标的函数
绘图表面1
扩展绘图
波长=0.6328

镜头ID：CROSSED POLARIZERS

55600　　SYNOPSYS
22-MAY-20 10:20:10

图 55.7　在正交偏振器之间通过透镜的传输（光通过不在子午面或斜面的象限）

第 56 章

用自定义材料定制膜层

第 55 章展示了如何为透镜分配标准膜层。QMD 和 HEA 两个都很好，但想知道如果定制膜层，是否能做得更好。

根据用户手册第 16 章的说明，创建了一个要求在 0.45~0.7 μm 内高效率的宏。在编辑器中输入以下行(C56M1)：

```
FILM
DESIGN
ANG 0
BUILD 4 1 1.671
ID TEST
FIX
AANT
RAVE .45 0 0 1
RAVE .5 0 0 1
RAVE .55 0 0 1
RAVE .6 0 0 1
RAVE .65 0 0 1
RAVE .7 0 0 1
END
SYNO 30
SPE
ANA
TRANS
LAM .45 .7 100 0
PLOT
```

当运行此宏时，程序分支到薄膜部分，该部分有自己的输入格式，使用了许多透镜设计部分中看到的相同命令。这里要求膜层有 4 层，衬底的系数是 1.671，要求传输范围超过 1.0。然后要求对膜层进行分析。程序创建一个膜层堆栈，SPEC 命令列出了这个堆栈(因为在 FILM 部分，该命令应用于当前的薄膜堆栈)。FIX 指令使程序将膜层堆栈与标准材料库相匹配，一起列出标准材料库与堆栈数据。

```
FILM>SPEC

    ID TEST                                55805
          STACK DATA
          CONTROL WAVELENGTH =    0.5876 MICRONS
          CONTROL ANGLE =      0.000 DEG.
                        OPTICAL    PHYSICAL
            SURF NO.   THICKNESS   THICKNESS   INDEX    IMAG. INDEX
                        (WAVES)    (MICRONS)
          INCIDENT MEDIUM                     1.0000
                2       0.2307    0.099291    1.3655              MGF2
                3       0.4720    0.132196    2.0980              ZRO2
                4       0.6613    0.222305    1.7479              CEO2
                5       0.0000    0.000000    1.6710
          SUBSTRATE                           1.6710    0.0000

FILM>
```

　　结果如何？从图 56.1 中可以看出，在大部分的可视范围内，其透过率都在 0.998 以上。这看起来是一种很有前途的涂料。

　　但所显示的特性基于 SYNOPSYS 数据库中获取的折射率——这适用于大部分材料。当沉积成薄膜时，折射率通常是不同的，需要考虑这个差异。

　　为此，必须创建一个自定义材料库。宏 C56M2 显示了创建一个新库 LIB.CFL，该库具有三个材料的插值系数。

```
FILM
NLIB
1 "C-MGF2" 0
0.179416E+01   -0.718242E-02   0.434546E-01   -0.908349E-02   0.109341E-02   -0.474168E-04
2 "C-ZRO2" 0
0.4332306E+1 -0.8256538E-3 -0.3023147E-1 0.2664098E-1 -0.3074757E-2 0.1172724E-3
3 "C-CE02" 0
0.2923834E+1 -0.3986741E-2 0.1077115E+0 -0.7148323E-1 0.2204815E-1 -0.1638747E-2
END
```

　　在本例中，输入了材料的幂级数系数，但在实际中，我们将用从膜层供应商获得的系数替换这些数据。这些系数既可以使用幂级数展开式（根据 SYNOPSYS 的 GFIT 特性计算），也可以使用光学玻璃行业广泛应用的折射率插值公式。

　　现在创建一个新的膜层堆栈，基于上面列出的数据，采用刚刚创建的三种材料。（C56M3）此堆栈保存为膜层 CUSTOM01。

```
FILM
RFILM
ID CUSTOM HEA COATING
WAVL .5876
ANGLE 0
0 1
.2307 C01
.472 C02
.6613 C03
0 1.671
END
SAVE CUSTOM01
```

　　现在准备将膜层叠加到透镜元件上，输入以下命令：

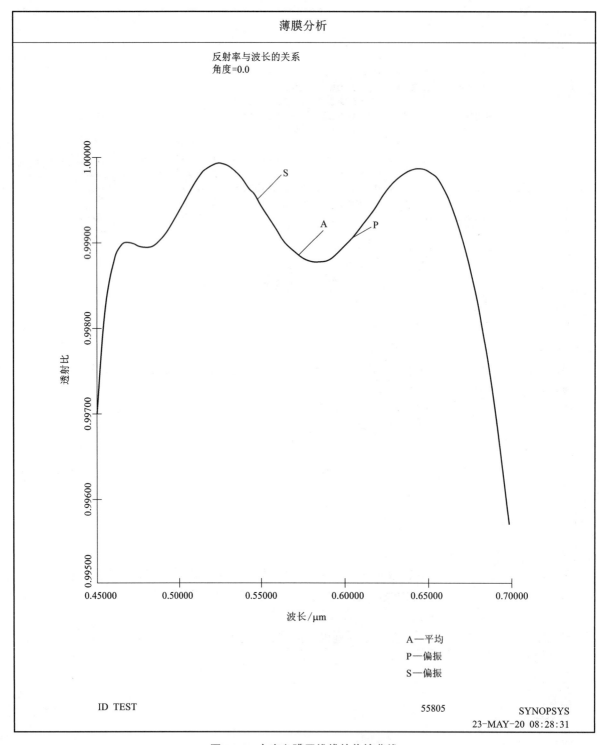

图 56.1　自定义膜层堆栈的传输曲线

```
RETURN
CHG
COAT 01 ALL
END
```

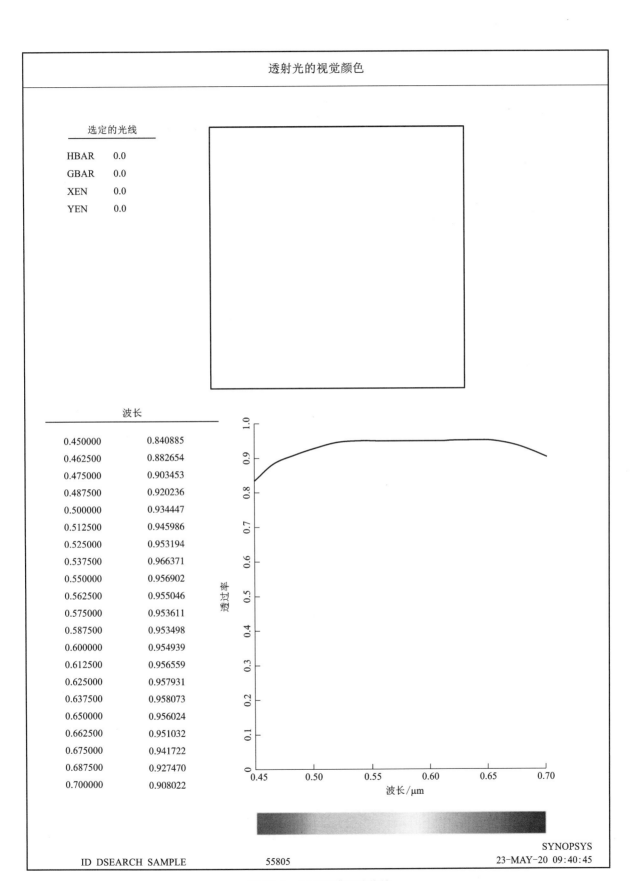

图 56.2　自定义膜层的传输

RETURN 命令从 FILM 部分返回到 SYNOPSYS，然后指定膜层 01(其被保存为 CUSTOM01)。使用 PCOAT 命令进行验证：

```
SYNOPSYS AI>PCOAT

 SURF. NO.   COATING
 --------------------
    1 CUSTOM COATING  1
    2 CUSTOM COATING  1
    3 CUSTOM COATING  1
    4 CUSTOM COATING  1
    5 CUSTOM COATING  1
    6 CUSTOM COATING  1
    7 CUSTOM COATING  1
    8 CUSTOM COATING  1
    9 CUSTOM COATING  1
   10 CUSTOM COATING  1
   11 CUSTOM COATING  1
   12 CUSTOM COATING  1
SYNOPSYS AI>
```

现在，图 56.2 中的 XCOLOR 显示出自定义膜层在光谱范围内更好的透过率。将其与图 55.2 和图 55.3 进行比较，会发现该膜层更好。

第 57 章
X 射线聚焦

前面讲述了如何设计和分析电磁光谱中紫外线、可见光和热红外部分的光学元件，本章将设计一个由两个镜子组成的系统，将一束波长为 0.00063 μm 的 X 射线进行聚焦。

任何光学玻璃都不适用于该波段，以及除非入射角非常小，否则镜子反射的光线很少，称这些为掠入射镜，它们与前面讨论的镜子大有不同，如图 57.1 所示（C57L1）。

图 57.1 两个用来聚焦 X 射线的凹面环形镜

光（如果我们把眼睛看不见的辐射称为"光"的话）从左边进入，从两个镜子反射，然后从右边出去。看一下 RLE 文件，就会知道这个系统是如何设置的。

```
RLE
ID X-RAY 10X
 WA1 .0006200
 WT1 1.00000
 APS              1
 CFOV
 GLOBAL
 UNITS MM
 OBA    51.269     0.44350        0.0298    0.3028 0.44350        0.3028     0.0298
 MARGIN       1.126490
 BEVEL        0.225299
   0 AIR
   1 CV     0.0000000000000    TH     97.57000000 AIR
   2 CV     0.0000000000000    TH      0.00000000 AIR
   3 RAO      4.43500177    17.74000000      0.00000000       0.00000000
   3 CV -3.0981772400899E-05   TH      0.00000000 AIR
   3 TORIC    -9.82796000
   3 DECEN     0.00000000      0.00000000      0.00000000    101
   3 AT    89.00000038   0.00000000    101
   3 EFILE EX1    8.870000      8.870000      8.870000      0.000000
   3 EFILE EX2    8.870000      8.870000      0.000000
   3 EFILE MIRROR   2.661000
   3 REFLECTOR
   4 CV     0.0000000000000    TH    -17.74000000 AIR
   4 DECEN     0.00000000      0.00000000      0.00000000    101
   4 AT    89.00000018   0.00000000    101
   5 CV     0.0000000000000    TH      0.00000000 AIR
   6 RAO      4.43500177    17.74000000      0.00000000       0.00000000
   6 CV  3.0981772400899E-05   TH      0.00000000 AIR
```

```
    6 TORIC         9.82796000
    6 DECEN         0.00000000            0.00000000            0.00000000      101
    6 AT        89.00000028          0.00000000      101
    6 EFILE EX1       8.870000          8.870000          8.870000          0.000000
    6 EFILE EX2       8.870000          8.870000          0.000000
    6 EFILE MIRROR    -2.661000
    6 REFLECTOR
    7 CV         0.0000000000000      TH       88.70000000 AIR
    7 DECEN         0.00000000            0.00000000            0.00000000      101
    7 AT        89.00000022          0.00000000      101
    8 CV         0.0000000000000      TH     1501.69100000 AIR
    9 CV         0.0000000000000      TH        0.00000000 AIR
    END
```

表面 3 和表面 6 为环面, 其 Y 方向曲率由 CV 数据给出, X 方向曲率半径由环面数据给出。这些数据可以按如下顺序列出:

```
SYNOPSYS AI>3 RAD?

 The specification of surface   3   is toric.
 The base radius of curvature of   3   is  -32277.04300000
SYNOPSYS AI>ASY

SPECIAL SURFACE DATA

 ────────────────────────────────────────────────────────────
  SURFACE NO.     3 -- TORIC SURFACE
  RX      -9.827960


  ──────────────────
  SURFACE NO.     6 -- TORIC SURFACE
  RX       9.827960


  TILT AND DECENTER DATA
  LEFT-HANDED COORDINATES
```

SURF	TYPE	X	Y	Z	ALPHA	BETA	GAMMA	GROUP
3	REL	0.00000	0.00000	0.00000	89.0000	0.0000	0.0000	101
4	REL	0.00000	0.00000	0.00000	89.0000	0.0000	0.0000	101
6	REL	0.00000	0.00000	0.00000	89.0000	0.0000	0.0000	101
7	REL	0.00000	0.00000	0.00000	89.0000	0.0000	0.0000	101

```
KEY TO SURFACE TYPES

──────────────────────
GLB   GLOBAL COORDINATES                LOC   LOCAL COORDINATES
REL   RELATIVE COORDINATES              REM   REMOTE TILTS IN RELATIVE COORD.
SYNOPSYS AI>
```

注意, alpha 倾斜应用于四个表面, 每个组的大小为 101。这个尺寸超过了表面的总数, 所以倾斜不会在系统中激活反向倾斜, 这是相对倾斜选项的一个强大功能, 但在这里不需要。

这种性质的系统在一个小视场上工作, 在这种情况下, 在 51.269 mm 处的半径只有 0.4435 mm。尽管−1 视场点的 OPD 非常大, 如图 57.2 所示。

这种设计的目的是保持入射角不大于 1°。如果角度变陡, 反射光就会减少。RAY 命令的输出显示在表面 3 和表面 6 的角度是 89°, 即环形镜。

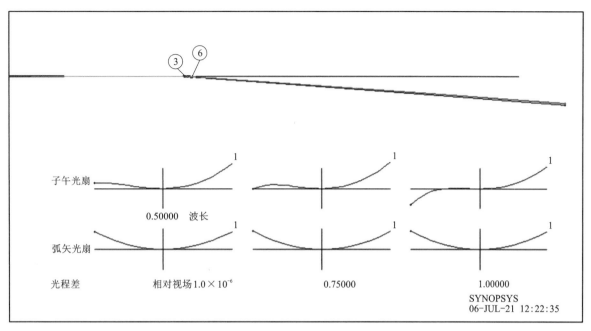

图 57.2　掠入射 X 射线聚焦在柱面镜

注：图中带圈数字为透镜的表面编号；图中数字为定义波长下光扇图曲线对应的波长编号。

```
SYNOPSYS AI>RAY P 0 0 0 SURF

INDIVIDUAL RAYTRACE ANALYSIS

FRACT. OBJECT HEIGHT           HBAR      0.000000   GBAR     0.000000
FRACT. ENTRANCE PUPIL COORD.   YEN       0.000000   XEN      0.000000
COLOR NUMBER                     1

                     RAY VECTORS          (X DIR TAN)   (Y DIR TAN)   (INC. ANG.)
SURF      X           Y          Z            ZZ            HH            UNI

OBJ    0.000000    0.000000     0.000000     0.000000     0.000000
 1     0.000000    0.000000     0.000000     0.000000     0.000000     0.000000
 2     0.000000    0.000000     0.000000     0.000000     0.000000     0.000000
 3     0.000000 -3.784326E-08 -2.218469E-20  0.000000    57.289986    89.000000
 4     0.000000 -6.604557E-10   0.000000     0.000000   3.488314E-09   0.000000
 5     0.000000 -6.254314E-08   0.000000     0.000000   3.488314E-09   0.000000
 6     0.000000 -3.625268E-06  2.035900E-16  0.000000    57.289969    89.000000
 7     0.000000 -6.326964E-08   0.000000     0.000000  -2.216482E-09   0.000000
 8     0.000000 -2.598716E-07   0.000000     0.000000  -2.216482E-09   0.000000
IMG    0.000000-3.588342E-06    0.000000
SYNOPSYS AI>

SYNOPSYS AI>RAY P 0 0 0 SURF

  INDIVIDUAL RAYTRACE ANALYSIS

FRACT. OBJECT HEIGHT           HBAR      0.000000   GBAR     0.000000
FRACT. ENTRANCE PUPIL COORD.   YEN       0.000000   XEN      0.000000
COLOR NUMBER                     1

                     RAY VECTORS          (X DIR TAN)   (Y DIR TAN)   (INC. ANG.)
SURF      X           Y          Z            ZZ            HH            UNI

OBJ    0.000000    0.000000     0.000000     0.000000     0.000000
 1     0.000000    0.000000     0.000000     0.000000     0.000000     0.000000
 2     0.000000    0.000000     0.000000     0.000000     0.000000     0.000000
 3     0.000000 -3.784326E-08 -2.218469E-20  0.000000    57.289986    89.000000
 4     0.000000 -6.604557E-10   0.000000     0.000000   3.488314E-09   0.000000
 5     0.000000 -6.254314E-08   0.000000     0.000000   3.488314E-09   0.000000
 6     0.000000 -3.625268E-06  2.035900E-16  0.000000    57.289969    89.000000
 7     0.000000 -6.326964E-08   0.000000     0.000000  -2.216482E-09   0.000000
 8     0.000000 -2.598716E-07   0.000000     0.000000  -2.216482E-09   0.000000
IMG    0.000000-3.588342E-06    0.000000
SYNOPSYS AI>
```

尝试改进这个系统。进行宏 C57M1：

```
PANT
VY 3 RAD
VY 3 G 1
VY 6 RAD
VY 6 G 1
VY 8 TH
END
AANT
M 4.435 10 A P YA 1
LUL 1700 1 1 A ZG 9
GNO 0 1 4 P 0
GNO 0 1 4 P 1
GNO 0 1 4 P 1
GNO 0 1 4 P 0 1
GNO 0 1 4 P 1 1
GNO 0 1 4 P 1 1
END
SNAP
SYNO 20 0 FIX 20
```

这里使用 RAD 变量改变 Y 方向的曲率半径，使用 G1 变量改变 X 方向的曲率半径。如果想要将其放大 10 倍，则可通过控制全视场主光线高度的目标。如果想要系统的总长度不超过 1700 mm，则可要求表面 9 上 ZG(全局 Z 坐标)的上限值。注意，由于折叠角较大，所以不能像通常做的那样，仅仅给近轴 TOTL 和 BACK 一个目标。

运行完毕后，系统的性能有所改善，如图 57.3 所示(C57L2)。

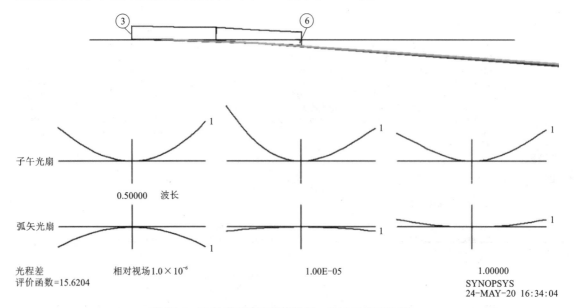

图 57.3　X 射线系统重新优化后，OPD 误差更加统一

注：图中带圈数字为透镜的表面编号；图中数字为定义波长下光扇图曲线对应的波长编号。

衍射图样如图 57.4 所示。这是从 MPF 对话框得到的，在对话框中选择"visual appearance"，并且视场数选择"FULL"。

使用以下命令会产生相同的图像。

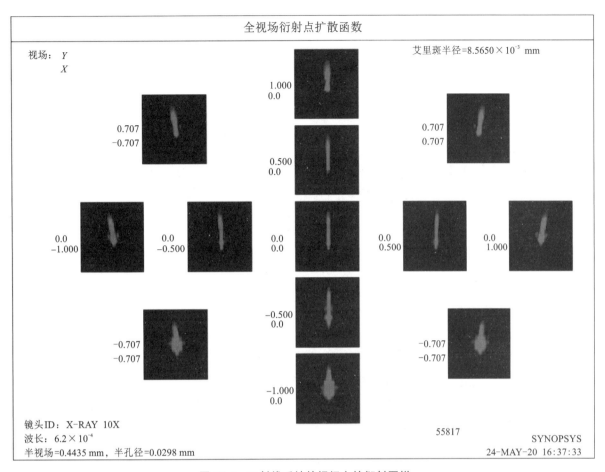

图 57.4　X 射线系统的视场上的衍射图样

```
PSVISUAL 2 5
OFP 6000 1 0
FIELDS FULL
ICOL M
PLOT
```

更仔细地检查中心图像。打开 MDI 对话框，选择"Solid option"，点击"PSPRD"。这将图像显示为一个实体模型，可以旋转并从任何角度查看它，如图 57.5 所示。

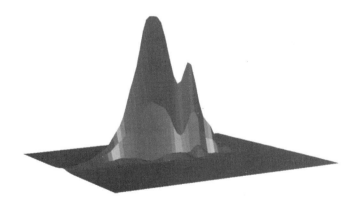

图 57.5　X 射线系统的中心图像的实体模型

由于实际的辐射是不可见的，没有颜色，所以图像以紫色显示出来。同样的，红外图像也会以红色显示。

　　假设目标在焦平面上成像为一个 0.05 mm 的正方形,用户希望从该目标的一个区域建立扩展图像的模型。他们想知道图像中有多少能量可从这样大小的探测器中泄漏出来。MIT 对话框可以实现这一点。打开 MIT 对话框并选择如图 57.6 所示的选项。

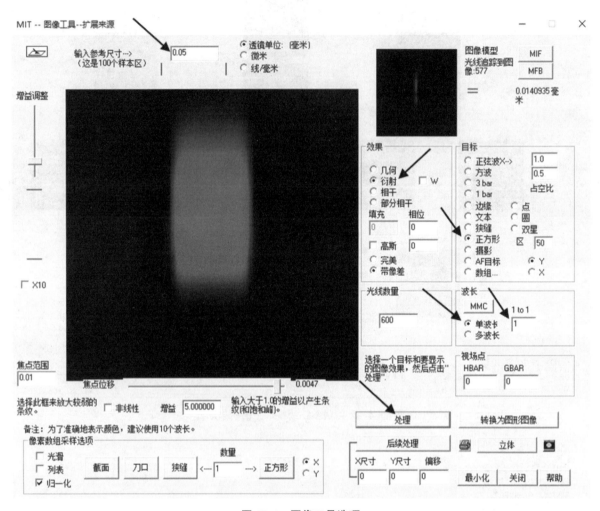

图 57.6　图像工具选项

　　该程序先对一个完美的方形进行采样,然后将其与右上方小框中显示的衍射图案进行卷积。

　　要确定方形探测器所看到的能量的比例,需取消选择归一化框,输入尺寸在 100 bins,选择 Y 方向,单击"正方形"按钮,如图 57.7 所示。

图 57.7

　　参考尺寸为 0.05 mm,这就是与衍射图形卷积的成像平面的面积。要采样图像区域的大小为 100 bins,在这种情况下,其与正方形大小相同。当方块在 Y 轴上移动时,程序会生成一个能量图,如图 57.8 所示。能量峰约为 0.6,这意味着 40% 的能量由于像差和衍射而损失了。如果在 X 方向上扫描,能量峰是 0.58,因为在 Y 方向上不对称。

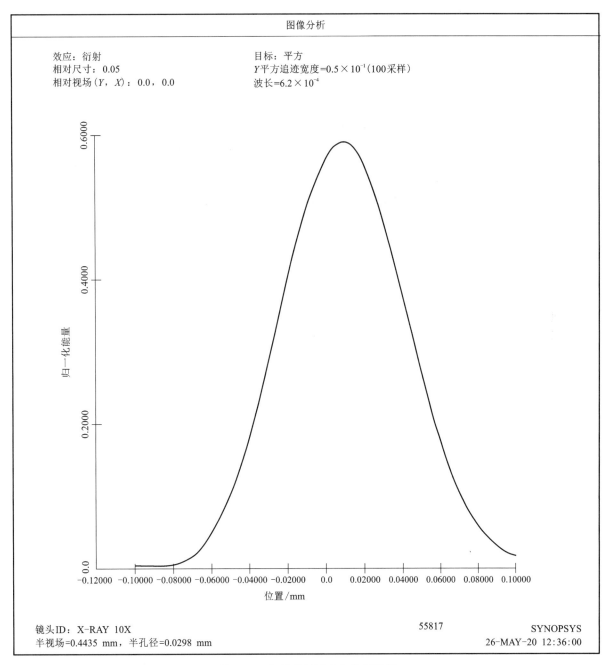

图 57.8 扫描出的正方向的能量图

MIT 分析假设图像结构在被采样的地区没有发生显著变化，这种情况称为等向性。图 57.4 显示了视场中心附近的部分变化很小，所以这个假设可能是有效的。

卷积图像也可以看成是一个实体模型，点击 MIT 对话框的"立体"按钮，如图 57.9 所示。

在前面的章节中，为 MIT 分析选择了相干效应——它们对点光源有效，但对扩展光源无效。由于物被设定为不相干的，为了得到一个精确的模型，必须设定部分相干效果为 2.0 的填充因子。其结果与衍射模型基本相同，但时间要长得多。

上面的分析考虑了衍射，但如果一个透镜的几何像差大于衍射图形，可以用另一种方法得到纯粹的几何分析。一侧为 0.05 mm 的图样对应的物空间归一化大小为 0.01169 的物。扩展图像特征分析（Extended Image Analysis Feature）可以确定几何效率，如下所示：

图 57.9　卷积衍射图像的实体模型

```
--- CHG
--- 9 RAO .05 .05
--- END
        GIHT           FOCL           FNUM           BACK           TOTL           DELF
    -4.27665     8344.60407     -876.68701     1463.75733      168.53000     1722.04677
Lens number     10 ID X-RAY 10X
---
--- EIA P 2000
--- IOBJ REC .01169 .01169
--- CENTER 0 0
--- GRID 11
--- GO
NUMBER OF RAYS ATTEMPTED        239096
NUMBER OF RAYS THROUGH          134840
GEOMETRIC EFFICIENCY        0.5640
```

　　此时，在图像上指定了一个矩形孔径，然后让 EIA 分析一个以轴线为中心的所需尺寸的物体，并在图像上创建一个 11 × 11 的点列图网格，每个点有 2000 条光线。在这个系统中，56.4%的能量通过了光圈，这个图与 MIT 衍射分析没有太大区别。它们为什么相似? 因为对于这个系统，它们的几何光斑图与衍射图形的大小差不多(通常情况下不是这样的)。

第58章
消色差单透镜

　　用户已经了解了如何通过组合两个或两个以上的光学元件来纠正像差，前面的章节也已经展示了如何通过添加衍射光学元件(DOE)来改进透镜。现在，本章将设计一个带有校正色差的 DOE 的单透镜。由透镜提供能量，DOE 进行校正。

　　宏 C58M1 是从一个简单的起点开始，并打开 PAD 显示并初始化格式，然后优化透镜，改变 DOE 上的一些非球面。注意 PAD 可以接受用户的输入：如果输入 PAD 命令并遵循提示，或者在输入文件中输入对这些提示的响应，将按照所需设置显示。在本例中，当没有其他数据提示时，空白行对应 Enter 键。

```
RLE
ID SINGLET DOE
WAVL CDF
UNI MM
OBB 0 1 1
1 RAD 10 TH .3 GTB U
ZEON480R
2 USS 16
CWAV .6328
HIN PICKUP
2 TH 15
3
END
PAD
D
T
1
123
O
B
M
PANT
VY 1 RAD
VY 2 G 26
VY 2 G 27
VY 2 G 28
END
AANT
GSO 0 10 5 2
GSO 0 5 5 1
GSO 0 5 5 3
END
SNAP
```

SYNO 20
ASY
DMASK 2 PROFILE 2

运行此宏,在可见光波段,校正右边的透镜有 0.1 waves 的 OPD 误差。如图 58.1 所示(C58L1)。在这里,改变了 DOE 的幂级数展开式中的三项,以及表面 1 的曲率半径。

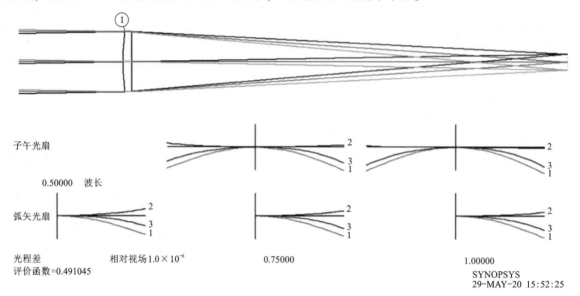

图 58.1 通过表面 2 上的 DOE 来校正色差的单透镜

注:图中带圈数字为透镜的表面编号;图中数字为定义波长下光扇图曲线对应的波长编号。

DOE 的区域配置文件如图 58.2 所示。

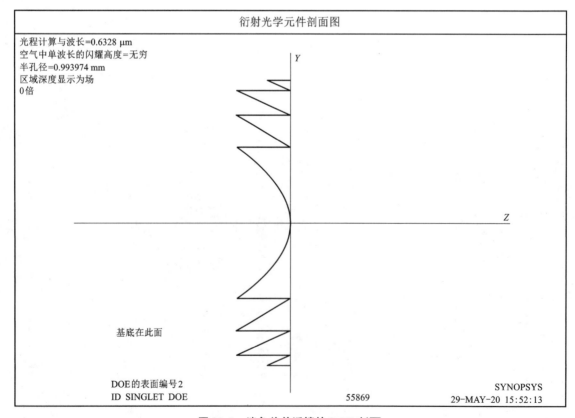

图 58.2 消色差单透镜的 DOE 剖面

无 DOE 的消色差单透镜。

在本节，将展示另一个可以校正色差的单透镜的概念。图 58.3 显示了它是如何工作的（C58L2）。

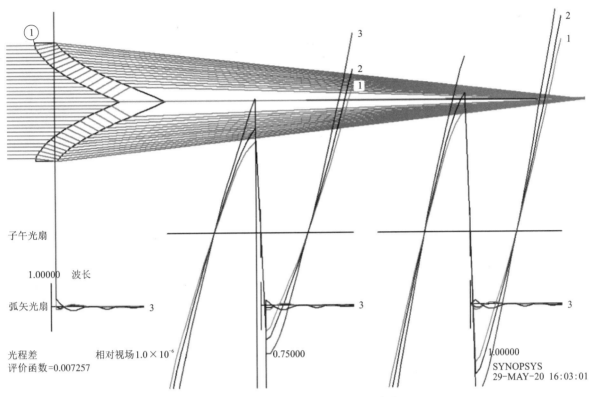

图 58.3 两陡峭非球面的色差校正方法

其原理相当简单：两个非球面的放大倍率大小几乎相等，符号相反，并且入射光束到达表面 1 的位置高于到达表面 2 的位置，放大倍率几乎被抵消了。但是短波长的光线在表面 1 的折射更陡，并能入射到比表面 2 更高的地方。在表面 2，短波长具有更小的负放大倍率，所以具有更高的正放大率的蓝光会被这个位置上更高的负放大倍率所抵消。

这种元件中心半径短，不具有合理的一阶性质。此外，由于中心光线的行为与其他光线不同，所以在透镜文件中加入了一个特殊的选项：

ICR .5

以声明主光线不在光瞳中心。相反，当程序需要主光线作为参考时，它将追迹光瞳中（0.5，0.0）处的光线，就像计算 OPD 时做的那样。

为了设计这个透镜，首先设计了一个带有两陡峭双曲面的系统，然后运行宏 C58M2，如下所示：

```
ON 68
PANT
RDR 1.0E-5
VY 1 CV 100 -100
VY 1 CC 1000 -1000
VY 1 G 3
VY 1 G 6
VY 1 G 10
VY 1 G 16
VY 1 G 18
VY 1 G 19
VY 1 G 20
VY 1 G 21
```

```
VY 2 CV 100 -100
VY 2 CC 1000 -1000
VY 2 G 3
VY 2 G 6
VY 2 G 10
VY 2 G 16
VY 2 G 18
VY 2 G 19
VY 2 G 20
VY 2 G 21

VY 1 TH
END

AANT
GTR 0 1 10 M
GTO 0 .1 21 M
END

SNAP
SYNO 50
```

其中覆盖了曲率半径的默认限制,因为沿轴在顶点处需要一个非常短的半径。

该设计的一个缺点是视场误差校正能力太弱,如图 58.4 所示。即使是 0.1°的视场角,图像也没有得到很好的校正。尽管如此,在一个非常小的场中,这个透镜也是优秀的。

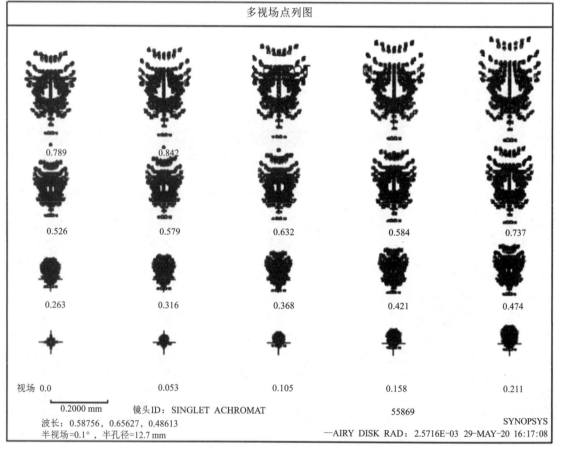

图 58.4　图 58.3 中透镜在视场上的点列图

图 58.5 显示了轴上的 OPD 误差，添加了楔形的三个条纹。除了顶点的一小块区域，波前几乎是完美的。这个图可以从 MDI 对话框中获得，或者由以下指令获得：

```
FRINGES
PUPIL P 0 0 5 0 3 0
```

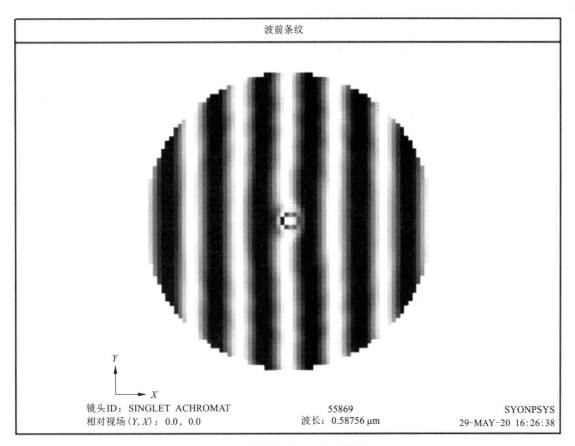

图 58.5　消色差单透镜的波前条纹

第 59 章

光瞳像差和光学图像

前面我们已经知道牛顿望远镜的遮挡是如何降低中频调制传递函数的(MTF),现在考虑一下前面章节(C58L2)中的透镜:没有遮蔽,但是光束中心有一个明显的孔,如图 59.1 所示,这对图像有什么影响?

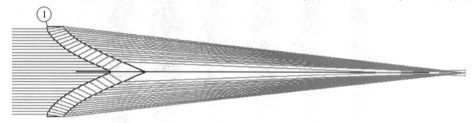

图 59.1　透镜系统 OPD 误差小,但光瞳像差大

如图 59.2 中的衍射点-扩散函数所示,其效果是显著的。第一个衍射环相对于一个完美的图像来说更加重要。也可以使用图像工具菜单(MIT)来检查:设置参考尺寸为 0.005,衍射效应,点光源,处理,然后 X 平滑和归一化截面。

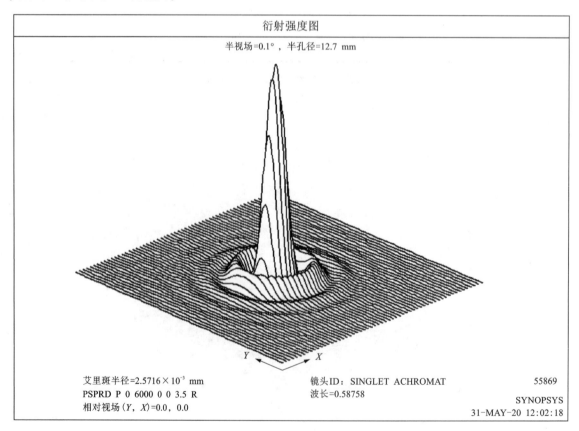

图 59.2　PSPRD 图像的系统具有大的光瞳畸变

图 59.3 显示了衍射图样的横截面。这不符合人们对完美波前的期望。(MIT 选项不适合这个系统，因为它默认假设出瞳光线网格在几何上与入光线网格相似。)

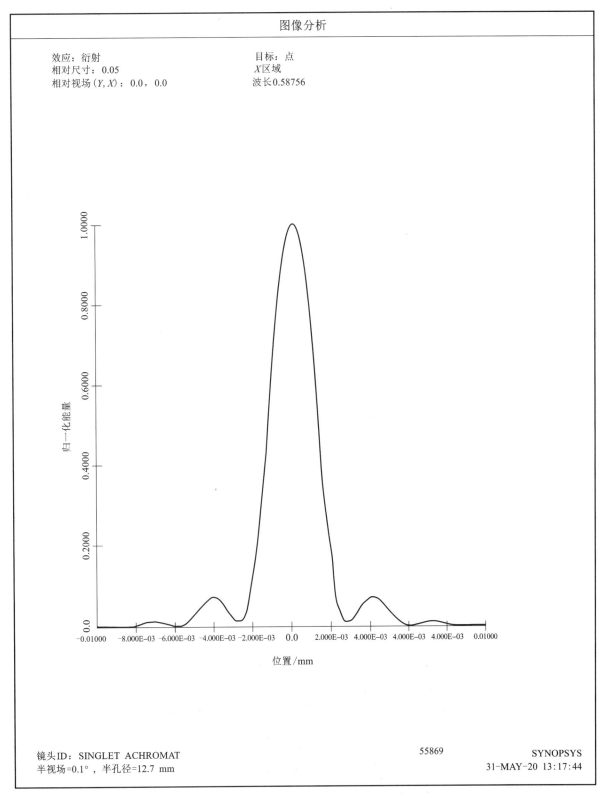

图 59.3　图像工具分析衍射图案

这个光线对 MTF 曲线的影响是什么？答案并不简单，理解这个结果需要基于一些背景知识。

求在轴上点处的 MTF 曲线有两种方法：图 59.4 所示的第一种方法是用前面章节提到的 Hopkins 卷积法计算，使用命令 MTF P 0 0 0 0 P；图 59.5 是 DMTF P 0 6000 0 0 P 的傅里叶变换 MTF 曲线。

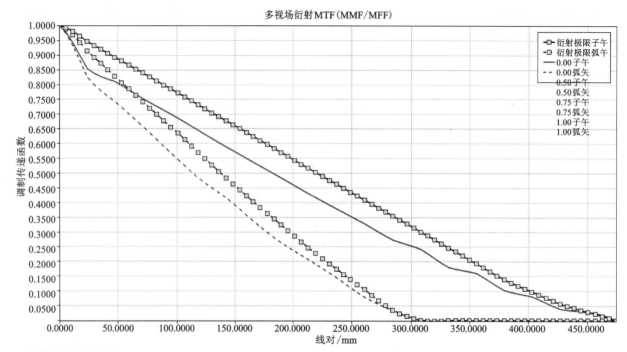

文件名：C58L2.RLE
波长/权重：0.5876/1.000
备注：单击此处添加备注

图 59.4　由卷积算法产生的 MTF 曲线

　　两者非常不同。哪一个是正确的？

　　这就是它变得复杂的地方。MTF 曲线的概念体现了透镜是一个线性滤波器的假设，如果透镜形成正弦波目标的图像，图像也是正弦波，其频率由放大率给出，对比度由当前像差和衍射给出。但如果图像不是纯粹的正弦波呢？这就是透镜表现出强烈的光瞳像差的情况，就像这个透镜一样。

 ## 59.1　MTF 卷积

　　根据 Hopkins 算法，通过比较点对点的 OPD 误差来计算 MTF。根据要分析的频率，各点之间的剪切量是不同的。这时可考虑图 59.6 中的理想情况。

　　想象一个光锥进入透镜，但仅通过入瞳的点 B。如果没有目标，光线将在点 E 成像，然后填充成像平面。(光瞳是光阑的像，所以它们也是彼此的像。)

　　现在加入正弦波目标，其作用类似于衍射光栅，复制 B 点来产生 A 点和 C 点；这些点对应于+1 和 −1 衍射级次。如果透镜没有像差，这些点在 D 和 F，它们的相位相同，距离相等，并与来自零阶 E 点的光一起，在像平面上产生一个正弦波。从本质上说，这就是图像形成的方式。但是如果 D 点到 E 点的间距和 E 点到 F 点的间距不同呢？在强烈的光瞳像差的情况下，这些间隔可以是相当不同的。图 59.6 很好地展示了间距的不均匀性。

在这种情况下，空间频率与图像的间距相对应 D 点到 E 点和 E 点到 F 点的距离是不同的。因此，这两个点就形成了两个不同频率的正弦波图像，组合后就不再是纯粹的正弦波了。这违背了 MTF 的概念。实际上，这个概念暗示了一个不存在的条件，人们可以说"MTF"在这种情况下是未定义的。所以 MTF 曲线哪一个是正确的，这有一个明确的答案：都不是。在实际操作中，在光的入瞳中有无数个点，每组衍射点都在出瞳中成像，在图像上产生自己的频率间隔。实际的像是所有这些光瞳点的正弦波的标量叠加，但只有当光瞳像差为零时，像本身才为纯正弦波。较高的空间频率会比较低的频率对 B 点产生更大的距离，对于零级次的一些点完全被衍射到光瞳外，这就是为什么 MTF 曲线在高频时会下降。

另外，图 59.5 所示的傅里叶变换 MTF 曲线绕过了图像是正弦波的假设，而是计算了点源图像的频率。光源当然包含所有的空间频率，但只有那些通过透镜的频率才有助于最终的图像。图像总是有形状和傅里叶变换，所以 MTF 曲线还是有意义的，只是和卷积 MTF 曲线的意义不同（几何 MTF 曲线忽略了衍射，只适用于光斑较大的情况。与衍射光斑相比，几何 MTF 还给出了点源成像的频率内容，在这种情况下它就是一个点图）。如果光瞳像差都为零，卷积和傅里叶变换 MTF 产生的曲线基本相同，主要的区别是衍射图形会扩展到无穷远，只在有限的区域内采样。

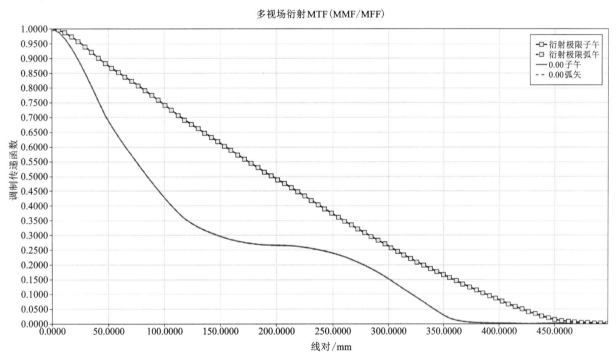

图 59.5　用傅里叶变换方法生成的 MTF 曲线

 59.2　相干图像

相干成像是许多现代透镜设计问题中的一个问题，需要用专门的工具来精确建模。这些基本知识可以通过参考图 59.6 来理解。

在完全相干的情况下，实际上只处理了图 59.6 中到达 B 点的辐射，因此情况就更复杂了。

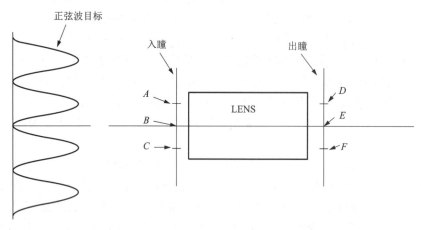

图 59.6　带有正弦波物体的晶状体光瞳示意图

在这种情况下，当图像被图像工具菜单(MIT)中的相干算法分析时，该程序执行一个出瞳的二维快速傅里叶变换。因为它假设采样点间距相等，分析也忽略了光瞳像差，所以不适合系统，例如上述透镜。

这还不是全部。在相干照明下，图像的相邻区域实际上是相互影响的，图像的结构确实会很复杂。通过显微光刻透镜与相干光形成的 Air Force 分辨率板的图像如图 59.7 所示，图 59.8 显示了相同分辨率板的非相干光成像如图 59.8 所示。这两个例子中的结构是完全不同的。在实践中，这样的透镜通常被设计成在部分相干光下工作，其中光瞳部分被填充，是直径的 40%，图像分析必须考虑到这个部分。

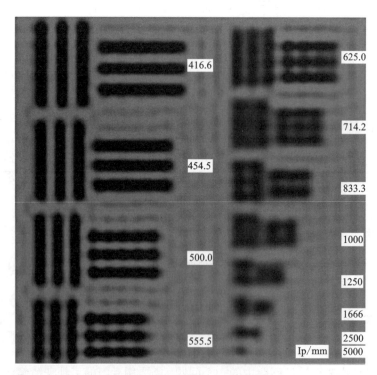

图 59.7　在相干照明下形成的图像

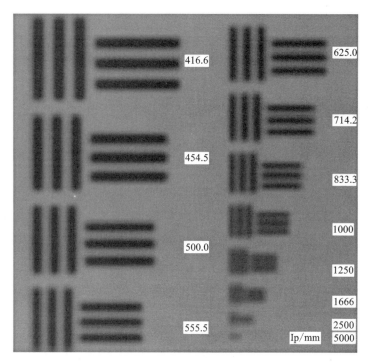

图 59.8　用非相干照明形成的图像

附录 A

计算机辅助透镜设计简史

在使用计算机辅助透镜设计领域，很多光学工程师会比较熟悉两到三个常用的设计软件。这些软件是经过许多机构的研究人员在长期开发努力中留存下来的。在 Donald C Diluorth60 多年的职业生涯中，都是在与各种各样的计算机、操作系统以及编程语言打交道，具体包括以下内容：

- 1961：在麻省理工(MIT)，IBM 650，一个真空管的处理器，带穿孔卡片的批处理模式。
- 1962：Honeywell 800，一款固态 CPU，也是批处理模式。程序设计是用 MIT 开发的"MAC"语言编写的。
- 1963：Honeywell 1800，更快的 CPU。
- 1967：IBM 1130，最早的迷你计算机，采用穿孔卡片式输入，有 16 位的 8K 字节。最早用于 Fortran 语言进行编译。
- 1971：CDC 3300 和 CDC 6600，通过电话连接的批处理模式。用 Fortran 语言编译。
- 1977：出现了 Altos PC，带有一个 8080 CPU 芯片，由汇编语言编译程序。
- 1983：VAX 11/730，8K 的内存，由 Fortran 语言编译。
- 1987：PC 上市，安装有 Unix 的版本，可以做交互式透镜设计。
- 1992：SYNOPSYS 程序移植到了 DOS 系统中，用 Fortran 语言编译。
- 1999：最早期的原始 Windows 版本，可以实现完全交互，用 C++和 Fortran 语言编译。

当然，并非只有 Dilworth 在开发光学设计软件，其他作者也在开发程序，如下所示，有些是为工业中的专用用途而编写的：

- Slams（C G Wynne）
- Ordeals（Tropel）
- Flair（Radkowski）
- COP（Grey）
- Lead（Kodak）
- Father（B & L）
- Spade（Sperry）
- Optik V（Texas Institute）
- Alsie（Osaka，Suzuki）
- SIGMA（Kidger）
- Bathos（Blandford）
- ACCOS（Spencer）
- CERCO（French）
- Cool Genii（Genesee）
- CODE n（Harris）
- Oslo（Sinclair）
- ZEMAX（Moore）

- SYNOPSYS（Dilworth）

这些程序利用了各种优化方法，其中值得注意的如下：

- Correction（Itek）
- Orthonormalization（Grey，Unvala）
- Damped least-squares（Levinberg）
- Steepest descent
- Simplex（Bathos）
- Random search（Texas Instruments）
- Adaptive（Glatzel）
- Metric schemes
- Solution scaling
- Pseudo second derivatives（PSD；Dilworth）

附录 B
优化方法

B.1 透镜优化的数学方法

附录 A 中提到的程序,看起来是独一无二的;SYNOPSYS 使用的校正算法不同于其他程序使用的极小化方法。此方法中,评价函数的目标数量不能超过变量的数量。所以您精心选择几条光线,设定略小于当前值的目标值,然后提交批处理运行。如果结果收敛,那么就要减少目标后再试一次。通过大量的人工干预和多次迭代,可以得到一个好的设计。这个程序用于最近解密的 Corona 项目,该项目在冷战期间设计了空中侦察相机。在第 38 章中的第一个图解展示了这个项目中的一个透镜。

早期的一些研究人员对标准化技术很感兴趣。这是一种通过雅克比矩阵的线性代数操作来实现的方法,其目标是将当前的变量集合映射到另一个不同的集合中,其中所有的导数都是相同的大小,并且每个变量的影响相互独立。虽然从数学的角度来看它很有意思,但注意到这个过程并没有给问题引入任何新的信息。在最好的情况下,它可能会避免由于矩阵条件而造成数值求解困难,但是新的方法利用其他办法避免了这个问题。

Donald C Dilworth 先生开发的 PSD 方法始于 20 世纪 80 年代,目的是改进标准阻尼最小二乘法,标准阻尼最小二乘法对许多问题收敛得非常缓慢。出现这个问题的原因是该方法只计算了评价函数中变量的一阶导数。下面的内容解释了最小二乘法的数学公式,以及为什么它表现不佳的原因。

B.2 DLS 方法及其派生

评价函数 φ 是需要校正的误差的平方和,由矢量 f 定义。可以从导数中创建矩阵 L,然后在矩阵求逆后很容易能计算变量中所需的变化。

然而,由于设计运算的非线性,这种解通常是偏离目标的。为了改善其性能,引入了"阻尼"的概念,其作用是缩短解向量的长度。如果解停留在近似线性的区域,它应该是一个改善,然后通过多次迭代,找到一个好的结果。

阻尼因子的使用带来的改善是有限的,阻尼最小二乘法仍然收敛得很慢。为了加快速度,有研究者设计了许多以各种方式利用阻尼 D 的方案:
- 累积的
- 乘积的
- 寻找最佳
- 不同类型的变量
- 齐次二阶导数
- 伪二阶函数

下列数学公式总结了这一发展(最小二乘优化法)。评价函数 φ 是图像缺陷 f_i 的平方和；梯度 G_j 是关于设计变量 x_j 的导数的一半，G_j 关于变量 X_k 的导数的集合给出了雅可比矩阵 L_{jk}。

为了找到最适合的结果，将梯度设置成 0，然后解出变量 δ_j。

$$\varphi = \sum f_i^2$$

$$G_j = \frac{1}{2}\frac{\partial\varphi}{\partial x_j}$$

$$L_{jk} = \frac{\partial G_j}{\partial x_k}$$

$$0 = G_j + L_{jk}\Delta x_k$$

$$\delta_j = -L_{jk}^{-1}G_k$$

添加阻尼项 D，以减小 δ_j 的大小，并且希望该解随后保持在近似线性区域中；这是经典的 DLS 方法。注意，所有的变量能得到相同的阻尼，这被应用到了矩阵 L_{jk} 的对角线上。

$$\varphi = \sum f_i^2 + \sum D^2\delta_j^2$$

$$G_j = \sum f_i\frac{\partial f_i}{\partial x_j} + \sum D^2\delta_j$$

$$L_{jk} = \sum \frac{\partial f_i}{\partial x_j}\frac{\partial f_i}{\partial x_k} + D^2\Big|_{j=k}$$

B.3 PSD 方法

上面提到的一些方法明显优于原始 DLS 算法，但大多数未能处理问题的本质。如果将雅可比矩阵扩展为两个导数，可得如下(PSD I 方法):

$$L_{jk} = \sum \frac{\partial f_i}{\partial x_j}\frac{\partial f_i}{\partial x_k} + \sum f_i\frac{\partial^2 f_i}{\partial x_j\partial x_k}$$

$$\frac{\partial^2 f_i}{\partial x_j^2} \approx \frac{\dfrac{\partial f_i}{\partial x_j}\Big|_{\Delta x_j} - \dfrac{\partial f_i}{\partial x_j}}{\Delta x_j + \varepsilon}$$

二阶导数在这里很明显，如果它的值已知，应该被添加到矩阵 L 的精确位置，这个位置是在旧的 DLS 方法中阻尼 D 出现在对角线的地方。换言之，引入 D 的目的是替换二阶导数的未知值。这种认知推导出 PSD 方法的第一种形式，称为 PSD I[1]。

这个思路很简单；从一个迭代到下一个迭代追迹一阶导数中的变化，除以变量的变化，结果就是二阶导数(忽略更高阶和混合的阶数)。经验表明，该方法明显优于 DLS，但需提前添加稳定因子 ε。这种认知推导了 PSD II 方法，它是基于更高阶导数[2]的统计预期影响，并且比 PSD I 的效果更好:

$$\frac{\partial f_i}{\partial x_j}\Big|_{\Delta x_j} - \frac{\partial f_i}{\partial x_j} \approx \frac{\partial^2 f_i}{\partial x_j^2}\Delta x_j + \frac{\partial^2 f_i}{\partial x_j^2}\sqrt{\sum_k \Delta x_k^2}\Big|_{k\neq j}$$

$$\frac{\partial^2 f_i}{\partial x_j^2} \approx \frac{\dfrac{\partial f_i}{\partial x_j}\Big|_{\Delta x_j} - \dfrac{\partial f_i}{\partial x_j}}{|\Delta x_j| + \sqrt{\sum_k \Delta x_k^2}\Big|_{k\neq j}}$$

① Dilworth D C. 1978 Pseudo-second-derivative matrix and its application to automatic lens design Appl. Opt. 173 372.

② Dilworth D C. 1983 Improved convergence with the pseudo-second-derivative(PSD) optimization method Proc. SPIE 399 159.

$$L_{jk} = \sum \frac{\partial f_i}{\partial x_j} \frac{\partial f_i}{\partial x_k} + \sum f_i \frac{\partial^2 f_i}{\partial x_j \partial x_k}\bigg|_{k=j}$$

进一步改进就产生了 PSD Ⅲ 方法。一般来说，假设混合二阶偏导数与齐次二阶偏导数大致相同，但是齐次二阶偏导数同时包含 j 和 k，应该使用哪一个？如下所示定义 $\sec_j$，然后将 j 和 k 的影响与之前迭代的二阶项的比值结合起来。这样，就对二阶偏导有了更好的近似：

$$\frac{\partial^2 f_i}{\partial x_j \partial x_k} \approx \frac{\partial^2 f_i}{\partial x_j^2}$$

$$\sec_j = \sum \left(f_j \frac{\partial f_j^2}{\partial x_j \partial x_k} \right)\bigg|_{k=j}$$

$$\frac{\partial^2 f_i}{\partial x_j \partial x_k} \approx \sqrt{\frac{\partial^2 f_i}{\partial x_j^2} \frac{\partial^2 f_i}{\partial x_j^2} \frac{\sec_k}{\sec_j}}$$

$$\frac{\partial^2 f_i}{\partial x_j^2} \approx \frac{\dfrac{\partial f_i}{\partial x_j}\bigg|_{\Delta x_j} - \dfrac{\partial f_i}{\partial x_j}}{\left| \Delta x_j \right| + \sqrt{\sum_k \Delta x_k^2 \dfrac{\sec_k}{\sec_j}}\bigg|_{k \neq j}}$$

这个 PSD 方法在矩阵中原先加入 D 的地方加入了一组数据，但是在实践中这组数据与这一个变量和下一个变量相差 14 个数量级——与标准 DLS 方法中使用的常数 D 相差甚远。

由于推导涉及一些关键的近似和假设，所以必须先测试它，然后才能证明它的优越性。为此，进行了一个简单的设计作业(三片式透镜)，并绘制了 φ 值的对数作为迭代次数的函数，用几种不同的算法重复这个练习。结果如图 B.1 所示。

曲线 A 所示的 PSD Ⅲ 方法的收敛速度比曲线 Ⅰ 中的经典 DLS 快了几个数量级。因此，这些假设似乎是有效的。

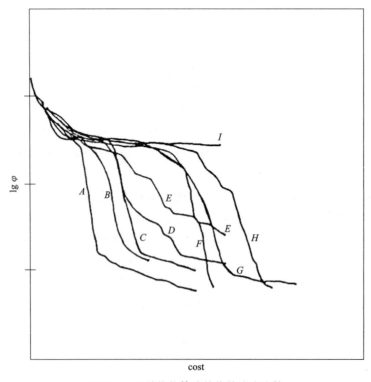

图 B.1　几种优化算法的收敛速度比较

(曲线 I 是经典 DLS，曲线 C 是 PSD Ⅰ，曲线 A 是 PSD Ⅲ)

B.4 全局搜索算法

许多研究人员试图设计出一种方法，使计算机可以找到"全局最优"，这项任务既极其复杂又不是必须的。人们总是怀疑也许还有更好的解决办法等待被发现。最受欢迎的搜索方法包括定义一个多维的设计网格，其中每个半径、厚度、空气间隔、折射率和阿贝数取一组离散的值，都导致搜索空间可能有 200000 个或更多，当用普通的 DLS 方法时，可能要花很长时间来优化。虽然从原则上讲，这种方法可以在大量的可能性中找到最好的，但它太慢了，不实用。

DSEARCH 和 ZSEARCH 的算法原理不同，默认方法使用二进制搜索树：对于一个 N 片元件的透镜，可以生成 N 位二进制数，然后创建初始透镜，其中每片透镜根据对应的比特值被分配为凸或者凹。因此，对于七片式透镜，有 2^7 个结构，总共 128 个——与上面提到的巨大搜索空间相去甚远。然而，人们会发出疑问：这个简单的方法是否有效，这些透镜的初始形状应该是什么？

再参照前面的山脉比喻，每一种情况都从一座高山的山顶开始（相当于从平行平板开始），选择一个由代表那个情况的二进制数的特定值给出的方向，根据那个方向改变曲率，然后向山下跳下去并开始优化。但是算法应该要向下跳多远？跳跃控制透镜初始形状。当检查了一系列的初始半径值并运行每一个 DSEARCH 时，一个有趣的结果如图 B.2 所示。并发现，如果初始半径太长，透镜往往无法追迹，这是由于上一片透镜的曲率求解变得太陡，以至于光线会有全反射误差。如果初始半径太短，许多其他元件也有同样的问题。该程序能自动校正大多数射线故障，但在这个过程中，它可能会将设计移向更好或更差的解，导致曲线两端的混沌行为。幸运的是，似乎有一个很宽的范围，其中初始值并不重要。因此，透镜初始形状可以或多或少地随意分配，且可以测试一个以上的值。

有另一个问题是，应该对每个候选解迭代多少次？更少的迭代次数会运行得更快，但不想错过通过多次迭代可能找到的一个好的解。研究的目标是设计一种可靠且快速的方法。图 B.3 展示了两种不同透镜的收敛过程。左侧的透镜仅在 30 多次的迭代之后就达到了一个较好的结果，右边的情况更加不稳定；MF 分几个步骤下降，如果在 30 次迭代之后停止优化，透镜的质量可能不会像之前那么好，而且搜寻算法可能会拒绝它——即使在 80 次迭代之后它会变得更优越。这些结果会影响提交给搜索例程的参数。

搜索方法的一个主要目标是实现最快速且可选的 QUICK 模式，以显著地提高搜索速度。该步骤能使用一个特殊的 MF 来优化每个候选透镜，该 MF 只包含一阶、三阶和五阶像差（加上用户可能提交的任何 SPECIAL AANT 需求）。这种方法的计算速度要比有真实光线网格的 MF 方法快很多倍，而且它能迅速剔除在这方面表现不佳的候选透镜。然后剩下更少的透镜用真实光线进行优化。

B.5 为什么 DSEARCH 和 ZSEARCH 非常强大？

PSD Ⅲ 方法的收敛速度使得搜索程序 DSEARCH 和 ZSEARCH 具有实用性。每一种情况都可以在几秒钟或更短的时间内进行优化，并且在几分钟内就可以探索成百上千种不同的透镜设计树分支。PSD Ⅲ 算法似乎是这一新思路成功的关键，它与二元搜索法配合一起，是一种探索初始结构非常有效的方式。

值得注意的是，如果用户真的计算出了二阶导数（几十年前用更原始的计算工具是不实际的），然后用那些导数优化透镜，而不是用 PSD 算法近似的"伪"二阶导数，那么结果就不如 PSD 算法的结果好。这表明 PSD 的计算逻辑适用于所有的更高阶导数，不仅仅是二阶导数，而且矩阵实际上更接近于只用两个数组所得到的东西，就像它理想状况下应该的那样。本质上这不会总是对计算机编程师很友好，但是当程序运行的结果比期望的结果更好的时候是非常美妙的。透镜设计是一个非常有价值的研究领域。

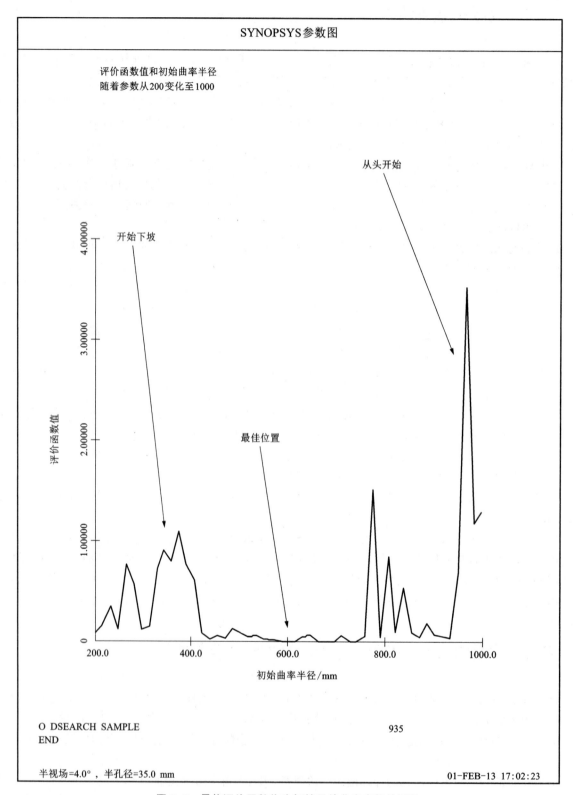

图 B. 2　最佳评价函数作为初始元件曲率半径的函数

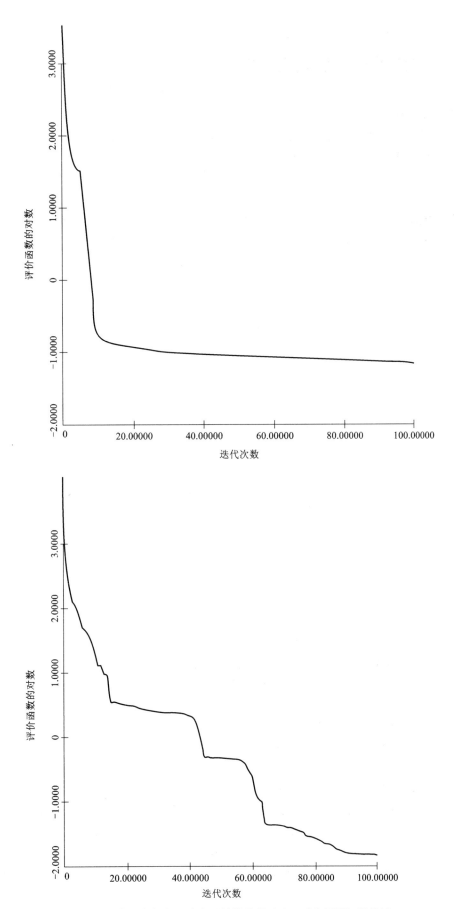

图 B.3　表现良好和不稳定透镜的收敛速度，后者是更好的设计

B.6 自动添加和删除透镜元件

如果透镜性能不佳，一个传统的办法是在某处添加一片透镜，然后减少其他透镜的光焦度以及它们的像差贡献。但是应该把这片透镜加在哪里呢？这看起来是一个非常复杂的问题，要求对透镜设计理论有深入的了解，但实际上它可以通过一个相当简单的算法来解决，这个算法从 Florian Bociort[1] 的理论得来，叫作鞍点理论。

这个算法的主要想法是，如果将一个薄透镜添加到一个现有的透镜相邻的位置，如图 B.4 所示，光线路径没有发生改变，所以 MF 也没有发生改变——但是现在那里有六个新的自由度，而且用这些额外的变量进行优化很可能将促进设计的改进。不需要深度的理论。

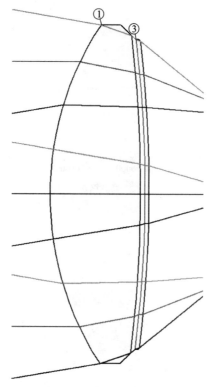

图 B.4 一个添加与透镜元件相邻的薄壳，是 AEI 算法的一部分

注：图中数字为透镜的表面编号。

这是 AEI 的原理，在前几章中已经被使用。该程序可以测试在哪里添加透镜是最好的，结果通常可以得到一个更好的透镜。这里有另一个例子，纯数值计算可以得到比人类专家所能得到的一样好或更好的结果。

AEI 是更通用的鞍点构建(SPB)的一个特例，它可以使用相同的方法一次建立一个完整的透镜。该特性在某些方面与 DSEARCH 相似，但在适用的情况下，后者往往更好，因为可以利用它更大的可能性。

反之也适用：试着减少每片透镜元件到一个零光焦度的薄壳，如果 MF 没有严重退化，那么壳可以简单地去除，而且像质损失很小。这正是 AED 所做的，通常会产生一个几乎和以前一样好但仅需要更少元件的透镜。这些工具连同搜索程序，能帮助用户快速且容易地探索到非常复杂的透镜设计结构。

[1] Bociort F, Serebriakov A and van Turnhout M. 2004 Saddle points in the merit function landscape of systems of thin lenses in contact Proc. SPIE 5523 174 – 84.

B.7 传统方法怎么样?

打开任何关于透镜设计的经典教程, 用户会发现有很多数学公式、方程式, 它们可以帮助找到具有某种期望属性的透镜配置, 可能适合一个优化程序的输入, 以及包括这些透镜的特定数据的许多经典设计形式的例子。长期以来, 目标一直是要找到在优化时能产生良好设计的起点。拥有一个良好的起始点是设计成功的关键, 所以寻找一个能产生良好设计的起点是非常有意义的, 但是在今天可以不用那么费力了, 因为新的搜索方法可以在几分钟内生成许多优秀的初始结构, 且只考虑设计目标。这本书已经说明了这些新工具的重要性和贡献, 新的方式已经彻底改变了透镜设计者做什么以及如何做, 通过仔细地研究书中的例子, 将会让初学者充分利用这些新工具解决问题, 而且在处理问题时, 会变得比过去的专家更加高效。

附录 C

透镜公差的数学公式

透镜公差和透镜优化一样重要，尽管数学计算稍微简单一些。一种生成公差预算的经典方法是首先获得一个逆灵敏度表，该表给出了假设在其他一切都是完美的情况下，每个制造参数都可能出错的数量，同时刚好满足成像要求。然后，如果有 N 个参数，那么，做法是将每个灵敏度除以 N 的平方根，这就成了公差预算。该方法应用广泛，效果良好。

事实上，当每一个参数总是恰好在其公差范围的一端或另一端找到时，这样的预算是适当的。大多数参数可以在预估公差的范围内随机的位置被找到，并不一定是在结尾，图像递降因此经常比预估公差所允许的要小，这就是它工作得很好的原因。然而，这是有代价的：透镜将会比它们预算的成本要贵。

生成一个预估公差的原因是所有加工制作的透镜都是不完美的，所有的成品透镜的每一个尺寸与图纸上的数字都略有不同。它们能有多大的不同？预估公差为这个问题提供了一个答案。

BTOL 提供的预估公差首先计算了每一个参数的一组标准偏差(SD)，这样一来，如果透镜在这个公差之内，它就会满足我们的设计目标。然后，当它输出了实际的预估公差，它会给出标准偏差和参数的实际公差范围之间的差异。

对于一维的参数，如元件厚度，可以表明 SD 等于公差极限除以 3 的平方根，所以输出的预估公差使期望的 SD 乘以这个系数。因此，预算比 root-of-N 规则所给出的预估公差稍微宽松一些，图像将在所要求的置信水平内达到期望值，并且透镜成本将更加便宜。对于二维参数，如透镜偏心，其调整因子是 2 的平方根，而不是 3。

图 C.1 展示了公差参数的 SD 是如何影响最终像质的。结果表明，唯一有影响的量是 SD 阵列。那么计算这些量的规则是什么呢？

有无限数量的预估公差，所有的数值正确，预测相同的像质，任务是找到一个最小化整体透镜成本的预估公差。任何参数都可以被赋予一个更严格的公差，而另一些参数的公差会被放松——但您如何知道是哪一个呢？图 C.2 显示了该计算的逻辑。

该程序按步骤进行，最初，所有公差都尽可能宽松，经济实用(由 BTOL 输入中 RANGE 的值给出，它定义每个变量的"范围")，评估图像质量，找出最不规范的图像点，确定那些强烈影响图像点的参数，并减少这些参数的公差。然后迭代。如果给定的参数与它的范围相比开始变得过于紧，则程序试图将其单独放置，而把其他参数变紧。结果是得出成本最低的预算。如图 C.2 所示，计算每个参数的"宽松性"和"有用性"，然后根据一个简单的公式修改 SD。

BTOL 产生的预算能够使透镜将按要求的统计置信水平分布，假设每个参数都在其预估公差内，优选地在随机位置，并且提供所有模型化调整在装配时执行。这个计算并不像它最初看起来的那么神秘，程序每次计算参数的质量导数时都允许进行调整。因此，调整是建立在导数中的，结果是自动产生的。

Statistical Tolerance Algorithm

变量 X 和质量
描述符号 Q 有关

$$\Delta Q = \sum B_j \Delta X_j$$

或者 $\Delta Q = \sum (A_j \Delta X_j^2 + B_j \Delta X_j)$

对非线性情况，这些量是：

$$\mu_{\Delta Q} = \sum A_j (\sigma_j^2 + \mu_j^2) + B_j \mu_j$$

$$\sigma_{\Delta Q}^2 = \sum B_j^2 \sigma_j^2$$

X 对 Q 的影响的均值由

$$\mu_{\Delta Q} = \sum B_j \mu_j$$

and the variance by

$$\sigma_{\Delta Q}^2 = \sum B_j^2 \sigma_j^2$$

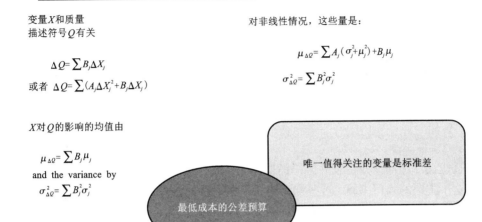

唯一值得关注的变量是标准差

最低成本的公差预算

图 C.1 变量标准差与像质退化的关系

以下描述如何做出最低成本预算

$Q' = $ 最差的质量描述

$\sigma_j = $ 试验公差预算

$E = Q_{max} / Q'$

$$T = \left| \sigma_j^2 / \mathrm{DMAX}_j \right|$$ ← 宽松度

$$\text{Let } S_j = T * \left[\tfrac{1}{2} \left| \frac{\partial^2 Q}{\partial X_j^2} \sigma_j^2 \right| + \left| \frac{\partial Q}{\partial X_j} \sigma_j \right| \right]$$ ← 实用性

$$TS = \sum S_j$$

$$\sigma_j' = \sigma_j \left[\frac{(E-1)}{TS} S_j + 1 \right]$$

相对于它们的范围已经很严格的变量
就不那么有用了，将不会进一步收紧

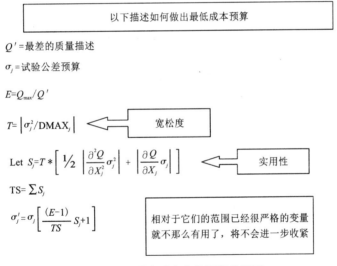

图 C.2 求最小成本公差预算的规则

附录 D
透镜设计师须知

这是每个透镜设计师应该知道到并遵循的概念和实践的列表。鼓励那些想更深入地探讨这些主题的人阅读有关这个主题的入门书籍，这些知识建立了透镜设计概念背后的数学理论。

（1）透镜是通过观察"光线"的路径而设计的，它并不真实存在，但有用而且非常精确，只要不用光波长相比拟的尺寸检查细节。

（2）复杂透镜的性能取决于每个单片透镜的像差贡献。正透镜和负透镜对像差的贡献符号相反，因此通常需要光焦度的组合。

（3）像差会在这三种情况下出现：

①相对于表面法线的陡的光线入射角会引入高阶像差，因为折射定律更强烈地偏离近轴版本。这样的角度通常是需要避免的。这些像差更难以校正，需要更复杂的透镜去平衡它们。但有时这些像差是无法避免的，必须努力平衡许多像差。这通常需要许多透镜元件。

②单透镜的弯曲影响是否满足 Abbe 正弦条件，并且是校正许多像差的有用变量。

③玻璃的色散产生并且可以用来校正色差。

（4）如果透镜显示在孔径上变化但在视场上相对恒定的像差，用光瞳或光阑附近的透镜来校正它们。

（5）如果像差随视场角变化而强烈变化，而不随光阑位置发生变化，则用像平面附近的透镜校正它们。

（6）上述两种情况都可以通过自动透镜插入（AEI）功能来检测和处理。

（7）如果透镜性能良好，有时可以删除一个元件，并且几乎无像质损失。自动元件删除（AED）功能可以测试这种可能性。

（8）有时可以通过反复运行 AEI 和 AED 来改善透镜，从而逐步改变透镜结构。

（9）如果一片透镜是强弯曲的，有时可以通过翻转弯曲来找到不同的求解区域。弯曲翻转优化（BFO）功能可以自动做到这一点。

（10）如果透镜中的每一片透镜都造成了大量的像差，即使最终图像看起来很好，也可能会得到严格的公差，因为这样的设计中即使一个小的错位也会造成失衡。需要降低公差灵敏度技术。只要满足成像目标，就希望元件的像差影响尽可能弱。THIRD CPLOT 命令将显示每个表面的三阶像差贡献，并且可以看到它们最大的位置。如在第 10 章和第 13 章中讨论的，评价函数中的脱敏目标常常可以放宽公差。

（11）用不太接近于光阑的元件校正畸变，如上面的第 5 条所述。

（12）如果可能的话，尝试使用 DSEARCH 或 ZSEARCH。这些是能够快速和良好地寻找透镜结构的功能（除非用户已经有了一个好的结构，那么问题就变得容易解决）。

（13）如果问题的几何特性允许的话，目标是具有某种对称性的透镜，将使许多视场像差更容易校正。

（14）如果二次色差是一个问题，可尝试第 12 章和第 34 章中描述的玻璃类型。搜索有时会自动找到这些组合，并且可以按照这些章节中的指导来控制这个过程。

（15）忘记早期文章所建议的内容。其中一个是在开始设计时先选择玻璃类型。今天，让程序用 GLM 变量或搜索找到玻璃库的最佳区域，然后在最后一步给设计赋予真实玻璃。还有文章说，在设计四片式透镜时，应该设计两个双胶合透镜，分别校正它们，然后组合它们。这是行不通的。DSEARCH 可以自行设计透镜，其效果会更好。

（16）如果需要或接近衍射极限的性能，请确保您的评价函数包含 OPD 目标。有时，用 OPD 和 TAP 目标的组合可以获得最好的结果；GO2 目标将产生比 GNO 更好的图像。这个选项的目标是 OPD 的平方，它倾向于忽略小误差并集中处理较大的误差。谁也无法预测哪种方法最好，您只需尝试一下。

（17）为了在一个给定的 MTF 频率上实现最佳性能，首先应该使设计尽可能接近 OPD 像差，然后使用 GSHEAR 光线网格选项。当 MTF 非常接近目标时，可以切换到 MTF 像差，看看情况是否有所改善。GSHEAR 以光瞳中分离点的 OPD 差为目标，这个差在截止频率上控制 MTF。

（18）不要尝试将三阶像差校正为零，因为需要它们来平衡更高阶像差。有时可以通过减少给定元件或组的像差贡献来减少间距和对准灵敏度，但是要小心，因为像差平衡可能会被丢弃。

（19）如果在设计中允许使用非球面，逐步增长它们。使用自动非球面分配（AAA）来确定哪个表面应该是非球面的。该功能将添加一个圆锥常数到最佳位置，然后可以运行自动 G 变量测试（AGT）来确定哪个非球面系数在那个表面上是最有用的。例如，使用高阶非球面项来校正离焦是没有意义的，所以只有在透镜已经尽可能好的情况下才添加非球面。设计塑料元件是例外，塑料元件在早期通常是非球面，但即使如此，开始仅用几个高阶项，当需要时再添加更多高阶项。

（20）评价函数应该包含一个完整的问题描述，这包括机械要求以及光学需求。一些设计者只想要在 MF 中的图像质量，但是如果透镜不满足需求，获得一个完美的图像是没有意义的。如果程序知道你所有的目标，它会倾向于满足这些目标的设计。

（21）人们无法总是预测一个给定的优化运行的结果，并且通常会出现一个事先没有预料到的新的问题。透镜设计的过程主要包括当发现缺陷时根据需要修改 MF 并继续前进。如果你走进一条死胡同，什么也不起作用，是时候尝试不同的搜索结果了。

（22）经常使用检查点，并保存透镜的中间情况，只要有实质性的改进，如果以后透镜中出现了意想不到的问题，用户都可以再回到先前那个透镜。

（23）除非已获得了一张公差表，否则设计还未完成。如果一个专家设计师把他的设计发送给了客户——期望客户计算预估公差。这是不专业的。通过适当改变设计来放松公差，这就是设计师的工作，而顾客不知道怎么做。BTOL 是在大多数情况下使用的工具。

（24）熟悉加工工厂实践很有必要。观看装配师制作精确的表面会使设计师谦虚。然后，设计师可能对他设计中存在的挑战更加清晰。设计师应了解他们容易加工什么，什么加工困难，并尽量减少他们加工的困难地方。例如非常薄的边缘，这对透镜制造商提出了挑战，即使优化程序本身没有问题。观察半月板透镜，其中两个边缘的曲率中心彼此非常接近。这种透镜很难制造，因为用于消除楔形误差的方法不能很好地工作，如第 50 章所解释的那样，而 AMS 监控器可以帮助这种情况。如果表面几乎是平的，要使它完全平坦；如果一片透镜具有两个几乎相等的半径，要使它们完全相等。然后就没有机会将透镜插入装配组中。

（25）如果 DSEARCH 或者 ZSEARCH 运行的结果不理想，那么可以改变一些输入参数。即使是很小的变化，也可以产生极大的效果。需要考虑的内容包括如下：
- STOP FIX 或者 Free
- RSTART 值，可能多于一个值
- TSTART 值
- ASTART 值
- RT 值
- 包括 OPD、TOPD、OPSHEAR，或者 TOSHEAR

- FOVs 的数目
- 视场的权重
- 网格内的光线数量
- 迭代次数
- 打开或者关闭 QUICK 模式
- 模拟退火迭代次数
- 尝试改变开关 95 和开关 67。它们通常有不同的路径

考虑并探索这些参数的所有潜在组合似乎令人却步，但不应该这么认为。实践经验表明，大多数组合会返回优秀的起点，但是尝试其他组合是为了提供更多的选择。经常须到第四次尝试才获得优异的结果。

附录 E
有用的公式

$1° = 0.017\ 453\ 29$ rad

$1' = 0.000\ 290\ 888$ rad $= 0.016\ 666\ 67°$

人眼可以分辨大约 $1'$

$1'' = 4.848\ 14E-6$ 弧度 $= 2.777\ 777E-4°$

1 mrad $= 0.052\ 9578° = 3.437\ 75' = 206.2648''$

1 mm $= 0.000\ 039\ 37$ in

在可见光谱的透镜，艾里衍射斑的直径 $= F/$数，大约在微米量级

艾里斑的第一个暗环的半径 $= 1.22\lambda F/$number，在空气中有一个模糊的弥散斑

透镜的数值孔径 $(NA) = n\sin\theta$（θ 是边缘光线的汇聚角，n 是像空间的折射率）

$F/$数 $= 0.5 \times NA$；$\sin\theta = -0.5 \times F/$数（空气中）

纵向像差 $= 2 \times$ 横向像差 $\times F/$数

折射率为 n 的平行平板的焦点偏移 $=$ 厚度 $\times (1-1/n)$

截止频率 $F_{co} = 1743/(F/$数$)$，单位为线对/mm，当 $\lambda = 0.574\ \mu$m

滤波器密度 $D = \lg(1/$传输率$)$

给定 MTF 截止值 F_{co} 的几何点直径 $= 0.039\ 37$ inches$/Fco$ (c · mm^{-1})

曲率半径为 R 的球面矢高，在高度 s：$z = R - \sqrt{R^2 - s^2}$

带矢高 z 的球面曲率半径，在高度 s：$R = \dfrac{s^2}{2z} - \dfrac{z}{2}$

透镜的放大率为 m，焦距为 f，焦点为 $S_1 = (m+1)f/m$；$S_2 = (m+1)f$

反射损耗，没有镀膜的表面，折射率为 n，$Ref_1 = \left(\dfrac{n-1}{n+1}\right)^2$

焦距为 f 的放大率为 $M = (10+f)/f$

为了让透镜在焦距 f 处有 1 光焦度的离焦，图像偏移 $\Delta S = f^2/39.37$，单位为英寸。

Strehl 比 $= \exp(-4\pi^2$ 方差$)$，近似地：

薄透镜：从透镜测量出的 s_1 和 s_2：$1/s_1 + 1/s_2 = 1/f$

薄透镜：从焦点测量出的 s_1 和 s_2：$s_1 s_2 = f^2$

望远镜在可见光下的角分辨力 $= 4.66/$物镜直径（物镜直径单位为英寸，角分辨率单位为弧秒）

纵向放大率 $=$ 横向放大率的平方

参考文献

[1] Benford J R, Cook G H, Hass G, Hopkins R E, Kingslake R, Lueck I B, Rosin S, Scott R M and Shannon R R. 1965 Applied Optics and Optical Engineering ed R Kingslake Vol. Ⅲ (NewYork：Academic)

[2] Born M and Wolf E. 1980 Principles of Optics 6thedn (Oxford：Pergamon)

[3] Cox A. 1964 A System of Optical Design (Waltham, MA：The Focal Press)

[4] Dilworth D C SYNOPSYS Supplement to Joseph M Gary's Introduction to Lens Design (Richmond, VA：Willmann-Bell)

[5] Flügge J. 1955 Die Wissenshaftliche und Angewandte Photographie ed K Michel (Berlin：Springer)

[6] Geary J M. 2011 Introduction to Lens Design (Richmond, VA：Willmann-Bell)

[7] Kingslake R. 1978 Lens Design Fundamentals (New York：Academic)

[8] Kingslake R. 1983 Optical System Design (New York：Academic)

[9] Kingslake R. 1989 A History of the Photographic Lens (New York：Academic)

[10] Kingslake R and Johnson R B. 2010 Lens Design Fundamentals (Bellingham, WA：SPIE Press)

[11] Laiken M. 1991 Lens Design (New York：Marcel Dekker)

[12] O'Shea D C. 1985 Elements of Modern Optical Design (New York：Wiley)

[13] Rutten H G J and vanVenrooij M A M. 2002 Telescope Optics ed R Berry (Richmond, VA：Willmann-Bell)

[14] Smith G H. 2007 Practical Computer-Aided Lens Design (Richmond, VA：Willmann-Bell)

[15] Smith W J. 1966 Modern Optical Engineering (New York：McGraw-Hill)

[16] Wolf W and Zissis G. The Infrared Handbook (Arlington, VA：Office of Naval Research, Department of the Navy)

[17] Yoder P R. 2002 Mounting Optics in Optical Instruments (Bellingham, WA：SPIE Press)